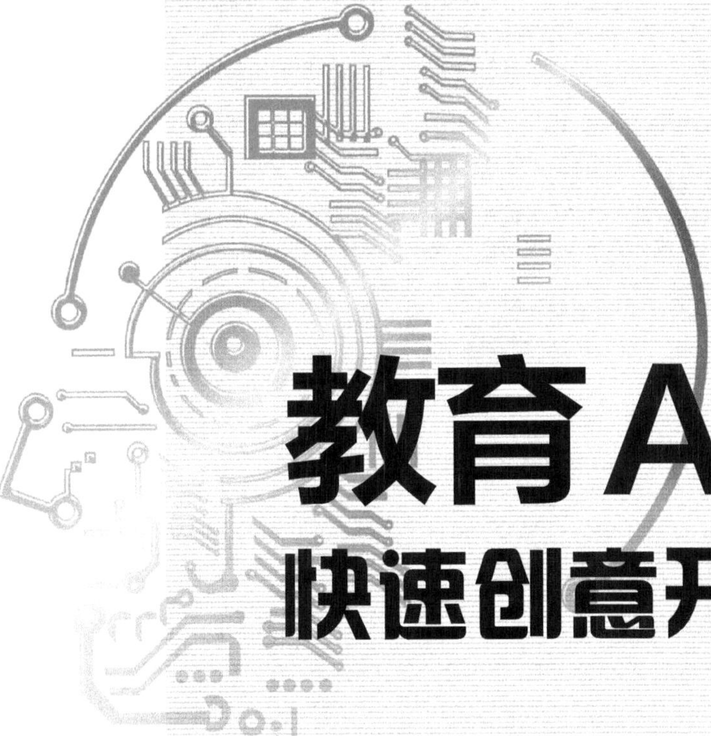

教育App快速创意开发技术

杨　帆　刘正安　张彩丽　著

西安交通大学出版社
XI'AN JIAOTONG UNIVERSITY PRESS

内容简介

本书基于 MIT 行动学习中心开发的 App Inventor 软件，致力于零基础编程读者快速进入移动应用软件开发领域，理解面向对象的编程思想，掌握移动应用程序的快速原型开发技术，并能够在此基础上针对教育领域实际需求，融合现代教育理论与 App Inventor 程序设计技术，设计开发教育类 App。

本书借助 22 个实用案例将读者逐步带入移动应用程序以及教育 App 设计开发的殿堂。从信息化发展形势分析出发，先介绍 App Inventor 开发基础，然后尝试解决基本应用问题，再进一步解决综合性复杂问题，最后水到渠成进行教育领域 App 的快速创意开发。全书编写由浅入深，所有案例按照问题解决步骤以及软件工程的基本思想，以 Step by Step 的方式示范引导每一个应用程序开发的完整步骤和技术要点，同时还以拓展思考的形式给出了进一步优化的建议。

本书面向对移动应用程序感兴趣的非 IT 专业零编程基础读者，坚持学以致用的指导思想，带着问题学习程序设计，通过解决实际问题，初步形成计算思维、批判性思维以及一定的创新能力。由衷希望本书能够抛砖引玉，开启读者的创新与创造意识。本书既可以作为个人自学和软件开发的参考书籍，也可以用于零基础程序设计能力训练，还可以作为创新创业训练的辅助资料。

图书在版编目(CIP)数据

教育 App 快速创意开发技术/杨帆，刘正安，张彩丽著. —西安：
西安交通大学出版社，2019.12
ISBN 978-7-5693-1452-6

Ⅰ.①教… Ⅱ.①杨… ②刘… ③张… Ⅲ.①移动终端—
应用程序—程序设计 Ⅳ.①TN929.53

中国版本图书馆 CIP 数据核字(2019)第 274845 号

书　　名　教育 App 快速创意开发技术
著　　者　杨　帆　刘正安　张彩丽
责任编辑　杨　璠
责任校对　李　文

出版发行　西安交通大学出版社
（西安市兴庆南路 1 号　邮政编码 710048）
网　　址　http://www.xjtupress.com
电　　话　(029)82668357　82667874(发行中心)
(029)82668315(总编办)
传　　真　(029)82668280
印　　刷　西安日报社印务中心

开　　本　787 mm×1092 mm　1/16　**印张** 23.25　**字数** 626 千字
版次印次　2019 年 12 月第 1 版　2019 年 12 月第 1 次印刷
书　　号　ISBN 978-7-5693-1452-6
定　　价　68.00 元

读者购书、书店添货或发现印装质量问题，请与本社发行中心联系、调换。
订购热线：(029)82665248　(029)82665249
投稿热线：(029)82668818
读者信箱：phoe@qq.com

前 言

为深入贯彻落实党的十九大精神，加快教育现代化和教育强国建设，推进新时代教育信息化发展，培育创新驱动发展新引擎，结合国家“互联网+”、大数据、新一代人工智能等重大战略的任务安排和《国家中长期教育改革和发展规划纲要(2010—2020年)》《国家教育事业发展“十三五”规划》等文件要求，教育部于2018年4月颁布了《教育信息化2.0行动计划》。计划是充分激发信息技术革命性影响的关键举措，是加快实现教育现代化的有效途径。为了响应“教育信息化2.0”的号召，陕西科技大学教育学院组织力量开展深入系统化研究，以坚持信息技术与教育教学深度融合的核心理念为指导，瞄准教育信息化2.0的核心目标，既重视教育信息化相关学科建设与相关学术研究，又重视信息思维培养和提升，使得信息技术的技术能力有效内化为利用信息技术解决教学、学习中问题的基本素质。

本书作为教育学院教育信息化研究的系列成果之一，聚焦于移动互联视角下移动教育软件的快速创意开发技术。我们知道，随着现代信息技术的飞速发展，技术越来越深入地渗透到传统的教育领域，并不断地改变着教育教学的物理空间、组织形式、教学内容、教学方法和考核手段。尤其是移动互联网普及背景下移动学习方式的产生，为传统教育开辟了新思路、新方法。

作为移动学习的载体，移动智能终端以其强大的处理能力以及丰富的功能，从简单的通话工具变为一个综合信息处理平台，而开发基于移动终端的软件系统特别是教育教学领域的软件系统，顺理成章地成为移动学习顺利实施的前提和保障。

移动终端应用系统开发平台种类繁多，但多适用于计算机相关专业的软件工程师，而对于教育类专业人员而言，则显得过于困难——对于教育领域的从业者，从发现工作、学习、生活中存在的教育相关问题，到产生灵感形成问题解决的初步想法或者创意，再到自己动手实现对应的技术系统，进而检验创意想法的可行性，进一步完善想法最终形成创造性问题解决方案，这个过程中遇到的最大困难，莫过于“我有一个很好的想法/创意，可是我不知道怎么做出来”。

真正能够在教育学领域以及计算机科学与技术领域八面驶风、游刃有余的复合型人才还是比较稀缺的。面对庞大的计算机技术体系、繁杂抽象的程序设计语言、晦涩难懂的数据分析处理模型等，教育领域工作者像计算机专业人士那样从头开始学习语言、语法，学习算法，学习单元开发技术，学习系统开发技术，显然是不现实的。因此，针对教育领域从业人员，寻找一种有别于传统方法的开发平台，使其更好地理解现代信息技术各种不同的应用场景，能够方便选择并定制各种不同的技术，快速整合现有技术和资源，将一个朴素的想法或者优秀的创意通过简单、快速的开发技术，形成教育教学软件的技术原型或者应用系统，而不需要复杂的计算机专业知识作为支撑，是目前极为迫切的一项任务。

MIT App Inventor就是面向教育领域的安卓应用程序开发平台，它为教育而生。MIT App Inventor采用了云端编辑、积木式编程方式，使得用户在使用的过程中主要聚焦于问题如何解决，将原来抽象、复杂、难以理解的程序设计过程变成了简单、愉快、轻松的可视化问题解决过程。编程人员不需要记忆复杂的语法和编程规则，不需要记住那些指令或查阅参考手册，不需要面对传统编程中出现的令人费解的错误信息，只需要学会选择不同的对象，在理解面向对象编程基本原理的基础上，选择恰当的块语言组件和代码，读取/设置对象的状态，调用对象的功能，响应对象的事件，实现预想的程序功能。该软件一经面世，就受到了全球各国教育工作者的青睐，迅速在各个层次的人才培养中得到普及。

本书依托 MIT App Inventor 平台，面向教育类专业尤其是教育技术专业读者，通过典型应用系统的设计开发案例，不断强化“问题描述—方案构思—实现方法—结果测试—拓展思考”的问题解决流程认识，不断强化“创意形成—设计开发—测试验证—修正完善”的软件产品迭代开发过程认识，于理实一体的教学实践中塑造基于 App Inventor 的问题解决能力，在潜移默化系列问题解决中培养计算思维、批判思维、创意思维等高阶能力，将传统的“要我学”转变为“我要学”的积极主动状态，使得学习成为不断刺激成就感的愉快之旅，并使学习者在这一旅途中能够快速熟悉、掌握 App Inventor 移动应用程序设计开发技术，能够将 App Inventor 应用于各个学科辅助教学软件的设计与开发。

本书编写遵循基本认知规律，分层次分步骤逐渐展开。一是讲背景、绘愿景、提要求、说方法，试图在一个大概念语境下开启 App Inventor 教育软件开发的学习，对应书中第 1 章；二是澄清基本概念，了解基本组成，掌握基本方法，熟悉基本技能，对应书中第 2 章；三是能力进阶之旅，通过 9 个项目的实施，使读者掌握 App Inventor 开发基本技术，熟悉主要组件的功能和使用技巧，具备简单应用系统开发的基本能力，对应书中第 3 章；四是深度应用之旅，通过 3 个实用项目开发，深入理解多学科知识综合应用、建立复杂模型、解决复杂问题的过程，使读者初步具备深入运用学科知识解决复杂问题的能力，对应书中第 4 章；五是教育创新之旅，在前期学习成果的基础上，进一步综合应用 App Inventor 开发技术，解决语文、数学、英语 3 个学科的助学工具软件开发问题，使读者进一步理解教育软件开发过程中教育理论的应用，进一步理解技术对于学习以及学习方式的促进和改进，进一步理解学习过程中计算思维、批判思维和创意思维等能力的运用和培养，对应书中第 5 章。本书最后还附加了作者在教育类专业讲授教育 App 开发课程中的一点体会，特别是将知识点和技能点置于完整应用背景下，通过实用小软件的开发以及再创造开发，这对于学生课程基本目标的达成以及高阶能力的形成，还是具有突出成效的。

催生 App Inventor 的动机是教育，因此，基于 App Inventor 开展在教育领域的程序设计，并以此促进教育教学的不断进步，可能将是 App Inventor 最璀璨的成果。一个好的创意仅仅是一个起点，让创意落地形成产品的过程才是关键！假如我们每一个人都能通过主动学习，让移动应用程序成为新颖教育教学思想的载体，设计开发出针对特定群体、特定学科的教育 App，让那些符合先进教育理念的奇思妙想变为现实，而不是使用当前计算机相关专业毕业的软件工程师做出来的似是而非的教学软件，那将是一个多么美好的教育信息化世界！现在，我们需要做的，就是立刻动手，打开计算机，进入 App Inventor 开发环境，启动我们的 App 以及教育 App 开发之旅，运用计算思维、批判思维、创新思维以及设计思维的基本方法，设计、开发具有自主知识产权的 App！

本书由陕西科技大学杨帆、刘正安、张彩丽三位老师编写。其中杨帆负责全书统稿以及第 4、第 5 章内容的编写；刘正安负责第 1 章、第 2 章编写；张彩丽负责第 3 章以及教育类专业程序设计课程改革相关研究报告的编写。

由于作者水平有限，书中难免存在不足，敬请读者在使用过程中批评指正，提出宝贵意见。为方便读者学习和使用，本书提供全部案例代码，读者可向作者发送 E-mail 索取。作者联系方式：151670127@qq. com。

作　者

2019 年 8 月

目 录

1 信息化时代与教育的新变化

1.1 信息化时代的现状和趋势

1.1.1 信息化时代的基本内涵

信息化是当今时代发展的大趋势，信息化时代就是信息产生价值的时代。按照托夫勒的观点，第三次浪潮是信息革命，大约从20世纪50年代中期开始，其代表性象征为“计算机”，主要以信息技术为主体，重点是创造和开发知识。随着农业时代和工业时代的衰落，人类社会正在向信息时代过渡，跨进第三次文明浪潮，其社会形态是由工业社会发展到信息社会，因而称之为信息化时代。

在信息化时代，信息和信息技术革命正以前所未有的方式对社会变革的方向起着决定作用，其结果必定导致信息社会在全球的实现。具体表现为：

首先，在广泛的生产活动的过程中，引入了信息处理技术，从而使这些部门的自动化达到一个新的水平。

其次，电信、互联网和消费电子产业趋于融合，PC、手机、家电之间的界限越来越模糊，融合化发展的趋势非常显著。信息可以通过各种手段实时传递到全世界的任何地方，从而使人类活动各方面表现出信息活动的特征。

最后，信息和信息机器成了一切活动的积极参与者，甚至参与了人类的知觉活动、概念活动和原动性活动。在此进展中，信息/知识正在以系统的方式被应用于变革物质资源，正在替代劳动成为国民生产中“附加值”的源泉。这种革命性不仅会改变生产过程，更重要的是它将通过改变社会的通信和传播结构而催生出一个新时代、新社会。

由于信息时代变化加快，信息量递增，知识爆炸，复杂性增加，对人们学习知识、掌握知识、运用知识提出了新的挑战。

1.1.2 移动互联网+移动终端的信息化趋势

作为信息化时代的强有力推动者，移动互联网的出现使得互联互通不再局限于传统的PC，移动终端应用开发开始全面发展。桌面互联网时代，门户网站是企业开展业务的标配，移动互联网时代，手机App应用是企业开展业务的标配，4G网络催生了许多利用移动互联网开展业务的公司。特别是由于4G网速大大提高，促进了实时性要求较高、流量需求较大的移动应用快速发展，移动终端＋移动互联网正以席卷之势替代原有以计算机＋互联网为形式的信息系统。

这里的移动终端或者叫移动通信终端是指可以在移动中使用的计算机设备，广义上讲包括手机、笔记本电脑、平板电脑、POS机甚至包括车载电脑，但是大部分情况下是指手机或者具有多种应用功能的智能手机以及平板电脑。

随着网络和技术朝着越来越宽带化的方向发展，移动通信产业将走向真正的移动信息时代。另一方面，随着集成电路技术的飞速发展，移动终端已经拥有了强大的处理能力，正在从简单的通话工具变为一个综合信息处理平台。现代的移动终端已经是一个完整的超小型计算机系统，不仅可以通话、拍照、听音乐、玩游戏，而且可以实现包括定位、信息处理、指纹扫描、身份证扫描、条码扫描等的丰富功能，成为移动办公和移动商务的重要工具。

移动终端＋移动互联网的信息化技术呈现以下显著特点：

(1)移动互联网超越PC互联网，引领发展新潮流。有线互联网是互联网的早期形态，移动互联网(无线互联网)是互联网的未来。PC机只是互联网的终端之一，智能手机、平板电脑、电子阅读器(电纸书)已经成为重要终端，电视机、车载设备正在成为终端，冰箱、微波炉、抽油烟机、照相机，甚至眼镜、手表等穿戴之物，都可能成为泛终端。

(2)移动互联网和传统行业融合，催生新的应用模式。在移动互联网、云计算、物联网等新技术的推动下，传统行业与互联网的融合正在呈现出新的特点，平台和模式都发生了改变。一方面可以作为业务推广的一种手段，如食品、餐饮、娱乐、航空、汽车、金融、家电等传统行业的App和企业推广平台；另一方面也重构了移动端的业务模式，如医疗、教育、旅游、交通、传媒等领域的业务改造。

(3)不同终端的用户体验更受重视。终端的支持是业务推广的生命线，随着移动互联网业务逐渐升温，移动终端解决方案也不断增多。2011年，主流的智能手机屏幕是3.5～4.3英寸(1英寸＝25.4毫米)，2012年发展到4.7～5.0英寸，而平板电脑则以迷你型为主。但是，不同大小屏幕的移动终端，其用户体验是不一样的，适应小屏幕的智能手机的网页应该轻便、轻质化，它承载的广告也必须适应这一要求。而目前，大量互联网业务迁移到手机上，为适应平板电脑、智能手机及不同操作系统，开发了不同的App，HTML5的自适应较好地解决了阅读体验问题，但是，还远未实现轻便、轻质、人性化，缺乏良好的用户体验。

(4)移动互联网商业模式多样化。成功的业务，需要成功的商业模式来支持。移动互联网业务的新特点为商业模式创新提供了空间。随着移动互联网发展进入快车道，网络、终端、用户等方面已经打好了坚实的基础，不盈利的情况已开始改变，移动互联网已融入主流生活与商业社会，货币化浪潮即将到来。移动游戏、移动广告、移动电子商务、移动视频等业务模式的流量变现能力快速提升。

(5)用户期盼跨平台互通互联。目前形成的iOS、Android、Windows Phone(WP)三大系统各自独立，相对封闭、割裂，应用服务开发者需要进行多个平台的适配开发，这种隔绝有违互联网互通互联之精神。不同品牌的智能手机，甚至不同品牌、类型的移动终端都能互联互通是用户的期待，也是发展趋势。移动互联网时代是融合的时代，是设备与服务融合的时代，是产业间互相进入的时代，在这个时代，移动互联网业务参与主体的多样性是一个显著的特征。

1.2 移动应用软件的现状和趋势

1.2.1 移动应用软件的发展现状

尼葛洛庞帝在《数字化生存》中认为,“从原子到比特的飞跃已是势不可挡、无法逆转”,“计算不再和计算机有关,它将决定我们的生存”。当整个世界都在逐步迈进以比特为 DNA 的数字化生存时代,媒体正上演着一场空前变局,以智能手机为载体迅速开启了移动应用客户端的高效传播,App 的发展也伴随着这一场革命悄然而至并愈演愈烈。

内载于移动智能终端的 App,创造了极具个性化的数字化生存。而作为 App 鼻祖的微软公司,一向致力于 PC 终端的开发,乔布斯曾做过一个恰如其分的比喻:“当我们处于农业国家时,所有的车都是卡车。但随着人们更多地移居城市,小汽车开始多了起来。”在他眼中,PC 就像是卡车,随着时代的发展,需要的人会越来越少。

随着移动设备进入功能性时代,App 的发展也进入了一个新的阶段。随着编程技术的发展与普及,出现了许多可供用户自由安装、卸载的应用程序,其中以游戏娱乐类为主,即形成了最初的 App。同时,GPRS 的推广,使得手机与互联网相连接,与互联网关联的 App 开始产生,使得最初以提供娱乐为主的 App 开始向资讯、社交、工具等方向发展。

目前 App 移动应用大致分为五大类:工具类、社交类、生活服务类、休闲娱乐类和行业应用类。

1)普适需求的工具 App

工具类应用可以理解成用户在一定环境下,为了解某事物而使用的工具,在移动客户端上就是各种工具类 App。而这种对工具的需求并不具备普适性的特征,不是每位用户都需要此类工具,例如手电筒、安全卫士、流量监控器,等等。就工具 App 的发展来看,它的周期很长,是一个先苦后甜的过程,用户数量与盈利模式都是困扰其中的问题,和游戏 App 完全相反。

2)人情交往的社交 App

社交 App 是指能够支持用户之间相互通信交流的移动应用软件。通信沟通类 App 主要包含可以使用户同步沟通的 IM,用户可以通过应用相互传送图文、声音、视频,以及保证用户之间异步沟通的移动邮箱。目前常见的社交类 App 包括 QQ、微信等。

3)生活服务类 App

在一个以 App 为主要载体的时代,App 的开发热潮始终不减,并逐渐渗入到百姓的日常生活领域。生活辅助类的 App 作为智能“生活助理”的角色,为人们的日常生活提供了便利。其又包括生活信息处理和生活智能助理两部分,生活信息处理为用户提供生活中衣食住行等方面的信息,使用户的生活更加便利,而生活智能助理则主要为用户提供时间管理、移动定位、移动支付以及一些事物的助理服务。生活服务类的 App 常见的目前有大众点评网、去哪儿、支付宝等。

4)解压释情的文体 App

在快节奏强压力的生存条件下,很多人需要在繁重的工作之余,利用有限的时间放松情绪,随着这样的心理需求越来越普遍,休闲娱乐类 App 如雨后春笋般,一时间充斥了整个手机娱乐市场。休闲娱乐类App是指能够为用户提供休闲和精神娱乐享受的移动应用产品，其中主要为游戏类App，几近占据该类App中一半的市场份额。除游戏之外，还有图文娱乐、移动音频以及移动视频等，如电子书、网络电台、网络视频等。

5）行业应用类App

行业应用类App是指能够支持用户进行指定行业工作的企业级移动应用软件，分为一般应用和专业应用两个部分。一般应用主要是负责制定工作计划，进行项目管理的Office类App。专业应用根据企业用户所处的行业又各不相同，在各个行业都有应用。因为其用户都是专业性很强的企事业单位，并且其设计开发具有一定的保密性，所以数量很少，如中国移动推出的蓝海领航、中国联通推出的警务新时空等。

1.2.2 当前App主要技术特征

目前App的技术框架基本分为Native App、Web App、Hybrid App三种，其基本模式和特点如下：

1）Native App

一种基于智能移动设备本地操作系统（如iOS、Android、WP操作系统），并使用对应系统所适用的程序语言编写运行的第三方应用程序，由于它是直接与操作系统对接，代码和界面都是针对所运行的平台开发和设计的，能很好地发挥出设备的性能，所以交互体验会更流畅。

产品特点：偏操作互动多的工具类应用，可调用手机终端的硬件设备（语音、摄像头、短信、GPS、蓝牙、重力感应等），Web App则不可以。开发成本：开发成本高，要为iOS、Android和WP系统各自开发一套App。维护成本：维护成本高，需同时维护多个系统版本和历史版本。版本发布：需要发布、审核流程，用户需更新最新版App。资源存储：本地。网络要求：支持离线。开发时间：耗时最长。人员配比：需要iOS、Android和WP各系统的开发人员。

2）Web App

一种采用HTML语言编写的网页App，存在于智能移动设备浏览器中的应用程序，其实Web App就相当于是一个触屏版的网页应用，无需另行下载安装，且不依赖于操作系统，基本能应用于各种系统平台，开发成本低，方便更新和维护，但交互和体验较差。

产品特点：偏浏览内容为主的新闻、视频类应用。开发成本：只需开发一套App，即可运用到不同系统平台。维护成本：只维护最新的版本。版本发布：无需发布更新即可用。资源存储：服务器。网络要求：强依赖网络。开发时间：耗时最少。人员配比：只需配置会写网页语言的开发人员即可。

3）Hybrid App

一种用Native技术来搭建App的外壳，由Web技术来提供壳里的内容的移动应用，兼具Native App良好交互体验的优势和Web App跨平台开发的优势。该类半原生程序主要使用HTML5和JS作为开发语言，再调用封装的底层功能如照相机、传感器、通讯录等，浏览体验度相对原生App稍次之，近几年逐渐成为主流，目前淘宝、微信等都是采用此方式。

产品特点：偏既要浏览内容，又有较多操作互动的聊天类、购物类应用。开发成本：Native

部分需要为 iOS、Android 和 WP 系统各配备对应的开发人员，Web 部分只需统一配置。维护成本：Native 部分需维护最新版本和多个历史版本，Web 部分只需维护最新版本。版本发布：Native 部分需要发布最新的 App，Web 部分不需另行发布。资源存储：本地和服务器。网络要求：大部分依赖网络。开发时间：耗时中等。人员配比：大部分工作由写网页语言的开发人员承担，再加上不同系统的开发人员。

对于设计师而言，往往是被告知某个项目采用的是哪种技术框架，然后就开始设计了。其实，我们也可以根据产品特点、框架特点和项目时间来与产品和开发人员协商，合理地为 App 中不同的部分选择对应技术框架，然后才在对应的技术框架下思考设计方案。

1.2.3　优秀移动应用软件基本特征

成功的 App 软件都有哪些特征？主要表现在以下四点：

1）创新性

如果你随便上手机助手去搜索一下软件，可以发现无论是社交类、工具类还是游戏娱乐类，都有成百上千个，而且大部分还都彼此相似。特别是社交类 App，大多数人都是用 QQ、微信，其他的类似应用也就没什么市场了。因此，能不能在这些同质化严重的 App 软件中找到一两个创新点，决定了你的 App 软件有没有吸引人的地方。

2）可用性

成功的 App 软件必须是实用且方便操作的，如果你的点子听起来很诱人，但是在现实生活中并没多大用处，那你的点子可能就是异想天开了。即便你想要的功能可以在 App 上实现，也要保证特点突出，操作简单才行，不然如果要找好一会儿，绕来绕去才知道怎么操作，用户肯定没有那么大的耐心。

3）互动性

这里互动是指要充分利用连接开发者和用户的 App，使开发者可以知道用户的使用动态，比如了解用户的使用时间和频率，而用户也乐意收到活动提醒、动态更新。

4）存在感

要想让一个 App 具有存在感，就必须要让它在人们的生活中充当重要角色。这也是为什么微博、微信要实行推送服务，每当有信息更新，就会给出提醒的原因。好的产品是会说话的，就像用户发现了一个产品的秘密，就会乐于分享自己的感受，这个过程其实就是产品在说话，好的产品会给用户带来乐趣，而不是带来各种麻烦。

1.2.4　移动应用软件发展趋势

经过十余年的发展进化，移动应用软件已经形成了完整的技术生态，取得了辉煌的成就，但是也伴随着大量问题和困扰用户的难题，未来发展可能会着重体现在以下几个方面：

1）App 应用回归常态需求

近半数的用户会安装 20 个以上的 App，但是经常使用的 App 不到一半，大约 5～10 个。从现实来看，2014 年大量 App 涌现到用户面前，但真正能够维系用户并与巨头分庭抗礼的 App 很少，随着人们对 App 的接受度不断提高，人们对移动信息的获取已经出现过剩，安装尝试新 App 的动力明显不足，全新的 App 想获得脱颖而出的机会越来越难。

2)功能性App趋向整合

功能性App或被超级App整合,而超级App的入口平台化趋势日渐明朗。伴随整合的发生,超级App几乎覆盖人们的日常生活,从网络监测的视角,可建立超级App评测专库,以点带面地对全网的质量进行监控。基于目前超级App的平台扩展能力,越来越多的功能接入到超级App当中,比如就打车软件而言,微信接入了滴滴打车,支付宝接入了快的打车,人们能够通过支付宝或微信直接享受打车服务。互联网巨头整合现有移动分发能力,也有助于其后续入口平台化生态的形成。

3)App发展新方向

基于Web技术的新形态App的出现,会对原生App产生冲击。传统技术与新兴技术融合加速,App间的调用与互动愈加频繁,对移动网络的监控与管理提出了更高的要求。要求我们跟进最新技术,更加重视技术快速发展演变中的网络与终端、网络与新型App交互适配的问题。

4)App安全问题突出

近年来,App安全问题频发,移动应用"隐私越轨",广告带来的恶意病毒、流量损耗等问题不断涌现。国家层面对App安全的监管日益重视,国家网信办将出台App应用程序发展管理办法,运营商作为网络提供方,更需关注App安全,从网络源头维护用户利益。

1.3 移动学习与教育App开发

1.3.1 移动学习催生的教育App

随着移动互联网时代的到来,移动学习方式应运而生,它为传统教育开辟了新思路、新方法。随着人们对教育的不同需求日益增加,基于移动终端的学习方式越来越受到关注。所谓移动学习,从技术角度,全国高等学校教育技术协会委员会给出的定义是:"移动学习是指依托目前比较成熟的无线移动网络、国际互联网,以及多媒体技术,学生和教师通过利用目前较为普遍使用的无线设备(如手机、平板电脑、笔记本电脑等)来更为方便灵活地实现交互式教学活动,以及教育、科技方面的信息交流。"随着互联网和数字技术的不断发展创新,移动终端设备的功能越来越丰富,为移动学习的发展带来了更多契机。第三方应用程序App恰恰满足了移动学习随时随地的个性化学习特征,无论何时何地,用户都可以通过移动终端学习知识,第一时间得到更新的学习资源。

智能手机由于有便携性和移动互联的特点,是开展"碎片化移动学习"的极佳工具。碎片化学习是指通过对学习内容或者学习时间进行分割,使学习者对学习内容进行碎片式的学习。碎片化的学习有两个明显的特点,一是可利用大量的"边角碎料"式的零碎时间进行学习,在现代社会的快节奏下,每个人的可支配时间趋于碎片化,大量的片断时间存在于乘坐地铁、飞机等交通工具时,公共场所排队时,会议间隙等,而强大的竞争压力,迫使许多人选择在这些时间利用手机、平板电脑等移动终端为自己"充电";二是在碎片化学习中,学习内容是学习者自主选择的,其针对性较强,也往往是系统化知识建构的有效补充,可起到"事半功倍"的效果。

随着移动教育的发展,各类用于教育的App应运而生。目前教育App分为幼教类、中小学教育类、外语教育类、考试类和其他教育五种类别。大部分教育 App 都是围绕“碎片化学习”这一特点进行设计的。外语学习类的 App 尤为明显，如“扇贝”系列的“扇贝单词”“扇贝听力”“扇贝炼句”“扇贝阅读”等，通过丰富的资源与评价策略，能让学习者充分利用课余学习时间丰富词汇量，提高阅读、听力及写作水平。又例如广州市“数字教育城”的“智能听说”系统，提供了语文和英语学科一到九年级的各版本教材的资源，可供学习者对课文中的整段文字或单个句子进行朗读训练，对学习者每个句子的发音情况进行自动评判，并可通过“示范朗读”和“对比朗读”的功能，帮助学习者掌握正确的发音及纠正其发音错误。

1.3.2 教育软件的基本含义

教育软件，顾名思义，是为教育服务的软件系统，英文为 Education software。根据应用范围的不同可以分为家用教育软件、校用教育软件和远程教育软件。根据功能一般分为考试系统、辅助学习工具、教育游戏、教育管理、教学评估以及面向教育领域的即时通信或社交类软件。我国教育软件的开发起步于 20 世纪 90 年代初期，但是产品单一、形式死板，开发的产品往往是确定的、程式化的、封闭的教科书内容，因此发展得极为缓慢。随着教育信息化及计算机和网络技术的发展，许多教育软件开发商开始向多媒体教育软件及教育网络化和智能化开发转型，现在已经初具规模，一大批有实力的教育软件企业和知名品牌脱颖而出。

随着移动互联网的崛起，教育软件也逐渐由 PC 端平移到手机移动端，移动端的教育软件一般称之为教育 App。教育 App 具有灵活、操作性强、随时随地、互动性强等优势，一方面能够促进用户充分利用大量的碎片化时间进行学习；另一方面，学习内容是学习者自主选择的，其针对性较强，也往往是系统化知识建构的有效补充，可起到“事半功倍”的效果；同时，教育 App 大多还支持构建学习群体，进行社交化学习。

中国产业调研网发布的《2018—2025 年全球及中国教育软件市场现状调研分析及发展前景报告》认为，随着中国经济的快速稳定发展，中国政府对教育信息化大力支持，尤其是加大了对基础教育信息化的资金扶持，加快了教育信息化的建设步伐。随着我国经济的发展，以及国家教育信息化投资规模的增加，预计我国教育软件行业市场规模仍将保持快速上升的趋势。

1.3.3 教育 App 个性化开发

教育 App 的一个发展方向是利用移动互联网的社交功能提供教育支持，比较典型的有“作业帮”“家长帮”等。“作业帮”是面向各种小学生的学习移动互助平台，学生可以通过上传照片、语音、文字等得到问题的解题步骤或者考点答案，也可以自由交流讨论作业问题，并有名师在线一对一答疑解惑等功能。“家长帮”则是一款以升学互助为核心的社区应用，面向学生家长提供幼升小和小升初的片区划分、入学政策、择校疑问等信息，提供中考的试题答疑、复习规划、学校摸底、报考方法等，并提供了家长沟通和互助的平台，2015 年已拥有上百万注册用户。在腾讯“2015 年人气教育 App”的在线调查活动中，“家长帮”被列为 2015 年人气榜第一位。

还有一类教育 App 是与“电子书包”相配套的教育 App，它安装在教师和学生的手机与学生平板电脑等智能终端，用以支持利用各种电子书包进行课堂互动教学，实现课堂互动功能及设备控制，同时可以和智慧校园云平台挂接，实现数据中心存储和网络备课、辅导。在不增加老师工作量，不改变老师授课习惯的前提下，一键操作，实现全模式互动教学。学生的电子书包通过智能课堂云终端，直接参与课堂互动，同时也可以和智慧校园云平台挂接。其功能主要包括：纸质作业和试卷批阅、多媒体互动教学、学情及时反馈和课堂教学报告等，为智慧课堂的教学和家校互动等提供了支持。

教育App开发者包括传统教育出版社、大型培训机构或教育类软件开发企业及拥有一定互联网技术开发能力的中小型工程师团队。各类商业的App一般是基于市场的应用开发，而针对个体特定的学习需求难以满足，因此也有部分个体开发者开发出了各种小型的教育App，其开发主体大致可以分成两类：针对某一学科教学的教师开发者、出于本人学习需要的学生（或学习者）开发者。

在“电子书包”已经开始规模化应用的情况下，其配套的软件及学习资源虽有系统化、标准化、综合化等特点，但对于特定的教学内容，例如特色课程、校本课程等并不能满足其教学需求，对于标准教材以内的课程和特定的教学设计也不能完全满足需要。于是，在教师群体中个性化开发教育App以支持某一学科教学，成为一种潜在的巨大需求，以中央电教馆举办的“多媒体教育软件评比活动”为例，从2013年出现App类的教学软件开始，其数量与比例呈现逐年递增的趋势。

另一个开发的方向是学习者本人针对学习需要的自主开发。根据“学习金字塔”理论，学习分为“主动学习”和“被动学习”两类，而各类学习方法的学习效率从低到高分别是：听讲、阅读、视听、示范、谈论、实践、教授他人。其中，教授他人被认为是学习效率最高的一种方式，采用这种学习方式。两周后学习内容平均留存率可以达到90%，在信息时代，运用信息技术手段开发教育App，从某种意义上来讲，是一种在移动教育环境下“教授他人”的手段。在教育App的开发过程中，需要的不仅是对信息技术的运用，更重要的是对学习情境的设计，对学习内容的解析、组织与呈现，对学习效果的评估，使之与开发技术有机结合，整个开发过程除了信息技术的应用以外，还需要经历或部分经历对相关知识的记录、理解、应用，甚至是分析、评估与创新的过程。

目前将移动终端技术应用于教学仍然在发展的路上，不同对象、不同年龄阶段、不同环境的需求还不能完全满足，基于移动终端的教育类App开发还存在较大的缺口。然而，个体教育App的开发，其主体必然以非IT专业的人士为主，必须有适用的易于学习和操作的移动软件开发工具。而现在流行的一些开发工具对于非专业的开发人员来说，其专业性强，操作较复杂，难以进行快速的开发，并不能有效支撑这种需求，直到App Inventor这一“为教育而生”的开发工具问世。

1.3.4 教育软件开发的特点

教育软件的开发不同于一般的系统软件、支撑软件和工具软件。研制开发教育软件不能仅仅依靠软件专业的技术人员，因为开发设计教育软件的人员必须具有某种学科的知识结构（如物理、化学等）、学生认知结构、教学法、软件工程和计算机技术等知识结构和能力结构，即需要具有多学科交叉的学术背景才能胜任教育软件的开发工作。而教育软件工程是新兴的领域，也在不断地总结和发展中。因此，教育与信息技术的交叉学科是高校培养教育软件开发专业人才的重要途径。

如果按照软件开发的一般规程，即市场调研—制订计划—需求分析—系统设计—编程调试—测试验收的流程，那么开发教育软件的关键阶段在于系统设计，因为它体现了计算机技术实现教育思想的能力和水平，教育思想和教学思路实现到什么程度，教育软件有怎样的功能，常常决定于它的系统设计。

教育软件不同于一般软件的主要特点是：需要面向基础不同、能力各异和有不同学习要求的用户或学习者；需要对所教授学科知识体系做出透彻的理解、分析与合理的组织；需要对人类学习过程和认知活动进行认识与分析；需要涉及大量的人机交互活动，对人机界面、人机对话和媒体表现的要求很高；需要对学习者的学习活动及时跟踪，并进行准确的测试与评价；对可维护性要求较高（因为学科知识、教学法和教学目标可能在不断地变动）；有特殊的评审标准（必须建立在本国语言、文化道德传统和教育标准之上）；研制开发需要教育、认知、动画音像、计算机和管理等多类专家的密切合作。

目前，我国计算机基础设施已经形成规模，而制约计算机市场发展的重要因素之一是缺少大量规范的优质教育软件。面对教育软件巨大的市场需求及不规范教育软件流行传播的现状，必须加强教育软件工程学的研究与应用。

1.4 基于 App Inventor 的教学软件开发

1.4.1 App Inventor 简介

App Inventor 是信息技术教育领域的一项重要技术创新，它是由美国麻省理工学院（MIT）开发的一款在线快速开发移动应用程序的工具。利用该工具，用户可以“积木拼接”的方式，快速开发出应用于手机、平板电脑等移动设备的程序，同时可通过外部设备和手机蓝牙等端口设计制作出智能机器人。由于 App Inventor 的开发过程较为直观，趣味性和创新性较强，并能有效地、方便地与计算思维教育、移动教育等新型教育理念教学模式结合起来，自 2010 年以来，美国、欧洲、台湾等国家和地区已经将该工具应用于大、中、小学各阶段的教育，形成了一定的规模和影响。

App Inventor 最早是在 2008 年由 Google 公司委托资深计算机科学家 Hal Abelson 教授的团队开发的，2011 年由麻省理工学院（MIT）成立了移动学习中心（MIT Center for Mobile Learning）来接管这个项目，致力于项目的开发和推广工作，并把 App Inventor 定义为一种培养学习者的计算思维能力，使其通过可视化语言来学习编程以及培养创造性的学习工具，和“提供一种以积极和富有成效的方式来贡献社会”的手段。在麻省理工学院的推广团队看来，App Inventor 不仅是一种编程的工具，学习者在开发 App 的过程中，还将学到如何设计解决问题的方案，如何进行项目管理和团队合作。在 2015 年，App Inventor 已有超过 270 万注册用户，各类开发项目超过 700 万个，每周活跃用户超过 10 万，用户来源覆盖了全球 195 个国家与地区。在美国，近年来开展了各类基于 App Inventor 的 App 开发竞赛活动，同时，App Inventor也作为一种学习平台开始进入美国大学和中学的课堂。

App Inventor 的主要特点如下：

1)在线开发功能

MIT App Inventor 应用开发平台的“在线开发”功能是其一大特色。该开发平台是基于一个网站的形式架设在谷歌服务器上的，用户只需注册一个 Google ID(即谷歌邮箱的账户)和可以访问谷歌服务器的网络就可以随时登录该平台进行应用程序的开发，而用户创建的应用程序工程都将保存在该平台上(或谷歌服务器上)。只要有网络，用户就可以随时随地把握突然闪现的灵感，并进行设计以开发相应的应用程序。MIT App Inventor 第二版开发网站则可以直接在平板电脑，甚至是手机上开发 App 软件(即应用程序)，但前提是必须安装有谷歌服务器组件。

2)可视化设计界面

MIT App Inventor 吸取了 Visual Basic(VB)的控件式界面设计思想。在 MIT App Inventor的设计界面中，用户基本上用鼠标就可以实现程序界面的设计，与 VB 的设计界面十分相似，左侧“Palette”为所有组件面板，包含了基本组件、媒体组件、传感器组件、屏幕布局组件、乐高机器人组件等，而且这些组件都已经封装好了。MIT App Inventor 的应用程序设计界面中间的“Viewer”为屏幕视图，可显示安卓手机上应用程序中各组件的位置布局情况；中间“Components”为组件栏，显示当前屏幕中添加的组件；右侧“Properties”为组件属性栏，可设置该组件相应的属性；右上角“Open the Blocks Editor”为功能面板，用于定义组件的动作。

3)积木式编程界面

对许多人来说，开发软件的使用本身并不难，困难的是掌握该软件的编程语言。MIT App Inventor 的积木式编程界面则正是针对这一问题而设计的，降低了开发的技术门槛，即使是中学生或者小学生，只要有灵感就可以进行程序开发。

4)在线模拟器

MIT App Inventor 平台还提供了在线模拟的功能。在完成编程之后，可以点击右上角的“New Emulator”按钮启动模拟器，再点击“Connect to Device”按钮将程序载入已启动的模拟器中，用户就可在模拟器中调试应用程序。

Google 公司设计 App Inventor 项目的初衷是降低应用程序开发的技术门槛，让更多的人，甚至是小学生都可以发挥自我的创造力，体会应用程序开发的乐趣。在 App Inventor 教学中，学生创造性的思维更为重要，教师要善于刺激学生创造力和想象力的发挥。

1.4.2 App Inventor 教育应用前景

App Inventor 作为一种“为教育而生”的工具，从国内外的情况看，其在教育上的潜在应用前景存在于以下几个方面：

1)程序设计快速入门课程

App Inventor 采用积木式编程方式，属于面向对象的程序设计，可视化的编程方式具有直观性强的显著特点。借助 App Inventor，能够快速理解变量、对象、属性、动作、事件等面向对象的基本概念，能够迅速理解顺序、分支、循环等程序流程设计的基本结构，既有助于直观操作体验，又有助于快速上手设计开发，还能针对解决实际问题的需要，与算法思想结合，进一步体会算法设计、程序设计的魅力，对于初次接触程序设计人员的快速入门具有十分重要的意义。

2)创意开发制作高效工具

自从2015年我国政府工作报告中首次出现“创客”一词，“大众创业，万众创新”在中国已经蔚然成风。快速创意开发基础上的各类创新大赛在各个高校开展的如火如荼。App Inventor以其简单易用，功能强大的特点，迅速成为各类创客中心App开发的首选利器。App Inventor内置的通信功能(Web、蓝牙)、感知功能(方向传感、加速度传感、亮度、距离、GPS位置、语音、图像等等多种内置传感器)以及现代移动终端强大的计算功能，可以轻而易举地将移动终端改编为手持测量仪器、通信网关、远程控制器、信息处理器和远程监视器，可以极其方便地进行各类电子信息创意产品的开发。

3)移动教育软件开发平台

App Inventor在教育软件开发方面也具有独特优势，主要体现在以下几个方面：

(1)便于教育领域非IT专业开发者使用。块语言的可视化程序设计，免除了非IT专业开发者头疼不已的传统程序设计时必须精通程序设计语言的难题。开发人员可以在短时间内迅速上手，笔者在连续两年的教育类专业课程教学中发现，32学时的“教、学、做”一体化教学，已经足够使学生具备开发具有一定规模、一定复杂度的教学辅助工具类软件的能力。使用App Inventor开发教育软件，可以将主要精力专注于特定教育理念运用下的教学策略设计，使其更加符合学习者需要。

(2)便于发挥通信社交功能形成学习共同体。App Inventor提供了多种通信和社交手段，包括电话、短消息、邮箱以及推特等功能，还提供了信息分享器，可以直接向QQ、微信等国内常用的社交软件发布信息，便于实现各种学习交流与互动，比如作业提交、在线讨论、成果展示与分享等，形成一种特定群体的学习共同体，借助开发软件进一步促进教学。

(3)便于发挥媒体感知功能开发学科教学软件。App Inventor提供了强大的多媒体技术支持以及丰富的传感器，这为开发各个学科教育软件提供了巨大的便利。比如多媒体类组件中的语音识别、语音合成、麦克风、喇叭、语言翻译器等可以极其方便地广泛应用于语言类教学软件的开发；摄像机、照相机、录音机、音频播放器、视频播放器等组件可以广泛应用于各个学科教育软件的数据采集、视听功能开发；传感器类组件中的方向传感器、加速度传感器、陀螺仪传感器、距离传感器、位置传感器等可以广泛应用于物理、数学、地理等学科的辅助教学工具或者实验教学。

总之，无论是对于初中、高中还是大学的学生而言，App Inventor都是一个非常出色的教学工具。它的出色不仅仅是对计算机科学而言，对于数学、物理、英语以及几乎任何其他学科来说，它都是一个了不起的工具。更重要的是，它不但是一个出色的教学工具，还是一个开发教学工具的工具，在教育领域应该具有广阔的应用前景。

1.4.3 App Inventor快速体验

任何一门语言的使用，都要首先搭建开发环境。App Inventor开发环境的搭建有两种方案：

第一种方案是使用在线开发环境，即直接运行浏览器，在地址栏中输入在线服务器地址。

目前国内提供的在线系统如下：

http://app.gzjkw.net(MIT App Inventor 官方网站的广州教科网镜像网站)；

http://ai2.17coding.net(国内金从军老师维护的个人网站)；

海外用户可访问 MIT App Inventor 的官方网站：http://ai2.appinventor.mit.edu/。

其中，广州教科网提供的在线服务器应用比较广泛，其登录界面如图 1-1 所示。

图 1-1　http://app.gzjkw.net 服务器登录界面

第二种方案是自己搭建服务环境。下载 App Inventor 开发工具——"App Inventor 离线版 2016 安装程序.zip"。

安装并运行开发工具：将下载的压缩文件解压缩，并运行其中的文件"App Inventor 离线版 2016 安装程序.exe"，安装过程中一路点击"下一步"，直到安装完成，如图 1-2 所示。

图 1-2　App Inventor 离线版 2016 安装

程序安装完成后，如果用鼠标左键双击安装路径下的"运行 App Inventor 汉化测试版"，程序将立即运行。运行之后，将开启两个 Windows 的命令行窗口(黑屏窗口)，其中一个是开发服务器(Dev Server)，在应用开发过程中，不要关闭这个窗口(将其最小化即可)；另一个是编译服务器(Build Server)，在开发时可以关闭这个窗口，以节省电脑的资源，如果项目开发完成，需要编译项目时，要让这个窗口处于打开状态。如图 1-3 所示。

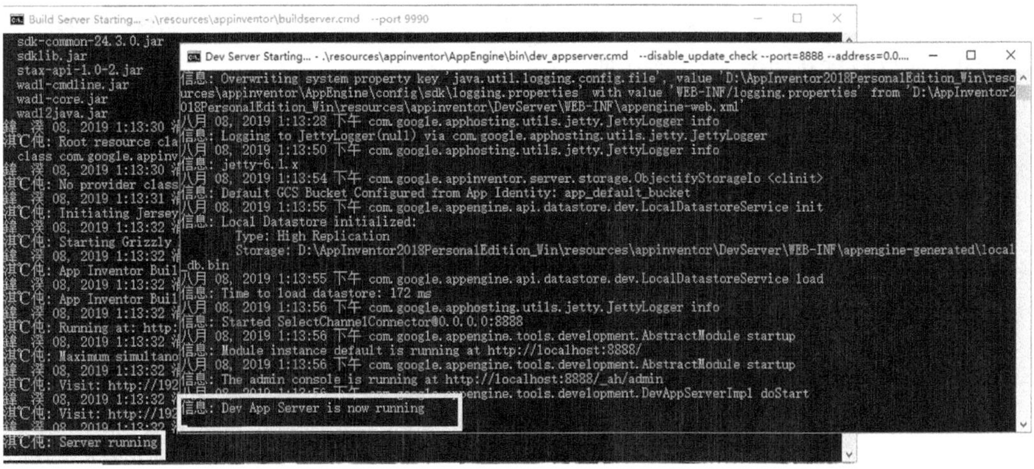

图 1-3 App Inventor 离线版命令行编译服务器与开发服务器窗口

在浏览器中打开开发环境，在浏览器地址栏中输入 http://localhost:8888 或 127.0.0.1:8888 或 IP 地址＋端口号（如 http://192.168.0.101:8888），即可在浏览器中打开 App Inventor开发环境。第一次打开开发环境，由于尚未创建项目，因此系统会显示一个欢迎窗口，如图 1-4 所示，此时可以直接点击“新建项目”按钮，创建一个项目。

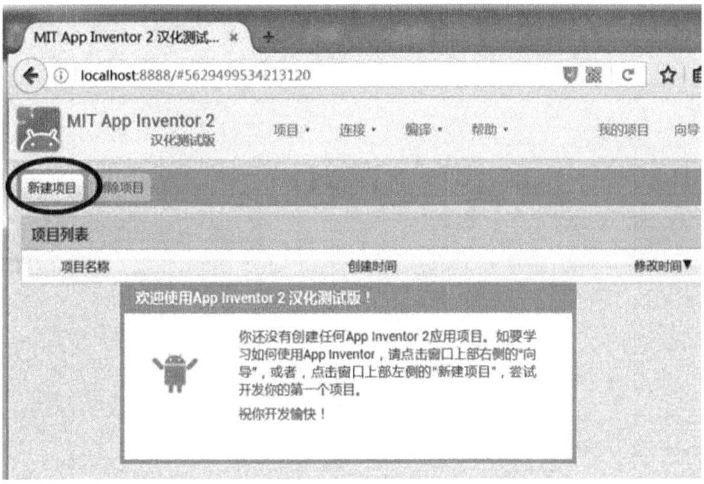

图 1-4 App Inventor 离线版运行界面

此后再进入开发环境时，系统将自动打开最后一次保存过的项目，如图 1-5 所示。

图 1-5 App Inventor 离线版开发环境

进入开发环境，就可以开始安卓移动应用程序开发之旅了。例如在这里创建一个项目，名字为“test”，完成后看到如图 1 - 6 的界面。

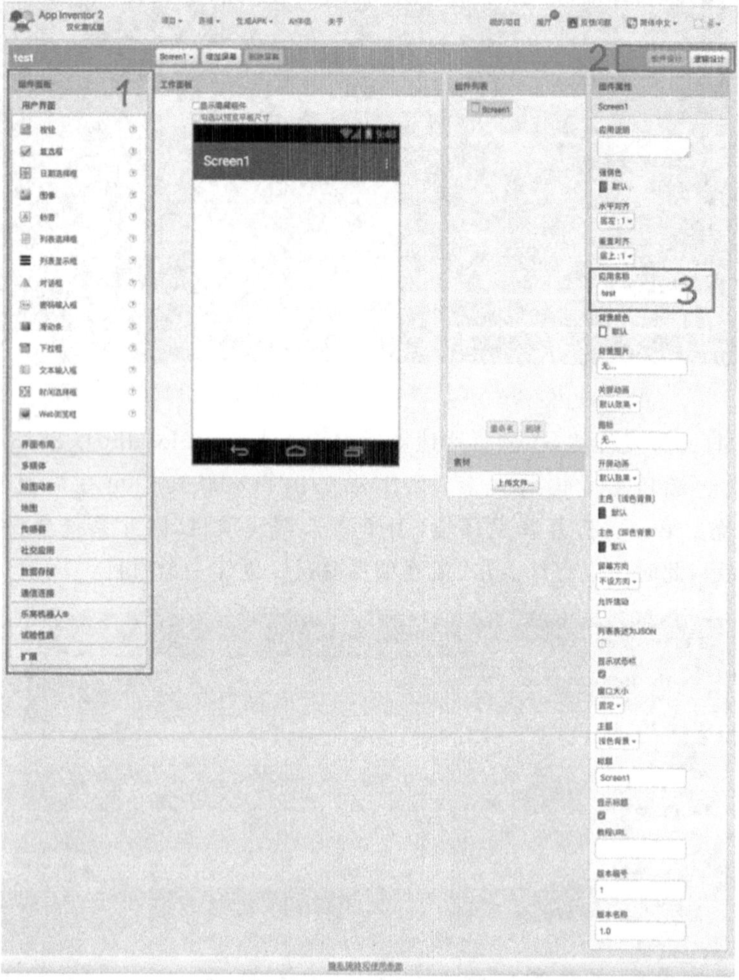

图 1 - 6　test 项目开发界面

图中 1、2、3 标注的分别是：

(1)组件面板区域。App Inventor 提供了 8 类组件以方便程序设计人员快速启动语言程序设计，并且每一类中都提供了常用的功能组件。选中所需的组件后，用鼠标将其拖拽到中间的手机界面区域，就能在项目中使用该组件了。点击组件右边的问号，可以查看组件的介绍。熟悉 App Inventor 内置组件后，如果发现组件不够用，可以通过上传“扩展”加入其他用途的组件，扩展 App Inventor 的功能，制作更加丰富的应用。

(2)设计作业模式提示区域。App Inventor 中有“组件设计”和“逻辑设计”两项重要功能。在“组件设计”视图中，选择合适的组件设计应用程序的界面；在“逻辑设计”视图中，设计组件对应的事件逻辑，及传统意义上讲的程序设计，比如点击按钮更新标签的显示文本等。

(3)组件属性区域。不同组件会有不同的属性，在“Screen1”组件的属性中，可以设置应用安装到手机中的显示名称、应用图标等。属性具体的用途，通过属性名称也能理解得八九不离十。

在“组件列表”中选中“Screen1”，设置水平对齐和垂直对齐属性为“居中”，将应用名称属性设置为“测试应用”，窗口大小设置为“自适应”。然后再点击组件面板中的“按钮”，拖拽进工作面板，并将按钮的文本属性设置为“点击”，效果如图 1－7 所示。

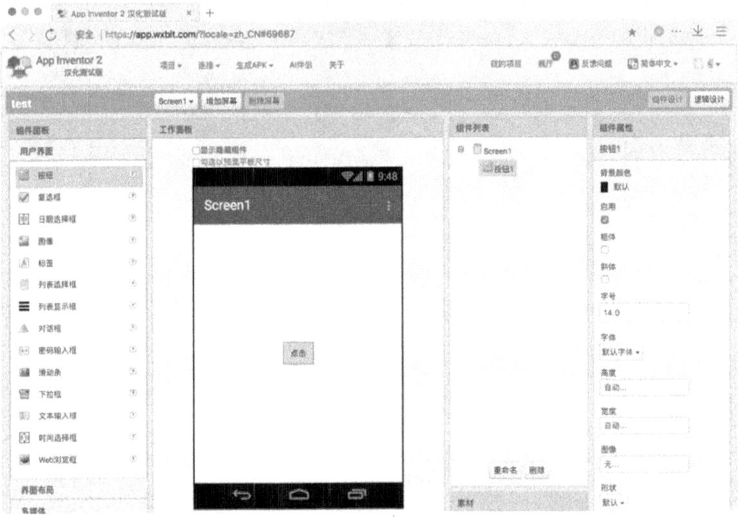

图 1－7　按钮属性设置

接下来，我们切换到“逻辑设计”视图，如图 1－8 所示。设置点击按钮时，让按钮的名称变更为“点击:n”的格式，每次点击 n 都增加 1。

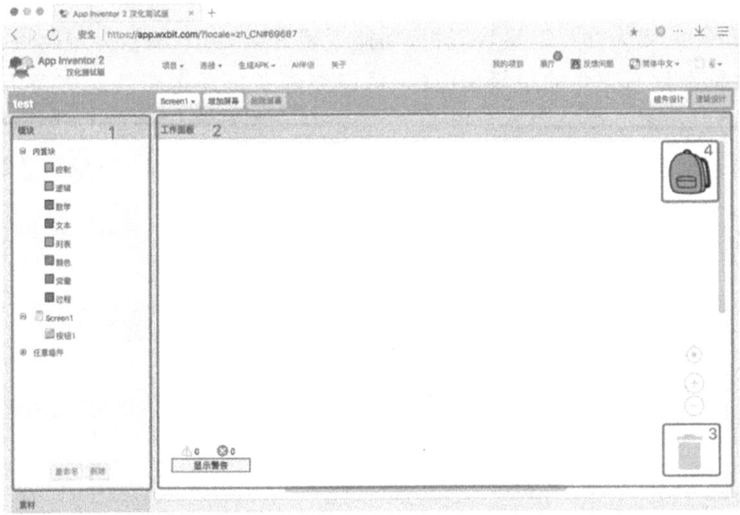

图 1－8　test 项目逻辑设计视图

逻辑设计视图中，我们可以看到：

(1)“模块”区域列出了 App Inventor 内置的逻辑块和组件。内置块分为 8 大类，是制作应用的重要支撑。点开查看，从文字即可理解每个逻辑块的作用。内置块下方列出所用的组件，“Screen1”是整个应用的入口。点击组件，可以看到该组件的事件块、获取设置属性值的块，以及组件的其他功能块，如图 1－9 所示。

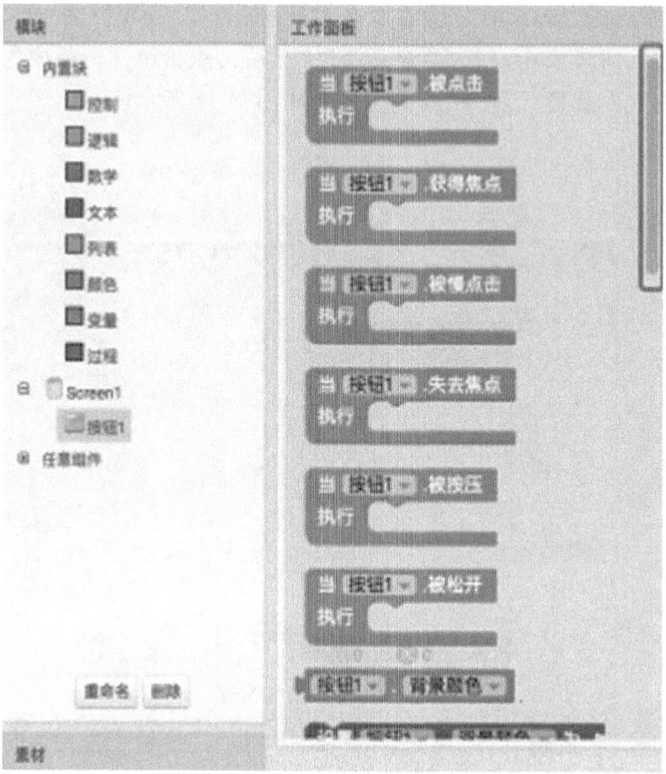

图 1－9　按钮 1 的属性、方法以及事件列表

(2)“工作面板”区域为摆放逻辑块，拼接功能逻辑的区域，下凹槽为逻辑块，左凹槽接收属性值。将逻辑块拖动到右下角的垃圾桶图标，可以删除所拖动逻辑块。将逻辑块拖动到右上角的背包图标，可以在多个屏幕中共享逻辑块，也就是逻辑块的“复制”与“粘贴”功能。

从“按钮”的逻辑块中将“被点击”拖到工作区域，然后从分别从“变量”“数学”“文本”块中拖出对应逻辑块，构成“按钮每点击一次，其名字显示＋1”的逻辑，如图 1－10 所示。

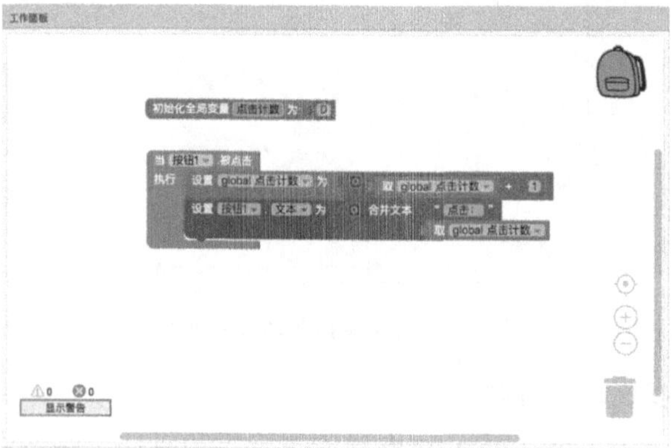

图 1－10　按钮被点击事件代码

至此，第一个安卓应用制作完成。

点击“生成 APK”菜单的“显示二维码”，App Inventor 平台会生成安卓的应用安装文件，

使用手机AI伴侣扫描二维码即可下载安装到手机中。由于二维码的有效时间只有2小时，一般只用于自己安装测试。也可选择“下载到电脑”将生成的APK文件下载到电脑本地，再通过计算机运行的QQ传送到自己的手机进行安装运行。

程序设计完毕并且生成APK文件后，往往需要进行测试，以发现程序中可能存在的漏洞，检验是否达到预期的设计效果。App Inventor内置的模拟器还停留在Android 1.0时代的样子，并且性能有限，不支持摇一摇、定位等传感器信息处理。而且还有一个很麻烦的问题，就是这个手机模拟器中内置的AI伴侣版本太低，需要升级，而这个升级过程比较麻烦，在很多机器上不能正常进行。因此这里给出一种采用第三方Android模拟器来替代的方案。详细步骤如下：

(1)下载雷电安装模拟器。搜索并下载最新版本的雷电模拟器，如图1-11所示。

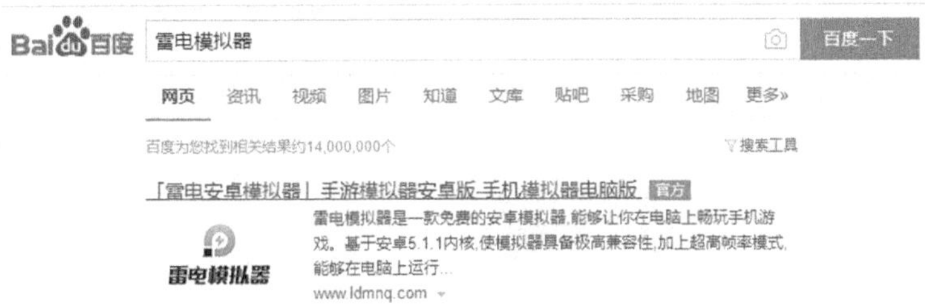

图1-11 雷电模拟器下载页面

(2)安装雷电安卓模拟器。雷电模拟器安装比较简单，一路按照缺省选择进行即可，如图1-12所示。

图1-12 雷电模拟器安装界面

(3)启动雷电安卓模拟器主页。启动后，可以看到与Android主页几乎完全相同的运行界面，如图1-13所示。

(4)安装前期下载到本地的APK文件。在雷电模拟器中点击浮动菜单栏的“安装”选项，按照提示安装生成的APK文件。安装完成后，模拟器中会出现程序图标，双击图标，已经开发的Android应用程序就会运行，结果如图1-14所示。

这时，可以测试程序功能是否和预期一致。至此，一个非常简单的Android应用程序就开发完成了，是不是很简单呢？

图1-13 雷电模拟器运行界面

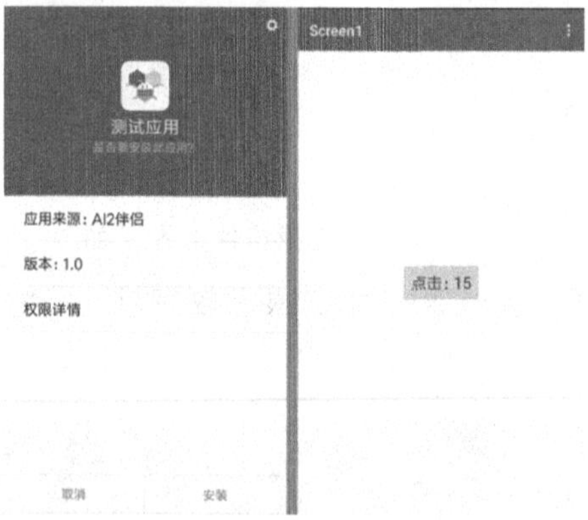

图1-14 雷电模拟器程序安装与运行

1.5 信息化时代人的核心竞争力

1.5.1 未来教育的核心能力

信息化时代，计算科学已经无处不在——改变着人们的工作、合作、沟通、购物、衣食住行、学习等，从艺术到科学政治，没有哪一个领域不受影响。在可预见的未来，人工智能技术将掀起一场影响更为深远的“第四次科技革命”——大部分常规的、无须深度思考的职业领域将会消失，被自动化和人工智能技术所取代。在人工智能时代，计算机处理表层知识的能力将远超人类，如果学校教育继续聚焦表层知识的传递，那么，其培养出来的人与二流的计算机无异。在这种严峻的形势下，教育必须面向未来，培养学生的高阶能力已经成为国际教育界的共识。

这种共识反映在席卷全球的21世纪技能运动中。21世纪以来，社会变化日新月异，为了不被时代淘汰，人们不断思考着该如何学习，探讨哪些技能在这个时代是必备的。不同的国家和国际组织都不约而同地出台了聚焦于21世纪技能的教育报告和素养框架，尽管它们在表述上有所差异，这些指向未来的学习框架无一例外地将高阶能力放置在核心位置。这场变革运动逐渐从重视基础性读、写、算的“3R”技能（Reading，wRiting，aRithmetic）转向重视面向所有人的高阶性、多维性和复杂性的“4C”技能，即批判性思维（Critical thinking）、沟通能力（Communication skills）、团队协作（Collaboration）、创造与创新（Creativity and innovation），“4C”能力已经越来越普遍地被认为是学校课程的基本要素。

近年来，随着云计算、物联网、大数据挖掘、人工智能等技术在众多行业中展现出的计算优势和变革力量，关于计算思维培养的研究与实践在世界各地持续升温。越来越多的国家已经进入或正在实施将计算思维纳入学校课程体系的进程中。计算思维作为另一项核心技能，越来越受到全球各地教育领域学者的关注，并逐渐成为 21 世纪核心能力的“第 5 个 C”（Computational Thinking，CT）。

“5C 能力”中，计算思维能力、批判思维能力、创新创造能力一直以来都是传统教育忽视或者重视不足的典型短板，处于既缺乏足够认识，也缺乏有效培养手段的尴尬局面。幸运的是，为了迎接新工业革命对高等教育的挑战，出于对教育实用性以及教学成果（教学产出）的反思，以“5C 能力”为代表的核心能力越来越受到教育领域的重视，部分融入计算思维的教材也陆续出版，中国的新教育模式已经初见曙光。

1.5.2 计算思维及其内涵

作为科学思维谱系中的三大思维模式之一（其他两个为实证思维和逻辑思维），计算思维的本质是解决问题的思维与能力。虽然计算思维在教学实践中常常与计算科学领域紧密相连，但它并不是一个伴随计算机的出现而出现的概念，当我们在处理诸如问题求解、系统设计等方面的问题并进行描述与规划时，都会看到计算思维的影子，虽然其定义并不是很清晰。不过，正是由于计算机的出现，计算思维的研究和发展才发生了根本性的转变。

计算思维（Computational Thinking）最早由卡内基梅隆大学（Carnegie Mellon University，CMU）计算机科学系主任周以真（Jeannette M. Wing）教授提出，是指运用计算机科学的思维方式进行问题求解、系统设计以及人类行为理解等一系列的思维活动，是一种用电脑的逻辑来解决问题的思维。它吸取了数学思维方法，庞大复杂系统的设计与评估的一般工程思维方法，以及复杂性、智能、心理、人类行为的理解等的一般科学思维方法。计算机科学在本质上源自数学思维，因为像所有的科学一样，其形式化基础建筑于数学之上。计算机科学又从实质上源自工程思维，因为我们建造的是能够与实际世界互动的系统，基本计算设备的限制迫使计算机学家必须计算性地思考，不能只是数学性地思考。同时，构建虚拟世界的自由使我们能够设计超越物理世界的各种系统。

具体而言，计算思维包括转换问题、分解问题、模式认知、抽象思维、算法设计与评估。

转换问题，是指计算思维就是通过约简、嵌入、转化和仿真等方法，把一个看起来困难的问题重新阐释成一个我们知道解决方法的问题。

分解问题，是一种采用分解来控制庞杂的任务或进行巨大复杂系统设计的方法，是基于关注分离，选择合适的方式去陈述一个问题，或对一个问题的相关方面建模使其易于处理的思维模式。通俗地说，是指把一个看似复杂的问题分拆成几个小问题来解决，在每个小问题中设定目标和解决方案，当每个小问题解决完毕，这个整体的问题也就自然得到解决了。也就是说遇到任何庞大而复杂的问题，都可以通过拆分出有逻辑关系的小块问题，然后在每个小模块里面解决。

模式认知，是指学习者对信息的获取、处理的模式，探寻形成这些模式背后的一般规律。是利用启发式推理寻求解答，也即在不确定情况下的规划、学习和调度的思维方法，或根据已有的直接经验和学习获得的间接经验，来解决问题的过程。

抽象思维，是指通过抽象分析，把工作分出主次，剥离出核心和本质问题，然后着重去关注和解决这些主要的方面和问题。

算法设计与评估，可以理解为解决方案的设计与评估，属于一种具体的解决方案。运用好计算思维中的算法设计，严谨、精确、科学地规划好每一步方案，自然会达成目的。与此同时，在设计实验内容时，在尝试以多种方法来实现同一个计算任务，提倡算法多样化的同时，思考和分析已有算法的优缺点，进行简化和优化。这体现出在时间和空间之间，在计算机处理能力和存储容量之间需要进行折衷的思维方法，进而培养计算思维的多样性和灵活性。

所以计算思维将成为每一个人解决实际问题所需技能的基本组成之一，而不仅仅限于科学家解决学术问题，或者软件工程师完成具体工作任务时才需要。具有计算思维能力的学生表现为：

(1)在教学活动的相关任务完成中，能够采用计算机可以处理的方式界定问题、抽象特征，建立结构模型、合理组织数据；

(2)通过判断、分析，综合各种信息资源，运用合理的算法形成解决问题的方案；

(3)总结利用计算机解决问题的过程和方法，并迁移到与之相关的其他问题解决中。

1.5.3 批判性思维及其内涵

批判性思维的起源最早可追溯到 2500 年前的古希腊思想家苏格拉底的思想和讨论——"苏格拉底问答法"。苏格拉底认为一切知识，均从疑难中产生，愈求进步疑难愈多，疑难愈多进步愈大。苏格拉底问答法是逻辑推理和思辨的过程，它要求对概念和定义进行进一步的思考，对问题做进一步的分析，而不是人云亦云，只重复权威和前人说过的话。苏格拉底式的问答法，对于培养独立思考的能力，怀疑和批判的精神，可以起到非常重要的促进作用。

现代意义上批判性思维概念的提出，从杜威的反思性思维(reflective thinking)开始，即大胆质疑、谨慎断言。杜威强调对某个观点、假说、论证需要采取谨慎的态度，在进行主动、持续和细致的理性探究之前，先不要立即赞成或反对——延迟判断。

此外，美国的科学哲学家卡尔·波普尔从科学哲学的角度也强调了批判性讨论在科学进步中的重要性。波普尔以批判理性主义为出发点和内核，建立了他的科学方法论。波普尔认为，科学的精神就是批判，不断推翻旧有理论，不断做出新发现。按照波普尔的说法，只有可证伪的陈述才是科学的陈述。因此，知识的真理性特质只有通过外在化的批判性检验才能获得。他把知识的增长看作动态的过程，运用批判理性主义把这个过程"理性重建"为著名的四阶段图式——"提出问题—尝试性解决—反思、质疑、排除错误—新的问题—……"。

为了进一步厘清批判性思维的定义，一个由 46 名批判性思维专家组成的国际小组进行了合作研究，这个小组中的专家来自很多不同的学术领域，包括哲学、心理学、经济学、计算机科学、教育学、物理学等。为了达成共识，以 Facione 为首的研究小组参与了由兰德公司(Rand Corporation)开发，名为 Delphi Method 的研究项目，历时两年。专家们所要解决的问题是对于“批判性思维”的含义达成一个可行的共识，使之能够服务于学术领域教学和评估的目的。

专家组于 1990 年发表了《批判性思维：一份专家一致同意的关于教育评估的目标和指示的声明》，即 Delphi 报告，其中指出，“批判性思维是有目的的(purposeful)、通过自我校准(self-regulatory)的思维判断。”Facione 将批判性思维分为认知技能和感知倾向，其中认知技能包括：阐述、分析、评估、推论、解释和自我校准六个方面。

阐述：即理解和表达经验、情形、数据、事件、判断、惯例、信仰、规则、程序或标准的意义和重要性。

分析：即鉴别陈述、提出问题、概念、描述，或其他试图表达信仰、判断、经验、理由、信息或意见(看法)的表达形式之间的推论性关系。

评估：即评定对于感觉、经验、情形、判断、信仰或观点的描述和解释的可信性；评定陈述、描述、提出问题、或其他表达形式之间的推论性关系的逻辑强度。

推论：鉴别和保证得出合理结论的必要元素；形成推测和假说；考虑相关信息并从数据、陈述、原理、证据、判断、信仰、观点、概念、描述、提出问题或其他表达形式中得到结论。

解释：陈述推理的结论；证明推理的正确性；用使人信服的论据来呈现推论。

自我校准：自我有意识的监控认知行为，以及这些认知行为中所运用的认知手段、引起的结果，特别是以一种质疑、重审或纠正推论或结果的态度来分析、评价自己的推论性判断。

此外，在批判性思维的情感倾向方面，科南特(J. Kurland)于 1995 年提出：批判性思维与过分情感主义、智力懒惰和封闭思维相反，它关注证据、智力、诚实和开放思维。因此批判性思维强调依靠证据而非情感，全面考虑各种可能的观点和解释，警惕个人动机和偏见的影响，更关注寻求真理，不拒绝非流行的观点，意识到自己的偏见、歧视，自觉避免或减少这些偏见对判断的影响。此外，具有批判性思维并不意味着总是对任何人和任何事持否定态度和吹毛求疵，批判精神意味着敏锐的思维、好奇的探究、对推理的热情、对可靠信息的渴望。

在当今学术界，对于批判性思维，恩尼斯曾提出较为简洁且被广泛引用的概念：批判性思维是合理的、反思性的思维，其目的在于决定我们的信念和决策。在信息时代，批判性思维是一种评估、比较、分析、探索和综合信息的能力，批判性思维者愿意探索艰难的问题，包括向流行的看法挑战，批判性思维的核心是主动评价观念的愿望。

如今，批判性思维的训练已经成为现代西方教育体系中不可分割的一部分。北美的 GRE、GMAT、SAT 等能力型考试，都设有“批判性推理”(Critical Reasoning)模块和“分析写作”(Analytical Writing)模块，用来测试学生的分析、论证和表达的能力。

1991 年美国的《国家教育目标报告》指出：“应培养大量的具有较高批判性思维能力、能有效交流、会解决问题的大学生”，“培养学生对学术领域问题和现实生活问题的批判思考能力不仅是教育的重要目标，这对于当前复杂多变的世界，培养会思考的公民和有能力的劳动者，进而维护民主社会都意义深远。”

在美国，许多大学都开设了一系列不同类别的通识教育课程(Liberal Arts，或称为博雅教育)，这些课程的目标是为了：

(1)使学生的思维更开阔，尝试用不同角度看待问题，用多种方法解决问题；

(2)培养学生的理性思维能力，识别推理和逻辑过程中的错误，正确理解和评估各种学科领域的知识，理性地评判伦理道德或学术观点，并自我反省；

(3)在对各领域重大问题的理解、解决过程中，培养学生分析、判断、分类、综合的能力，辨别事物变化的模式；

(4)培养学生的科学理性精神和思维能力，帮助学生掌握有效获取知识的方法和思维习惯。

批判性思维是科学探索能力的重要组成部分，那么应该如何提高批判性思维的能力呢？批判性思维有其系统性的思考框架，当我们需要表达自己的观点、建构自己的论证时，一个有效的训练策略如下所示：

(1)确定问题，厘清概念，有目的性地思考；

(2)针对这个问题，明确有哪些不同角度的论点和看法(这些角度有何不同？是否存在相应的理论或框架？如何利用这些不同的观点来解释问题?)；

(3)从不同的角度，正反两方面来评估论点和论据(信息是否可靠？是否切题、相关？是否充足，是否存在偏见或不合理的隐含假设等)；

(4)综合不同角度的思考，得出自己的结论(并反思自己的理由是否相关、充足？是否存在偏见？有何优势和劣势等)。

1.5.4 创新创造能力及其内涵

在这个时代，墨守成规在任何领域都难以取得成就。面对科技的迅猛发展，任何行业的规则都无法保持不变，所以创新创造能力将是取得成功的基石。只有想到别人想不到的地方，才能吸引人的关注。要在一个领域取得成功，就要拿出过人的创新能力，否则难免屈居人后。尤其是在即将到来的人工智能时代，大多数日常的工作都会被机器人所取代，唯有具备创新思维的人才才有机会立于不败。创新创造能力与创新、创意、创造性思维、创造、创造力等核心概念密切相关。

什么是创新呢？创新是在当今世界，在我们国家出现频率非常高的一个词，同时，创新又是一个非常古老的词。在英文中，创新即“innovation”一词起源于拉丁语，原意有三层含义，第一，更新；第二，创造新的东西；第三，改变。创新作为一种理论，形成于20世纪，是由美国哈佛大学教授熊彼特在1912年首次引入经济领域的。创新思维是指以新颖独创的方法解决问题的思维过程，通过这种思维能突破常规思维的界限，以超常规甚至反常规的方法、视角去思考问题，提出与众不同的解决方案，从而产生新颖的、独到的、有社会意义的思维成果。创新思维的本质在于用新的角度、新的思考方法来解决现有的问题。

创意，通常指的是创造性的想法、构思。在实际生活中，我们常常会有很多新疑问、新方法、新假设、新构想、新策划、新发现、新方案，甚至看起来是异想天开的点子和构思，从广义上讲，都属于创意。创意的范围非常广泛，小到产品的构思、设计——每一个方案的提出，首先是有一个创意，然后才有后续的步骤；大到社会制度的变革——创意既是变革的起点，又蕴含在每一个环节之中。总的来说，从科学发明到艺术创作，从经济管理到军事政治，创意无处不在。

正是由于有了创意，人类才得以认识和反映客观世界的现象和本质，通过变革客观事物，将新的设想变为现实，创造出形形色色的新事物，满足自身发展不断增长的各种需求。

创意开发能力，是指以一定的知识为前提，创意者充分发挥其主观能动性，积极调动智力和非智力因素进行创造性思维的能力，也是在实践的基础上一种对知识经验在不同层面的灵活运用。就创意能力是创造性思维能力这一点来说，目前有些心理学家如吉尔福特等认为：创造性思维是多种思维的结合表现，它既是发散思维与辐射思维的结合，也是直觉思维与分析思维的结合，它不仅包括理论思维，而且也离不开创造想象。这样来说，创意能力主要指创造性思维能力，但更倾向于一种综合的能力，它包括一定思维模式和知识经验的综合。

创造性思维是创意开发能力的核心，是人类智力活动的最高表现。一切创造性的成果都是创意思维的外现和物化。这种认识世界的思维活动与创新紧密联系在一起，具有极高的社会价值。创造性思维最突出的特点就是思维过程的求异性、思维结果的新颖性、思维主体的主动性与进取性。

创造性思维属于心理活动的高级过程，由于人体自身的复杂性导致难以对其进行精确的科学分析，尤其难以进行量化的实验研究。目前对其的研究大多通过对科学家、艺术家、企业家、工程技术专家的工作的分析来进行。分析结果表明，不同领域的创意开发活动虽然具有不同的特点，但其基本条件和过程是类似的。具体表现在：科学上的创意要求科学家准确认识客观现象及其规律，不断丰富人类认识体系，开拓认识的边界；艺术的创意要求艺术家对于生活要有深刻的理解，创作出更多具有价值的艺术作品；企业的创意则要求企业家和工程技术人员把握经济发展规律，不断发展新技术、新模式、新产品，满足市场的需要。从这一点可以看出，创意开发能力并非无源之水、无本之木，而是多种知识共同作用、综合运用的结果。创意开发能力中的知识，以经过专业学习和训练获取的科学知识为主要成分，以工作学习过程中积累的经验为辅助成分。而创新方法则是知识和经验的催化剂，是以最大限度、最快捷方式催生创新成果的有效手段。

创造是指将两个或两个以上的概念或事物按一定方式联系起来，主观地制造客观上能被人普遍接受的事物，以达到某种目的的行为。简而言之，创造就是把以前没有的事物生产或者制造出来，是一种典型的人类自主行为。因此，创造的一个最大特点是有意识地对世界进行探索性劳动。

创造力是与创造紧密相关的概念，一切创造都源于人类高超的创造力。创造力是人类特有的一种综合性本领，一个人是否具有创造力，是一流人才和三流人才的分水岭。它是由知识、智力、能力及优良的个性品质等复杂多因素综合优化构成的。创造力是产生新思想，发现和创造新事物的能力，也是成功地完成某种创造性活动所必需的心理品质。例如创造新概念、新理论，更新技术，发明新设备、新方法，创作新作品都是创造力的表现。创造力是一系列连续的、复杂的、高水平的心理活动，它要求人的全部体力和智力的高度紧张，以及创造性思维在最高水平上进行。

创造力的构成可归结为三个方面：

(1)作为基础因素的知识，包括吸收知识的能力、记忆知识的能力和理解知识的能力。吸收知识，巩固知识，掌握专业技术、实际操作技术，积累实践经验，扩大知识面、运用知识分析问题，是创造力的基础。任何创造都离不开知识，知识丰富有利于更多更好地提出创造性设想，并对设想进行科学的分析、鉴别与简化、调整、修正,同时还有利于创造方案的实施与检验,有利于克服自卑心理,增强自信心。这是创造力的重要内容。

(2)以创造性思维能力为核心的智能。智能是智力和多种能力的综合与创造,既包括敏锐、独特的观察力,高度集中的注意力,高效持久的记忆力和灵活自如的操作力,也包括创造性思维能力,还包括掌握和运用创造原理、技巧和方法的能力等。这是构成创造力的重要部分。

(3)创造个性品质,包括意志、情操等方面的内容。它是一个人在生理素质的基础上,在一定的社会历史条件下,通过社会实践活动形成和发展起来的,是创造活动中所表现出来的创造素质。优良素质对创造极为重要,是构成创造力的又一重要部分。

在构成创造力的3大要素中,创造性思维最为关键,其培养训练方法众多,笔者在教学实践中主要采用了以下几种:

(1)类比创意方法。类比创意就是选择两个对象或者事物(同类或者异类),对它们的某些相同或者相似性进行考察和比较。本质上是通过已知事物的属性推测未知事物也具有类似的属性。类比创意方法的使用,关键在于联想能力,联想能力越强,就越容易在两类相差很远的事物或事件间建立联系和类比关系,也就越容易得到突破性创意和解决思路。

(2)移植创意方法。移植创意方法是指将某一领域的技术、方法、原理或者构思移植到另外一个领域而产生新事物、新观念、新创意的构思方法。在科学发展史上,很多重大发明就是借用了其他领域的有关知识,才解决了本领域内未能解决的重大问题。移植方法包括原理性移植、方法性移植、结构性移植、功能性移植、材料性移植。但是移植法仅仅提供了一个思维的突破口,能否成功,还需依赖很多具体的工程技术。

(3)模仿创意方法。模仿创意方法是指通过模拟、仿制已知事物来构造未知事物的创意解决问题的构思方法。这是一种极为常用的方法,甚至有人说“所有的创造都是从模仿开始的”。从模仿的创造性程度划分,模仿创意可以分为机械式模仿、启发式模仿以及突破性模仿。模仿创意的具体手段一般包括原理性模仿、功能性模仿、结构性模仿、形态性模仿、仿生性模仿、综合性模仿。模仿创意方法不仅仅适合于科技领域,在文化艺术甚至生活领域,也都是一种极为有效的创意构思方法。

(4)逆向创意方法。逆向创意方法是一种与原有事物故意唱反调的思维方法,掌握起来并不困难,但是反其道而行之的思维方法,其结果并不一定都是可行的,不过它却可以帮助我们迅速摆脱思维过程的困境。当按照常规的解决方案处理问题不见效时,不如尝试用与常规解决方案反其道而行之的方式试一试,或许在某种情况下会有意想不到的效果。逆向创意方法的具体手段一般包括结构的逆向、次序的逆向、时机的逆向、位置的逆向、原理的逆向、方法的逆向、功能的逆向、工艺的逆向、管理的逆向、用人的逆向等。

(5)组合创意方法。组合创意方法是应用极为广泛的一种创意构思技法。据统计,现代技术成果中大约60%~70%是通过组合创意方法得到的。组合创意方法的关键在于找到组合对象后,把它们有机地结合在一起,需要在各组成部分间建立某种联系,使其成为一个系统整体。一般按照两条路径思考:一是从某种功能目的出发,寻找具有或者接近这种功能的对象加以组合;二是在没有明确要求的情况下,对于已有的事物随意组合,判断结果是否具有一定的新意。基本的组合手段包括材料组合、结构组合、功能组合、方法组合、原理组合、技术组合等。

1.5.6 移动教育软件开发中的高阶能力培养

以"5C"为代表的高阶思维能力集中体现了知识时代对人才素质提出的新要求，是适应知识时代发展的关键能力。培养高阶能力已经成为全球知识社会的基本共识，而如何面向所有人有效地培养高阶能力，则是全球教育改革的焦点。前文所述的高阶能力究竟如何培养呢？文献研究发现，国内外学者针对高阶思维能力培养要素的研究具有以下共同点：

(1)以学生为中心，关注学习过程。以学生为中心安排课堂教学是影响高阶思维技能增长的一个关键因素，同时锻炼学生的高阶思维要注意在课堂中做到让学生成为教学的控制主体。

(2)注重问题解决和反思。提问往高一层次去设置，将会指向更为复杂的思维和问题解决；批判性思维较强的人，可以更快地发现事物的特征和不同事物之间的相互联系，而批判性思维的锻炼主要体现在问题解决的过程中。

(3)重视提供情感支持。在教学过程中提供辅导和情感支持相融合的学习环境，将有利于提升学生的高阶思维能力。直播教学具有的场景化、互动性和现场感等特征，可以使学习氛围更为强烈，并降低学生的学习孤独感，从而更能激发学生的学习热情。

(4)强调讨论交流。在教学过程中，师生之间的互动与讨论尤为重要——因为当一个话题聚集越来越多的讨论时，高阶思维的学习过程就有可能发生。

因此，培养高阶思维能力的策略主要包括以下几个方面：

1)设计实际问题有效嵌入情境：培养学生的问题解决能力

问题解决的过程一般包括四个关键步骤：发现问题、理解问题、提出假设和验证假设。在教学的过程中，教师需要将问题解决的这四个关键步骤嵌入教学，让学生在分析问题、思考问题解决方法的基础上寻求必要的支持，促使问题更好地解决。

2)以任务驱动推进自我调控学习：培养学生的自主学习能力

教师应设置具有挑战性的学习任务，以锻炼和培养学生的高阶思维能力。在教学中，教师可将课程期末作品的相关要求提前告知学生，将课程大作业的学习任务切分为一系列子任务，并将这些子任务嵌入平时作业，这样可以加强学习任务之间的关联性，增强学生的学习动机。

3)基于同伴互评的小组合作学习：培养学生的合作交流能力和思辨能力

基于同伴互评的小组合作学习是指通过"小组合作—共商方案—各有分工—相互关联—小组互评—作品修改—作品完善"的流程，可使学生的合作交流能力和思辨能力得到提升。落实"相互批判—接受—改进"的小组合作流程，既能督促学生更好地完成本组作品，又能提升学生的合作交流能力和思辨能力。

4)提供合适学习支架：帮助学习者穿越"最近发展区"

学习支架可分为软支架和硬支架两种：软支架是指在教学中教师给出的问题提示等，而硬支架是指评价量规这类可用于实际指导学生学习行为的参考标准等。研究表明，学习支架能够有效帮助学生理解问题要点，对提升学生的批判性思维具有一定的支持作用，有助于学生高阶思维的发展。

5)以合作答辩促进思维拓展：培养学生的创造性思维能力

小组围绕学习主题开展合作答辩，在答辩中，学生能更好地发现核心问题，理清事物逻辑，提升语言表达能力和创造性思维能力。

总的来说，面向高阶思维能力培养的教学首先由教师将问题嵌入情境，引导学生自主发现问题、提出问题；接着学生进行自主学习，教师以任务驱动引导学生进行自我调控学习，培养其自主学习能力；然后小组开展合作学习，通过小组互评促使学生反思，培养学生的合作交流能力和思辨能力；此后教师再预设学习支架为学生提供学习支持，帮助学生更好地应对学习挑战，培养学生的批判性思维能力；最后开展合作答辩，拓展学生的思维，培养其创造性思维能力。

2 程序开发基础

2.1 几个基本概念

2.1.1 变量

计算机程序运行的实质就是一系列的运算，在计算之前我们需要做的事情就是先把需要运算的数据存储起来，而变量就可以理解为一个存储空间的名称。程序所用到的数据都会保存在内存中，程序员则借助变量来访问或修改内存中的数据。每一个变量都代表了一小块内存，而变量是有名字的，程序对变量赋值，其实就是把数据装入该变量所代表的内存区的过程，同样的道理，程序读取变量的值，实际上就是从该变量所代表的内存区取值的过程。变量可以形象地理解为有名字的容器，该容器用于装载不同类型的数据。

变量必须由程序员自己声明，变量的名称必须以字母或者下划线开头。App Inventor 中所有用于变量名的字符必须是字母、数字或者下划线，并且不能以数字开头，不能出现中文。

变量是有不同数据类型的，App Inventor 中，变量可以是文本型、数值型、逻辑型或者列表型。

变量分为局部变量和全局变量。全局变量在整个 App 中都可以使用，局部变量一般在事件处理模块中使用。

定义全局变量的步骤如下：

(1)在逻辑设计(编程)页面左侧代码块中单击“变量”，工作区域弹出 5 个内置代码块，分别是声明全局变量、访问变量、变量赋值、创建指定范围内的局部变量、创建指定语句块中的局部变量。

(2)从工作区域中向编程区域拖出声明全局变量语句块，将默认名称“我的变量”更改为自己感兴趣的名称，文中更改为“My_String”。

(3)单击内置代码块中的文本模块，在工作区域显示的内置代码块中选择一个字符串代码块，将一个字符串代码块与全局变量 My_String 对接，并设置文本的内容为“My First String Variable”，如图 2.1 - 1 所示。

至此，完成文本类型全局变量 My_String 的创建，并对其赋予初值“My First String Variable”。

局部变量有两种类型，一是指定范围的局部变量，二是指定代码块中的局部变量。两者的作用范围不同，仅在其作用范围内有效。

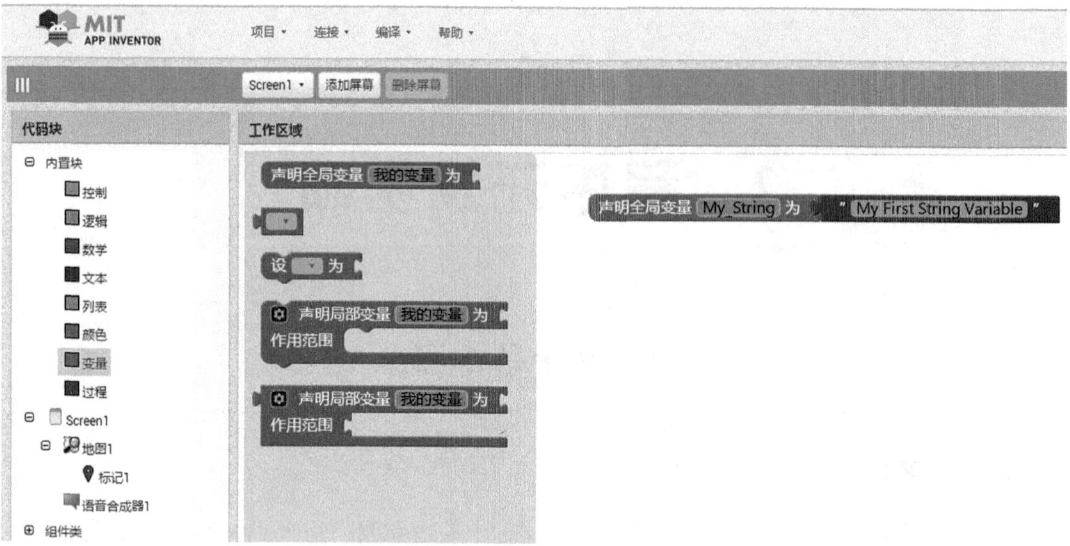

图2.1-1 全局变量的声明与赋值

其中定义局部变量的步骤如下：

(1)在逻辑设计(编程)页面，左侧代码块中单击“变量”，工作区域弹出5个内置代码块，分别是声明全局变量、访问变量、变量赋值、创建指定范围内的局部变量、创建指定语句块中的局部变量。

(2)从工作区域中向编程区域拖出声明全局变量语句块，将默认名称“我的变量”更改为自己感兴趣的名称，文中更改为“My_value”。

(3)单击内置代码块中的数学模块，在工作区域显示的内置代码块中选择默认值为“0”的数值赋值代码模块，将其与全局变量My_value对接，如图2.1-2所示。

图2.1-2 局部变量的声明与赋值

至此，完成数值型局部变量My_value的创建，并对其赋予初值“0”。

2.1.2 对象

万物皆对象，对象是客观存在的事物，可以说任何客观存在都是可以成为对象的，一台电脑，一支钢笔，一个人，一辆轿车，等等，都是可以成为对象的。

App Inventor中的对象一般指的是开发环境提供的各种可供开发者直接使用的程序组件，这些程序组件被分类为12类，各类组件及其内含具体对象如下：

(1)用户界面类：按钮、复选框、日期选择框、图片、标签、列表选择框、列表显示框、对话框、密码输入框、数字滑动条、下拉框、文本输入框、时间选择框、Web浏览框等。

(2)界面布局类：水平布局、水平滚动布局、表格布局、垂直布局、垂直滚动布局。

(3)多媒体类：摄像机、照相机、图片选择框、音频播放器、音效播放器、录音机、语音识别器、语音合成器、视频播放器、语言翻译器。

(4)绘图动画类:球、画布、精灵。

(5)地图应用类:圆、特征点群、线、地图、标记、多边形、矩形。

(6)传感器类:加速度传感器、条码扫描器、计时器、陀螺仪传感器、位置传感器、近场通信传感器、方向传感器、计步器、接近传感器。

(7)社交应用类:联系人选择框、邮箱选择框、电话拨号器、电话号码选择框、信息分享器、短信收发器、推特客户端。

(8)数据存储类:文件管理器、图表管理器、本地数据库、网络数据库。

(9)通信连接类:活动启动器、蓝牙客户端、蓝牙服务器、Web 客户端。

(10)乐高机器人类:NXT/EV3 电机驱动器、NXT/EV3 颜色传感器、NXT/EV3 光线传感器、NXT/EV3 声音传感器、NXT/EV3 接触传感器、NXT/EV3 超声波传感器、NXT/EV3 指令发送器、EV3 陀螺仪传感器、EV3 声音播放器、EV3 界面控制器。

(11)试验组件类:云数据库、Firebase 数据库。

(12)扩展插件类:默认空白,由用户自行导入需要的插件。

App Inventor 中提供的 12 大类对象已经覆盖一般简单 App 开发所必须的几乎全部基本功能,开发者只需要根据自己的需要直接调用即可快速实现从创意到技术原型产品的开发。

2.1.3 属性

面向对象编程中,属性是个体对象的性质(特征、特性)。在 App Inventor 中,属性是指各个编程组件的大小、颜色、位置、形状等特性,这些表述组件形态特性的参数,既可以在设计界面中进行设置,也可以在编程界面调用内置代码块进行设置或者读取。图 2.1-3 是地图组件在设计界面中部分可设置的参数,图中椭圆覆盖区域就是设计视图下,地图组件可以读取和设置的属性参数。

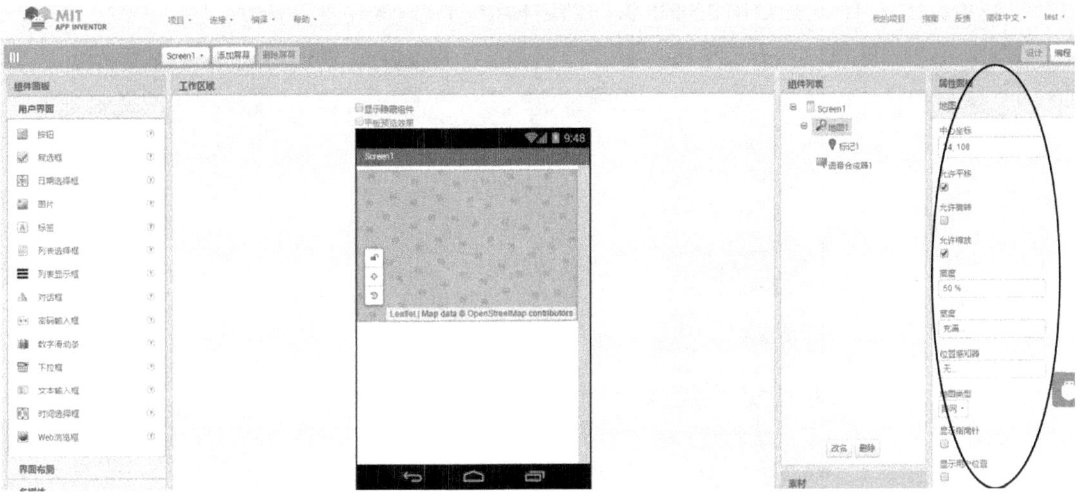

图 2.1-3 设计视图下地图组件可以读取和设置的属性

图 2.1-4 为在逻辑视图下,地图组件可以设置或者读取的部分属性参数。

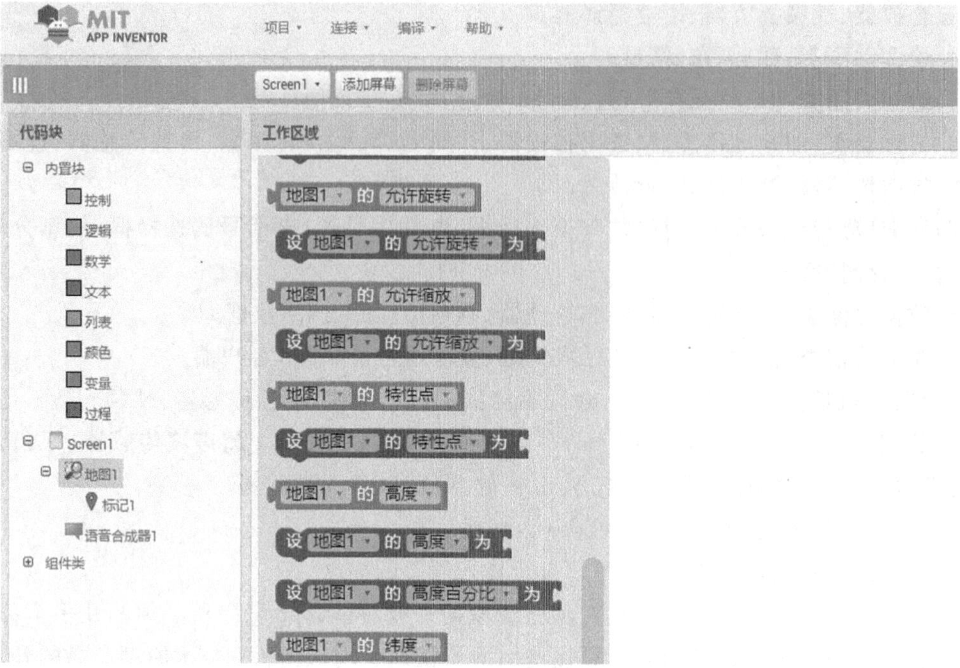

图 2.1-4 逻辑视图下地图组件可以读取和设置的属性

如图所示，在 App Inventor 中，属性相关的内置代码块一般用绿色表示。

2.1.4 方法

方法在面向对象编程中是指类、对象提供的功能或者行为。App Inventor 中，方法指的是各类组件能够触发的内部程序、功能等。

App Inventor 中，在设计视图下可以观察对象所拥有的方法，方法相关的内置代码块一般用紫色表示。图 2.1-5 是地图组件提供的创建标记、平移、保存等方法。

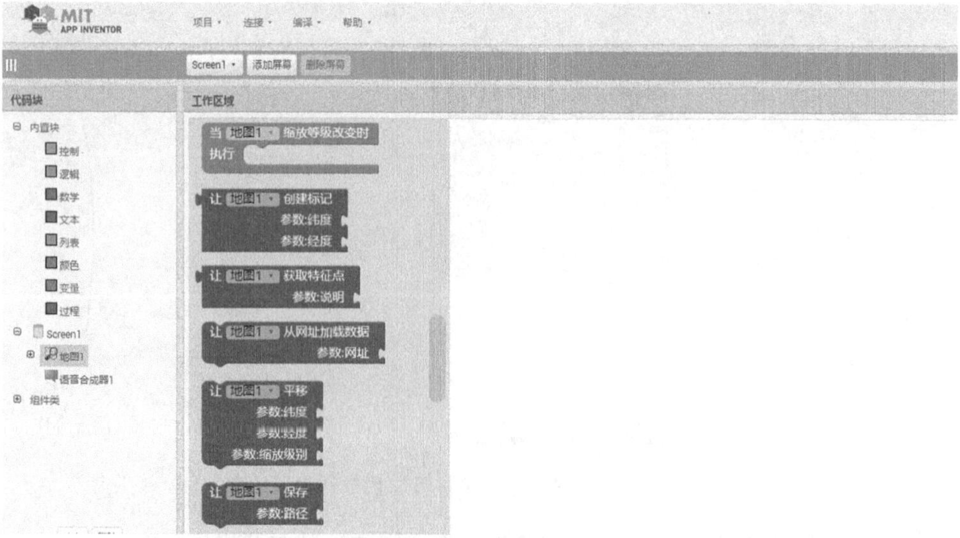

图 2.1-5 地图组件提供的方法

2.1.5 事件

事件是施加于 App Inventor 提供的各类组件上的可以被识别的操作，比如按钮的“单击”事件或者选择复选框操作等。每一种组件都有自己可以识别的事件，比如一个按钮，在 App Inventor 中可以识别的事件包括：按钮被点击、按钮获得焦点、按钮被长按、按钮失去焦点、按钮被按压、按钮被释放等，如图 2.1－6 所示。App Inventor 中，事件相关的内置代码块一般用暗黄色表示。

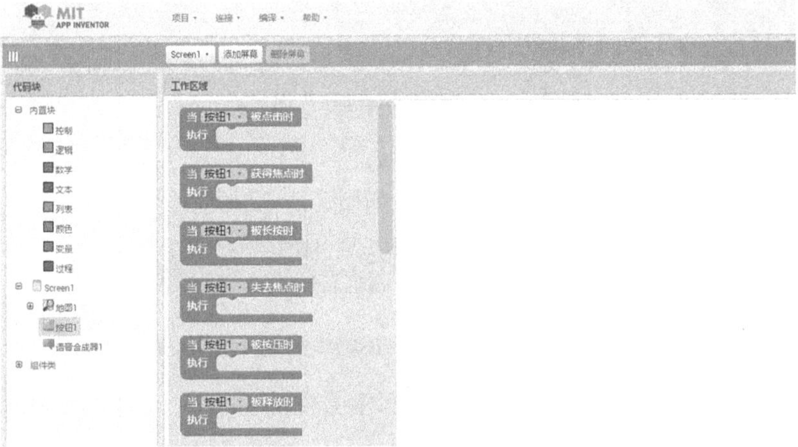

图 2.1－6　按钮对象可识别的事件

2.1.6 过程

在计算机科学中，过程也称为函数，将一段经常需要使用的代码封装起来，在需要使用时可以直接调用，这就是程序中的函数。App Inventor 中，可以通过定义过程，封装需要反复使用的一段代码，减少代码的冗余。过程分为有返回值过程和无返回值过程，过程可以带一个或者多个参数，也可以不带任何参数。一般来说，定义一个过程的目的就是为了完成一项功能。在编程界面中，单击左侧内置块中的过程模块，会显示出 App Inventor 提供的两种典型过程——有返回值过程和无返回值过程，如图 2.1－7 所示。

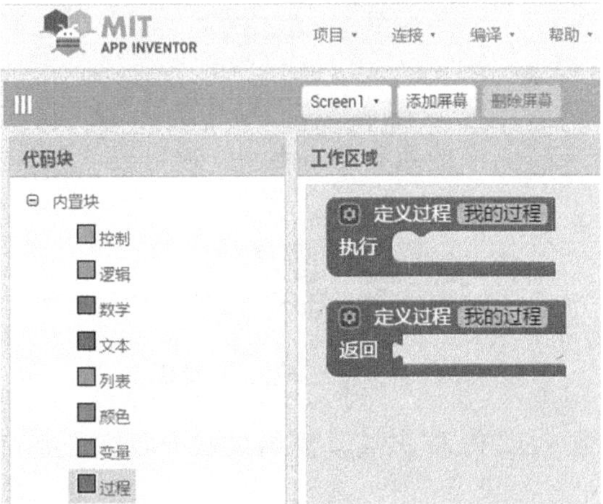

图 2.1－7　App Inventor 内置的两种典型过程

图 2.1－8 展示的是一个简单的有返回值、带参数的过程——实现给定两个参数的加法运算功能。

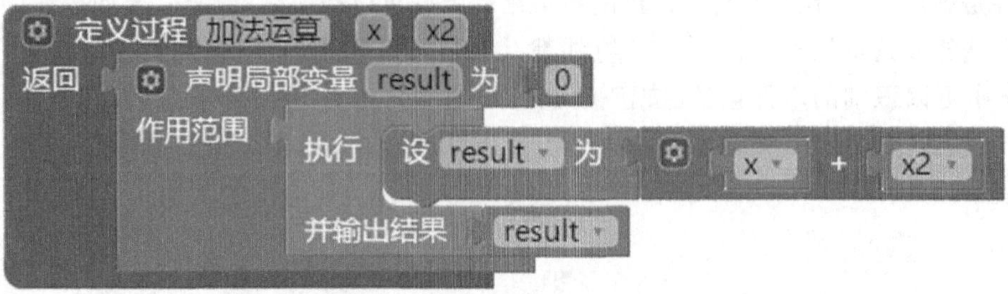

图 2.1－8　加法运算过程实现代码

以下是完成这一定义过程所需要的内置代码：

(1)过程内置块中，定义有返回值过程模块，如图 2.1－9 所示。

图 2.1－9　有返回值过程模块

(2)变量内置块中，创建在指定块内有效的局部变量模块，如图 2.1－10 所示。

图 2.1－10　创建指定块内有效的局部变量

(3)控制内置块中，执行并输出结果模块，如图 2.1－11 所示。

图 2.1－11　执行并输出结果模块

(4)在执行并输出结果模块中的执行语句块中，调用数学运算模块中的加法功能，如图 2.1－12 所示。

图 2.1－12　加法运算模块

(5)将过程传入的参数 x、x2 传入，并将计算结果赋予局部变量 result，result 作为过程的返回值。

(6)在设计界面添加按钮，并处理按钮事件，实现代码如图 2.1－13 所示。

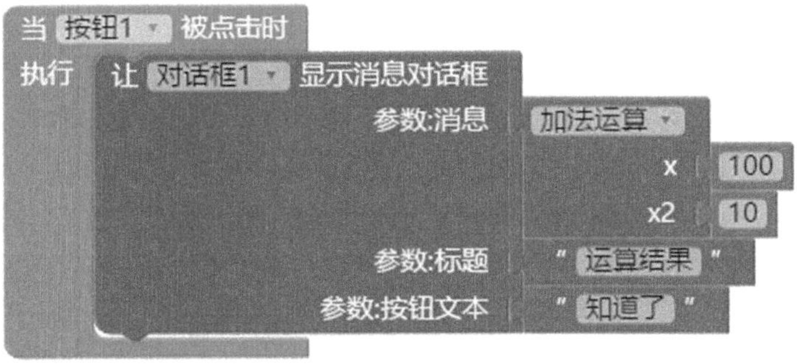

图 2.1-13　按钮点击事件中调用加法运算过程

(7)编译程序为 APK 文件,在雷电模拟器中安装、运行程序,结果如图 2.1-14 所示。

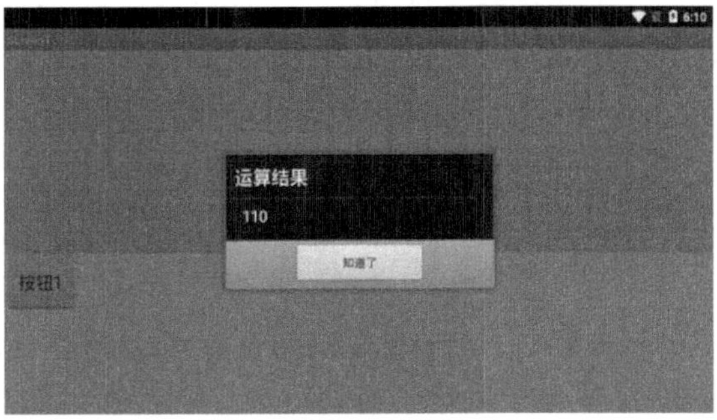

图 2.1-14 程序运行结果

由程序代码可以看出,当按钮 1 被按下,弹出消息框,显示出调用刚才自己定义的过程"加法运算"的结果。由于调用时设定的参数 x 为 100,x2 为 10,所以运行完显示的运算结果为 110,与程序设计预期完全一致。当然这里是为了说明问题,仅以简单的加法运算为例,过程一旦定义,即可在程序中调用,从而使得整个程序代码的可读性、可维护性更强。

无返回参数的过程比有返回参数过程略微简单,在此不做赘述,可仿照设计实现。

2.2　AI 程序中数据的类型

2.2.1　数值

App Inventor 中,数值类型一般通过给变量赋以初值的方式确定,如图 2.2-1 所示,将内置块中数学模块中的"0"语句块和变量拼接,变量就被认为是数值类型。

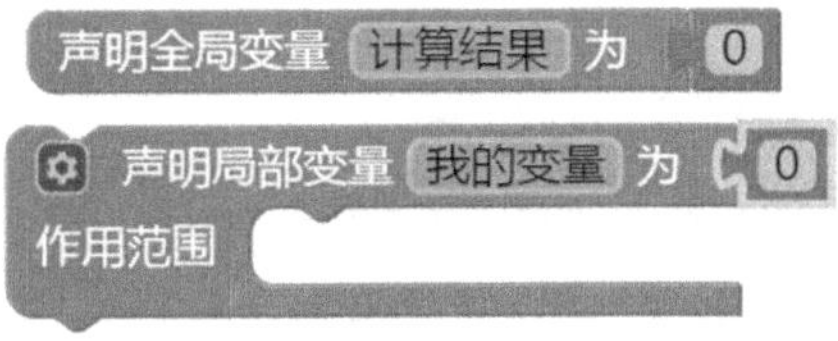

图 2.2-1　数值类型的变量声明

2.2.2 逻辑

App Inventor 中,逻辑类型一般通过给变量赋以初值的方式确定,如图 2.2-2 所示,将内置块中逻辑模块中的"真"语句块和变量拼接,变量就被认为是逻辑类型。

声明全局变量 我的变量 为
真

图 2.2-2 逻辑类型的变量声明

2.2.3 文本

App Inventor 中,文本类型一般通过给变量赋以初值的方式确定,如图 2.2-3 所示,将内置块中文本模块中的" "(空)语句块和变量拼接,变量就被认为是文本类型。

声明全局变量 计算表达式 为

图 2.2-3 文本类型的变量声明

2.2.4 颜色

App Inventor 中,颜色类型一般通过给变量赋以初值的方式确定,如图 2.2-4 所示,将内置块中颜色模块中的各种语句块或者"合成颜色"语句块和变量拼接,变量就被认为是颜色类型。

声明全局变量 我的变量 为
声明全局变量 我的变量2 为 合成颜色 列表
255
0
0

图 2.2-4 颜色类型的变量声明

2.2.5 列表

在 App Inventor 中,列表是一个存放相同类型数据的集合,相当于其他编程语言中的数组,而且是动态数组——即列表的数据元素可以动态增加。

列表总的数据元素在内存中是按照先后顺序依次存放的,列表中各个元素的值可以通过列表名称及其在列表中的编号(索引)来访问。列表可以是一维的,也可以是二维的或者更高维度的。一般情况下,列表总是和变量的创建联系在一起——即创建一个变量,变量中保存的是列表数据,然后根据程序需要访问变量,即列表中的数据。

1)创建一维列表

创建一维列表并读取列表数据的步骤如下:

(1)创建全局变量保存列表数据,初始化为空列表,如图 2.2-5 所示。

声明全局变量 My_List 为 空列表

图 2.2-5 创建初始值为空列表的变量

(2)动态设置列表数据内容,如图 2.2-6 所示。

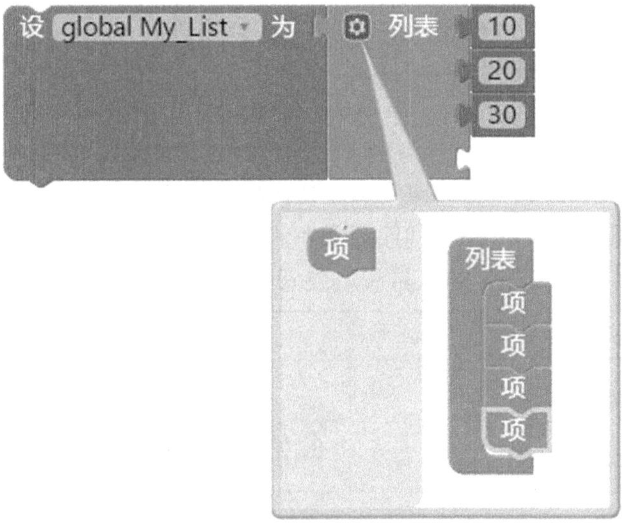

图 2.2-6 动态设置列表的数据项

这样就完成了典型的一维列表的创建,如果需要增加数据,仅需要单击列表左侧的图标,在弹出的对话框中,将左侧的“项”拖入右侧列表中期望的位置(不一定非要按照顺序依次排列)即可实现。

(3)读取变量中保存的第 1 项列表的数据内容,如图 2.2-7 所示。

图 2.2-7 访问列表中的数据项

如果需要读取全局变量 My_List 中保存的列表数据的第 i 项,则替换图中 1 为 i,当然 i 的取值一定要大于 0 小于等于列表的数据元素个数。

2)创建二维列表

二维列表即矩阵数据,本质上还是一维列表,只不过一维列表数据的每一个数据元素又是一个一维列表,如图 2.2-8 所示,该声明定义了一个二维数组,其数据内容为如下矩阵:

$$\begin{pmatrix} 11 & 12 \\ 21 & 22 \\ 31 & 32 \end{pmatrix}$$

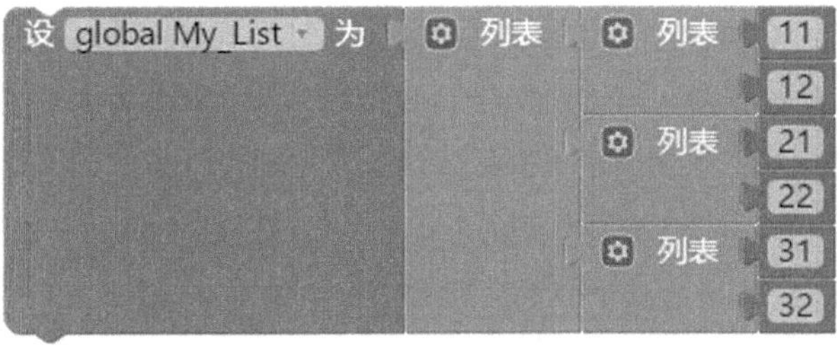

图 2.2-8 二维列表的声明

2.3 AI 中的运算符

2.3.1 算术运算

编程界面下，单击“内置块”中的“数学”，工作区域弹出的列表选项中会列出全部算术运算相关的功能，均为蓝色模块，主要运算功能如表 2.3－1 所示。

表 2.3－1 App Inventor 内置数学运算功能表

编号	功能模块	功能	范例	备注
1		加法		单击功能模块左上蓝色方块，可以继续追加参与运算的数据
2		减法	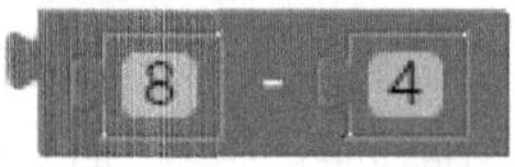	单击功能模块左上蓝色方块，可以继续追加参与运算的数据
3		乘法		单击功能模块左上蓝色方块，可以继续追加参与运算的数据
4		除法	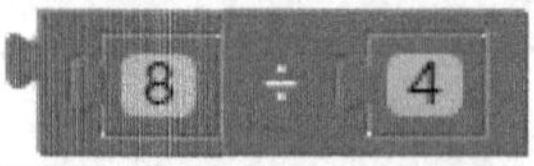	
5		幂次方		
6		求极值		单击功能模块左上蓝色方块，可以继续追加参与运算的数据；可以更改极小值为极大值
7		求三角函数值		
8		取模		

复杂运算时，算术运算的优先权体现在“框内优先”——类似括号的概念，首先完成运算框内的计算，然后再参与其他计算。比如：3×(2+1)，实现的时候，首先拉出来加法模块，实现 1 和 2 的加法运算，再拉出乘法模块，将 3 和前部运算的结果填入，如图 2.3－1 所示。

图 2.3－1 数学运算的嵌套应用

2.3.2 逻辑运算

逻辑运算常常用于判断条件成立与否，逻辑运算指的是 not(非/反相)、and(与/并且)、or(或/或者)的运算关系。编程界面下，单击“内置块”中的“逻辑”，工作区域弹出的列表选项中会列出全部逻辑运算相关的功能，均为翠绿色模块，主要运算功能如表 2.3－2 所示。

表 2.3－2 App Inventor 内置逻辑运算功能表

编号	功能模块	功能	范例	备注
1	非	逻辑非	非 3 等于 2	$\overline{3==2}$
2	并且	逻辑与	真 并且 假	
3	或者	逻辑或	假 或者 真	

逻辑非运算时，可以直接对逻辑值进行操作，也可以对于关系运算结果或者逻辑运算结果进行操作，进而实现比较复杂的逻辑运算功能。

2.3.3 关系(比较)运算

关系运算常常用于数值的比较，编程界面下，单击“内置块”中的“数学”，工作区域弹出的列表选项中会列出全部关系运算相关的功能，为蓝色模块。另外，单击“内置块”中的“逻辑”，工作区域弹出的列表选项中会列出两个关系运算相关的功能，为翠绿色模块，主要运算功能如表 2.2－3 所示。

表 2.3－3 App Inventor 内置关系运算功能表

编号	功能模块	功能	范例	备注
1	等于	数值之间是否相等	3 等于 2	参与判断的参数既可以直接填写数字，也可以是表达式计算结果
2	不等于	数值之间是否不等	3 不等于 2	
3	小于	前数是否小于后数	3 小于 2	
4	小于等于	前数是否小于等于后数	3 小于等于 2	
5	大于	前数是否大于后数	3 大于 2	
6	大于等于	前数是否大于等于后数	3 大于等于 2	

续表

编号	功能模块	功能	范例	备注
7	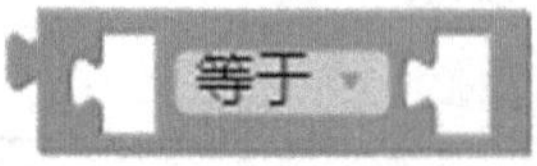	两个对象是否相等		判断两对象是否相等，对象可以为任意类型，不局限于数字。数字可以等于其字符形式的表示，比如数字 1 和文本“1”是相等的，甚至数字 1 和文本“01”也是相等的
8	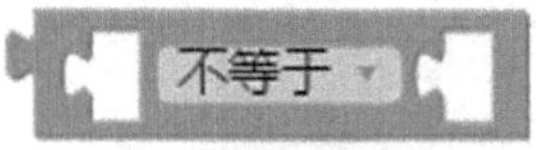	两个对象互不相等		

2.3.4 字符串运算

字符串处理是程序设计中涉及数据处理、通信等功能的重要手段，编程界面下，单击“内置块”中的“文本”，工作区域弹出的列表选项中会列出全部文本运算相关的功能，为紫红色模块，主要运算功能如表 2.3 - 4 所示。

表 2.3 - 4 App Inventor 内置文本运算功能表

编号	功能模块	功能	范例	备注
1		将所有输入项合并成为一个字符串，如果没有输入项，则生成空文本	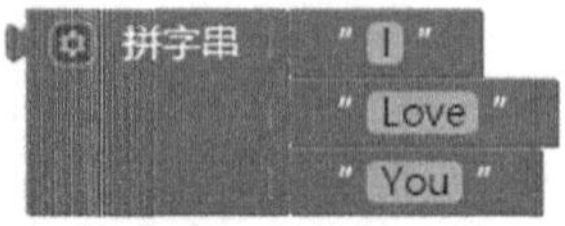	返回结果：I Love You
2		求给定文本的字符个数，包括空格字符		返回长度为 8，含一个空格字符
3		检测文本 1 和文本 2 的首字母顺序大小关系(按照 ASCII 编码值比较)		返回结果为逻辑假
4		将给定字符串转换为大写字符		返回结果为 YOU

续表

编号	功能模块	功能	范例	备注
5	在文本 中的位置	求子串在文本中出现的位置,没有出现则返回 0	"You" 在文本 "I Love You" 中的位置	返回结果为 3
6	文本 中包含	检查文本中是否包含子串	文本 "I Love You" 中包含 "You"	返回结果为逻辑真
7	用分隔符 对文本 进行 分解	以指定的文本作为分隔符,将字符串分解为不同的片段,并生成一个列表作为返回结果	用分隔符 "-" 对文本 "I-Love-You" 进行 分解	返回结果为如下列表 列表 "I" "Love" "You"
8	从文本 的 处截取长度为 的子串	从文本指定位置开始,提取指定长度的子串	从文本 "I Love You" 的 1 处截取长度为 4 的子串	返回结果:I Lo
9	将文本 中所有 全部替换为	返回一个新字符串,其中包含替换内容的字符均被替换为指定的字符串	将文本 "I Love You" 中所有 "o" 全部替换为 "W"	返回结果: I LWve YWu

2.4 AI 程序的流程控制

2.4.1 程序分支结构

分支语句是程序逻辑控制的重要手段之一,程序往往会因为外界条件的变化,选择不同的处理流程,进而产生的不同的结果。分支语句在 App Inventor 中分为单项分支和双向分支以及嵌套分支三种,如图 2.4-1 是典型的单向分支和双向分支,编程界面下,在内置块中的控制模块中,即可找到这两个分支功能块。

单向分支块中上缺口拼接条件算式,下缺口拼接需要执行的动作。图 2.4-2 所示例子中,设定全局变量“成绩”为数值类型,由程序赋值;全局变量“结果”为文本类型,初始状态为“ ”(空),由程序判断全局变量“成绩”取值而重新赋值,如果全局变量“成绩”小于 60,则全局变量“结果”的值为“很遗憾,不及格”。

图 2.4－1　App Inventor 中的程序分支功能

图 2.4－2　单分支程序示例

双向分支缺口自上而下分别是条件算式、执行动作 1，执行动作 2。如果条件算式成立，则执行动作 1，不成立则执行动作 2。图 2.4－3 所示例子中，设定全局变量“成绩”为数值类型，由程序赋值；全局变量“结果”为文本类型，初始状态为“　”(空)，由程序判断全局变量“成绩”取值而重新赋值，如果全局变量“成绩”大于等于 60，则全局变量“结果”的值为“恭喜你，通过了”，否则，全局变量“结果”的值为“很遗憾，不及格”。

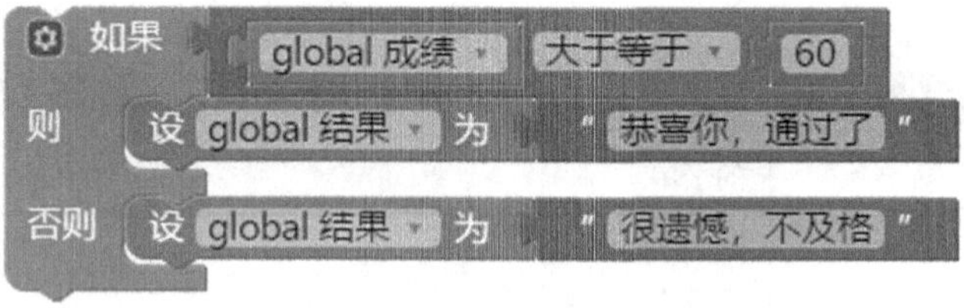

图 2.4－3　双分支程序示例

嵌套分支则是单击单向分支模块左上侧蓝色方块，再根据需要依次拖入“否则”“否则　如果”等，建立嵌套的多分支，如图 2.4－4 所示。

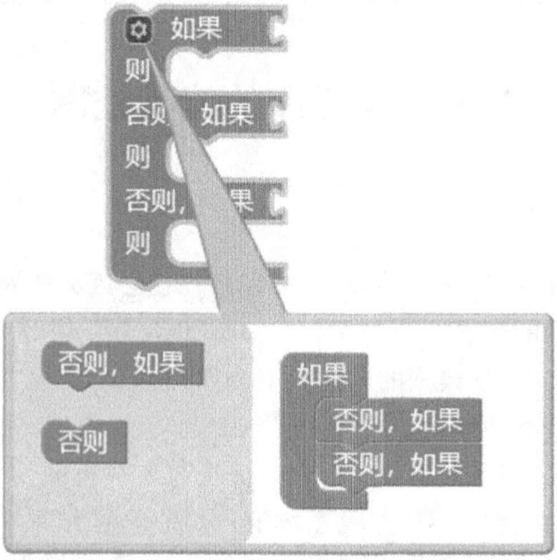

图 2.4－4　分支结构的嵌套

图 2.4-5 所示代码实现了将百分制成绩转换为五分制成绩的功能，其中全局变量“结果”为文本类型，初始状态为“ ”(空)，根据程序中给定的全局变量“成绩”取值的不同，赋予变量“结果”不同的值。

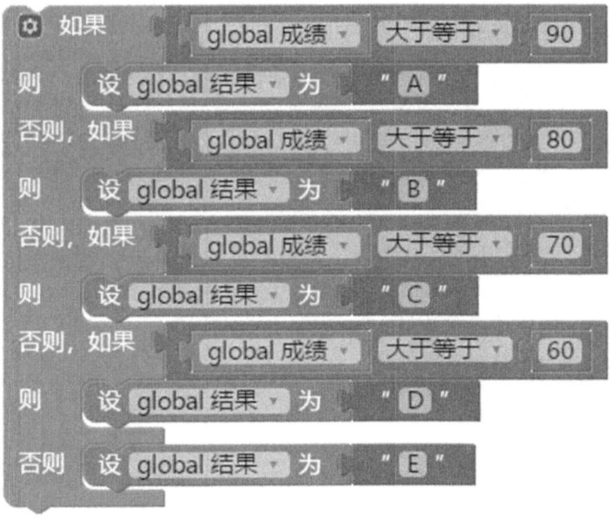

图 2.4-5 嵌套分支程序示例

2.4.2 程序循环结构

循环是另外一种常见的程序控制流程，循环是指在程序中出现一次，但是可以重复执行程序的若干代码。程序中的循环代码可以执行指定次数(for 循环)，也可以执行到特定条件成立时才结束(while 循环)。循环的程序模块可以在程序界面中的内置块中的控制模块找到，其中，for 循环如图 2.4-6 所示。

图 2.4-6 App Inventor 内置的 for 循环模块

While 循环如图 2.4-7 所示。

图 2.4-7 App Inventor 内置的 while 循环模块

以计算前 N 个自然数的累加和为例，即计算 1+2+3+…+N，需要重复计算 N 次，此时用循环语句就能非常简练的完成这一任务。

使用全局变量 N 表示累加和的范围，使用全局变量 Result 表示累加和计算结果，程序设置按钮，当按钮按下，图 2.4-8 所示代码将以 for 循环完成累加和计算。

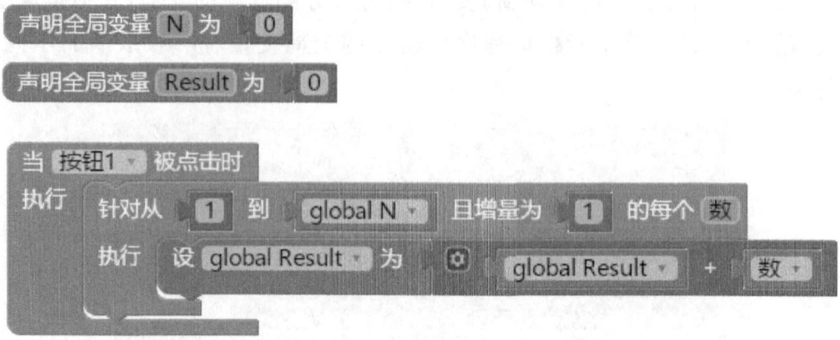

图 2.4-8 for 循环实现前 N 个自然数的累加和

图 2.4-9 所示代码将以 while 循环完成累加和计算。

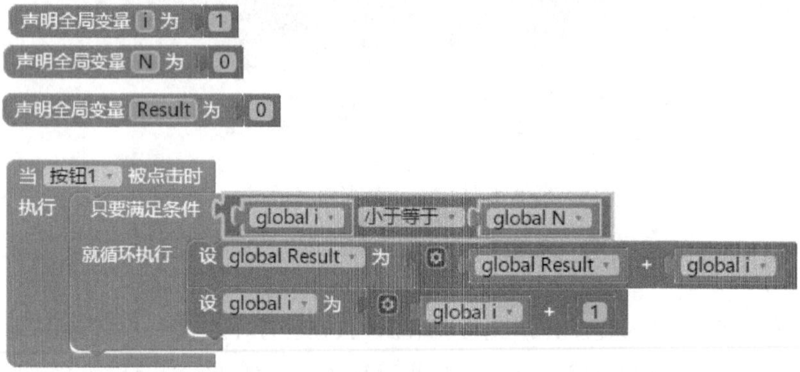

图 2.4-9 while 循环实现前 N 个自然数的累加和

从实现代码可以看出，while 循环和 for 循环相比，只是将循环变量的定义、循环遍历的变化进行了分离处理，将循环变量的定义放在了循环语句的外面，将循环遍历的定义放在了循环体内，两者并无本质的区别。某种程度上讲，凡是 for 循环能够做到的，while 循环就一定能够做到。

2.4.3 流程控制实践之成绩转换

2.4.3.1 问题描述

将百分制的考试成绩转换为五分制考试成绩，其中：

百分制成绩 90～100 转换为五分制成绩 A；

百分制成绩 80～89 转换为五分制成绩 B；

百分制成绩 70～79 转换为五分制成绩 C；

百分制成绩 60～69 转换为五分制成绩 D；

百分制成绩 0～59 转换为五分制成绩 E。

用户输入百分制的成绩，程序输出对应的五分制结果，当数据超范围或者输入错误时报警。

2.4.3.2 学习目标

(1)掌握分支语句及其流程控制；

(2)掌握分支语句的嵌套使用；

(3)掌握文本输入框、界面布局、图片显示的操作方法；

(4)掌握数据异常的一般预处理方法。

2.4.3.3 方案构思

屏幕分为四段构思——第一段提供提示信息，提醒用户输入考试成绩，由文本输入框完成输入；第二段放置 3 个按钮，按钮 1 转换成绩，按钮 2 清除结果，按钮 3 退出程序；第三段以标签的形式显示转换结果；第四段为图片组件，显示五分制结果对应的图片，以便增强程序人机界面的可观赏性(需要制作表示成绩转换结果字母的图片，图片为 png 格式，并点击设计界面右下角"上传文件"完成图片组件显示素材的上传)。

因此，程序设计界面以及所用组件结构如图 2.4－10 所示。

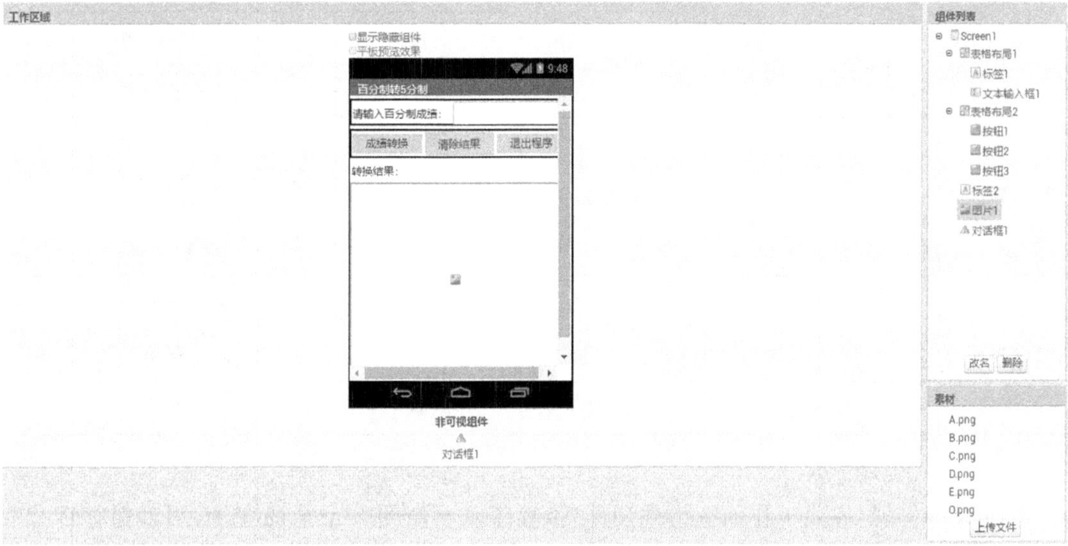

图 2.4－10 成绩转换程序设计界面

各个组件相关属性设置信息如表 2.4－1 所示。

表 2.4－1 成绩转换程序中使用的组件及其属性设置

所属面板	对象类型		对象名称	属性	属性取值
界面布局	表格布局		表格布局 1	宽度	充满
				列数	2
				行数	1
用户界面	表格布局1	标签	标签 1	宽度	充满
				文本对齐	居中:1
				文本	请输入百分制考试成绩
		文本输入框	文本输入框 1	仅限数字	勾选

续表

所属面板	对象类型	对象名称	属性	属性取值
界面布局	表格布局	表格布局 2	宽度	充满
界面布局	表格布局	表格布局 2	列数	3
界面布局	表格布局	表格布局 2	行数	1
用户界面	表格布局2 / 按钮	按钮 1	宽度	33%比例
用户界面	表格布局2 / 按钮	按钮 1	文本	成绩转换
用户界面	表格布局2 / 按钮	按钮 2	宽度	33%比例
用户界面	表格布局2 / 按钮	按钮 2	文本	清除结果
用户界面	表格布局2 / 按钮	按钮 3	宽度	33%比例
用户界面	表格布局2 / 按钮	按钮 3	文本	退出程序
用户界面	标签	标签 2	宽度	充满
用户界面	标签	标签 2	文本对齐	居左:0
用户界面	标签	标签 2	文本	转换结果:
用户界面	图片	图片 1	宽度	充满
用户界面	图片	图片 1	高度	充满
用户界面	对话框	对话框 1	默认	默认

2.4.3.4 实现方法

按照设计构思，完成工作面板组件设计后，程序需要声明 2 个全局变量，用以保存百分制成绩和转换结果五分制成绩，如图 2.4－11 所示。

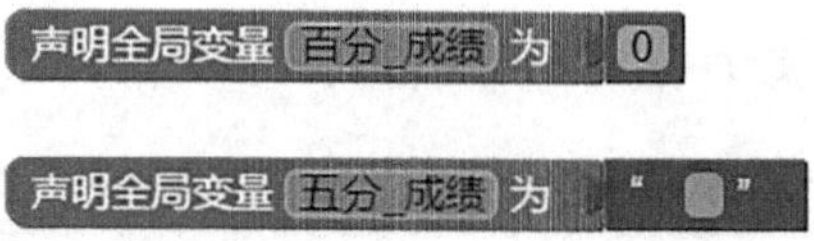

图 2.4－11 成绩转换程序声明的全局变量

完成以上操作后，程序进一步主要完成以下功能：

(1)响应按钮“清除结果”之被点击事件。

当用户点击按钮时，用于信息提示的标签显示内容、图片显示内容进行复位操作，实现代码如图 2.4－12 所示。

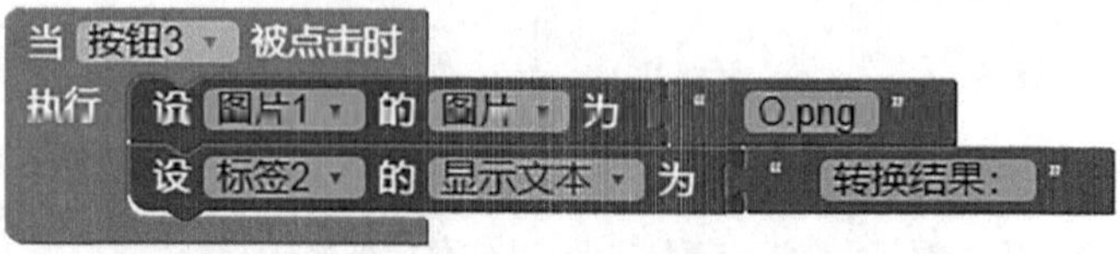

图 2.4－12 按钮“清除结果”被点击事件处理代码

(2)响应按钮“退出程序”之被点击事件。

当用户点击按钮时,调用内置块“退出程序”,结束程序运行,实现代码如图 2.4-13 所示。

图 2.4-13 按钮“退出程序”被点击事件处理代码

(3)响应“成绩转换”按钮事件。

成绩转换时,首先对于用户输入数据的合法性进行判断,如果不是数字,则弹出提醒信息;如果用户输入的是数值,则将数值赋予全局变量“百分_成绩”,并判断考试成绩范围,大于 100 则报警,并清除图片组件原来显示内容(显示空白图片),表示转换结果的标签仅仅显示“转换结果:”;如果成绩大于等于 0 且小于等于 100,则按照转换规则进行转换,具体实现代码如图 2.4-14 所示。

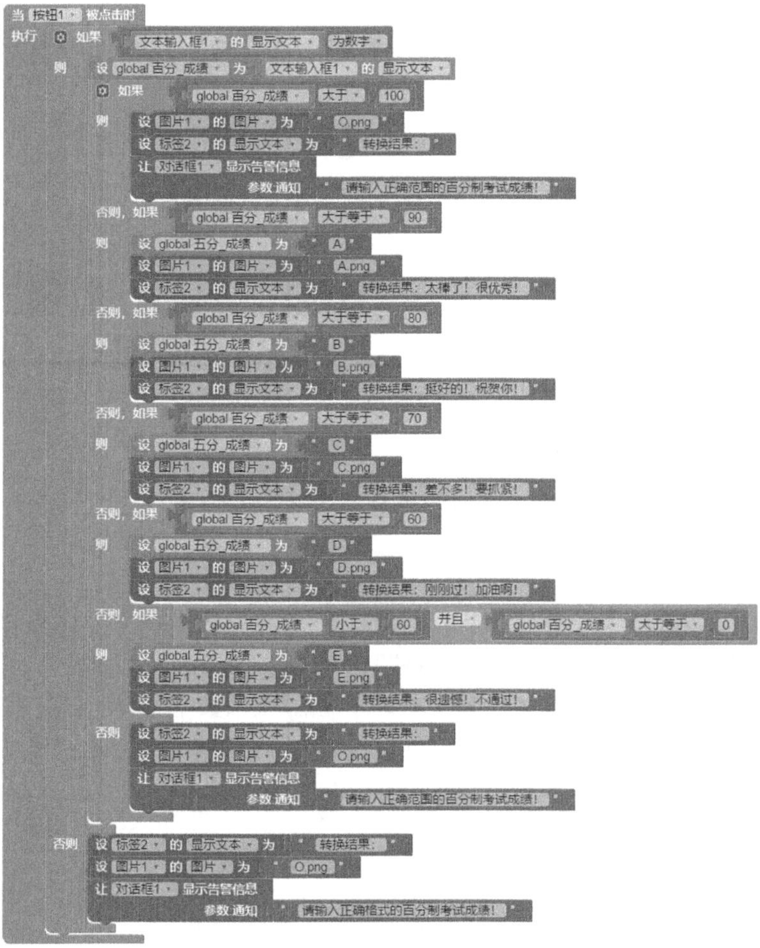

图 2.4-14 按钮“成绩转换”被点击事件处理代码

2.4.3.5 结果测试

分别输入 120,99,88,77,66,55,−34,3a4 等数据,屏幕显示结果如图 2.4 − 15 所示,程序运行结果表明预定各项功能正确实现。

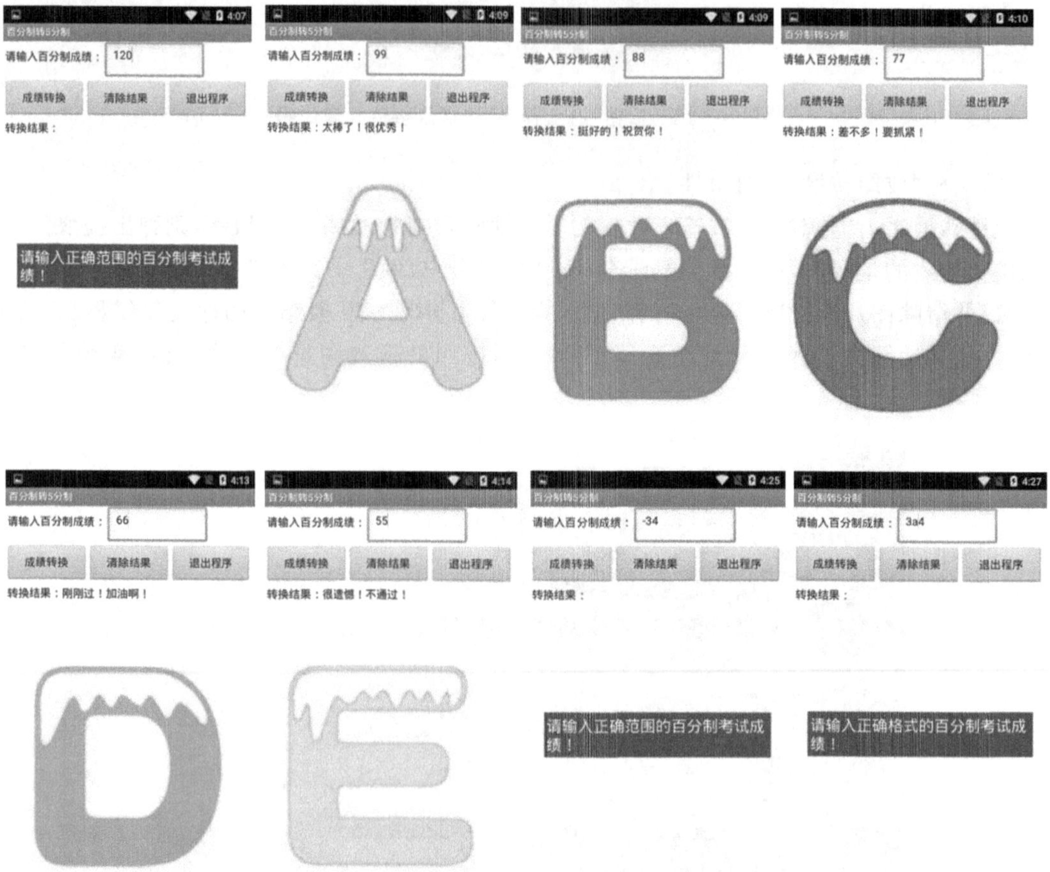

图 2.4 − 15 程序功能测试结果

2.4.3.6 拓展思考

(1)对于输入数据的校验仅限于判断是否为数字,而并未判断是否未填写数字,程序还存在逻辑漏洞,读者可以进一步完善程序代码,使其功能更加完备。

(2)对于输入的百分制成绩通过设置文本输入框的“仅限数字”属性,使其只能接受数字输入,省却程序中对于输入信息的判断,但是当前代码中仅仅判断了输入数据是否超出上限,而对于是否低于下限并未判断,读者可进一步自行完善。

2.4.4 流程控制实践之九九乘法表

2.4.4.1 问题描述

小时候文具盒、作业本封底等很多地方都可以看到各种各样的九九乘法表,对于帮助小学生随时随地学习乘法运算具有重要的意义。

如今，移动终端已经成为绝大多数学生的标准配置，完全可以编写小程序实现不同形状格式特点的九九乘法表，从此让小学生不再需要在文具盒、教材扉页粘贴乘法表。自己编写的软件更加便于平时学习和应用之需要，并且主要实现以下功能：

(1)显示矩形九九乘法表；

(2)显示三角形九九乘法表；

(3)能够控制退出程序。

2.4.4.2　学习目标

(1)掌握嵌套循环及其流程控制；

(2)掌握按钮属性设置及其事件处理；

(3)掌握文本合并方法；

(4)掌握表格布局管理器的使用；

(5)掌握屏幕扭转的实现方法。

2.4.4.3　方案构思

屏幕放置3个按钮，点击按钮1(“矩形九九乘法表”)显示矩形九九乘法表；点击按钮2(“三角九九乘法表”)显示三角形九九乘法表；点击按钮3(“退出程序”)执行退出程序。

由于九九乘法表占用显示区域比较大，因此需要将屏幕设置为横屏显示。

使用双重循环实现九九乘法表，外层循环用以形成九九乘法表的9行，里层循环用以形成九九乘法表的每一行算式。双重循环分别扫描乘法表的行与列，第一行显示1＊每一列以及“＝”和乘法结果；第i行显示i＊每一列以及“＝”和乘法结果；使九九乘法表的每一次计算生成一个字符串，九九乘法表各行之间通过换行符号“\n”拼接，最后完整的乘法表字符串借助标签显示。

因此，程序设计界面以及所用组件结构如图2.4－16所示。

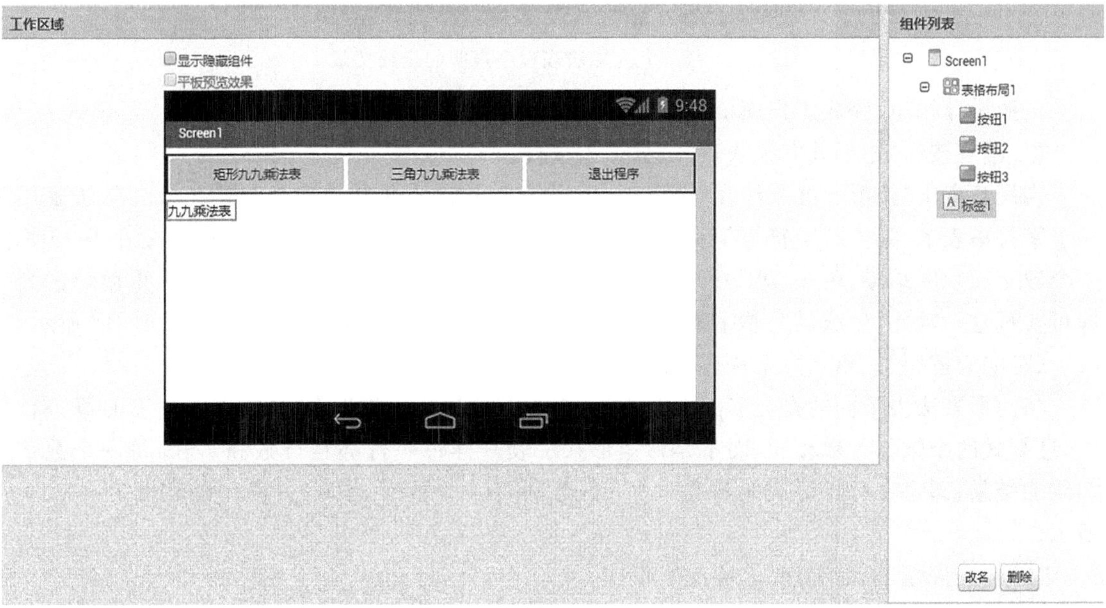

图2.4－16　九九乘法表程序设计界面

各个组件相关属性设置信息如表 2.4－2 所示。

表 2.4－2　九九乘法表程序中使用的组件及其属性设置

<table>
<tr><th>所属面板</th><th colspan="2">对象类型</th><th>对象名称</th><th>属性</th><th>属性取值</th></tr>
<tr><td></td><td colspan="2">Screen</td><td>Screen1</td><td>屏幕方向</td><td>横屏</td></tr>
<tr><td rowspan="3">界面布局</td><td colspan="2" rowspan="3">表格布局</td><td rowspan="3">表格布局 1</td><td>宽度</td><td>充满</td></tr>
<tr><td>列数</td><td>3</td></tr>
<tr><td>行数</td><td>1</td></tr>
<tr><td rowspan="6">用户界面</td><td rowspan="6">表格布局1</td><td rowspan="6">按钮</td><td rowspan="2">按钮 1</td><td>宽度</td><td>33%比例</td></tr>
<tr><td>文本</td><td>矩形九九乘法表</td></tr>
<tr><td rowspan="2">按钮 2</td><td>宽度</td><td>33%比例</td></tr>
<tr><td>文本</td><td>三角 99 乘法表</td></tr>
<tr><td rowspan="2">按钮 3</td><td>宽度</td><td>33%比例</td></tr>
<tr><td>文本</td><td>退出程序</td></tr>
<tr><td rowspan="4">用户界面</td><td colspan="2" rowspan="4">标签</td><td rowspan="4">标签 1</td><td>宽度</td><td>充满</td></tr>
<tr><td>高度</td><td>充满</td></tr>
<tr><td>文本对齐</td><td>居左:1</td></tr>
<tr><td>文本</td><td>九九乘法表</td></tr>
</table>

2.4.4.4　实现方法

声明全局变量 str 用以保存九九乘法表字符串，如图 2.4－17 所示。

图 2.4－17　九九乘法表程序声明的全局变量

按照设计构思，完成工作面板组件设计后，程序进一步主要完成以下功能：

(1)响应按钮“矩形九九乘法表”之被点击事件。

当用户点击“矩形九九乘法表”按钮时，生成矩形形状的九九乘法表。这个九九乘法表用一个字符串表示，第 1 行字符为 1 和 1～9 每一个数字相乘的结果，第 2 行字符是 2 和 1～9 每一个数字相乘的结果，……，第 9 行字符为 9 和 1～9 每一个数字相乘的结果。两重循环嵌套即可实现这一功能，生成的完整字符串由全局变量 str 保存，具体实现代码如图 2.4－18 所示。

(2)响应按钮“三角九九乘法表”之被点击事件。

与矩形乘法表不同的是，当用户点击“三角九九乘法表”按钮时，三角形乘法表的每一行中，计算式的个数与行数相同，而不是像矩形乘法表一样每一行都是行数和 1～9 每一个数字相乘的结果，即每一行计算式为行数 * 1～行数的每一个数字，具体实现代码如图 2.4－19 所示。

(3)响应按钮“退出程序”之被点击事件。

当用户点击“退出程序”按钮时，调用内置块中的退出程序功能块，结束程序运行，实现代码如图 2.4－20 所示。

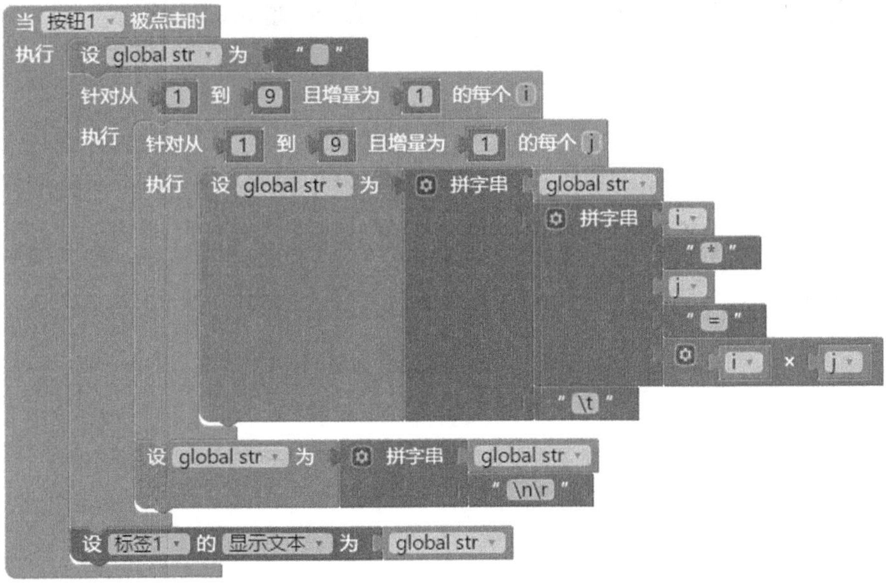

图 2.4-18 按钮“矩形九九乘法表”被点击事件实现代码

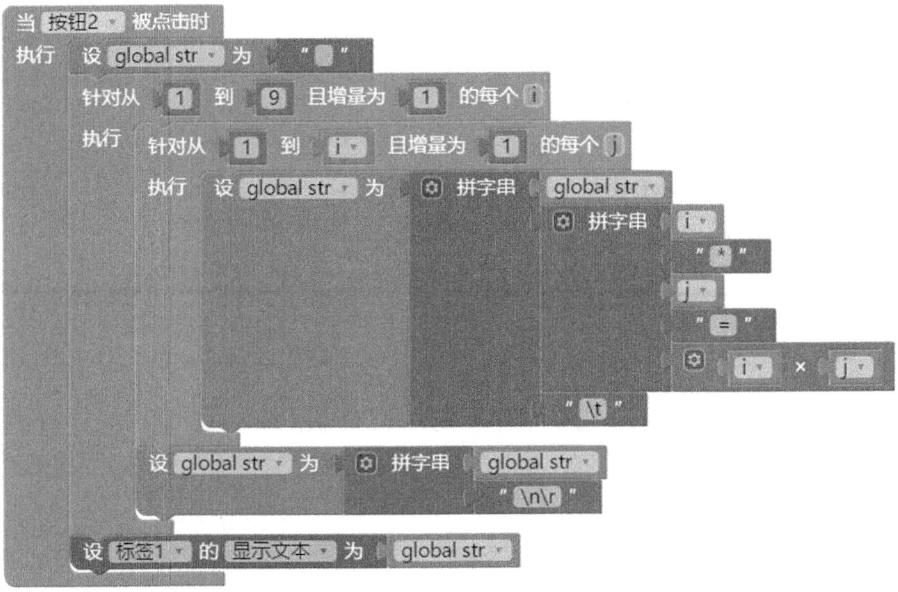

图 2.4-19 按钮“三角九九乘法表”被点击事件实现代码

图 2.4-20 按钮“退出程序”被点击事件实现代码

2.4.4.5 结果测试

安装并运行程序，点击“矩形九九乘法表”按钮，运行结果如图 2.4-21 所示。

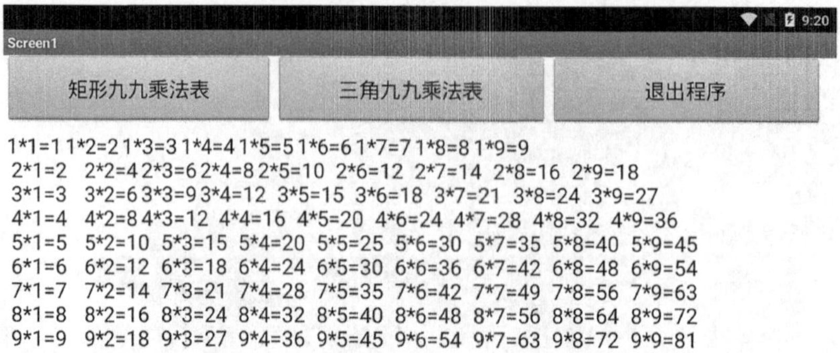

图 2.4-21 点击“矩形九九乘法表”按钮运行结果

点击“三角九九乘法表”按钮，显示结果如图 2.4-22 所示。

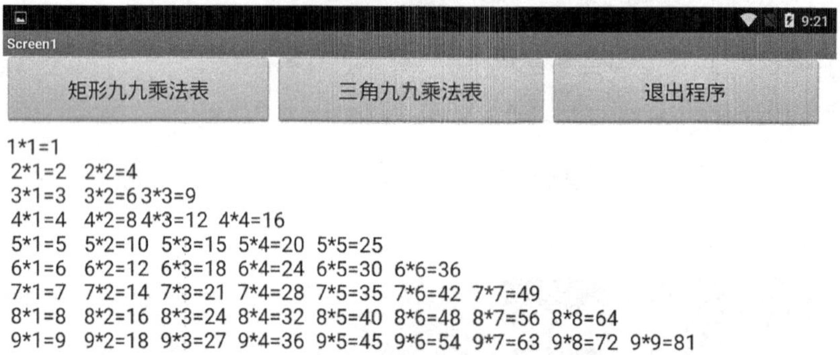

图 2.4-22 点击“三角九九乘法表”按钮运行结果

测试结果表明：九九乘法表功能均已正确实现。

2.4.4.6 拓展思考

(1)进一步调整循环控制方案，使得程序能够输出如下形式的九九乘法表。

```
1*1=1  1*2=2  1*3=3  1*4=4  1*5=5  1*6=6  1*7=7  1*8=8  1*9=9
       2*2=4  2*3=6  2*4=8  2*5=10 2*6=12 2*7=14 2*8=16 2*9=18
              3*3=9  3*4=12 3*5=15 3*6=18 3*7=21 3*8=24 3*9=27
                     4*4=16 4*5=20 4*6=24 4*7=28 4*8=32 4*9=36
                            5*5=25 5*6=30 5*7=35 5*8=40 5*9=45
                                   6*6=36 6*7=42 6*8=48 6*9=54
                                          7*7=49 7*8=56 7*9=63
                                                 8*8=64 8*9=72
                                                        9*9=81
```

(2)进一步调整循环控制方案，使得程序能够输出如下形式的九九乘法表。

```
1*1=1  1*2=2  1*3=3  1*4=4  1*5=5  1*6=6  1*7=7  1*8=8  1*9=9
    2*2=4  2*3=6  2*4=8  2*5=10  2*6=12  2*7=14  2*8=16  2*9=18
        3*3=9  3*4=12  3*5=15  3*6=18  3*7=21  3*8=24  3*9=27
            4*4=16  4*5=20  4*6=24  4*7=28  4*8=32  4*9=36
                5*5=25  5*6=30  5*7=35  5*8=40  5*9=45
                    6*6=36  6*7=42  6*8=48  6*9=54
                        7*7=49  7*8=56  7*9=63
                            8*8=64  8*9=72
                                9*9=81
```

2.4.5 流程控制实践之百元买百笔

2.4.5.1 问题描述

钢笔5元一支;圆珠笔3元一支;铅笔一元3支;现有100元,欲买笔100支;求解买到的笔中,钢笔、圆珠笔、铅笔各几何?

2.4.5.2 学习目标

(1)掌握嵌套循环及其流程控制;

(2)掌握分支语句与循环语句的混合使用;

(3)掌握文本合并方法。

2.4.5.3 方案构思

屏幕分为三段构思——第一段描述问题,通过标签显示文本;第二段放置2个按钮,点击按钮1触发问题求解;点击按钮2退出程序;第三段以标签的形式分别显示出每一种求解结果中钢笔、圆珠笔、铅笔的数目。最后统计出采购方案的个数。

因此,程序设计界面以及所用组件结构如图2.4-23所示。

图2.4-23 百元买百笔程序界面设计

各个组件相关属性设置信息如表2.4-3所示。

表2.4-3 百元买百笔程序中使用的组件及其属性设置

所属面板	对象类型	对象名称	属性	属性取值
用户界面	标签	标签1	宽度	充满
			文本对齐	居中:1
			文本	钢笔5元一支;圆珠笔3元一支;铅笔一元3支;现有100元,欲买笔100支;问钢笔、圆珠笔、铅笔各得几何?

续表

<table>
<tr><th>所属面板</th><th colspan="2">对象类型</th><th>对象名称</th><th>属性</th><th>属性取值</th></tr>
<tr><td rowspan="3">界面布局</td><td colspan="2" rowspan="3">表格布局</td><td rowspan="3">表格布局 1</td><td>宽度</td><td>充满</td></tr>
<tr><td>列数</td><td>2</td></tr>
<tr><td>行数</td><td>1</td></tr>
<tr><td rowspan="4">用户界面</td><td rowspan="4">表格布局1</td><td rowspan="4">按钮</td><td rowspan="2">按钮 1</td><td>宽度</td><td>50%比例</td></tr>
<tr><td>文本</td><td>问题求解</td></tr>
<tr><td rowspan="2">按钮 2</td><td>宽度</td><td>50%比例</td></tr>
<tr><td>文本</td><td>退出程序</td></tr>
</table>

2.4.5.4 实现方法

按照设计构思，当用户点击按钮“问题求解”时，程序以多行字符串的形式显示百元买百笔的解决方案，每一行字符串就是一种购买方案；当用户点击按钮“退出程序”时，程序结束运行。为了在不同按钮事件中对同一数据进行操作，声明如图 2.4－24 所示的全局变量。

图 2.4－24 百元买百笔程序声明的全局变量

其中全局变量 str 用以显示最终的购买方案；count 用以存储购买方案的数量。

程序进一步还需要实现以下功能：

(1)响应 Screen1 之初始化事件。

程序初始化时，设定标签显示待求解的问题，实现代码如图 2.4－25 所示。

图 2.4－25 Screen1 初始化事件实现代码

(2)响应按钮 1(问题求解按钮)之被点击事件。

当按钮被点击时，程序将使用穷举算法原理即尝试钢笔、圆珠笔、铅笔所有采购方案的组合结果，每一种采购方案只要满足：

①钢笔、圆珠笔、铅笔采购数量为 100 支($x+y+z=100$)；

②钢笔、圆珠笔、铅笔花费金额为 100 元($5x+3y+z/3=100$)。

就认为是问题的一种求解结果。

穷举三种物体的采购方案，可以使用三重循环实现，可以用 for 循环，也可以用 while 循环，本文使用 for 循环，如图 2.4－26 所示。

其中循环变量 i 取值 0～100，共 101 个购买可能；循环变量 j 取值 0～100，共 101 个购买可能；循环变量 k 取值 0～100，共 101 个购买可能；三重循环嵌套使用，总共循环 $101\times101\times101=1\ 030\ 301$ 次。

图 2.4 - 26　三重嵌套 for 循环结构

最里层的循环中，i、j、k 的取值就是钢笔、圆珠笔、铅笔的所有采购方案中的一种，此时进行如图 2.4 - 27 所示的判断：

图 2.4 - 27　穷举采购方案的判断条件

即：$i+j+k=100$　并且　$5i+3j+k/3=100$

满足条件则进行如下两项工作：

①count＝count＋1，即 i、j、k 满足条件时，累加 1，进行购买方案计数。

②文本标签内容追加输出："第 count 种采购方案：钢笔：i 支；圆珠笔 j 支；铅笔 k 支"。

这样循环 100 万余次，才能得到几种购买方案，代价未免太大。进一步分析题目可以看出，钢笔 5 元一支，20 支就花费完 100 元，那么就意味着钢笔从 21～100 的循环没有任何意义。同理，圆珠笔、铅笔，每一种笔的采购，既受制于 100 元的总费用限制，又受制于总共 100 支的约束。因此，三重循环的每一重循环的边界可以进一步优化。

如图 2.4 - 28 代码给出了一种比较简单的优化结果，总共循环次数已经远远小于前述穷举的次数：

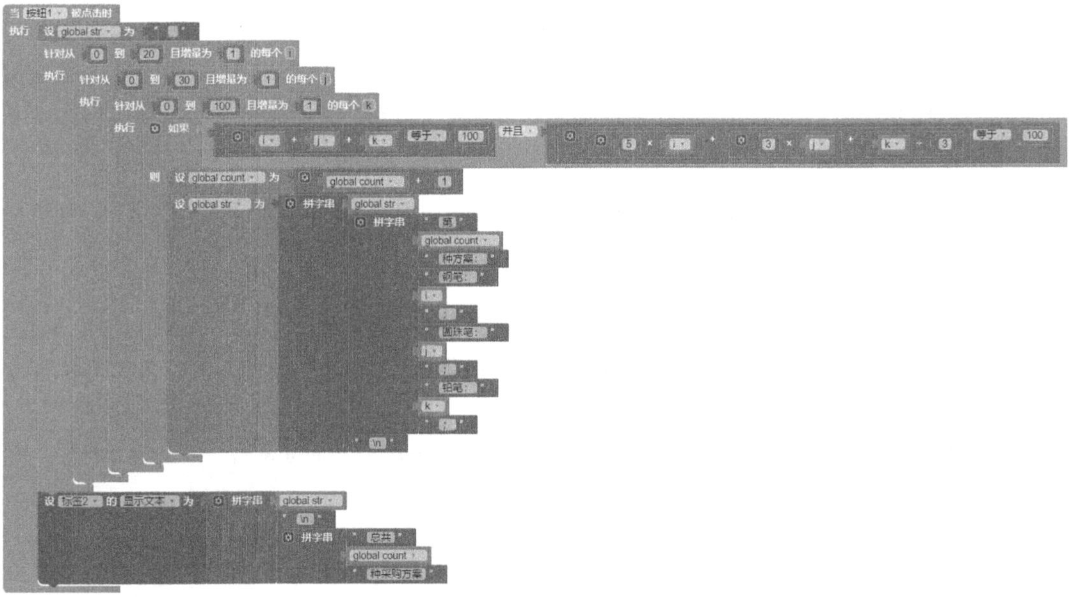

图 2.4 - 28　百元买百笔优化穷举算法实现代码

(3)响应按钮3之被点击事件。

当用户点击按钮“退出程序”(即按钮3)时,调用内置功能块—退出程序功能块,结束应用程序运行,实现代码如图2.4-29所示。

图2.4-29 按钮3被点击事件实现代码

2.4.5.5 结果测试

安装并运行程序,点击按钮“问题求解”,屏幕显示结果如图2.4-30所示,表明程序功能正确实现。

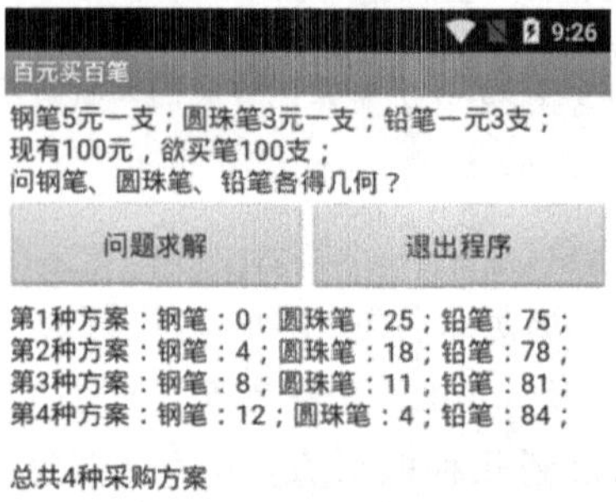

图2.4-30 点击“问题求解”按钮程序运行结果

2.4.5.6 拓展思考

(1)最简单的百元买百笔算法就是依靠三重循环,每一重循环执行101次(0～100),累计计算、判断1 030 301次,最终得到4种购买方案,程序执行的代价比较大。如何约束限制每一重循环的次数,使得穷举过程的循环次数大幅度降低,是程序执行效率提升的重要途径。

(2)本节案例中,钢笔采购方案尝试过程中循环20次(钱花完了)、圆珠笔采购方案循环30次(钱花得差不多了)、铅笔采购方案尝试过程中循环100次(钱也花完了),已经大幅度减少了计算量,但是还有继续减少的空间,读者可以按照此思路继续优化程序,看看最少多少次循环可以得到所有的采购方案。

2.4.6 流程控制实践之矩阵运算

2.4.6.1 问题描述

工科专业大多都与矩阵计算密切相关,因此掌握程序设计中矩阵数据的表示、访问和运算对于学生将程序设计知识应用于专业领域问题的解决具有重要的实践意义。本节拟完成以下功能需求:

(1)能够根据指定的矩阵行数、列数生成随机数据的矩阵(二维列表);

(2)能够将矩阵数据转换为多行文本并显示;

(3)能够完成矩阵的加法、减法、乘法运算。

2.4.6.2 学习目标

(1)掌握全局变量定义和使用的方法;

(2)掌握二维列表的创建方法；

(3)掌握二维列表数据访问、修改以及相关运算的实现方法；

(4)掌握随机数及其应用方法。

2.4.6.3 *方案构思*

矩阵相关功能首先涉及如何产生矩阵，一般可以通过读取数据文件得到矩阵，也可以通过人机交互输入矩阵数据。本方案则通过制定矩阵的行、列参数，借助随机数功能产生随机矩阵，并显示产生随机矩阵的数据，然后选择矩阵典型运算——加法、减法、乘法，根据选择的运算功能，得到并显示运算结果，从而实现矩阵运算程序的主要功能。

屏幕界面设计首先提供两个矩阵产生的行、列参数，并通过按钮命令产生矩阵随机数据。然后将产生的随机数据矩阵并排显示，以示对比，而矩阵运算结果最后显示。根据上述思路，程序设计界面以及所用组件结构如图 2.4－31 所示。

图 2.4－31 矩阵运算程序界面设计

各个组件相关属性设置信息如表 2.4－4 所示。

表 2.4－4 矩阵运算程序中使用的组件及其属性设置

所属面板	对象类型		对象名称	属性	属性取值
界面布局	水平滚动条布局		水平滚动条布局 1	宽度	充满
用户界面	水平滚动条布局 1	标签	标签_行数 1	文本	设置矩阵 1 行数：
		文本输入框	文本输入框_行数 1	宽度	15%
				字号	12
				文本	0
				仅限数字	勾选
		标签	标签_列数 1	文本	设置矩阵 1 列数：

续表

所属面板	对象类型		对象名称	属性	属性取值
用户界面	水平滚动条布局1	文本输入框	文本输入框_列数 1	宽度	15%
				文本	0
				字号	12
				仅限数字	勾选
界面布局	水平滚动条布局		水平滚动条布局 2	宽度	充满
用户界面	水平滚动条布局2	标签	标签_行数 2	文本	设置矩阵 2 行数：
		文本输入框	文本输入框_行数 2	宽度	15%
				字号	12
				文本	0
				仅限数字	勾选
		标签	标签_列数 2	文本	设置矩阵 2 列数：
		文本输入框	文本输入框_列数 2	宽度	15%
				字号	12
				文本	0
				仅限数字	勾选
界面布局	水平滚动条布局		水平滚动条布局 3	宽度	充满
	按钮		按钮_Matrix1	宽度	33%
				文本	产生矩阵 1
			按钮_Matrix2	宽度	33%
				文本	产生矩阵 2
	列表选择框		列表选择框_运算	宽度	34%
				文本	选择矩阵运算
界面布局	表格布局		表格布局 1	列数	2
				行数	2
				高度	30%
				宽度	充满
用户界面	表格布局1	标签	标签_矩阵 1 提示	宽度	50%
				高度	充满
				字号	10
				文本	矩阵 1
				文本对齐	居中

续表

所属面板	对象类型		对象名称	属性	属性取值
用户界面	表格布局1	标签	标签_矩阵2提示	宽度	50%
				高度	充满
				字号	10
				文本	矩阵2
				文本对齐	居中
			标签_矩阵1	默认	默认
			标签_矩阵2	默认	默认
用户界面	标签		标签_计算结果提示	文本	计算结果
			标签_计算结果	文本	
				宽度	充满
				高度	充满
	对话框		对话框1	默认	默认

2.4.6.4　实现方法

程序实现时，多处需要使用参与计算的两个矩阵、计算结果矩阵及其行数、列数，因此定义全局变量如图 2.4－32 所示。

图 2.4－32　矩阵运算程序声明的全局变量

其中 r1、c1、r2、c2 分别是矩阵 1 和矩阵 2 的行数、列数；m1、m2、mr 分别是矩阵 1、矩阵 2 和计算结果矩阵。

程序进一步主要完成以下功能：

(1)响应按钮_Matrix1 之点击事件。

当用户点击按钮_Matrix1(产生矩阵 1)，设置矩阵的行数 row、列数 col 为文本输入框_行数 1、文本输入框_列数 1 中输入的数据，全局变量 m1 保存自定义过程“产生随机矩阵”调研的返回结果，调用自定义过程“矩阵转字符串”，将矩阵 m1 转换为多行文本数据，并作为标签_矩阵 1 的显示文本，具体实现代码如图 2.4－33 所示。

(2)设计自定义过程“产生随机矩阵”。

在 App Inventor 中，多维列表本质上还是一维列表，只不过一维列表的每一个数据元素又是一个列表。因此，$m\times n$ 的二维列表实际上还是一个长度为 m 的一维列表，只不过一维列表的每一个数据元素又是一个长度为 n 的一维列表。因此，借助循环语句和列表追加数据(产生随机数)功能，可以为空列表追加 n 个数据元素，形成长度为 n 的行向量数据，再循环 m 次，为空列表追加 m 个行向量数据，即可形成 $m\times n$ 的矩阵。

过程输入参数：行数、列数（数值类型参数，用以指定矩阵的维度）；

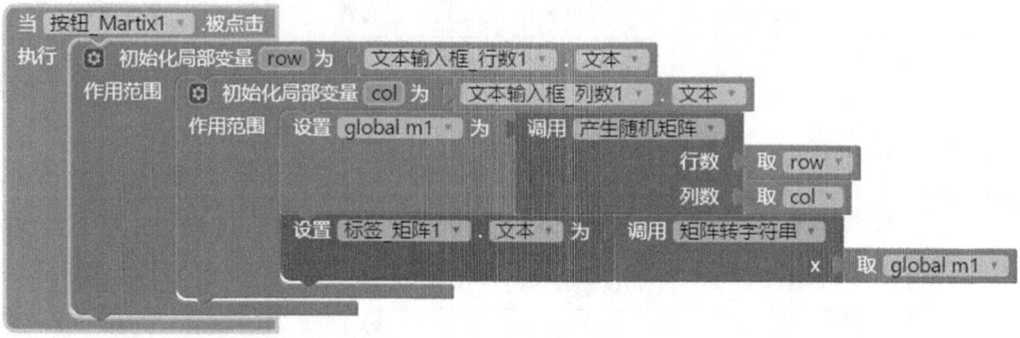

图 2.4-33 按钮_Martrix1 被点击事件实现代码

过程返回参数：列表类型数据，即矩阵。

具体实现代码如图 2.4-34 所示。

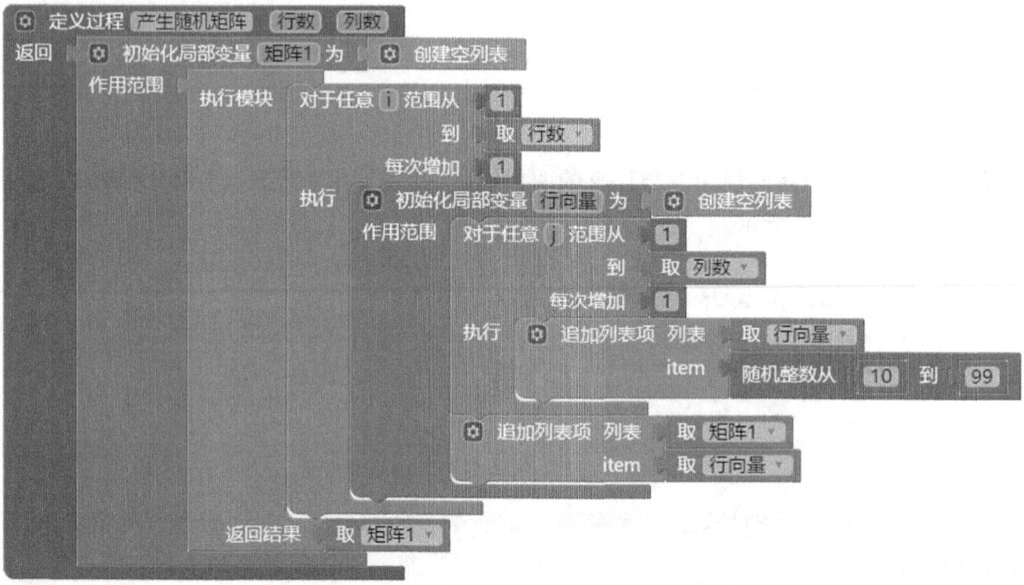

图 2.4-34 自定义过程“产生随机矩阵”实现代码

(3)设计自定义过程“矩阵转字符串”。

矩阵转字符串功能就是将给定的矩阵数据转换为多行文本，每一行文本对应矩阵中的一行数据，每一行文本通过空格字符间隔矩阵的数据元素。矩阵数据元素转换为多行文本后，便于屏幕显示。

将矩阵转换为字符串功能的实现，关键在于数组第 i 行第 j 列数据元素的获取。其解决方案是利用 App Inventor 列表内置块中提供的选择列表指定索引值对应数据项的功能。该功能能够返回指定列表、指定位置的数据元素。对于矩阵 $\mathbf{X}$，以索引值 i 调用此功能，返回结果为一维列表，即矩阵第 i 行数据，对于返回结果再调用此功能，获取索引值为 j 的数据，即可实现矩阵第 i 行第 j 列数据的获取。每一行的数据、制表位合并为字符串，再合并回车字符，就可将矩阵转换为多行文本。

综上所述,矩阵转字符串的过程设计方案如下:

过程输入参数:列表类型数据 X;

过程返回参数:文本类型数据。

具体实现代码如图 2.4-35 所示。

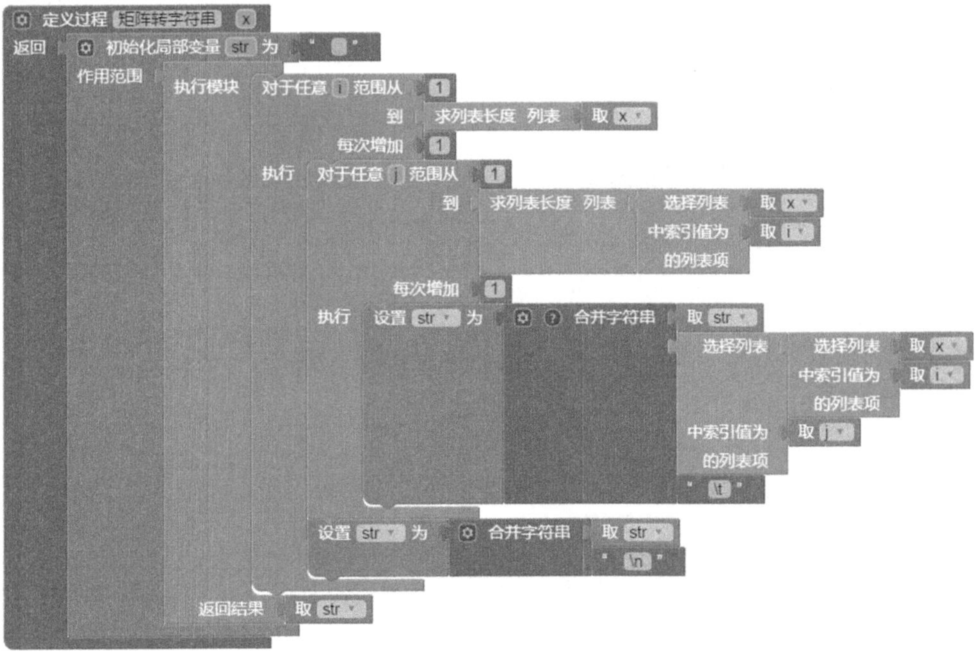

图 2.4-35 自定义过程“矩阵转字符串”实现代码

(4)响应按钮_Matrix2 之点击事件。

当用户点击按钮_Matrix2(产生矩阵 2),设置矩阵的行数 row、列数 col 为文本输入框_行数 2、文本输入框_列数 2 中输入的数据,全局变量 m2 保存自定义过程“产生随机矩阵”调研的返回结果,调用自定义过程“矩阵转字符串”,将矩阵 m2 转换为多行文本数据,并作为标签_矩阵 2 的显示文本,具体实现代码如图 2.4-36 所示。

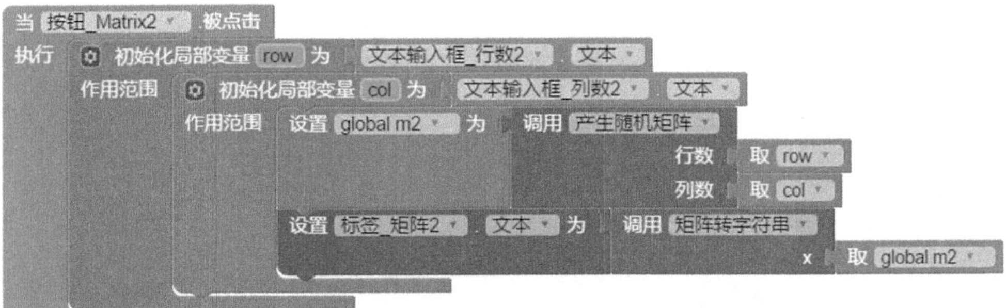

图 2.4-36 按钮_Martrix2 被点击事件实现代码

(5)响应列表选择框_运算之选择完成事件。

列表选择框中数据元素字串为“加法,减法,乘法”,当用户完成选择时,如果选择“加法”,

判断矩阵行列数是否一致，满足条件则调用自定义过程“矩阵加法运算”，计算结果通过标签显示，否则对话框提醒用户错误信息。

当用户选择“减法”，判断矩阵行列数是否一致，满足条件则调用自定义过程“矩阵减法运算”，计算结果通过标签显示，否则对话框提醒用户错误信息。

当用户选择“乘法”，则判断矩阵 1 的列数和矩阵 2 的行数是否一致，满足条件则调用自定义过程“矩阵乘法运算”，计算结果通过标签显示，否则对话框提醒用户错误信息。具体实现代码如图 2.4 - 37 所示。

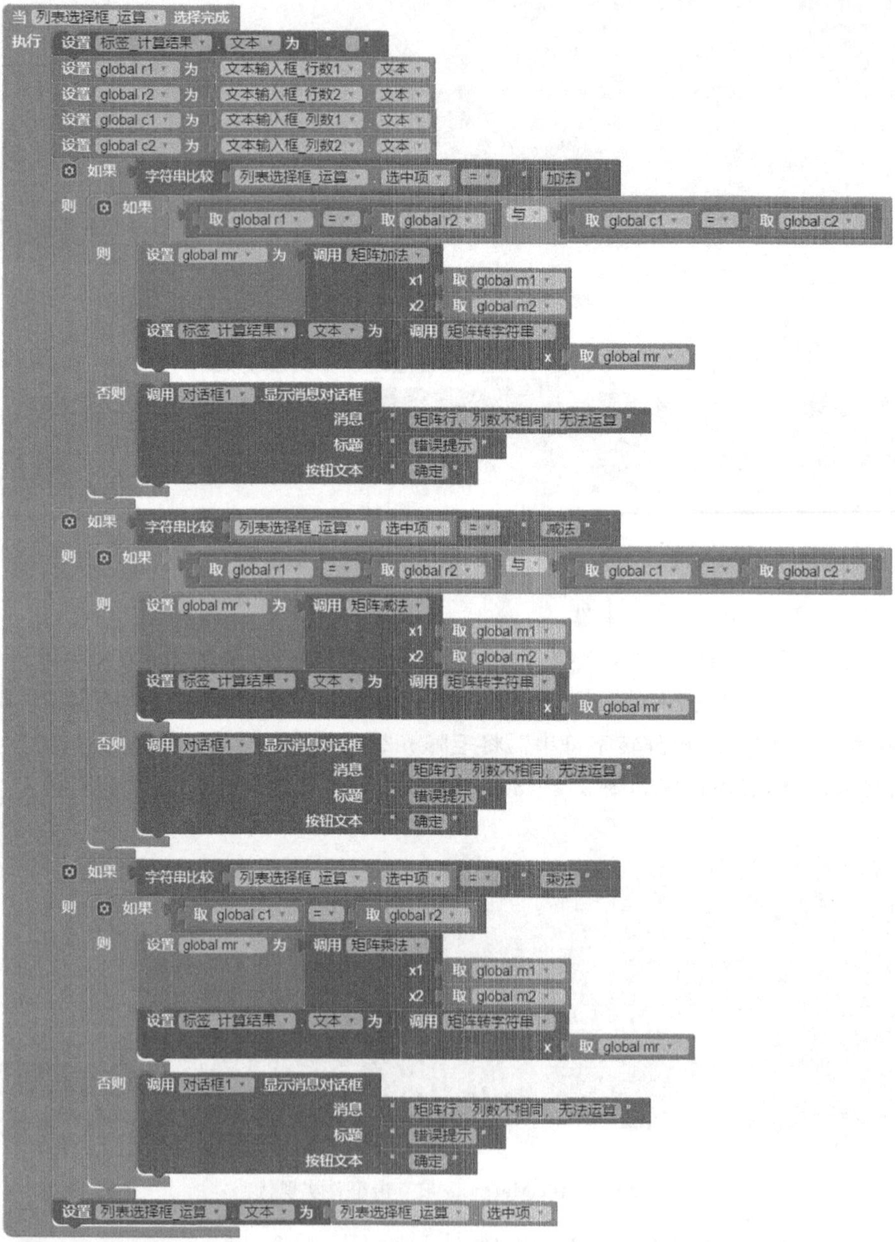

图 2.4 - 37 列表选择框_运算之选择完成事件实现代码

矩阵加法通常在两个相同大小的矩阵之间运行。两个 $m\times n$ 矩阵 $\boldsymbol{A}$ 和 $\boldsymbol{B}$ 的和，标记为 $\boldsymbol{A}+\boldsymbol{B}$，结果还是一个 $m\times n$ 矩阵，其内的各元素为矩阵 $\boldsymbol{A}$ 和 $\boldsymbol{B}$ 中相对应元素相加后的值。例如：

$$\begin{bmatrix}1&3\\1&0\\1&2\end{bmatrix}+\begin{bmatrix}0&0\\7&5\\2&1\end{bmatrix}=\begin{bmatrix}1+0&3+0\\1+7&0+5\\1+2&2+1\end{bmatrix}=\begin{bmatrix}1&3\\8&5\\3&3\end{bmatrix}$$

矩阵加法、减法运算的首要条件就是矩阵的维度相同，矩阵中位置相同的数据元素相加或相减作为结果矩阵对应位置的数据元素。App Inventor 中并不直接提供二维列表数据访问、修改的功能，因此对于矩阵操作，首先必须解决以下四个问题：

(1)矩阵中指定位置(假设行为 i，列为 j)数据元素的读取操作。

由于 App Inventor 在内置块中提供了选择一维列表指定索引值对应的列表项功能，而二维列表本质上就是数据元素为一维列表的一维列表，因此可以设计自定义过程“获取矩阵指定位置数据元素”。

过程输入参数：矩阵 $\boldsymbol{X}$、行号、列号；

过程返回参数：数值类型数据。

具体实现代码如图 2.4-38 所示。

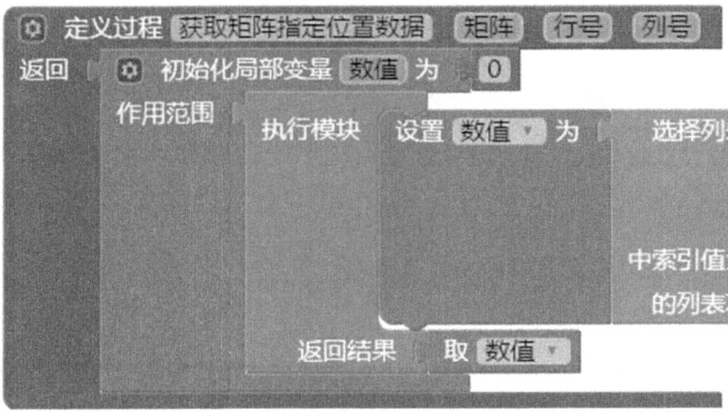

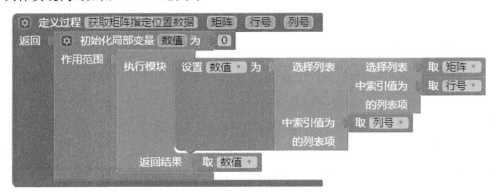

图 2.4-38 获取矩阵指定位置数据实现代码

(2)矩阵中指定位置(假设行为 i，列为 j)数据元素的修改操作。

对矩阵指定位置的数据元素进行修改，首先调用内置块列表中选择列表指定位置数据元素的功能，得到矩阵的行向量，再调用列表替换指定位置数据元素的功能，实现矩阵指定位置数据元素的设置功能。

过程输入参数：矩阵、行号、列号、数值(修改的数据)。

具体实现代码如图 2.4-39 所示。

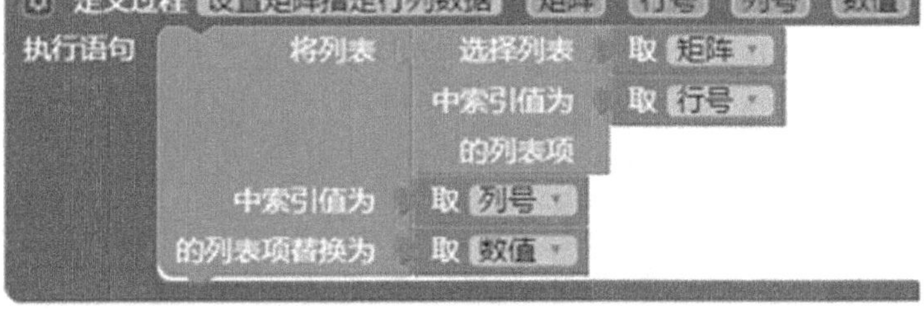

图 2.4-39 设置矩阵指定行列数据实现代码

(3)获取矩阵的行数和列数。

由于矩阵数据元素的遍历必须获取其行数、列数,以便确定循环代码的边界,因此需要定义过程“取 2 维列表的行与列数”。

过程输入参数:矩阵;

过程返回参数:列表数据(列表第一项:矩阵行数;列表第二项:矩阵列数)。

由于 App Inventor 中任何 n 维列表本质上都是一维列表,只不过一维列表的数据元素是 $n-1$ 维的列表。因此,矩阵的行数就是给定二维列表的数据长度(数据元素的个数),列数可视为二维列表中第一个数据元素(一维列表)的长度。于是可以定义长度为 2 的列表类型局部变量,第一项保存矩阵的行数,第二项保存矩阵的列数。具体实现代码如图 2.4-40 所示。

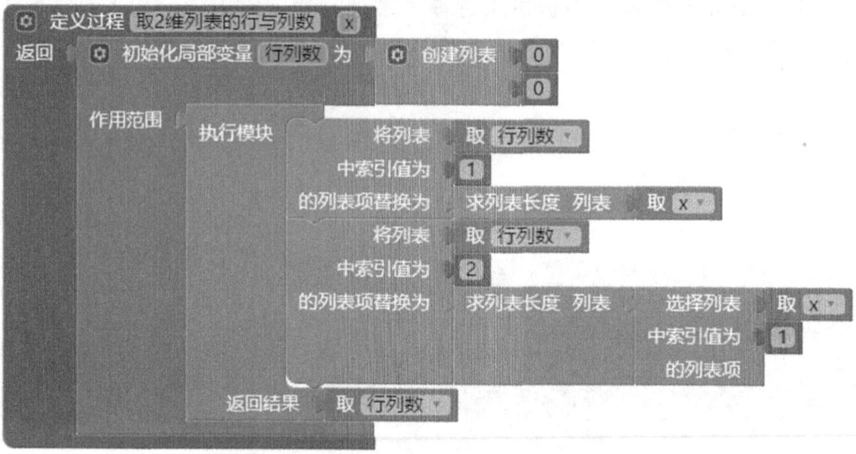

图 2.4-40 取二维列表的行与列数实现代码

(4)创建指定维度的 **0** 矩阵。

矩阵的加法运算结果还是一个矩阵,App Inventor 并不提供二维列表的数据类型,因此需要定义过程“产生 0 矩阵”,实现矩阵加法运算结果的定义和初始化。

过程输入参数:行数、列数;

过程输出参数:数据元素全 0 的矩阵(二维列表)。

二维列表的创建可以首先借助内置块中列表的追加列表项功能,对于空列表连续追加 n 次列表项(列表项数据为 0),形成长度为 n 的矩阵行向量;然后对于空列表追加 m 次列表项,即可生成 $m\times n$ 的矩阵数据。具体实现代码如图 2.4-41 所示。

在此基础上,矩阵加的运算流程如下:

(1)创建与参与计算矩阵行数、列数一致的全 0 矩阵,作为计算结果矩阵;

(2)遍历计算结果矩阵的每一个数据元素。

①获取该位置被加数矩阵的数据元素值;

②获取该位置加数矩阵的数据元素值;

③设置该位置计算结果矩阵的数据元素为上述两个数值的和。

具体实现代码如图 2.4-42 所示。

类似的,矩阵的减法运算与矩阵加法运算相比,仅有一处不同,读者可以自行思考,修改加法计算过程,设计并测试矩阵减法运算的过程。

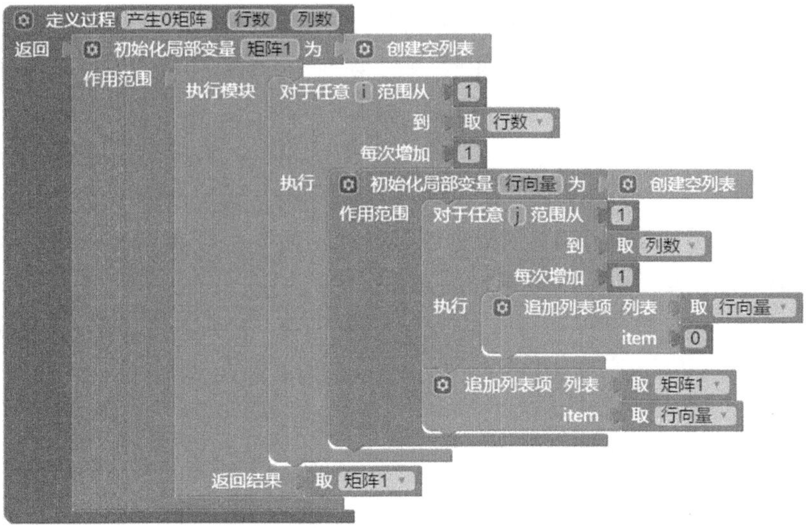

图 2.4-41 产生 0 矩阵实现代码

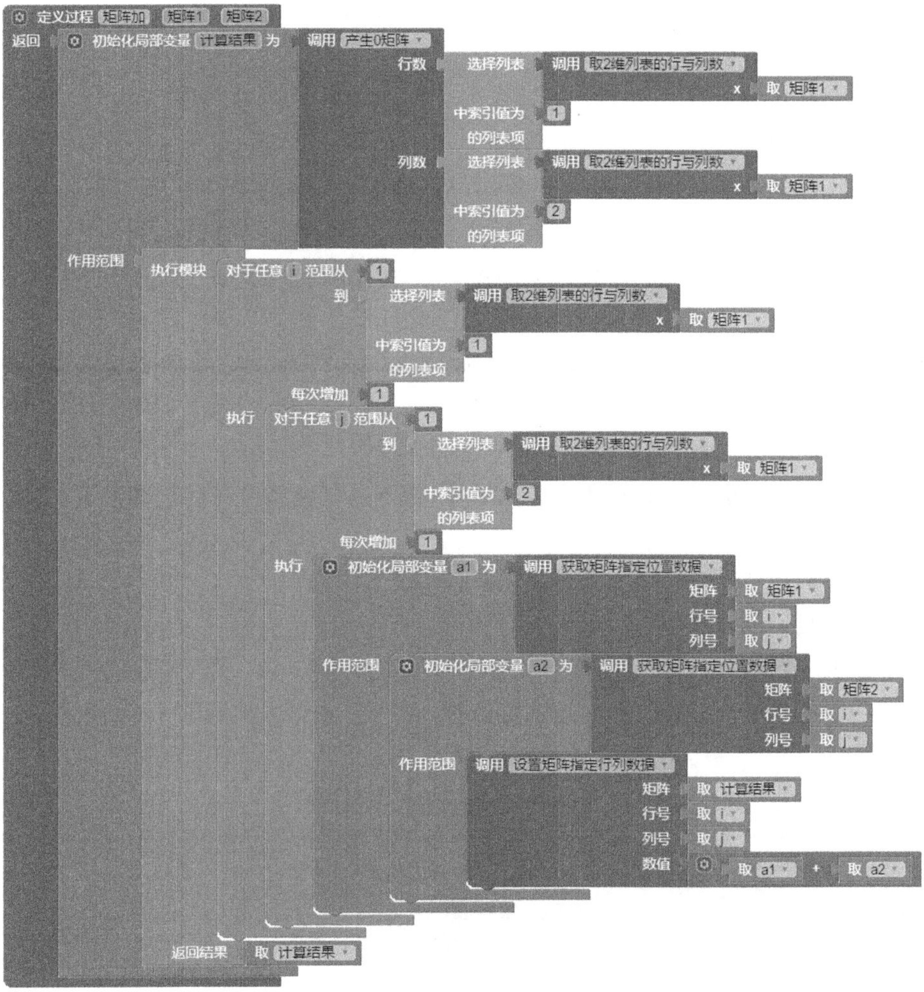

图 2.4-42 矩阵加运算实现代码

当用户选择乘法计算时，程序执行生成矩阵的乘法运算。

设 $\boldsymbol{A}$ 为 $m\times p$ 的矩阵，$\boldsymbol{B}$ 为 $p\times n$ 的矩阵，那么称 $m\times n$ 的矩阵 $\boldsymbol{C}$ 为矩阵 $\boldsymbol{A}$ 与 $\boldsymbol{B}$ 的乘积，记作 $\boldsymbol{C}=\boldsymbol{AB}$，其中，矩阵 $\boldsymbol{C}$ 中的第 i 行第 j 列元素可以表示为：

$$(\mathrm{AB})_{ij}=\sum_{k=1}^{p}a_{ik}b_{kj}=a_{i1}b_{1j}+a_{i2}b_{2j}+\cdots+a_{ip}b_{pj}$$

乘法计算结果矩阵的第 i 行第 j 列数据元素就是用矩阵 $\boldsymbol{A}$ 的第 i 行各个数据与矩阵 $\boldsymbol{B}$ 的第 j 列各个数据对应相乘后加起来的结果。如下所示：

$$\begin{bmatrix} a_{11} & a_{12} & \cdots & a_{1s} \\ \cdots & \cdots & \cdots & \cdots \\ \boxed{a_{i1} \quad a_{i2} \quad \cdots \quad a_{is}} \\ \cdots & \cdots & \cdots & \cdots \\ a_{m1} & a_{m2} & \cdots & a_{ms} \end{bmatrix}\cdot\begin{bmatrix} b_{11} & \cdots & b_{1j} & \cdots & b_{1n} \\ b_{21} & \cdots & b_{2j} & \cdots & b_{2n} \\ \cdots & \cdots & \cdots & \cdots & \cdots \\ b_{s1} & \cdots & b_{sj} & \cdots & b_{sn} \end{bmatrix}=\begin{bmatrix} c_{11} & \cdots & a_{i1}b_{1j}+a_{i2}b_{2j}\cdots+a_{is}b_{sj} & \cdots & c_{1n} \\ \cdots & \cdots & \cdots & \cdots & \cdots \\ c_{i1} & & \boxed{c_{ij}} & & c_{in} \\ \cdots & \cdots & \cdots & \cdots & \cdots \\ c_{m1} & & c_{mj} & & c_{mn} \end{bmatrix}$$

典型计算案例如下所示：

$$\boldsymbol{C}=\boldsymbol{AB}=\begin{bmatrix} 1 & 2 & 3 \\ 4 & 5 & 6 \end{bmatrix}\begin{bmatrix} 1 & 4 \\ 2 & 5 \\ 3 & 6 \end{bmatrix}=\begin{bmatrix} 1\times1+2\times2+3\times3 & 1\times4+2\times5+3\times6 \\ 4\times1+5\times2+6\times3 & 4\times4+5\times5+6\times6 \end{bmatrix}=\begin{bmatrix} 14 & 32 \\ 32 & 77 \end{bmatrix}$$

矩阵的乘法计算具有以下三个典型特征：

(1)当矩阵 $\boldsymbol{A}$ 的列数(column)等于矩阵 $\boldsymbol{B}$ 的行数(row)时，$\boldsymbol{A}$ 与 $\boldsymbol{B}$ 可以相乘。

(2)矩阵 $\boldsymbol{C}$ 的行数等于矩阵 $\boldsymbol{A}$ 的行数，矩阵 $\boldsymbol{C}$ 的列数等于矩阵 $\boldsymbol{B}$ 的列数。

(3)乘积结果矩阵 $\boldsymbol{C}$ 的第 m 行第 n 列的元素等于矩阵 $\boldsymbol{A}$ 的第 m 行元素与矩阵 $\boldsymbol{B}$ 的第 n 列对应元素乘积之和。

剖析上述计算过程，矩阵的乘法运算在矩阵加法运算必须解决的四个问题的基础上，还要解决以下三个问题：

1)获取矩阵指定行的行向量数据

获取矩阵的行向量数据就是对于给定的矩阵，得到其任意指定行的全部数据，因此定义过程“提取行向量”。

过程输入参数：矩阵 $\boldsymbol{X}$、行数 i；

过程输出参数：行向量(列表类型数据)。

矩阵 $\boldsymbol{X}$ 的第 i 行数据就是二维列表 X 的第 i 个数据元素，为一维列表。因此可以借助内置块中列表功能中的获取指定位置数据功能实现，具体实现代码如图 2.4-43 所示。

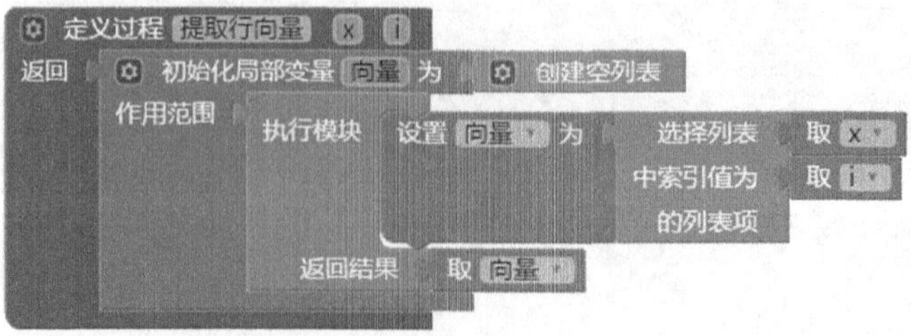

图 2.4-43 提取行向量实现代码

2)获取矩阵指定列的列向量数据

获取矩阵的列向量数据就是对于给定的矩阵,得到其任意指定列的全部数据,因此定义过程“提取列向量”。

过程输入参数:矩阵 $\boldsymbol{X}$、列数 j。

过程输出参数:列向量(列表类型数据)。

矩阵 $\boldsymbol{X}$ 的第 j 列数据无法借助列表基本功能直接获取,但是可以通过向空列表追加矩阵每一行的第 j 个数据元素的方法得到矩阵的第 j 列数据,具体实现代码如图 2.4-44 所示。

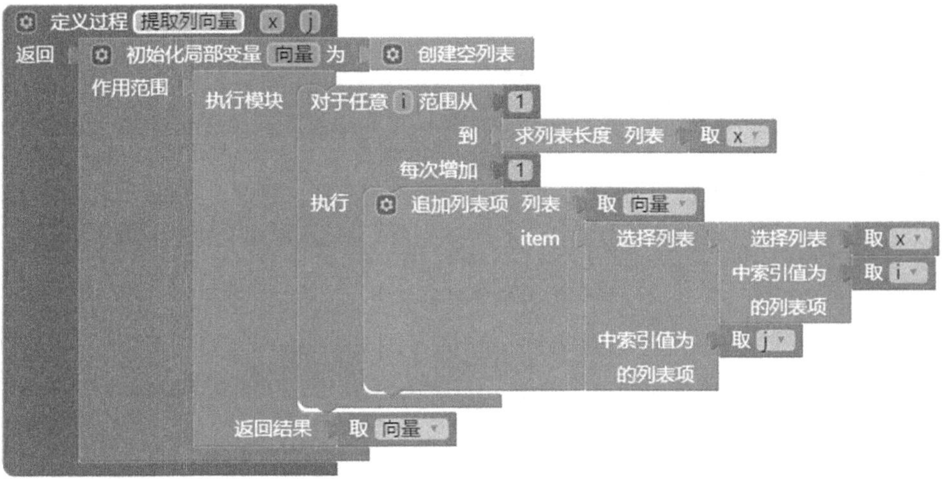

图 2.4-44　提取列向量实现代码

3)向量对应位置数据元素相乘并累加

向量对应位置数据元素相乘并累加是矩阵乘法运算结果中每一个数据元素值的计算方法的核心,当分别提取出两个矩阵的行向量(一维列表)和列向量(一维列表)后,其对应位置数据相乘并累加,即可得到结果矩阵的对应位置的数据元素值。因此定义过程“行列相乘累加”。

过程输入参数:行向量、列向量。

过程输出参数:数值类型的计算结果。

具体实现代码如图 2.4-45 所示。

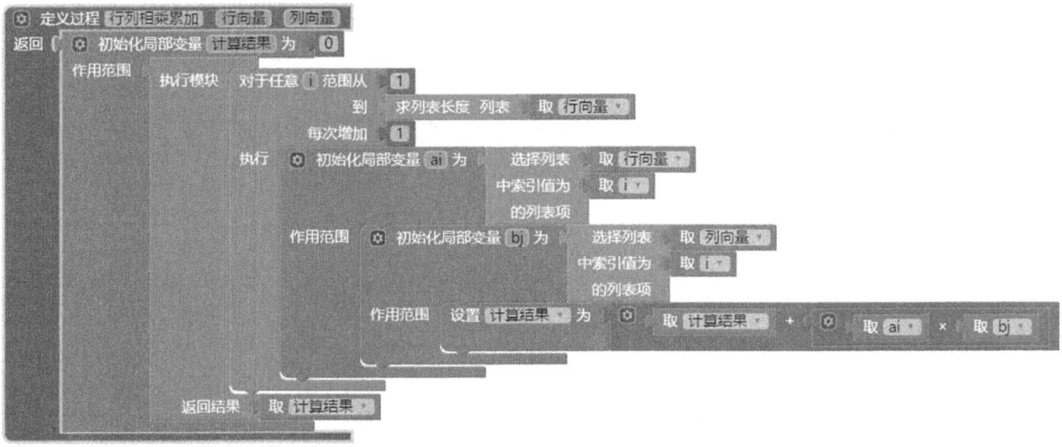

图 2.4-45　行列相乘累加实现代码

于是矩阵乘法的运算流程可以设计如下：

(1)创建行数为矩阵 **A** 的行数、列数为矩阵 **B** 的列数的全 **0** 矩阵 **C**，作为计算结果矩阵；

(2)遍历计算结果矩阵的每一个数据元素 C_{ij}。

①获取矩阵 **A** 的第 i 行的列表数据——提取矩阵 **A** 的第 i 行数据；

②获取矩阵 **B** 的第 j 列的列表数据——提取矩阵 **B** 的第 j 列数据；

③设置 C_{ij} 为上述两个列表对应位置数据元素相乘并累加的结果。

具体实现代码如图 2.4-46 所示。

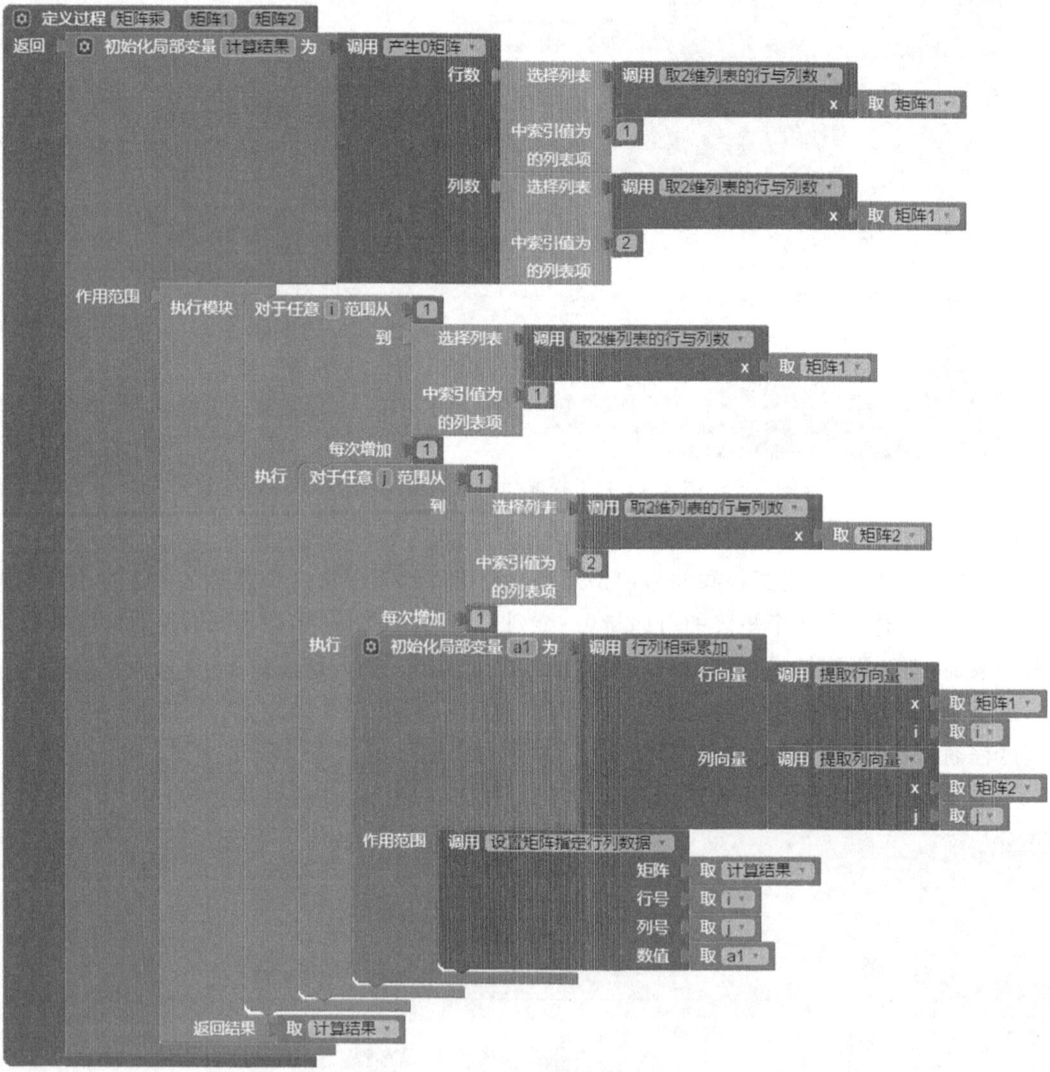

图 2.4-46　矩阵乘实现代码

2.4.6.5　结果测试

安装运行程序，初始界面如图 2.4-47 所示。

设置矩阵 1 的行数为 3，列数为 2，矩阵 2 的行数为 2，列数为 3，分别点击按钮“产生矩阵 1”“产生矩阵 2”，得到 3×2 的矩阵 1、2×3 的矩阵 2，运行结果如图 2.4-48 所示。

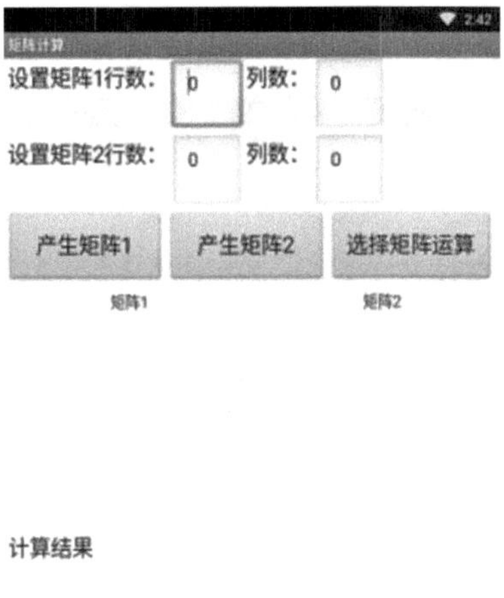

图 2.4-47 矩阵运算程序运行初始界面

图 2.4-48 点击产生矩阵按钮运行结果

点击列表选择框，分别选择加法、减法选项，运行结果如图 2.4-49 所示。

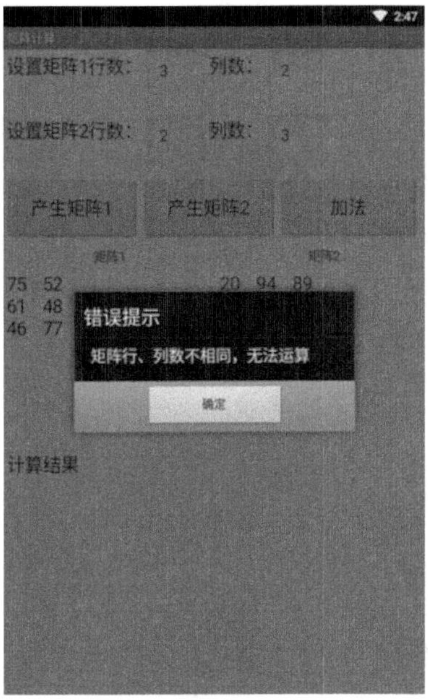

图 2.4-49 矩阵计算维度不匹配错误提示

点击列表选择框，选择乘法选项，运行结果如图 2.4－50 所示。

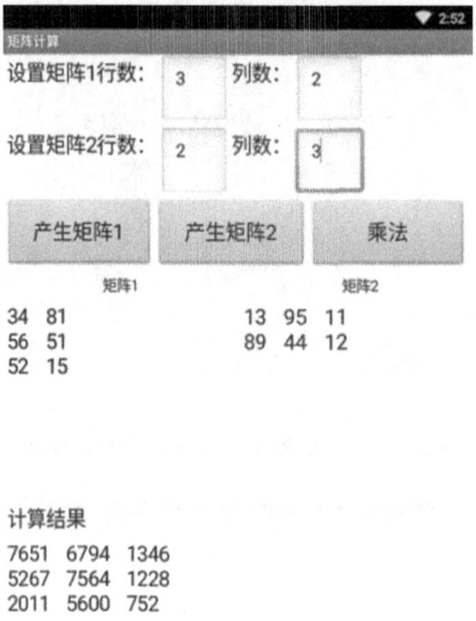

图 2.4－50　矩阵乘法计算结果

设置矩阵 1 的行数为 3，列数为 3，矩阵 2 的行数为 3，列数为 3，分别点击按钮“产生矩阵 1”“产生矩阵 2”，运行结果如图 2.4－51 所示。

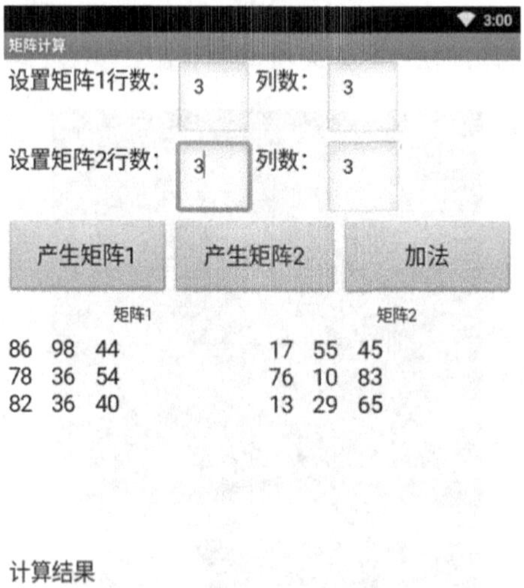

图 2.4－51　产生用于加、减法运算的矩阵

点击列表选择框，分别选择加法、减法选项，运行结果如图 2.4－52 所示。

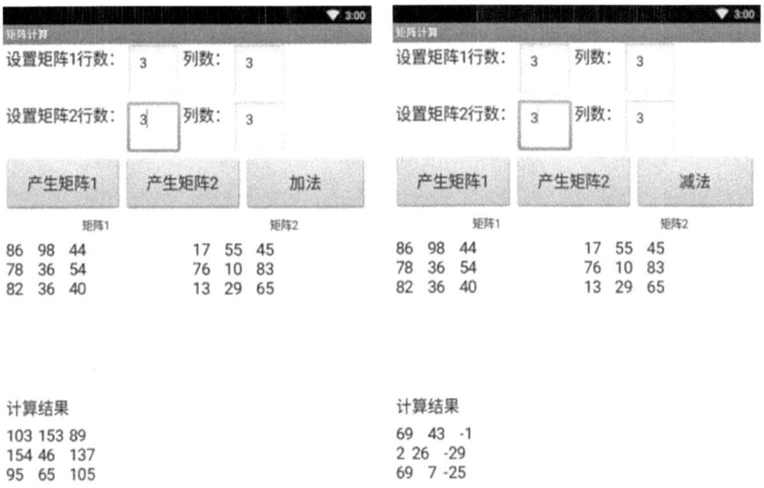

图 2.4-52 矩阵加、减法运算结果

测试结果表明，矩阵的产生、矩阵的基本运算能正确实现，读者可以按照图中数据自行验证结果的正确性。

2.4.6.6 拓展思考

进一步进行拓展练习，实现以下功能：

(1)矩阵的转置运算；

(2)矩阵的求逆运算；

(3)矩阵的最大值、最小值求取；

(4)矩阵中最大值、最小值位置的求取；

(5)求取对称矩阵对角线元素的和等。

2.5 多屏幕切换与数据共享技术

2.5.1 App Inventor 屏幕切换原理

很少有 App 能将所有的功能放在一个屏幕中全部显示，比如，打开新闻类 App，我们经常需要单击标题或者链接，进入程序的第二个界面。App 中多屏幕切换技术可以使得应用程序的多种功能相互分离，更好地实现分组，而不必把他们密密麻麻的挤在一个屏幕里面——尤其是在手机界面本身容量极为有限的情况下，多屏幕应用程序设计尤为重要！

从问题分析能力培养的角度讲，多屏幕应用程序设计是复杂系统的分解、综合以及各个组成部分之间相互联系的建立和维护的直接载体，对于学生复杂工程问题解决能力的形成具有重要意义！

1. 多屏幕工作机制

App Inventor 默认主屏幕为 Screen1，当用户操作 Screen1 中某一组件打开另外屏幕时，假设其为 Screen2，程序切换至第二个屏幕，这一过程称为多屏幕程序的切换技术。实际上，当屏幕从 Screen1 切换至 Screen2 时，Screen1 并未关闭，只是隐藏在刚刚打开的屏幕 Screen2 下面，如图 2.5－1 所示。

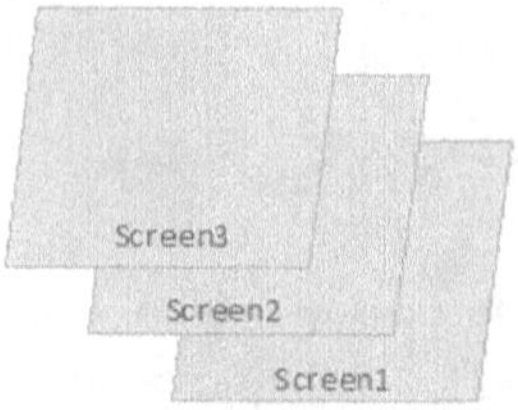

图 2.5－1 多屏幕切换机制

当在 Screen1 屏幕的操作中打开 Screen2，Screen1 屏幕隐藏，Screen2 显示，同样，当 Screen2 屏幕的操作中打开了 Screen3，Screen2 隐藏，Screen3 显示，如此不断叠加。

当用户关闭最上层屏幕时，就可以看到打开该屏幕的上层屏幕。比如在 Screen1 中打开 Screen2，想要跳回 Screen1 屏幕，只需要关闭 Screen2 屏幕即可。

屏幕切换过程中，可以产生若干典型屏幕操作相关事件。用户可以根据需要在相关事件中添加特定功能，比如传递参数，实现更高级的多屏幕应用程序。

2. App Inventor 屏幕相关事件代码

App Inventor 中与屏幕相关的事件主要包括：屏幕回压、出现错误、初始化、关闭屏幕、屏幕改变方向等指令。当这些事件发生时，可以加入相关功能代码，实现对应的软件功能。屏幕事件指令的形式、含义如表 2.5－1 所示。

表 2.5－1 App Inventor 内置屏幕事件

编号	指令	含义
1	当 Screen1 .被回压 执行	屏幕回压事件，当按下手机返回键时触发此事件，一般处理关闭屏幕或者退出程序操作
2	当 Screen1 .出现错误 组件 函数名称 错误编号 消息 执行	屏幕出现错误时触发此事件
3	当 Screen1 .初始化 执行	屏幕启动触发此事件，一般用于初始化赋值的一些操作
4	当 Screen1 .关闭屏幕 其他屏幕名称 返回结果 执行	当其他屏幕关闭返回此屏幕时，触发此事件
5	当 Screen1 .屏幕方向被改变 执行	屏幕方向改变触发此事件

3. 屏幕控制相关代码

App Inventor 中与屏幕相关的控制逻辑包括：打开另一屏幕、打开屏幕并传值、取初始值、关闭当前屏幕、关闭当前屏幕并传值等指令。一般在屏幕事件相应代码中根据需要调用这些功能,实现相对复杂功能的应用软件操作。屏幕控制相关指令的形式、含义如表 2.5-2 所示。

表 2.5-2 App Inventor 内置屏幕控制功能

编号	指令	含义
1	打开另一屏幕 屏幕名称	打开指定名称的屏幕,屏幕名称为字符串
2	打开另一屏幕并传值 屏幕名称 初始值	打开指定名称的屏幕,屏幕名称为字符串;同时向打开的屏幕传递指定的参数,参数可以是数值,可以是字符串,亦可是列表
3	获取初始值	屏幕打开时返回传入的值,通常在多屏幕程序中被新打开的屏幕调用,得到传入的值,如无数据传入,得到的值为空字符串
4	关闭屏幕	关闭当前屏幕
5	关闭屏幕并返回值 返回值	关闭当前屏幕,并向打开屏幕返回指定的数值
6	退出程序	退出程序
7	关闭屏幕并返回文本 文本值	关闭当前屏幕,并向打开屏幕返回指定的文本值;对于多屏幕应用程序,更多使用的是关闭屏幕返回值的方式,而不是文本值
8	获取初始文本值	当屏幕被其他程序启动时,返回得到的文本值,如果没有内容传入则返回空文本值;对于多屏幕应用程序,更多使用的是获取初始值的方式,而不是文本值

2.5.2 多屏幕之间的切换

2.5.2.1 问题描述

设计一个简单的多屏幕应用程序,包含 3 个屏幕,主屏幕中可以打开第二个屏幕,亦可退出程序;第二个屏幕能够打开第三个屏幕,并能返回第一个屏幕;第三个屏幕能够关闭自己,并返回第二个屏幕,实现 App 应用程序屏幕之间的切换功能。

2.5.2.2 学习目标

(1)掌握 App 设计开发一般步骤;

(2)掌握屏幕控制相关指令;

(3)掌握按钮、标签等常用组件的使用;

(4)掌握表格布局管理器的使用。

2.5.2.3 方案构思

设计包含 3 个屏幕 Screen1、Screen2、Screen3 的应用程序。

屏幕 Screen1 上设置文本标签,显示“这是第一个窗口”;设置按钮“打开第二个窗口”“关闭当前窗口”。屏幕 Screen2 上设置文本标签,显示“这是第二个窗口”;设置按钮“关闭当前窗口”“打开第三个窗口”。屏幕 Screen3 上设置文本标签，显示“这是第三个窗口”；设置按钮“关闭当前窗口”。

软件界面如图 2.5－2 所示。

其中，第一个窗口操作中，用户单击“关闭当前窗口”，退出程序；单击“打开第二个窗口”，启动屏幕 Screen2，这时 Screen1 并未关闭，只是隐藏在打开的 Screen2 下面。

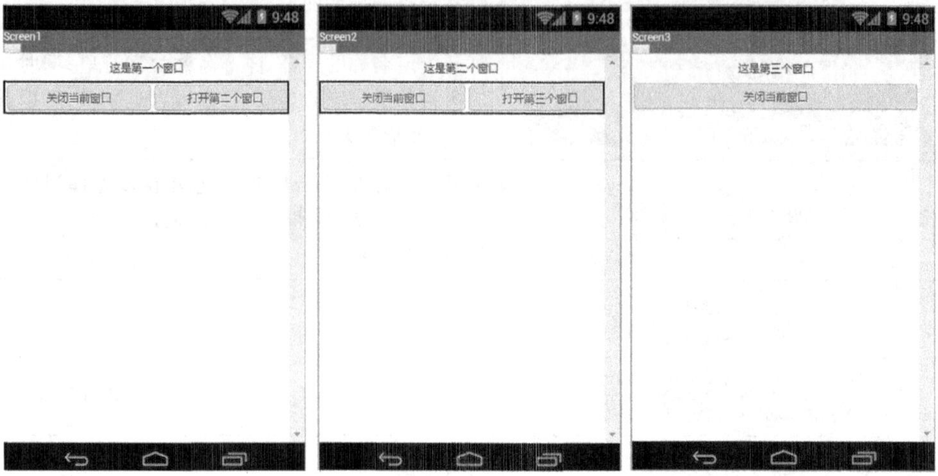

图 2.5－2 多屏幕切换程序设计界面

Screen2 屏幕操作中，单击“打开第三个窗口”，启动屏幕 Screen3，这时 Screen1、Screen2 均未关闭，只是隐藏在打开的 Screen3 屏幕下面；而当在 Screen2 屏幕中单击“关闭当前窗口”，则可自动显示出隐藏在 Screen2 下面的 Screen1。

Screen3 屏幕操作中，只有一个标签显示这是第三个窗口。Screen3 打开时，Screen1、Screen2 均未关闭，因此，当用户单击“关闭当前窗口”，Screen3 窗口关闭，Screen2 窗口自动显示。

3 个屏幕中各个组件相关属性设置信息如表 2.5－3 所示。

表 2.5－3 屏幕切换程序中使用的组件及其属性设置

屏幕	所属面板	对象类型	对象名称	属性	属性取值
Screen1	用户界面	标签	标签 1	宽度	充满
				文本对齐	居中:1
				文本	这是第一个窗口
	界面布局	表格布局	表格布局 1	宽度	充满
				行数	1
	用户界面	按钮	按钮 1	宽度	50%比例
				文本	关闭当前窗口
			按钮 2	宽度	50%比例
				文本	打开第二个窗口
Screen2	用户界面	标签	标签 1	宽度	充满
				文本对齐	居中:1
				文本	这是第二个窗口
	界面布局	表格布局	表格布局 1	宽度	充满
				行数	1

续表

屏幕	所属面板	对象类型	对象名称	属性	属性取值
Screen2	用户界面	按钮	按钮 1	宽度	50%比例
				文本	关闭当前窗口
			按钮 2	宽度	50%比例
				文本	打开第三个窗口
Screen3	用户界面	标签	标签 1	宽度	充满
				文本对齐	居中:1
				文本	这是第三个窗口
		按钮	按钮 1	宽度	50%比例
				文本	关闭当前窗口

2.5.2.4 实现方法

1. Screen1 程序实现

按照 Screen1 的设计构思，完成工作面板组件设计后，主要实现以下功能：

(1)响应按钮“打开第二个窗口”之被点击事件。

按钮动作打开第二个窗口，实现屏幕的切换。调用逻辑设计中“内置块”—“控制”功能中的“打开另一屏幕 屏幕名称”功能，填入文本参数“Screen2”表示打开第二个屏幕，实现代码如图 2.5-3 所示。

图 2.5-3 按钮 2 被点击事件响应代码

(2)响应按钮“关闭当前窗口”之被点击事件。

由于 Screen1 是主屏幕，关闭窗口就意味着程序退出。关闭当前窗口时，调用逻辑设计中“内置块”—“控制”功能中的“关闭屏幕”功能，实现代码如图 2.5-4 所示。

图 2.5-4 按钮 1 被点击事件实现代码

(3)响应 Screen1 之被回压事件。

即在 Screen1 屏幕显示状态下，按下手机返回键，退出程序。在 Screen1 屏幕显示时，用户按下手机返回键，触发 Screen1 被回压事件，调用“控制”功能中的“退出程序”功能，实现代码如图 2.5-5 所示。

图 2.5-5 Screen1 被回压事件响应代码

2. Screen2 程序实现

按照 Screen2 的设计构思，完成工作面板组件设计后，主要实现以下功能：

(1)响应按钮“打开第三个窗口”事件。

按钮动作打开第三个窗口，实现 Screen1、Screen2、Screen3 的叠加显示。调用逻辑设计中“内置块”—“控制”功能中的“打开另一屏幕　屏幕名称”功能，填入文本参数“Screen3”表示打开第三个屏幕。实现代码如图 2.5-6 所示。

图 2.5-6　按钮 2 被点击事件响应代码

(2)响应“关闭当前窗口”事件。

由于此时 Screen1 并未关闭，关闭 Screen2 就是返回 Screen1 显示状态。关闭当前窗口，调用逻辑设计中“内置块”—“控制”功能中的“关闭屏幕”功能，实现代码如图 2.5-7 所示。

图 2.5-7　按钮 1 被点击事件响应代码

(3)响应 Screen2 之被回压事件。

用户按下手机返回键，触发 Screen2 被回压事件，调用“控制”功能中的“关闭屏幕”功能，实现代码如图 2.5-8 所示。

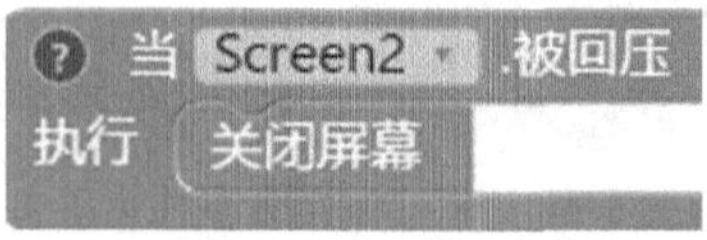

图 2.5-8　Screen2 被回压事件响应代码

3. Screen3 程序实现

在本次任务中，Screen3 是最上层显示的窗口，窗口界面操作主要处理“关闭当前窗口”按钮单击事件，并且进行手机返回键事件处理。按照 Screen3 的设计构思，完成工作面板组件设计后，主要实现以下功能：

(1)响应按钮“关闭当前窗口”之被点击事件。

当用户点击按钮时，调用逻辑设计中“内置块”—“控制”功能中的“关闭屏幕”功能。由于此时 Screen1、Screen2 隐藏显示，关闭 Screen3 就是返回 Screen2 显示状态，实现代码如图 2.5-9 所示。

图 2.5-9　按钮 1 被点击事件响应代码

(2)响应 Screen3 之被回压事件。

在 Screen3 屏幕显示状态下，按下手机返回键，实现关闭 Screen3 功能，并返回 Screen2 显示状态。实现代码如图 2.5-10 所示。

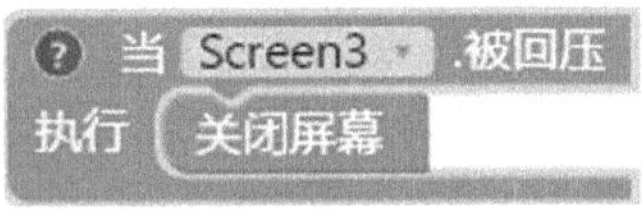

图 2.5 - 10 Screen3 被回压事件响应代码

2.5.2.5 结果测试

生成 APK 文件,并在模拟器中安装程序(这样可在电脑上直接测试,而无需在手机上安装运行),结果如图 2.5 - 11 所示。

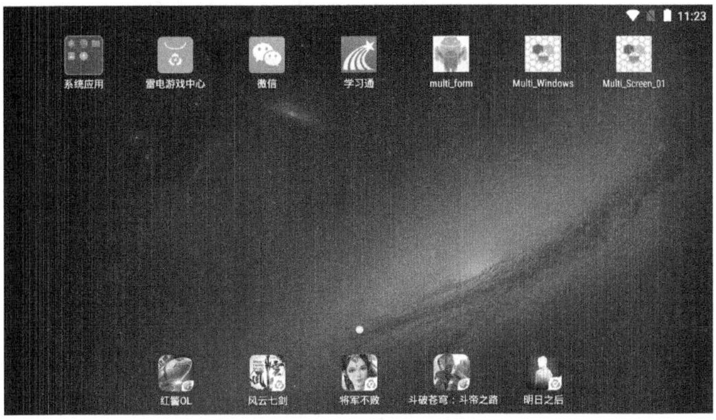

图 2.5 - 11 程序安装结果

运行程序,按照如下策略进行功能测试:

(1)程序的主窗口是 Screen1,在 Screen1 中,单击"打开第二个窗口",程序应该弹出 Screen2 窗口,单击"关闭当前窗口",由于 Screen1 为主窗口,因此关闭窗口与退出程序等价,程序应该退出,停止运行,Screen1 运行界面如图 2.5 - 12 所示。

图 2.5 - 12 Screen1 运行界面

窗口标签显示"这是第一个窗口",表示 Screen1 正常运行。当用户单击"关闭当前窗口",程序退出,运行结果如图 2.5 - 13 所示。

图 2.5 - 13 点击 Screen1 中"关闭当前窗口"按钮程序退出

说明在主窗口执行关闭窗口指令，不但会关闭窗口，而且还会退出程序。

当用户单击“打开第二个窗口”按钮，程序运行结果如图 2.5 - 14 所示。

图 2.5 - 14　单击“打开第二个窗口”按钮运行结果

窗口标签文本显示“这是第二个窗口”，表示在 Screen1 中，如愿以偿地打开了第二个窗口。

(2)当 Screen2 打开时，单击“关闭当前窗口”，Screen2 关闭，Screen1 显示。单击“打开第三个窗口”，程序应该弹出 Screen3 窗口。

在 Screen2 显示时，单击“关闭当前窗口”，运行结果如图 2.5 - 15 所示。

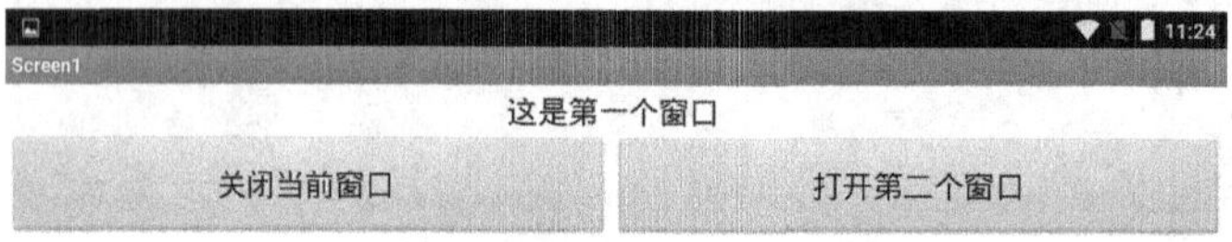

图 2.5 - 15　Screen2 中点击按钮“关闭当前窗口”运行结果

在 Screen2 显示时，单击“打开第三个窗口”，运行结果如图 2.5 - 16 所示。

图 2.5 - 16　Screen2 中点击“打开第三个窗口”运行结果

窗口标签文本显示“这是第三个窗口”，表示 Screen3 如愿以偿地被打开，程序运行正确。

(3)当 Screen3 打开时，单击“关闭当前窗口”，Screen3 关闭，Screen2 显示。

在 Screen3 显示时，单击“关闭当前窗口”，运行结果如图 2.5 - 17 所示。

图 2.5 - 17　Screen3 中点击按钮“关闭当前窗口”运行结果

窗口标签文本显示“这是第二个窗口”，表示在 Screen3 中，如愿以偿地关闭了第三个窗口。

上述测试过程表明，在叠加显示的基本规则下，调用“打开另一屏幕”指令可以叠加显示最新打开的屏幕，关闭屏幕指令则可关闭最上层显示的屏幕，显示被其隐藏的屏幕，从而实现屏幕的切换功能。

2.5.3　多屏幕切换并传递单值参数

2.5.3.1　问题描述

在前节多屏幕切换程序的基础上，添加参数传递功能，实现屏幕切换的同时传递参数。例如，在主屏幕中打开另外一个屏幕，并把主屏幕的参数设置信息传递给拟打开的屏幕，新打开的屏幕需要利用这些信息完成对应的操作。

2.5.3.2　学习目标

(1)进一步掌握屏幕事件处理功能；

(2)掌握文本框组件的使用；

(3)掌握按钮、标签等常用组件的使用；

(4)掌握表格布局管理器的使用。

2.5.3.3　方案构思

设计包含 2 个屏幕 Screen1、Screen2 的 App。屏幕 Screen1 上设置文本标签，显示“这是第一个窗口”；设置文本框，便于用户输入拟传递给第二个窗口的参数信息，亦可设置文本标签，作为用户输入数据的提示信息；设置文本输入框，显示接收其他窗口回传的数据；设置按钮“带参数打开第二个窗口”“退出应用程序”。

屏幕 Screen2 上设置文本标签，显示“这是第二个窗口”；设置文本框，便于用户输入拟回传给第一个窗口的参数信息，亦可设置文本标签，作为用户输入数据的提示信息；设置按钮“带参数返回第一个窗口”“关闭当前窗口(不带参数)”。

软件界面如图 2.5－18 所示。

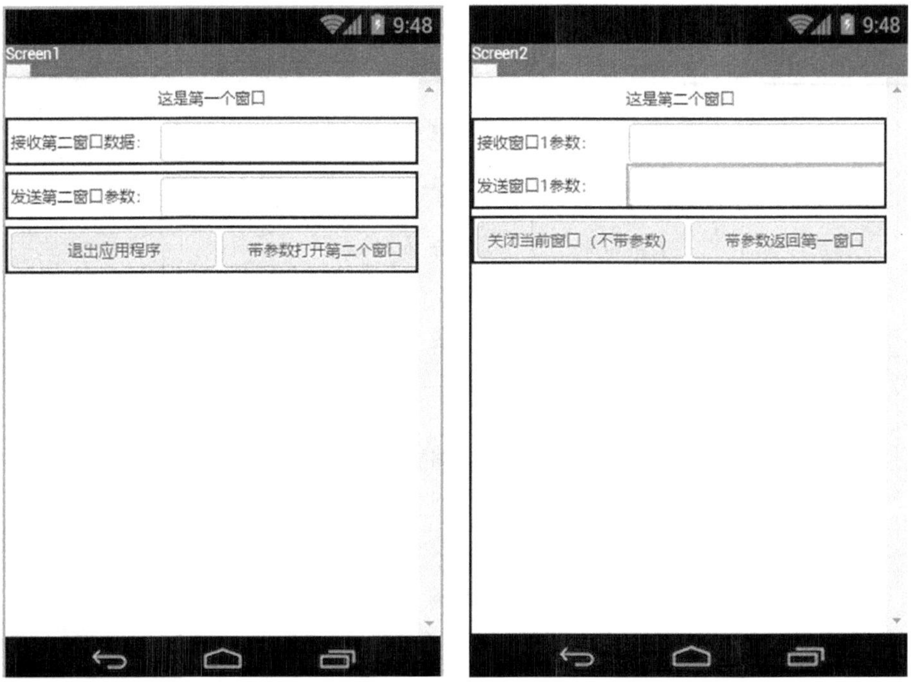

图 2.5－18　程序界面设计图示

其中,在第一个窗口操作中,用户单击“退出应用程序”,退出程序;单击“带参数打开第二个窗口”,启动屏幕 Screen2,这时 Screen1 并未关闭,只是隐藏在打开的 Screen2 下面,但是,打开 Screen2 的同时,向其传递参数,参数值为文本框中输入的内容。

Screen2 屏幕操作中,单击“关闭当前窗口”,关闭屏幕 Screen2,不带参数返回 Screen1;而单击“带参数返回第一窗口”,则 Screen2 关闭,并向 Screen1 窗口发送文本框中输入的数据。

Screen1、Screen2 各个组件相关属性设置信息如表 2.5-4 所示。

表 2.5-4 程序中使用的组件及其属性设置

<table>
<tr><th>屏幕</th><th>所属面板</th><th colspan="2">对象类型</th><th>对象名称</th><th>属性</th><th>属性取值</th></tr>
<tr><td rowspan="23">Screen1</td><td rowspan="3">用户界面</td><td colspan="2" rowspan="3">标签</td><td rowspan="3">标签 1</td><td>宽度</td><td>充满</td></tr>
<tr><td>文本对齐</td><td>居中:1</td></tr>
<tr><td>文本</td><td>这是第一个窗口</td></tr>
<tr><td rowspan="2">界面布局</td><td colspan="2" rowspan="2">表格布局</td><td rowspan="2">表格布局 1</td><td>宽度</td><td>充满</td></tr>
<tr><td>行数</td><td>1</td></tr>
<tr><td rowspan="4">用户界面</td><td rowspan="4">表格布局1</td><td rowspan="4">按钮</td><td rowspan="2">按钮 1</td><td>宽度</td><td>50%比例</td></tr>
<tr><td>文本</td><td>退出应程序</td></tr>
<tr><td rowspan="2">按钮 2</td><td>宽度</td><td>50%比例</td></tr>
<tr><td>文本</td><td>带参数打开第二个窗口</td></tr>
<tr><td rowspan="2">界面布局</td><td colspan="2" rowspan="2">表格布局</td><td rowspan="2">表格布局 2</td><td>宽度</td><td>充满</td></tr>
<tr><td>行数</td><td>1</td></tr>
<tr><td rowspan="5">用户界面</td><td rowspan="5">表格布局2</td><td rowspan="2">标签</td><td rowspan="2">标签 2</td><td>宽度</td><td>35%比例</td></tr>
<tr><td>文本</td><td>发送第二个窗口数据</td></tr>
<tr><td rowspan="3">文本输入框</td><td rowspan="3">发送数据文本框</td><td>宽度</td><td>65%比例</td></tr>
<tr><td>提示</td><td></td></tr>
<tr><td>文本</td><td></td></tr>
<tr><td rowspan="2">界面布局</td><td colspan="2" rowspan="2">表格布局</td><td rowspan="2">表格布局 3</td><td>宽度</td><td>充满</td></tr>
<tr><td>行数</td><td>1</td></tr>
<tr><td rowspan="5">用户界面</td><td rowspan="5">表格布局3</td><td rowspan="2">标签</td><td rowspan="2">标签 3</td><td>宽度</td><td>35%比例</td></tr>
<tr><td>文本</td><td>接收第二个窗口数据</td></tr>
<tr><td rowspan="3">文本输入框</td><td rowspan="3">接收数据文本框</td><td>宽度</td><td>65%比例</td></tr>
<tr><td>提示</td><td></td></tr>
<tr><td>文本</td><td></td></tr>
<tr><td rowspan="5">Screen2</td><td rowspan="3">用户界面</td><td colspan="2" rowspan="3">标签</td><td rowspan="3">标签 1</td><td>宽度</td><td>充满</td></tr>
<tr><td>文本对齐</td><td>居中:1</td></tr>
<tr><td>文本</td><td>这是第二个窗口</td></tr>
<tr><td rowspan="2">界面布局</td><td colspan="2" rowspan="2">表格布局</td><td rowspan="2">表格布局 2</td><td>宽度</td><td>充满</td></tr>
<tr><td>行数</td><td>2</td></tr>
</table>

续表

<table>
<tr><th>屏幕</th><th>所属面板</th><th colspan="2">对象类型</th><th>对象名称</th><th>属性</th><th>属性取值</th></tr>
<tr><td rowspan="12">Screen2</td><td rowspan="12">用户界面</td><td rowspan="6">表格布局2</td><td rowspan="4">标签</td><td rowspan="2">标签 2</td><td>宽度</td><td>35%比例</td></tr>
<tr><td>文本</td><td>接收窗口 1 参数：</td></tr>
<tr><td rowspan="2">标签 3</td><td>宽度</td><td>35%比例</td></tr>
<tr><td>文本</td><td>发送窗口 1 参数：</td></tr>
<tr><td rowspan="2">文本输入框</td><td>接收数据文本框</td><td>宽度</td><td>65%比例</td></tr>
<tr><td>发送数据文本框</td><td>宽度</td><td>65%比例</td></tr>
<tr><td colspan="2" rowspan="2">表格布局</td><td rowspan="2">表格布局 1</td><td>宽度</td><td>充满</td></tr>
<tr><td>行数</td><td>1</td></tr>
<tr><td rowspan="4">表格布局1</td><td rowspan="4">按钮</td><td rowspan="2">按钮 1</td><td>宽度</td><td>50%比例</td></tr>
<tr><td>文本</td><td>关闭当前窗口
（不带参数）</td></tr>
<tr><td rowspan="2">按钮 2</td><td>宽度</td><td>50%比例</td></tr>
<tr><td>文本</td><td>带参数返回第一个窗口</td></tr>
</table>

2.5.3.4 实现方法

1. Screen1 程序实现

按照 Screen1 的设计构思完成工作面板组件设计后，Screen1 应该实现以下功能：

(1)响应按钮“带参数打开第二个窗口”之被点击事件。

当用户点击该按钮时，带参数打开第二个窗口。此时参数为文本输入框“发送数据文本框”中用户输入数据。调用逻辑设计中“内置块”—“控制”功能中的“打开另一屏幕并传值”功能，屏幕名称设置为“Screen2”，初始值设置为发送数据文本框中填写内容，实现代码如图 2.5-19 所示。

图 2.5-19 按钮 2 被点击事件响应代码

(2)响应按钮“退出程序”之被点击事件。

当用户点击该按钮时，关闭当前窗口。调用逻辑设计中“内置块”—“控制”功能中的“退出程序”，实现代码如图 2.5-20 所示。

图 2.5-20 按钮 1 被点击事件响应代码

(3)响应 Screen1 之关闭屏幕事件。

当 Screen2 窗口关闭导致 Screen1 显示时，触发此事件。该事件返回两个参数，一是当前关闭的屏幕名称；一是关闭屏幕传回的参数，Screen1 和其他屏幕之间可以借助这种形式传递参数，实现代码如图 2.5－21 所示。

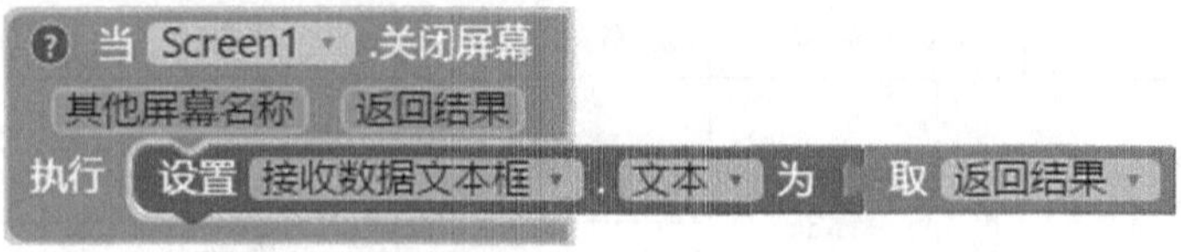

图 2.5－21 Screen1 关闭屏幕事件响应代码

(4)响应 Screen1 之被回压事件。

用户按下手机返回键，触发 Screen1 被回压事件，调用“控制”功能中的“退出程序”功能，实现代码如图 2.5－22 所示。

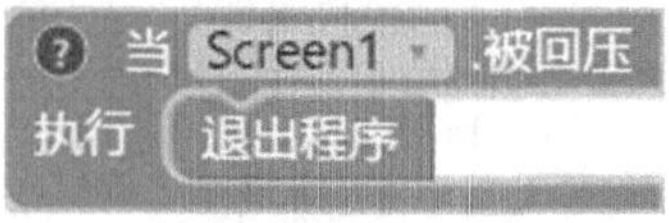

图 2.5－22 Screen1 被回压事件响应代码

2. Screen2 程序实现

按照 Screen2 的设计构思完成工作面板组件设计后，Screen2 应该实现以下功能：

(1)响应 Screen2 之初始化事件。

当 Screen2 屏幕打开时，触发此事件。由于本节案例中 Screen2 是由于 Screen1 中响应按钮“带参数打开第二个屏幕”事件的结果，所以可以调用内置功能块“获取初始值”接收并显示 Screen1 传递的屏幕参数，实现代码如图 2.5－23 所示。

图 2.5－23 Screen2 屏幕初始化事件响应代码

(2)响应按钮“带参数返回第一个窗口”之初始化事件。

以发送数据文本框中用户所输入的文本为返回值参数，调用内置块“关闭屏幕并返回值”，实现 Screen2 的关闭，并将返回参数传送给 Screen1，实现代码如图 2.5－24 所示。

图 2.5－24 按钮 2 被点击事件响应代码

(3)响应按钮“关闭当前窗口(不带参数)”之初始化事件。

当用户点击该按钮时，调用内置块中的“关闭屏幕”功能，实现代码如图 2.5－25 所示。

图 2.5－25 按钮 1 被点击事件响应代码

(3)响应 Screen2 之被回压事件。

用户按下手机返回键，触发 Screen2 被回压事件，调用“控制”功能中的“关闭屏幕”功能，实现代码如图 2.5－26 所示。

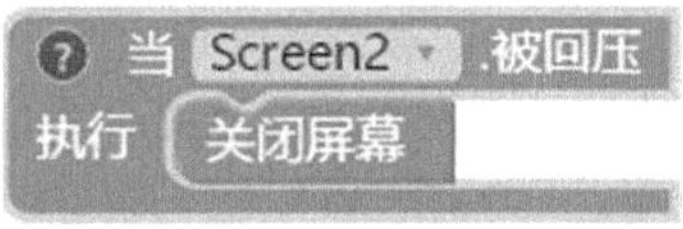

图 2.5-26 Screen2 被回压事件响应代码

2.5.3.5 结果测试

运行程序，按照如下策略进行功能测试：

(1)程序的主窗口是 Screen1，在 Screen1 中，单击“带参数打开第二个窗口”，程序应该弹出 Screen2 窗口，并向 Screen2 传递参数，参数值为文本输入框 1 中用户输入的文本数据；单击“退出应用程序”，程序停止运行，如图 2.5-27 所示。

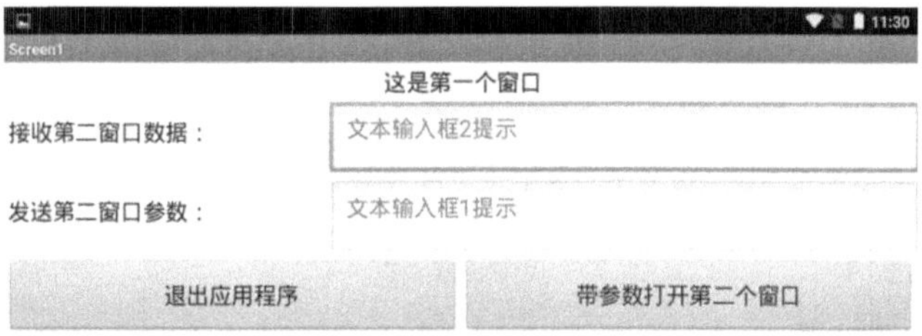

图 2.5-27 程序运行界面

窗口标签显示“这是第一个窗口”，表示 Screen1 正常运行。当用户单击“退出应用程序”，程序退出，运行结果如图 2.5-28 所示。

图 2.5-28 Screen1 中点击按钮“退出应用程序”运行结果

这说明在主窗口执行关闭窗口指令时，不但会关闭窗口，而且还会退出程序。

当用户在文本框中输入“1234”，并单击“带参数打开第二个窗口”按钮时，程序运行结果如图 2.5-29 所示。

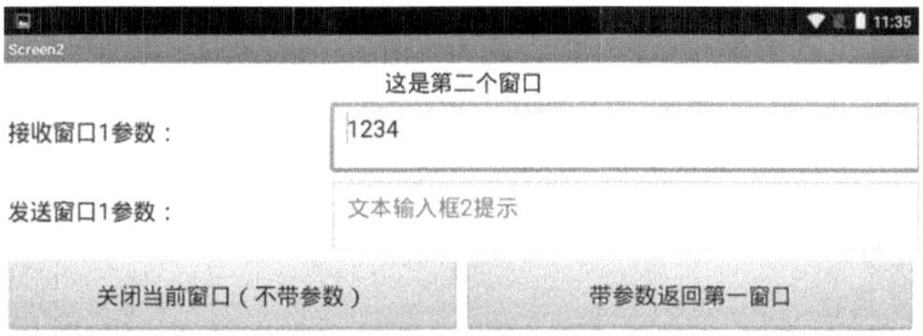

图 2.5-29 Screen1 中点击按钮“带参数打开第二个窗口”运行结果

窗口标签文本显示“这是第二个窗口”，而且接收窗口 1 参数信息显示“1234”，与窗口 1 传输的参数完全一致，表示在 Screen1 中，正确实现了打开另外窗口并传递参数的功能。

(2)当 Screen2 打开时，单击“关闭当前窗口(不带参数)”，Screen2 关闭，Screen1 显示。单击“带参数返回第一窗口”，程序关闭 Screen2 窗口，并将文本框中输入的数据回传 Screen1。

当 Screen2 显示时，在文本框中输入“4321”，并单击“带参数返回第一窗口”，程序运行结果如图 2.5－30 所示。

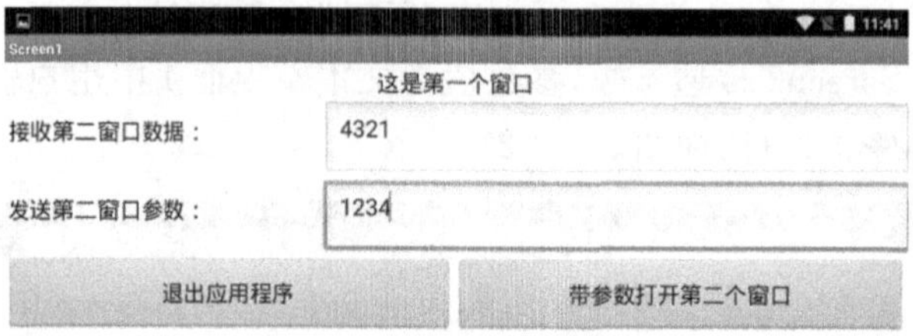

图 2.5－30　Screen2 中点击按钮“带参数返回第一窗口”运行结果

测试结果表明，当关闭 Screen2 屏幕并返回参数时，触发 Screen1 屏幕关闭事件，接收文本框显示来自 Screen2 的数据。

在 Screen2 显示时，点击“关闭当前窗口(不带参数)”，运行结果如图 2.5－31 所示。

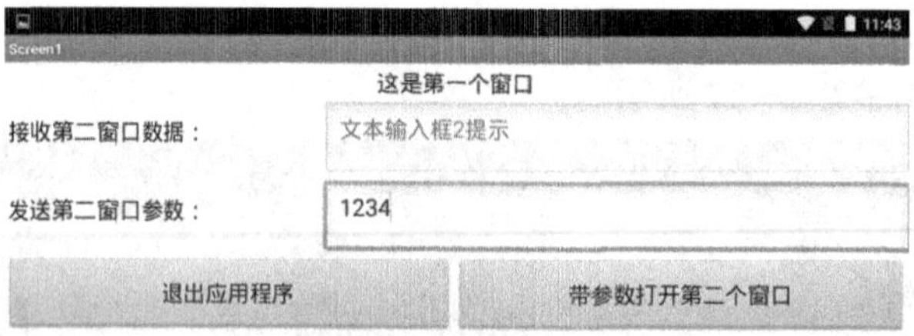

图 2.5－31　Screen2 中点击按钮“关闭当前窗口(不带参数)”运行结果

接收文本框中出现提示信息，并无数据，程序运行正确。

2.5.4　多屏幕切换并传递多值数据

多值数据传递指的是在屏幕切换时实现多个数据的传输，一般可以是按照特定格式将多个数据编排成为一个字符串(本质上还是一个数据的传输，只不过提取字符串中各个数据时需要对字符串进行切分)，也可以是以列表形式存储的多个数据。App Inventor 中屏幕切换时，可以直接传递列表数据，但是需要在屏幕初始化或者关闭窗口事件中根据程序功能的需要对列表数据进行相应的处理。

2.5.4.1　问题描述

在前节单参数传递的多屏幕切换程序基础上，将单值参数传递功能更改为列表数据传递，在实现屏幕切换的同时传递多个参数。新打开的屏幕需要利用多个参数信息完成对应的操作。

2.5.4.2　训练目标

(1)进一步掌握屏幕事件处理功能；

(2)掌握列表的基本应用方法；

(3)掌握过程的设计及开发。

2.5.4.3　方案构思

设计包含 2 个屏幕 Screen1、Screen2 的 App。在屏幕 Screen1 上设置文本标签，显示“这是第一个窗口”；设置“生成拟发送的列表”按钮，用以产生拟传递给第二个窗口的列表数据；设置文本框，将列表数据转换为字符串显示，亦可设置文本标签，作为用户输入数据的提示信息；设置文本输入框，显示接收其他窗口回传的数据；设置按钮“带参数打开第二个窗口”“退出应用程序”。

在屏幕 Screen2 上设置文本标签，显示“这是第二个窗口”；设置两个文本输入框，分别用以显示屏幕切换时接收的参数和拟发送的参数；设置按钮“关闭窗口”“生成数据”“带参返回”。

程序设计界面如图 2.5－32 所示。

图 2.5－32　多屏幕切换并传递多值数据程序界面设计

其中，在第一个操作窗口中，用户单击“退出应用程序”，退出程序；单击“带参数打开第二个窗口”，启动屏幕 Screen2，这时 Screen1 并未关闭，只是隐藏在打开的 Screen2 下面，并且，在打开 Screen2 的同时，向其传递参数，参数值为文本框中输入的内容。

在 Screen2 操作屏幕中，单击“关闭窗口”，关闭屏幕 Screen2，不带参数返回 Screen1；而单击“带参返回”时，则关闭 Screen2，并向 Screen1 窗口发送生成的列表数据。单击“生成数据”，用以产生拟向 Screen1 传递的列表数据。

Screen1、Screen2 各个组件相关属性设置信息如表 2.5－5 所示。

表 2.5－5　多屏幕切换并传递多值数据程序中使用的组件及其属性设置

屏幕	所属面板	对象类型	对象名称	属性	属性取值
Screen1	用户界面	标签	标签 1	宽度	充满
				文本对齐	居中:1
				文本	这是第一个窗口

续表

屏幕	所属面板	对象类型		对象名称	属性	属性取值
Screen1	界面布局	表格布局		表1	宽度	充满
					行数	1
	用户界面	表格布局1	按钮	按钮1	宽度	50%比例
					文本	退出应程序
				按钮2	宽度	50%比例
					文本	带参数打开第二个窗口
	界面布局	表格布局		表2	宽度	充满
					行数	1
	用户界面	表格布局2	按钮	按钮3	宽度	35%比例
					文本	生成拟发送的列表
			文本输入框	发送数据文本框	宽度	65%比例
	界面布局	表格布局		表3	宽度	充满
					行数	1
	用户界面	表格布局3	标签	标签3	宽度	35%比例
					文本	接收第二个窗口数据
			文本输入框	接收数据文本框	宽度	65%比例
Screen2	用户界面	标签		标签1	宽度	充满
					文本对齐	居中:1
					文本	这是第二个窗口
	界面布局	表格布局		表格布局2	宽度	充满
					列数	3
					行数	2
	用户界面	表格布局2	标签	标签2	宽度	35%比例
					文本	接收窗口1参数:
				标签3	宽度	35%比例
					文本	发送窗口1参数:
			文本输入框	接收数据文本框	宽度	65%比例
				发送数据文本框	宽度	65%比例
	界面布局	表格布局		表格布局1	宽度	充满
					行数	1
					列数	3

续表

屏幕	所属面板	对象类型		对象名称	属性	属性取值
Screen2	用户界面	表格布局1	按钮	按钮 1	宽度	33%比例
					文本	关闭窗口
				按钮 2	宽度	33%比例
					文本	带参返回
				按钮 3	宽度	33%比例
					文本	生成参数

2.5.4.4　实现方法

1. Screen1 程序实现

在 Screen1 中生成列表数据，并以该列表参数作为屏幕传值数据，打开 Screen2，涉及到不同事件中对于同一数据的处理，所以需要设计全局变量——global 列表数据，如图 2.5－33 所示。

初始化全局变量 列表数据 为
创建空列表

图 2.5－33　程序声明的全局变量

此变量用以保存屏幕传递、本地显示的列表类型的数据。

此外，Screen1 中还需要实现以下功能：

(1)响应 Screen1 之初始化事件。

该事件在程序运行时触发，事件发生时，设置接收数据文本框、发送数据文本框的显示文本为空，实现代码如图 2.5－34 所示。

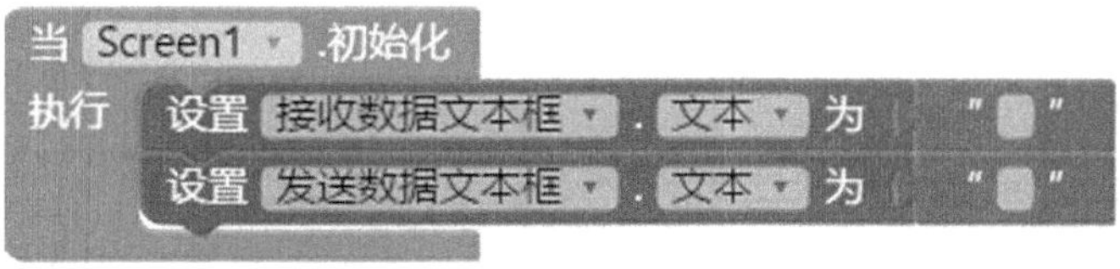
当 Screen1 .初始化
执行
设置 接收数据文本框 . 文本 为 " "
设置 发送数据文本框 . 文本 为 " "

图 2.5－34　Screen1 初始化事件响应代码

(2)响应按钮 3 之被点击事件。

当用户点击按钮“生成拟发送的列表”(即按钮 3)时，创建包含 3 个数据项的列表，调用自定义过程“列表转字符串”，将创建列表的全部数据项转换成为以符号“——”间隔的字符串，以便用户观察生成数据的内容，实现代码如图 2.5－35 所示。

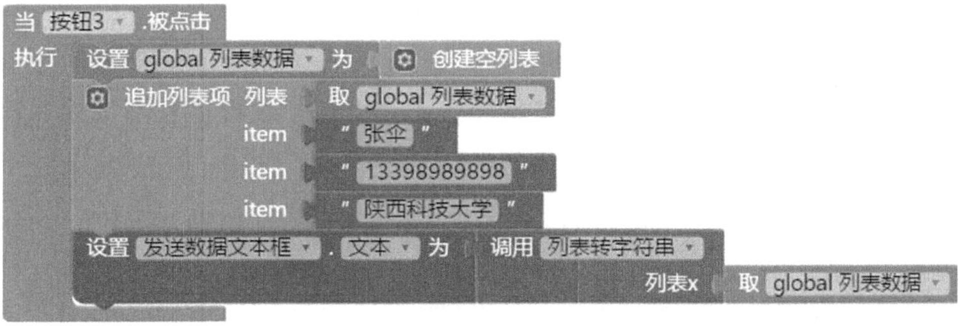
当 按钮3 .被点击
执行
设置 global 列表数据 为
创建空列表
追加列表项 列表
取 global 列表数据
item
" 张伞 "
item
" 13398989898 "
item
" 陕西科技大学 "
设置 发送数据文本框 . 文本 为
调用 列表转字符串
列表x
取 global 列表数据

图 2.5－35　按钮 3 被点击事件响应代码

(3)设计自定义过程——列表转字符串。

该过程的目的在于将列表中的每一个数据项通过符号“——”间隔,合并成为一个长字符串,以满足列表数据显示需要。这里借助循环语句访问列表的每一个数据元素,并将其依次合并,访问完毕全部列表数据项后,合并的字符串作为过程输出结果。

过程输入参数:列表 x(待处理的列表)。

过程输出参数:字符串。

实现代码如图 2.5-36 所示。

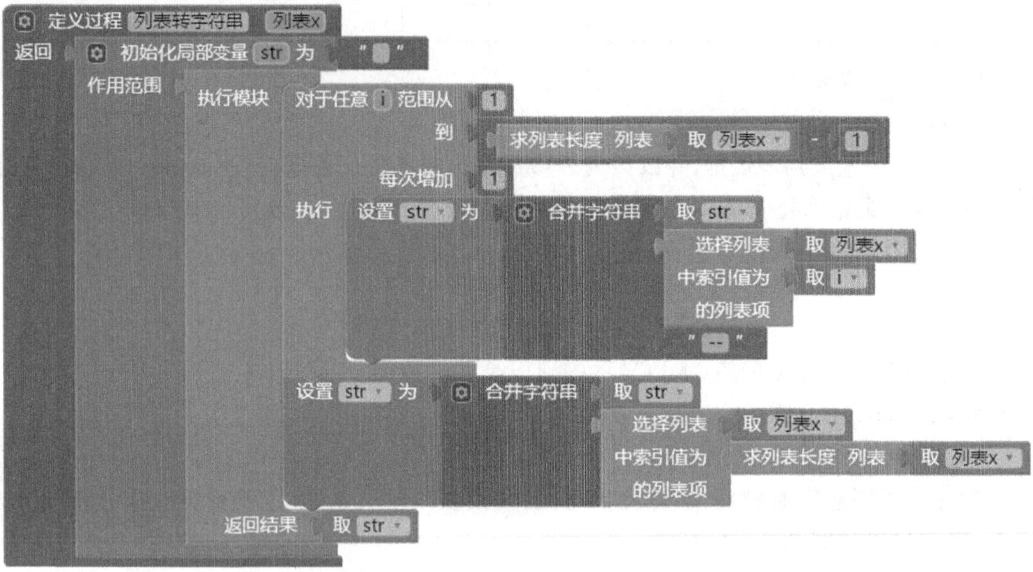

图 2.5-36 自定义过程“列表转字符串”实现代码

(4)响应按钮 2 之被点击事件。

当用户点击按钮“带参数打开第二个窗口”(即按钮 3)时,全局变量——global 列表数据已经保存了按钮“生成拟发送的列表”(即按钮 3)事件中赋予的新值,以该值作为初始值,调用内置块中的“打开另一屏幕并传值”功能,打开 Screen2 并向其传值,实现代码如图 2.5-37 所示。

图 2.5-37 按钮 2 被点击事件响应代码

(5)响应按钮 1 之被点击事件。

当用户点击按钮“退出应用程序”(即按钮 1)时,调用内置块“退出程序”功能,结束程序运行,实现代码如图 2.5-38 所示。

图 2.5-38 按钮 1 被点击事件响应代码

(6)响应 Screen1 之关闭屏幕事件。

本节案例中，当 Screen2 关闭，返回 Screen1 时触发此事件。事件发生时，首先清空接收数据文本框、发送数据文本框，调用自定义过程“列表转字符串”，将事件返回的参数“返回结果”转换为以符号“——”间隔的字符串，通过接收数据文本框显示，实现代码如图 2.5－39 所示。

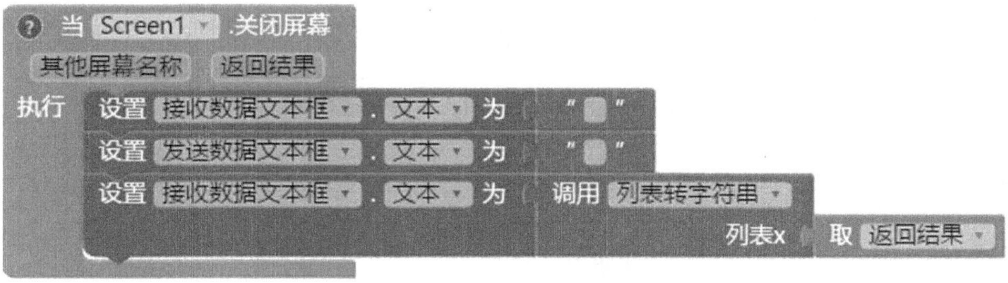

图 2.5－39 Screen1 关闭屏幕事件响应代码

(7)响应 Screen1 之被回压事件。

在 Screen1 屏幕显示时，用户按下手机返回键，触发 Screen1 被回压事件，调用“控制”模块中的“退出程序”功能，结束程序运行，实现代码如图 2.5－40 所示。

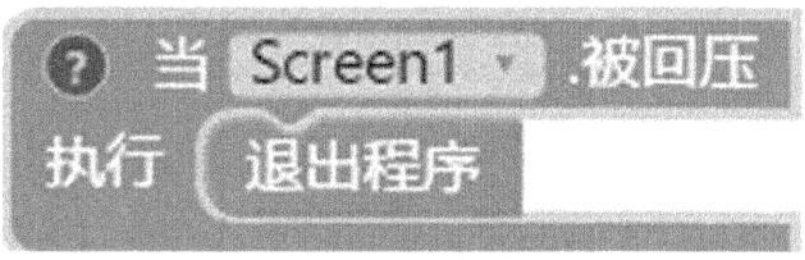

图 2.5－40 Screen1 被回压事件响应代码

2. Screen2 程序实现

Screen2 由 Screen1 中的按钮事件打开，主要验证屏幕初始化时是否可以接收到 Screen1 传递的列表类型数据；另外，Screen2 中也产生列表类型的数据，在关闭屏幕时作为回传 Screen1 的参数；同时，Screen2 中涉及到不同事件对于同一数据的处理，所以需要设计全局变量——global 返回列表数据 y，如图 2.5－41 所示，此变量用以保存屏幕间需要传递的列表数据。

图 2.5－41 程序声明的全局变量

此外，程序还需要实现以下功能：

(1)响应 Screen2 之初始化事件。

Screen2 初始化时，接收来自 Screen1 传递的列表类型参数，内置块“获取初始值”返回该参数值。调用自定义过程“列表转字符串”，将其转换为字符串，用户通过接收数据文本框显示观察 Screen1 传递过来的参数内容。另外，将全局变量——global 返回列表数据 y 清空，设置按钮 2(按钮“带参返回”)为禁用状态，以免用户尚未产生回传 Screen1 的参数，就误操作按钮 2。实现代码如图 2.5－42 所示。

(2)响应按钮 3 之被点击事件。

当用户点击按钮“生成参数”(即按钮 3)时，创建包含 4 个数据项的列表，调用自定义过程“列表转字符串”，将创建列表的全部数据项转换成为以符号“——”间隔的字符串，以便用户观察生成数据的内容，实现代码如图 2.5－43 所示。

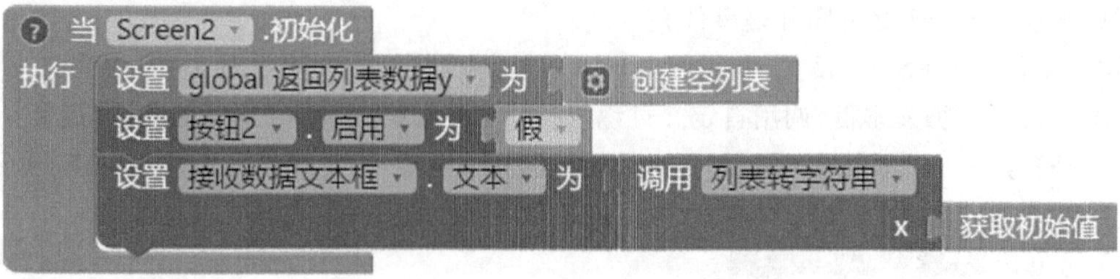

图 2.5-42　Screen2 初始化事件响应代码

图 2.5-43　按钮 3 被点击事件响应代码

(3)设计自定义过程——列表转字符串。

该过程的目的在于将列表中的每一个数据项通过符号"——"间隔，合并成为一个长字符串，以满足列表数据显示需要。这里借助循环语句访问列表的每一个数据元素，并将其依次合并，访问完毕全部列表数据项后，合并的字符串作为过程输出结果。

过程输入参数：列表 x(待处理的列表)。

过程输出参数：字符串。

实现代码如图 2.5-44 所示。

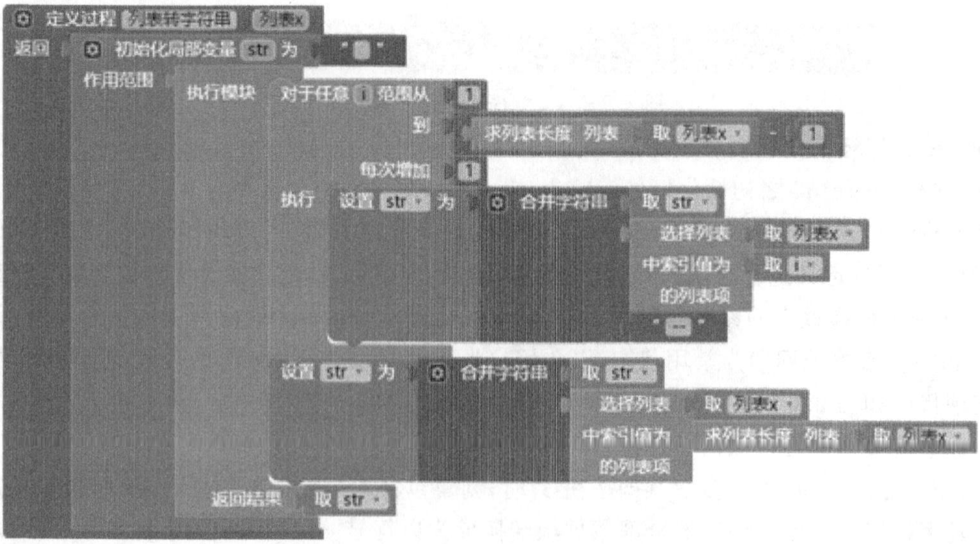

图 2.5-44　自定义过程——"列表转字符串"实现代码

(4)响应按钮 2 之被点击事件。

当用户点击按钮 2(即按钮“带参返回”)时,以全局变量——global 返回列表数据 y 的取值为返回值,调用内置块“关闭屏幕并返回值”,关闭 Screen2,返回 Screen1,实现代码如图 2.5－45 所示。

图 2.5－45　按钮 2 被点击事件响应代码

(5)响应按钮 1 之被点击事件。

当用户点击按钮“关闭窗口”(即按钮 1)时,调用内置块“关闭屏幕”,关闭 Screen2,返回 Screen1,实现代码如图 2.5－46 所示。

图 2.5－46　按钮 1 被点击事件响应代码

(6)响应 Screen2 之被回压事件。

在 Screen2 屏幕显示时,用户按下手机返回键,触发 Screen2 被回压事件,调用“控制”模块中的“关闭屏幕”功能,关闭 Screen2,返回 Screen1,实现代码如图 2.5－47 所示。

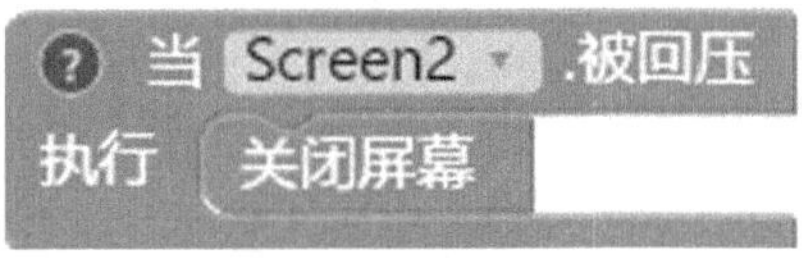

图 2.5－47　Screen2 被回压事件响应代码

2.5.4.5　结果测试

运行程序,按照如下策略进行功能测试:

(1)程序的主窗口是 Screen1,运行初始状态如图 2.5－48 所示。

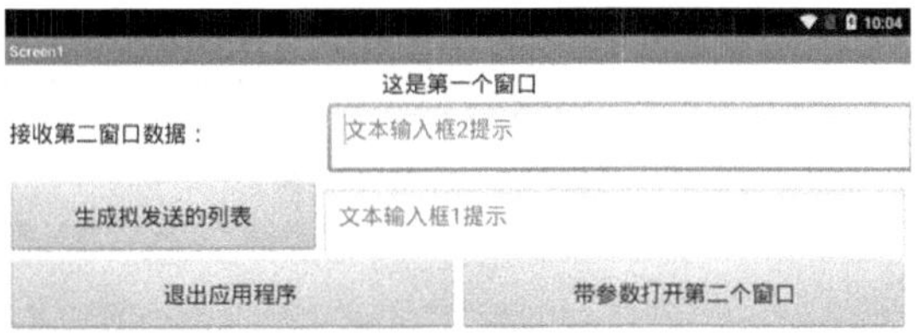

图 2.5－48　Screen1 运行初始状态

单击按钮“生成拟发送的列表”按钮,按照程序中设置的列表内容,正确转为字符串,并在文本框中显示,如图 2.5－49 所示。

(2)在 Screen1 中,单击“带参数打开第二个窗口”,程序应该弹出 Screen2 窗口,并向 Screen2 传递列表数据,如图 2.5－50 所示。

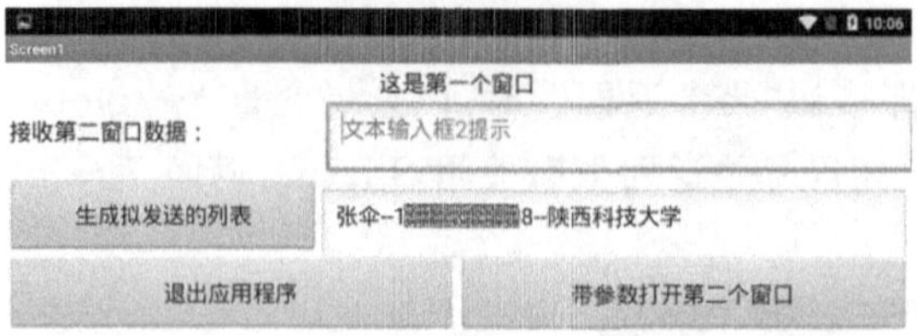

图 2.5－49　Screen1 中点击按钮“生成拟发送的列表”运行结果

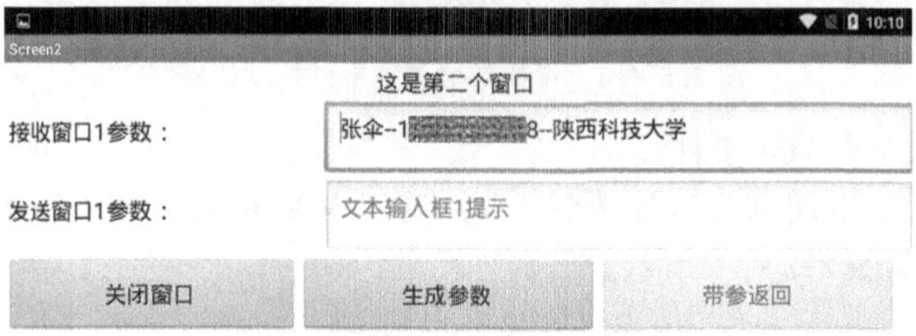

图 2.5－50　Screen2 运行初始界面

图中可见，Screen2 正确打开，而且列表数据正确接收并转换为字符串显示，说明屏幕切换时可以传递列表数据，实现屏幕间多个数据的共享。

(3)当 Screen2 打开时，单击“生成参数”按钮，根据程序编码，生成 4 个参数的列表数据，并在文本输入框 1 中显示，如图 2.5－51 所示。

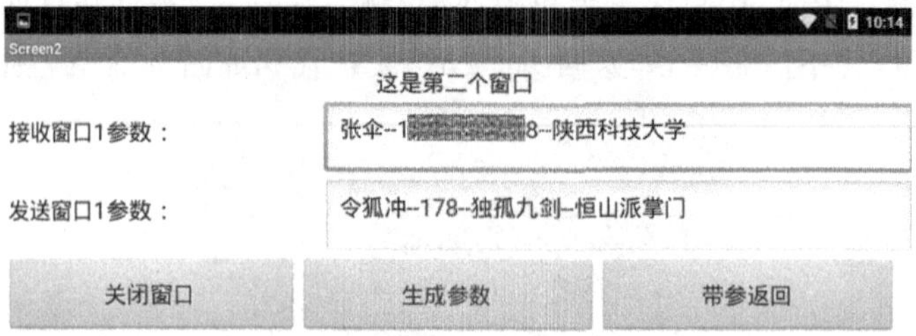

图 2.5－51　Screen2 点击按钮“生成参数”运行结果

程序产生的列表数据被正确转换为字符串并显示后，“带参返回”按钮启用。

当 Screen2 打开时，单击“带参返回”，Screen2 关闭，Screen1 显示，Screen2 中产生的 4 个参数列表数据回传 Screen1。此时，Screen1 显示内容如图 2.5－52 所示。

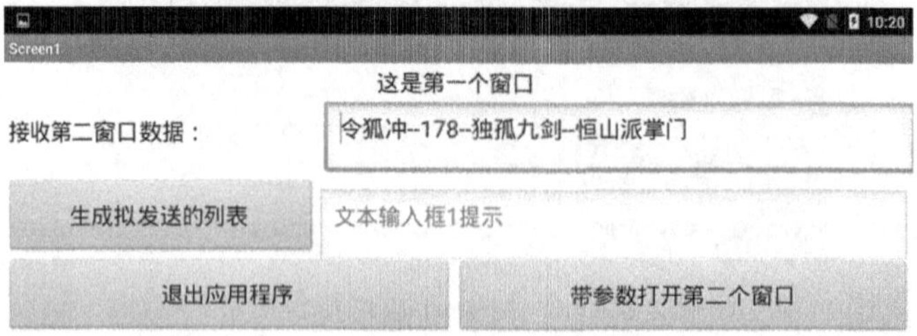

图 2.5－52　Screen2 中单击按钮“带参返回”运行结果

测试结果表明，当关闭 Screen2 屏幕并返回参数时，触发 Screen1 屏幕关闭事件，接收文本框显示来自 Screen2 的列表数据。至此，屏幕间借助列表实现多个数据的共享问题得以解决。

3 基本应用实践

3.1 简易算术计算器

3.1.1 问题描述

设计实现一种简易的算术计算器，能够完成两个整数之间的加、减、乘、除运算。由用户依次按键输入参与运算的第一个数据、运算符号、参与运算的第二个数据，当用户按下等号按键时，计算得出结果，并以语音形式播报计算结果，亦可在用户每一次按键时，实现语音播报按键内容。

3.1.2 学习目标

(1)掌握有返回值的过程设计与实现方法；
(2)掌握语音合成组件的使用方法；
(3)掌握文本合并、切分方法；
(4)掌握全局变量、局部变量的使用方法。

3.1.3 方案构思

模仿实体简易算术计算器样式进行程序操作界面设计，0～9 数字按键用以输入参与运算的数据；"+、-、*、/"运算符号按键用以确认运算符号；"C"按键用以清除当前显示内容；"="按键用以触发计算功能。另外，使用文本输入框作为用户输入、计算结果显示的方式。因此，程序设计界面以及所用组件结构如图 3.1-1 所示。

图 3.1-1 简易算术计算器程序设计界面

用户输入形如“123＋678”的计算表达式，并显示在文本输入框中，当用户按下“＝”键时，按照运算符号切分计算表达式字符串，得到两个计算数的列表数据，然后按照运算符号计算两个数据，并将结果显示。

简易算术计算器各个组件相关属性设置信息如表 3.1－1 所示。

表 3.1－1 简易算术计算器程序中使用的组件及其属性设置

<table>
<tr><th>所属面板</th><th colspan="2">对象类型</th><th>对象名称</th><th>属性</th><th>属性取值</th></tr>
<tr><td rowspan="5">用户界面</td><td rowspan="5" colspan="2">文本输入框</td><td rowspan="5">文本输入框 1</td><td>宽度</td><td>充满</td></tr>
<tr><td>文本对齐</td><td>居中:1</td></tr>
<tr><td>文本</td><td></td></tr>
<tr><td>文本颜色</td><td>青色</td></tr>
<tr><td>背景色</td><td>蓝色</td></tr>
<tr><td rowspan="4">界面布局</td><td rowspan="4" colspan="2">表格布局</td><td rowspan="4">表格布局 1</td><td>宽度</td><td>充满</td></tr>
<tr><td>高度</td><td>60%</td></tr>
<tr><td>列数</td><td>4</td></tr>
<tr><td>行数</td><td>4</td></tr>
<tr><td rowspan="10">用户界面</td><td rowspan="10">表格布局 1</td><td rowspan="10">按钮</td><td rowspan="3">按钮 1</td><td>宽度</td><td>25%比例</td></tr>
<tr><td>高度</td><td>15%比例</td></tr>
<tr><td>文本</td><td>1</td></tr>
<tr><td rowspan="3">按钮 2</td><td>宽度</td><td>25%比例</td></tr>
<tr><td>高度</td><td>15%比例</td></tr>
<tr><td>文本</td><td>2</td></tr>
<tr><td>……</td><td colspan="2">各个按钮除显示文本不同，其他参数相同</td></tr>
<tr><td rowspan="3">按钮 0</td><td>宽度</td><td>25%比例</td></tr>
<tr><td>高度</td><td>15%比例</td></tr>
<tr><td>文本</td><td>0</td></tr>
<tr><td>多媒体</td><td colspan="2">语音合成器</td><td>语音合成器 1</td><td>默认</td><td>默认</td></tr>
<tr><td rowspan="2">用户界面</td><td rowspan="2" colspan="2">按钮</td><td rowspan="2">按钮 1</td><td>宽度</td><td>充满</td></tr>
<tr><td>显示文本</td><td>退出计算器</td></tr>
</table>

3.1.4 实现方法

按照设计构思，完成工作面板组件设计后，用户对于数字按钮的每一次点击，都与表达式原来的字符合并，形成完整的计算表达式。本节案例涉及多个不同事件中对于同一数据清空的操作，因此必须首先定义全局变量，如图 3.1－2 所示。

图 3.1-2 简易算术计算器程序声明的全局变量

全局变量——global 计算表达式，为字符串类型，初始状态为空；全局变量——global 计算结果，为数值类型，初始状态为 0；全局变量——global 计算参数，为列表类型，保存参与计算的两个数据。

此外，程序还需实现以下功能：

(1)响应按钮“1”之被点击事件。

当按钮“1”被点击，用以保存计算表达式的全局变量——global 计算表达式，作为一个整体字符串，与按钮“1”对应的字符“1”拼接，形成最新的计算表达式；另外，为了提高操作的友好性，用户点击按钮时，调用语音合成器念读字符“1”，并通过文本输入框显示最新输入的表达式，使得软件操作效果与实物计算器更加相似，实现代码如图 3.1-3 所示。

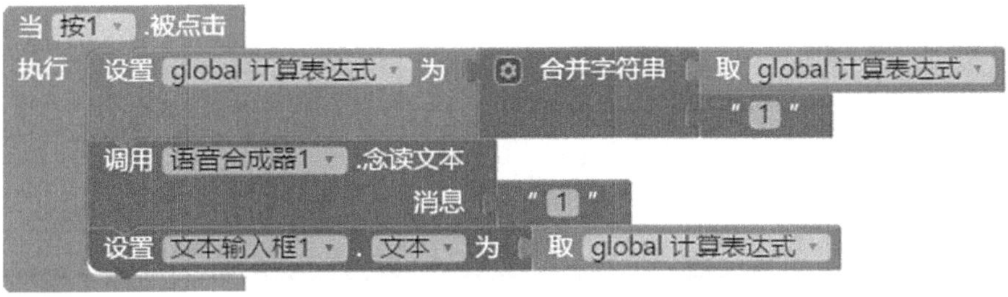

图 3.1-3 按钮“1”被点击事件实现代码

(2)响应按钮“2”之被点击事件。

当按钮“2”被点击，用以保存计算表达式的全局变量——global 计算表达式，作为一个整体字符串，与按钮“2”对应的字符“2”拼接，形成最新的计算表达式；另外，为了提高操作的友好性，用户点击按钮时，调用语音合成器念读字符“2”，并通过文本输入框显示最新输入的表达式，使得软件操作效果与实物计算器更加相似，实现代码如图 3.1-4 所示。

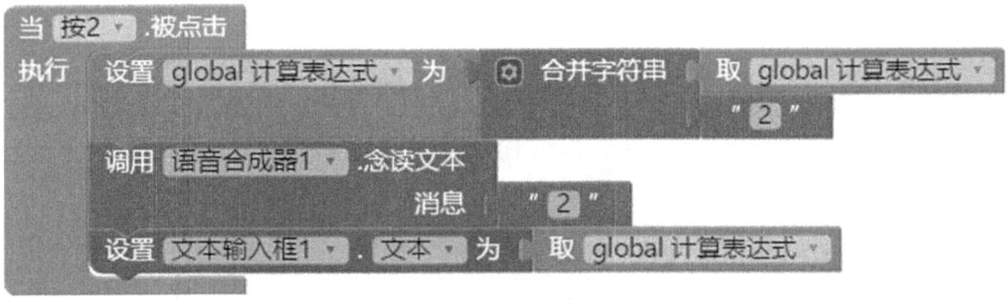

图 3.1-4 按钮“2”被点击事件实现代码

(3)响应按钮“3”之被点击事件。

当按钮“3”被点击，用以保存计算表达式的全局变量——global 计算表达式，作为一个整体字符串，与按钮“3”对应的字符“3”拼接，形成最新的计算表达式；另外，为了提高操作的友好性，用户点击按钮时，调用语音合成器念读字符“3”，并通过文本输入框显示最新输入的表达式，使得软件操作效果与实物计算器更加相似，实现代码如图 3.1-5 所示。

图 3.1-5 按钮“3”被点击事件实现代码

(4)响应按钮“4”之被点击事件。

当按钮“4”被点击，用以保存计算表达式的全局变量——global 计算表达式，作为一个整体字符串，与按钮“4”对应的字符“4”拼接，形成最新的计算表达式；另外，为了提高操作的友好性，用户点击按钮时，调用语音合成器念读字符“4”，并通过文本输入框显示最新输入的表达式，使得软件操作效果与实物计算器更加相似，实现代码如图 3.1-6 所示。

图 3.1-6 按钮“4”被点击事件实现代码

(5)响应按钮“5”之被点击事件。

当按钮“5”被点击，用以保存计算表达式的全局变量——global 计算表达式，作为一个整体字符串，与按钮“5”对应的字符“5”拼接，形成最新的计算表达式；另外，为了提高操作的友好性，用户点击按钮时，调用语音合成器念读字符“5”，并通过文本输入框显示最新输入的表达式，使得软件操作效果与实物计算器更加相似，实现代码如图 3.1-7 所示。

图 3.1-7 按钮“5”被点击事件实现代码

(6)响应按钮“6”之被点击事件。

当按钮“6”被点击，用以保存计算表达式的全局变量——global 计算表达式，作为一个整体字符串，与按钮“6”对应的字符“6”拼接，形成最新的计算表达式；另外，为了提高操作的友好性，用户点击按钮时，调用语音合成器念读字符“6”，并通过文本输入框显示最新输入的表达式，使得软件操作效果与实物计算器更加相似，实现代码如图 3.1-8 所示。

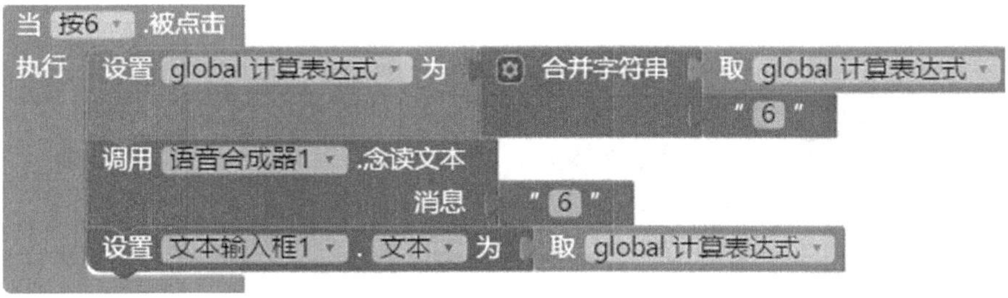

图 3.1-8 按钮“6”被点击事件实现代码

(7)响应按钮“7”之被点击事件。

当按钮“7”被点击，用以保存计算表达式的全局变量——global 计算表达式，作为一个整体字符串，与按钮“7”对应的字符“7”拼接，形成最新的计算表达式；另外，为了提高操作的友好性，用户点击按钮时，调用语音合成器念读字符“7”，并通过文本输入框显示最新输入的表达式，使得软件操作效果与实物计算器更加相似，实现代码如图 3.1-9 所示。

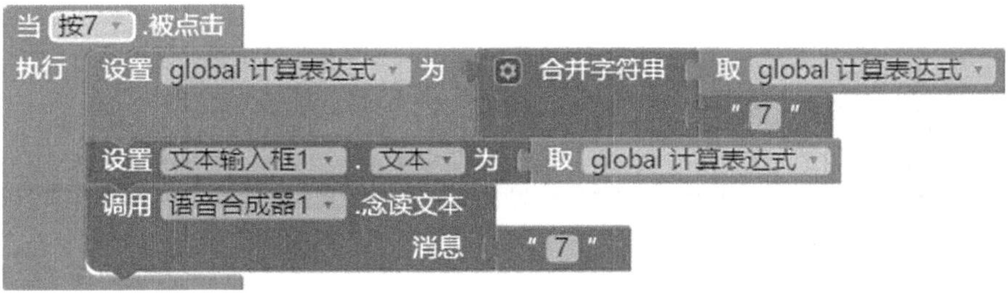

图 3.1-9 按钮“7”被点击事件实现代码

(8)响应按钮“8”之被点击事件。

当按钮“8”被点击，用以保存计算表达式的全局变量——global 计算表达式，作为一个整体字符串，与按钮“8”对应的字符“8”拼接，形成最新的计算表达式；另外，为了提高操作的友好性，用户点击按钮时，调用语音合成器念读字符“8”，并通过文本输入框显示最新输入的表达式，使得软件操作效果与实物计算器更加相似，实现代码如图 3.1-10 所示。

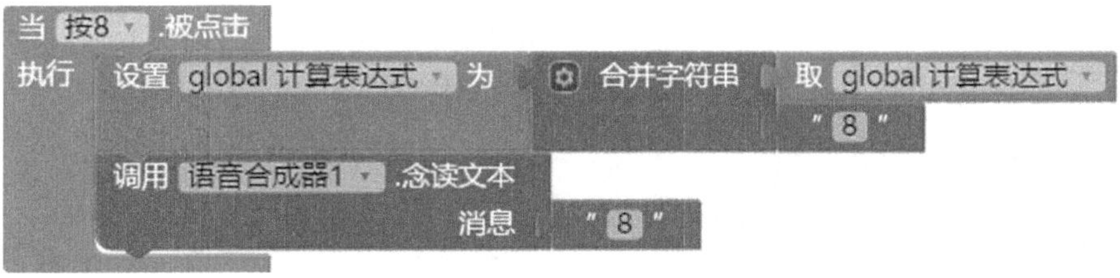

图 3.1-10 按钮“8”被点击事件实现代码

(9)响应按钮“9”之被点击事件。

当按钮“9”被点击，用以保存计算表达式的全局变量——global 计算表达式，作为一个整体字符串，与按钮“9”对应的字符“9”拼接，形成最新的计算表达式；另外，为了提高操作的友好性，用户点击按钮时，调用语音合成器念读字符“9”，并通过文本输入框显示最新输入的表达式，使得软件操作效果与实物计算器更加相似，实现代码如图 3.1－11 所示。

图 3.1－11 按钮“9”被点击事件实现代码

(10)响应按钮“0”之被点击事件。

当按钮“0”被点击，用以保存计算表达式的全局变量——global 计算表达式，作为一个整体字符串，与按钮“0”对应的字符“0”拼接，形成最新的计算表达式；另外，为了提高操作的友好性，用户点击按钮时，调用语音合成器念读字符“0”，并通过文本输入框显示最新输入的表达式，使得软件操作效果与实物计算器更加相似，实现代码如图 3.1－12 所示。

图 3.1－12 按钮“0”被点击事件实现代码

(11)响应按钮“加号”之被点击事件。

当按钮“加号”被点击，用以保存计算表达式的全局变量——global 计算表达式，作为一个整体字符串，与按钮“加号”对应的字符“+”拼接，形成最新的计算表达式；另外，为了提高操作的友好性，用户点击按钮时，调用语音合成器念读字符“加”，并通过文本输入框显示最新输入的表达式，使得软件操作效果与实物计算器更加相似，实现代码如图 3.1－13 所示。

图 3.1－13 按钮“加号”被点击事件实现代码

(12)响应按钮“减号”之被点击事件。

当按钮“减号”被点击，用以保存计算表达式的全局变量——global 计算表达式，作为一个整体字符串，与按钮“减号”对应的字符“－”拼接，形成最新的计算表达式；另外，为了提高操作的友好性，用户点击按钮时，调用语音合成器念读字符“减”，并通过文本输入框显示最新输入的表达式，使得软件操作效果与实物计算器更加相似，实现代码如图 3.1－14 所示。

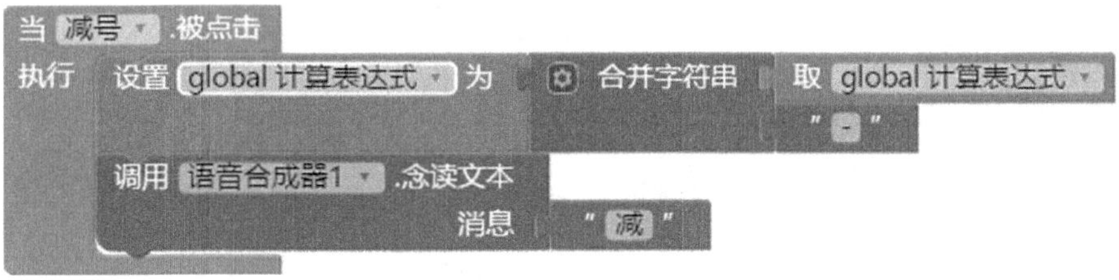

图 3.1－14　按钮“减号”被点击事件实现代码

(13)响应按钮“乘号”之被点击事件。

当按钮“乘号”被点击，用以保存计算表达式的全局变量——global 计算表达式，作为一个整体字符串，与按钮“乘号”对应的字符“＊”拼接，形成最新的计算表达式；另外，为了提高操作的友好性，用户点击按钮时，调用语音合成器念读字符“乘”，并通过文本输入框显示最新输入的表达式，使得软件操作效果与实物计算器更加相似，实现代码如图 3.1－15 所示。

图 3.1－15　按钮“乘号”被点击事件实现代码

(14)响应按钮“除号”之被点击事件。

当按钮“除号”被点击，用以保存计算表达式的全局变量——global 计算表达式，作为一个整体字符串，与按钮“除号”对应的字符“/”拼接，形成最新的计算表达式；另外，为了提高操作的友好性，用户点击按钮时，调用语音合成器念读字符“除以”，并通过文本输入框显示最新输入的表达式，使得软件操作效果与实物计算器更加相似，实现代码如图 3.1－16 所示。

图 3.1－16　按钮“除号”被点击事件实现代码

(15)响应按钮“清空”之被点击事件。

当用户点击按钮“清空”时，全局变量——global 计算表达式赋值为空文本，文本输入框 1 清空，同时调用语音合成器念读文本消息“清空”，实现代码如图 3.1-17 所示。

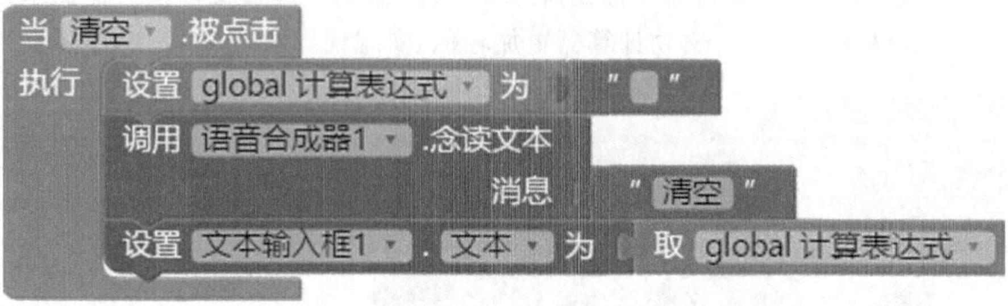

图 3.1-17　按钮“清空”被点击事件实现代码

(16)响应按钮“等于”之被点击事件。

当用户点击按钮“等于”时，首先统计全局变量——global 计算表达式中运算符号的个数(为了简化问题，本节案例暂不支持多运算符号表达式的求值问题，仅处理只有一个运算符号的计算表达式)。如果计算表达式仅有一个运算符号，则调用自定义过程“分解并计算表达式”，并将得到结果赋值给全局变量——global 计算结果。同时，文本显示框显示计算结果，语音合成器念读计算结果，实现代码如图 3.1-18 所示。

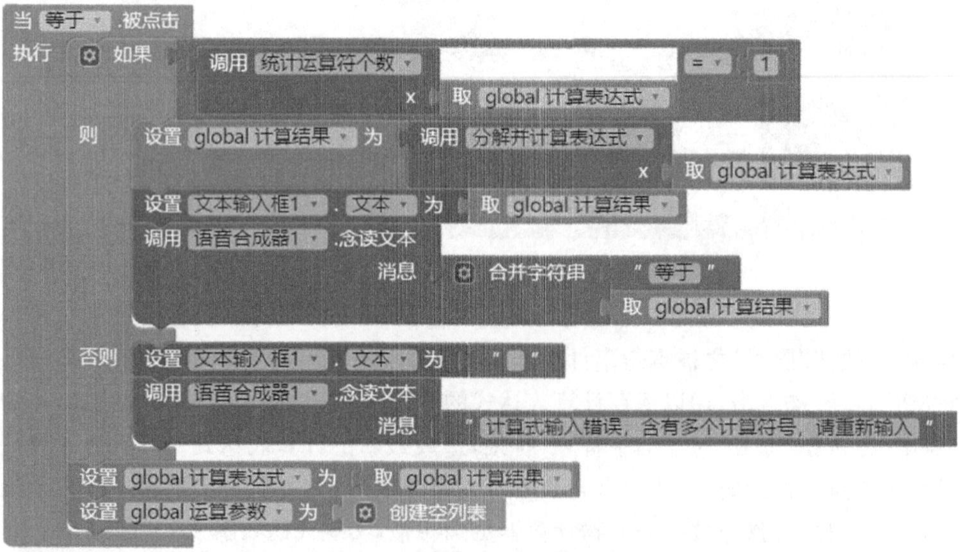

图 3.1-18　按钮“等于”被点击事件实现代码

(17)设计自定义过程——统计运算符个数。

本节案例为简单算术计算器功能的实现，所以只考虑两个运算数之间的加、减、乘、除任意种形式的计算。于是当用户点击按钮“等于”时，首先对于全局变量——global 计算表达式中运算符号“+、-、*、/”的个数进行统计，即从计算表达式字符串的第一个字符到最后一个字符，依次访问；如果当前访问的字符属于运算符号，则计数器累加 1。计算表达式的字符访问完毕后，计数器的值就是算式中运算符号的个数。

综上所述，过程的设方案如下：

过程输入参数：x(x 为待处理的计算表达式)。

过程输出参数：count(检测到计算表达式中运算符号的个数)。

过程实现代码如图 3.1-19 所示。

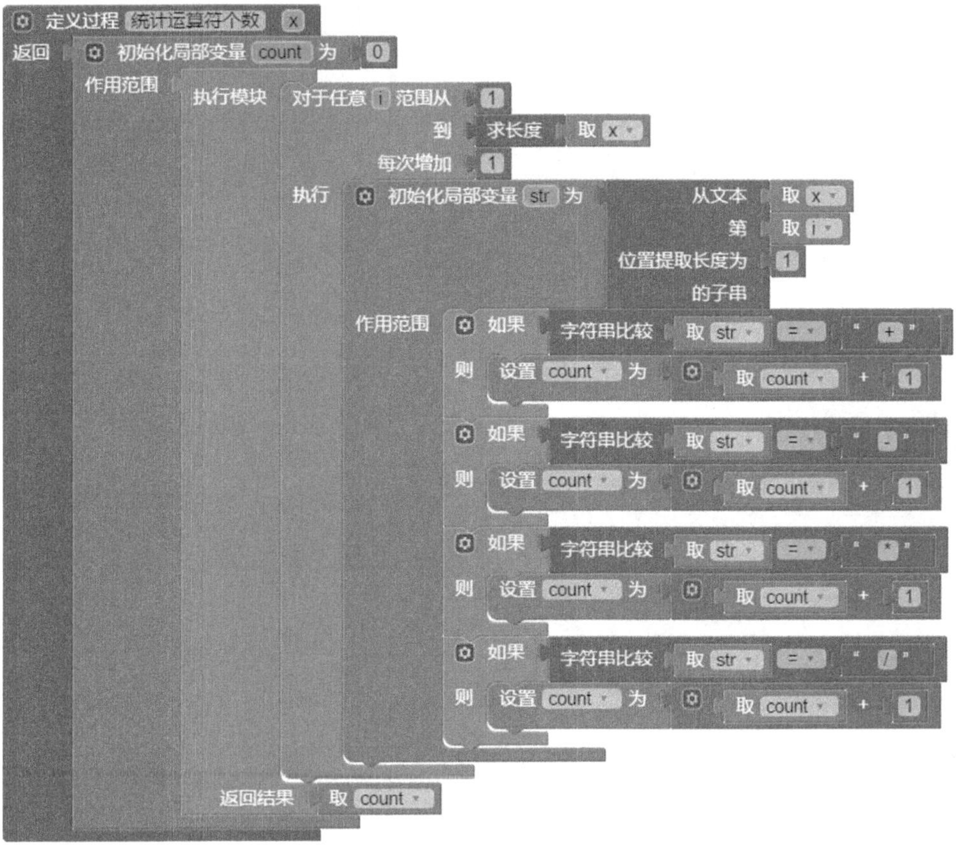

图 3.1-19 自定义过程“统计运算符个数”实现代码

为了便于阅读，这里对于遍历计算表达式每一个字符并判断其是否为运算符号进行了分别判断的处理措施，代码撰写比较累赘，实际操作中其实可以用一行代码实现。

(18)设计自定义过程——确定运算符号。

当确认了计算表达式中只有一个运算符号之后，程序还需要知道计算表达式中的运算符号究竟是什么，这样才能根据计算符号的实际形式完成对应的计算任务。

确认计算表达式中运算符号的功能还需要遍历计算表达式，即访问计算表达式字符串中的每一个字符元素，每访问一个字符元素，判断其是否为运算符号“＋、－、＊、/”中的一个。如果当前访问的字符元素是运算符号，则返回该字符，否则继续访问计算表达式中下一个字符元素。因此，该过程的设计方案如下：

过程输入参数：x(x 为待处理的计算表达式)。

过程输出参数：运算符号(检测到计算表达式中的运算符号)。

过程实现代码如图 3.1-20 所示。

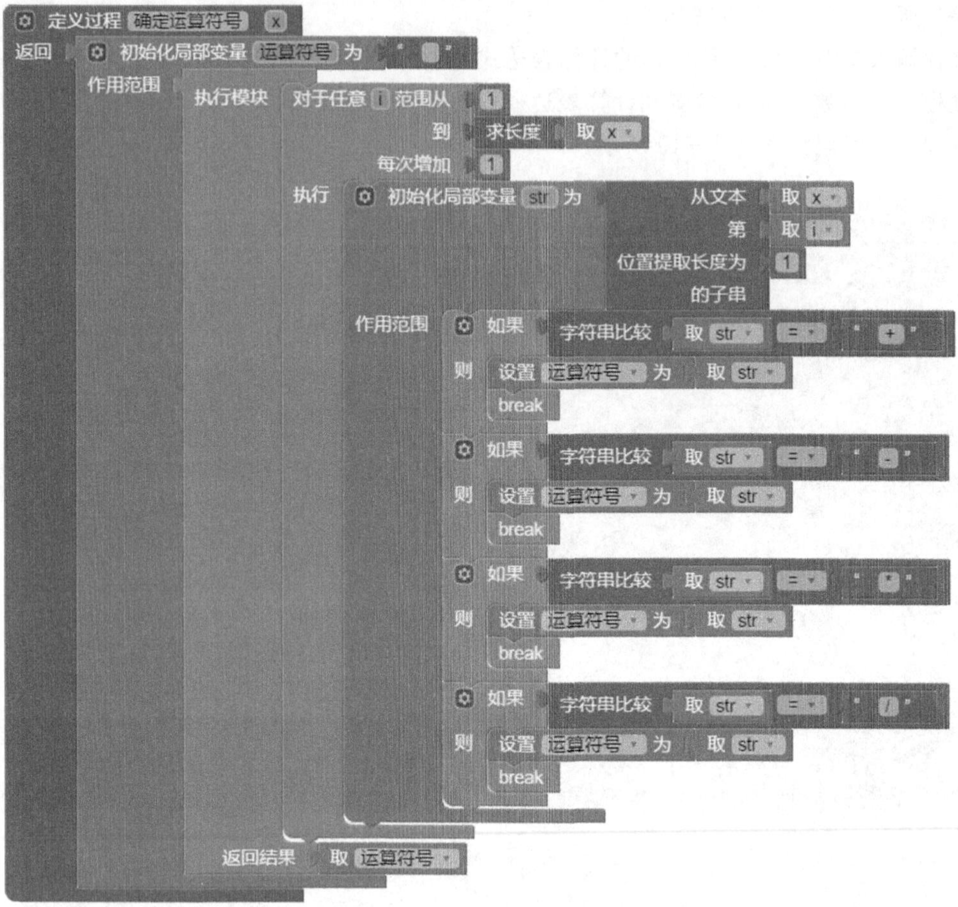

图 3.1-20 自定义过程“确定运算符号”实现代码

(19)设计自定义过程——分解并计算表达式。

对于给定的计算表达式,调用自定义过程“确定运算符号”,获取表达式中的计算符号。由于默认计算表达式中只有一个运算符号,所以可以借助获取的运算符号作为分隔符,调用分解文本功能,将给定的计算表达式分解为列表。

分解计算表达式得到的列表第一项数据项就是参与计算的第一个计算数 N1,分解计算表达式得到的列表第二项数据项就是参与计算的第二个计算数 N2。

在此基础上,进一步判断自定义过程“确定运算符号”的执行结果,即待处理的计算表达式中的运算符号究竟是什么?如果是加法运算符号,则计算表达式的运算结果就是 N1+N2;如果是减法运算符号,则计算表达式的运算结果就是 N1-N2;如果是乘法运算符号,则计算表达式的运算结果就是 N1 * N2;如果是除法运算符号,则计算表达式的运算结果就是 N1/N2。

综上所述,该过程的设计方案如下:

过程输入参数:x(x 为待处理的计算表达式)。

过程输出参数:result(result 为数值类型,是输入参数计算表达式 x 的计算结果)。

过程的实现代码如图 3.1-21 所示。

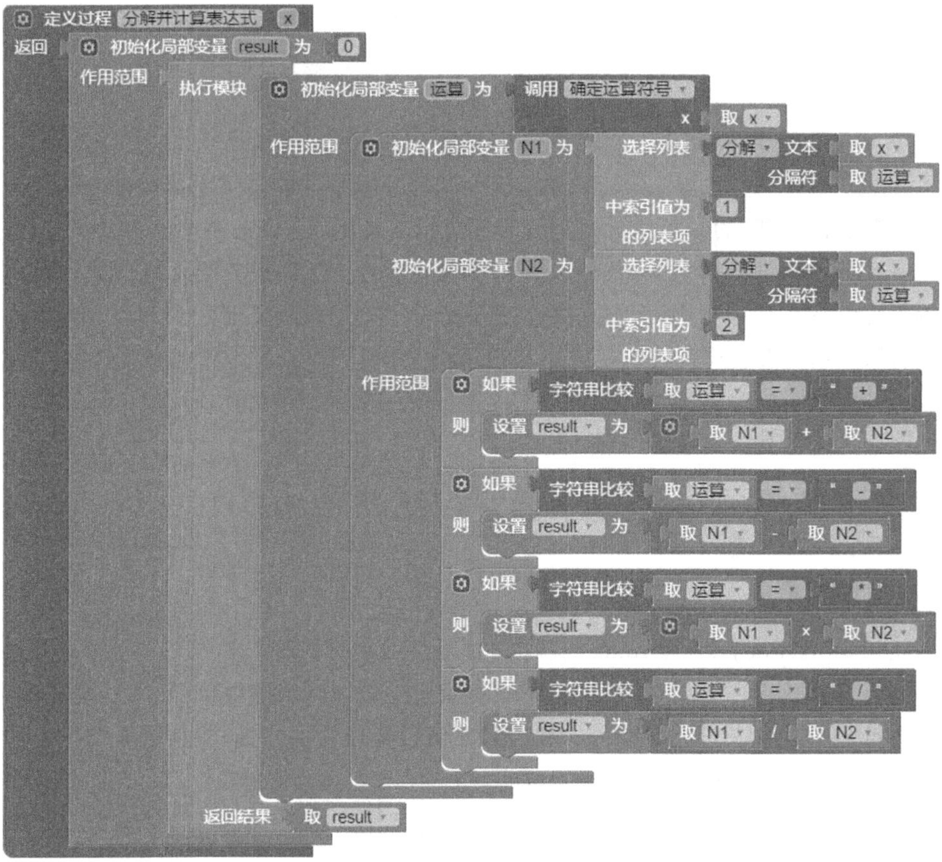

图 3.1-21 自定义过程“分解并计算表达式”实现代码

3.1.5 结果测试

按照简易计算器使用规则，将符合标准的表达式输入后，均能得到正确计算结果，如图 3.1-22 所示。

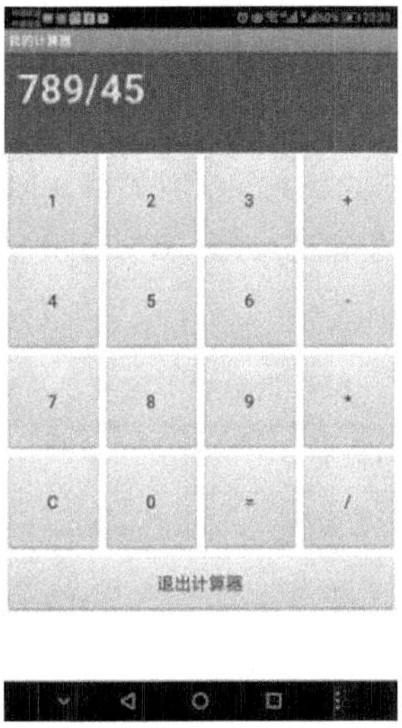

图 3.1-22 简易算术计算器程序运行结果测试

而当表达式输入不完整或输入多个运算符号时，程序停止计算，同时警示用户输入错误，并将表达式输入的文本框清空。测试结果表明，程序基本功能达到设计预期。

3.1.6 拓展思考

为了简化问题，这里仅仅提供了最简单的单运算符号计算，进一步拓展可以考虑实现以下功能：

1)由于刻意的疏忽，简易算术计算器没有实体计算器的“消除上一次输入”的功能，用户无法删除上一次输入错误的信息，因此可以进一步优化程序，使得程序界面、功能更加符合实体计算器的实际情况。

2)结合数据结构表达式求值的相关知识，使程序能够自动判断计算优先级，比如形如 22－10×3 的计算表达式，进行具有实用价值的算术计算器开发。

3.2 健康指数测试

3.2.1 问题描述

健康指数 BMI(Body Mass Index，又称身体质量指数、体质指数、体重指数)，是用体重千克数除以身高米数的平方，得出的数字。BMI 是目前国际上常用的衡量人体胖瘦程度以及是否健康的标准，它是由 19 世纪中期的比利时通才凯特勒最先提出的，具体公式如下：

体质指数(BMI)＝体重(kg)÷身高$(m)^2$

例如：一个人的身高为 1.75 米，体重为 68 千克，他的 BMI＝$68/1.75^2$＝22.2，当 BMI 指数为 18.5～23.9 时，体重范围属正常。

BMI 是与体内脂肪总量密切相关的指标，该指标考虑了体重和身高两个因素。BMI 简单、实用、可反映全身性超重和肥胖。在测量身体因超重而面临心脏病、高血压等风险时，比单纯的以体重来认定，更具科学性。BMI 值原来被设计为一个用于公众健康研究的统计工具，当我们需要知道肥胖是否是某一疾病的致病原因时，可以把患者的身高及体重换算成 BMI 值，再找出其数值与病发率是否有线性关联。不过，随着科技进步，现时 BMI 值只是一个参考值。要真正量度患者是否肥胖，还需要利用微电力量度病人的阻抗，以推断患者的脂肪厚度。因此，BMI 的角色也在慢慢改变，从医学上的用途，变为一般大众的纤体指标。

根据世界卫生组织(WHO)定下的标准，亚洲人的 BMI 若高于 22.9 便属于过重。但是 WHO 的标准不是非常适合中国人的情况，为此 WHO 分别制定了亚洲、中国参考标准，如表 3.2－1 所示。

表 3.2－1 BMI 指数参考标准以及健康建议

体形	WHO 标准	亚洲标准	中国标准	相关疾病发病危险性
太瘦	＜18.5			低(但其他疾病危险性增加)
正常	18.5～24.9	18.5～22.9	18.5～23.9	平均水平，比较健康
偏胖	25.0～29.9	23～24.9	24～27.9	高血压、冠心病、脑卒中危险增加
肥胖	30.0～34.9	25～29.9	28～29.9	高血压、糖尿病、冠心病和血脂异常等患病概率中度增加

续表

体形	WHO 标准	亚洲标准	中国标准	相关疾病发病危险性
重度肥胖	35.0～39.9	30～39	30～39.9	高血压、糖尿病、冠心病和血脂异常等患病概率严重增加
极重度肥胖	≥40.0			高血压、糖尿病、冠心病和血脂异常等患病概率非常严重增加，建议看医生

根据 BMI 指数与健康关系的分析来看，最理想的体重指数是 22。

本项目的任务是开发一个 BMI 指数计算程序，根据用户输入的相关参数，计算用户的 BMI 值，并展示相关信息提醒用户保持最佳 BMI 指数。

3.2.2 学习目标

(1)掌握复选框、文本输入框等组件的使用；

(2)掌握分支语句的使用；

(3)掌握屏幕跳转并传递参数的方法；

(4)进一步理解事件触发与处理的方法。

3.2.3 方案构思

根据 BMI 计算需要，必须提供组件以便用户输入身高、体重参数，同时，由于 BMI 指数的 WHO 标准和中国标准有所不同，所以在 UI 设计时，需要考虑用户参照的是哪一个标准。虽然 BMI 指数与性别无关，但是为了用户操作的可观赏性，程序需要设置用户性别。

当用户输入 BMI 计算参数后，弹出第二个屏幕，显示计算结果，展示相应标准、性别下 BMI 参数对应的体态照片，并提供提示信息，以便提醒用户维持身材，保持健康。

根据上述想法，Screen1 程序设计界面以及所用组件结构如图 3.2－1 所示。

图 3.2－1 Screen1 程序设计界面

Screen2 程序设计界面以及所用组件结构如图 3.2-2 所示。

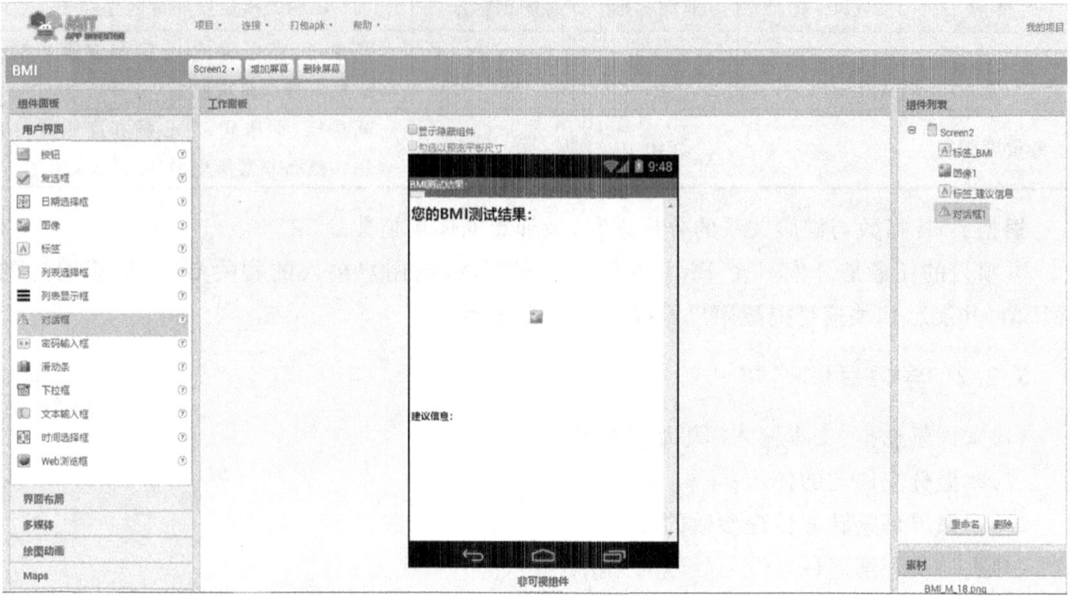

图 3.2-2　Screen2 程序设计界面

各个组件相关属性设置信息如表 3.2-2 所示。

表 3.2-2　BMI 计算程序中使用的组件及其属性设置

屏幕	所属面板	对象类型	对象名称	属性	属性取值
Screen1	用户界面	标签	标签 1	宽度	充满
				文本对齐	居中:1
				文本	健康指数测试:
	界面布局	水平滚动布局	水平滚动布局 1	宽度	充满
	用户界面	标签	标签 1	宽度	充满
				文本	请设置您的性别
		复选框	复选框_女	高度	充满
				粗体	True
				字号	20
				文本颜色	绿色
				文本	女
			复选框_男	高度	充满
				粗体	True
				字号	20
				文本颜色	红色
				文本	男

续表

屏幕	所属面板	对象类型	对象名称	属性	属性取值
Screen1	界面布局	水平滚动布局	水平滚动布局 2	宽度	充满
	用户界面	标签	标签 3	文本	请选择判断标准
		复选框	复选框_WHO	高度	充满
				粗体	True
				字号	20
				文本	WHO
			复选框_亚洲	高度	充满
				粗体	True
				字号	20
				文本	亚洲
	界面布局	水平滚动布局	水平滚动布局 3	宽度	充满
		标签	标签 4	文本	请输入您的体重
		文本输入框	文本输入框_体重	宽度	30%
		标签	标签 5	文本	kg
	界面布局	水平滚动布局	水平滚动布局 4	宽度	充满
		标签	标签 6	文本	请输入您的身高
		文本输入框	文本输入框_体重	宽度	30%
		标签			
	用户界面	图像	标签 7	文本	cm
		按钮	图像 1	图片	doubt. png
			按钮_BMI 计算	字号	24
				宽度	充满
				文本	BMI 指数 计算
Screen2	用户界面	标签	标签_BMI	宽度	充满
				文本对齐	居左:0
				文本	您的 BMI 测试结果:
	界面布局	图像	图像 1	高度	50%
				宽度	充满
	用户界面	标签	标签_建议信息	宽度	充满
				高度	充满
				文本	建议信息:

3.2.4 实现方法

1. Screen1 程序实现

Screen1 负责根据用户设置信息计算 BMI 指数值，Screen2 负责根据计算结果、性别、参考标准等数据显示相关信息，所以 Screen1 向 Screen2 要传递的参数有 3 个：性别(用以显示不同的图片)、BMI 指数值、参考标准，因此在 Screen1 中声明全局变量“屏幕传递参数”为列表数据类型，当 BMI 指数计算按钮单击事件发生，给列表变量 P 赋值，并传递给 Screen2。

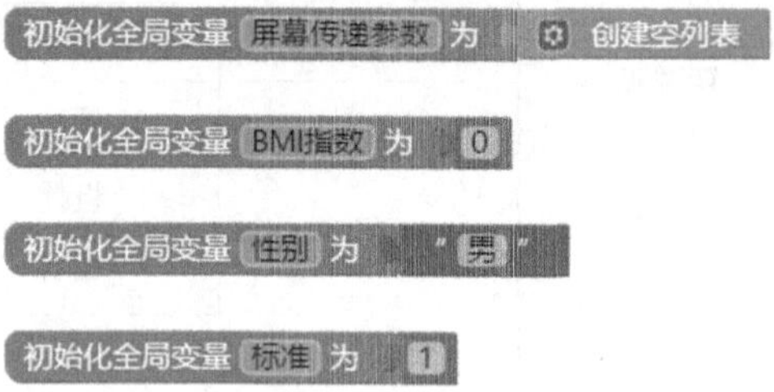

图 3.2-3 BMI 计算程序声明的全局变量

其中全局变量 BMI 指数、性别、标准 3 个变量的值在用户的 UI 操作中根据选择情况改变。

此外，程序主要完成以下功能：

(1)响应 Screeen1 屏幕之初始化事件。

在屏幕初始化事件发生时，根据操作界面设计，设置身高、体重参数输入的文本框初始状态显示的数据，并设置其仅能输入数字，避免后续算法处理出现异常，实现代码如图 3.2-4 所示。

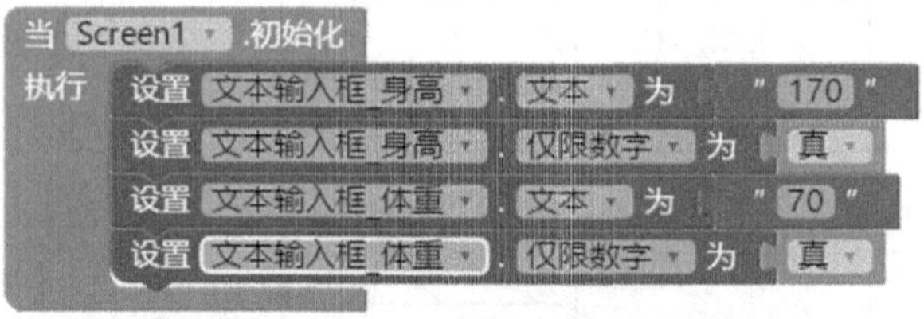

图 3.2-4 Screen1 初始化事件实现代码

(2)响应复选框_男之状态改变事件。

用户选择性别为男，则全局变量性别取值为男，“复选框_女”选中状态为假；否则，全局变量性别取值为女，“复选框_女”选中状态为真，实现代码如图 3.2-5 所示。

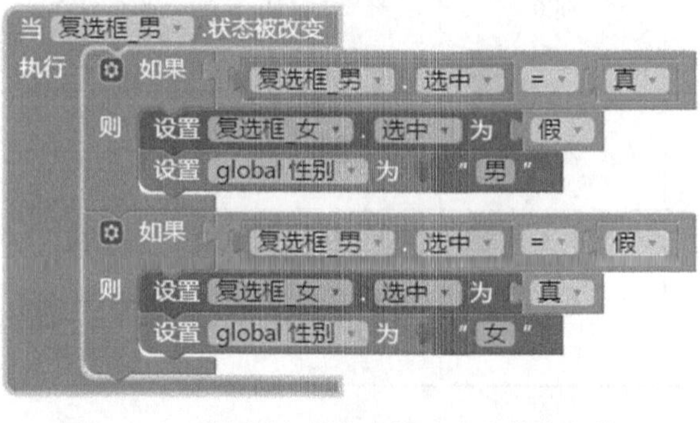

图 3.2-5 复选框_男状态被改变事件实现代码

(3)响应复选框_女之状态被改变事件。

性别选择为互斥状态,即用户选择性别为男,“复选框_女”处于未选中状态,否则,“复选框_女”选中,而“复选框_男”未选中,实现代码如图 3.2-6 所示。

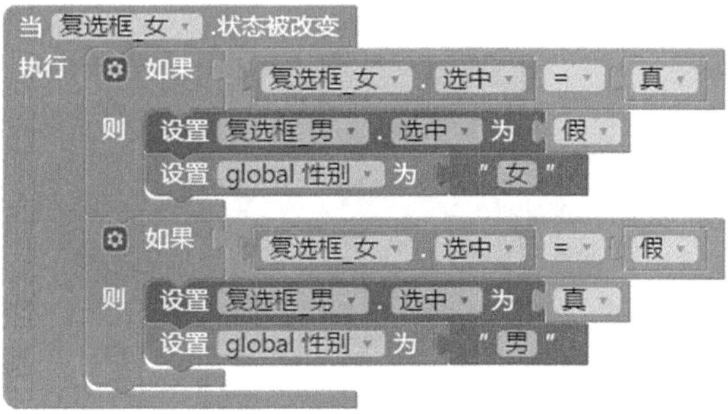

图 3.2-6 “复选框_女”状态被改变事件实现代码

(4)响应复选框_WHO 之状态被改变事件。

参考标准选择为互斥状态,即用户选择参考标准为 WHO,“复选框_亚洲”处于未选中状态,否则,“复选框_WHO”选中,而“复选框_亚洲”未选中。其中,“复选框_WHO”状态改变实现代码如图 3.2-7 所示。

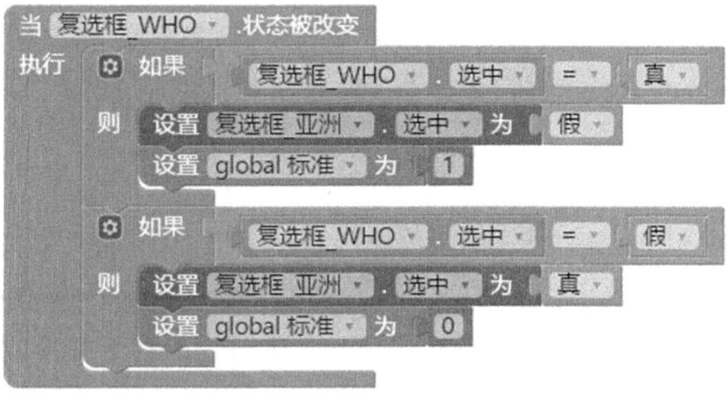

图 3.2-7 “复选框_WHO”状态被改变事件实现代码

“复选框_亚洲”状态被改变实现代码如图 3.2-8 所示。

图 3.2-8 “复选框_亚洲”状态被改变事件实现代码

(5)响应按钮_BMI 计算之被点击事件。

当用户点击“BMI 指数计算”按钮时,列表变量屏幕传递参数置空,读取文本框输入框_体重中输入的数据、文本框输入框_身高中输入的数据、用户选择的性别数据、用户选择的参考标准,按照BMI计算公式计算BMI指数值,并将性别、BMI指数、标准数据追加到列表变量"屏幕传递参数",调用打开屏幕并传值功能,传递参数设置为列表变量"屏幕传递参数",具体代码如图3.2-9所示。

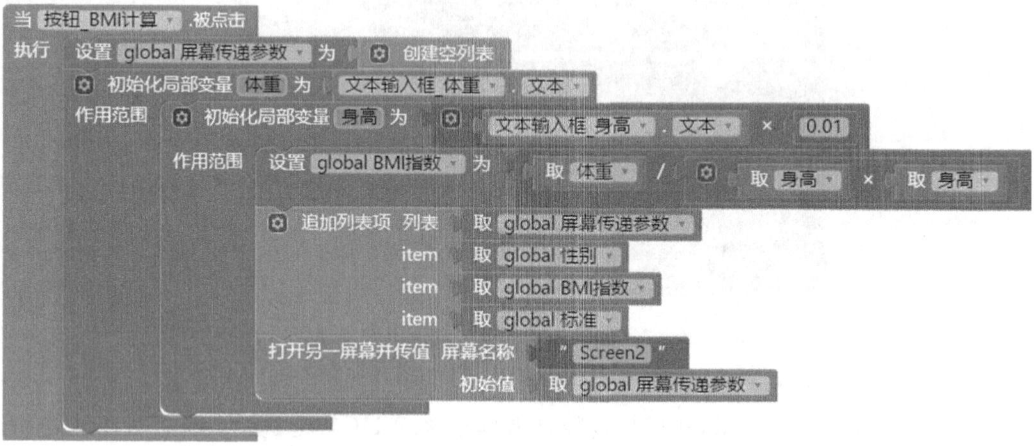

图3.2-9 按钮_BMI计算被点击事件实现代码

2. Screen2程序实现

Screen2主要接收Screen1传递的性别、BMI指数值、参考标准数据,并根据参考标准对BMI指数值进行分析判断,根据判断结果、性别,显示对应状态的图片,显示简要提示信息。程序主要完成以下功能:

(1)响应Screen2之初始化事件。

当Screen2屏幕初始化时,接收Screen1传递的列表类型参数,提取对应的性别、BMI指数数值、参考标准3个数据。程序将用户的性别、BMI指数数值、参考标准等数据合并成为测算结论文本串,通过标签显示该检测结论。同时按照Screen1中所选的参考标准,将不同BMI结果对应的健康管理建议、体型图片通过界面显示,以便促进用户基于测算结果采取针对性措施。其中,将体质判断、图片显示、提示信息显示等功能封装为过程"体质判断",具体代码如图3.2-10所示。

(2)设计自定义过程——体质判断。

体质判断过程的目的在于根据Screen1传递的性别、BMI指数、参考标准等信息,进行综合判断,得出体质结论,并给出与体质结论一致的健康建议,同时根据已知的性别显示结论对应的体型图片。

如前所述,体质结论分为太瘦、正常、偏胖、肥胖、重度肥胖、极重度肥胖6个等级,但是WHO标准、亚洲标准和中国标准对于6个等级的认定范围略有不同。所以在Screen1中当用户选择的参考标准不同时,Screen2中应该按照不同的参考标准认定体质结论,然后再根据体质结论显示健康建议,并根据性别显示对应的体型图片。

综上所述,无返回值类型的自定义过程——体质判断设计方案如下:

过程输入参数:输入参数x(表示性别)、x1(BMI指数值)、x2(参考标准)。

具体实现代码篇幅较长,所以按照总体结构、逻辑分段的思路描述如下:

首先是过程的总体结构和基于WHO标准的体质判断,该部分实现代码如图3.2-11所示。

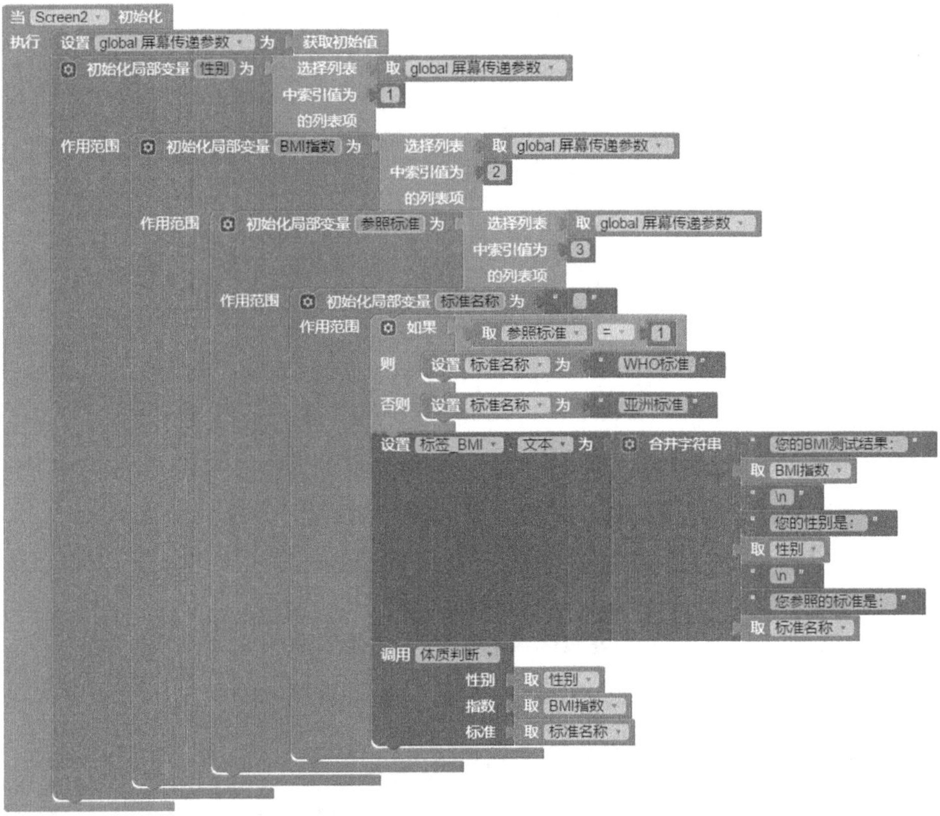

图 3.2－10 Screen2 初始化事件实现代码

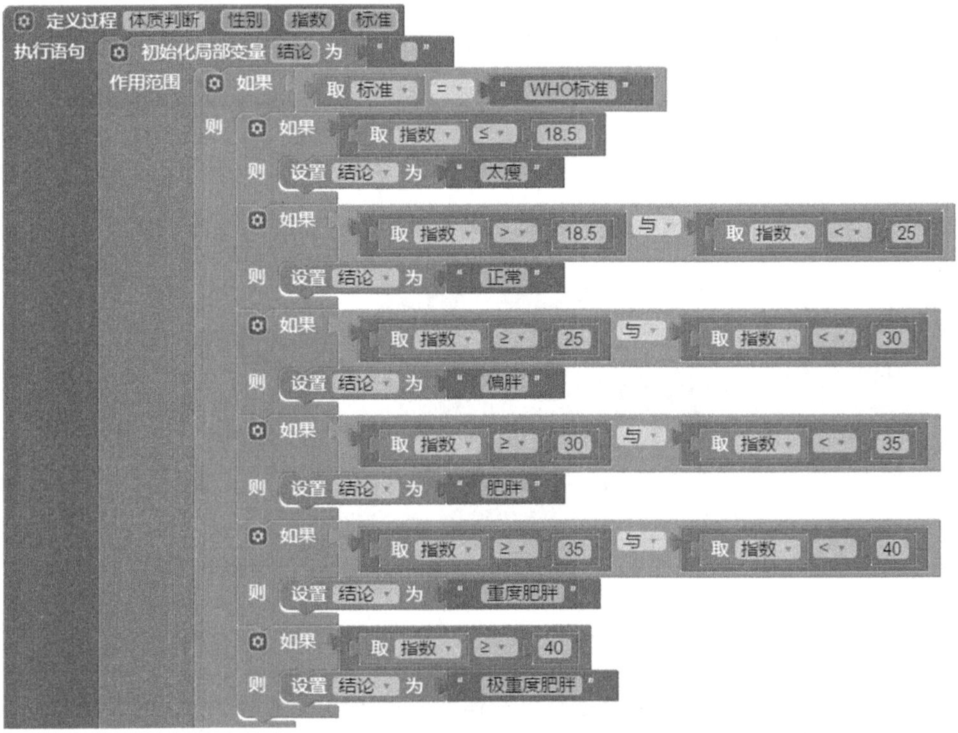

图 3.2－11 自定义过程“体质判断”总体结构与判断结论部分实现代码

由于篇幅所限，亚洲标准、中国标准的判断代码并未给出，而是留下空白，如图 3.2－12 所示。

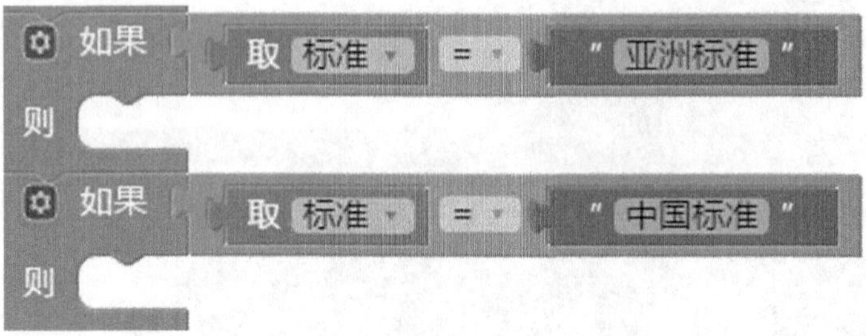

图 3.2－12　自定义过程“体质判断”参考标准判断部分程序结构

读者既可以在空白处添加判断代码，完善程序功能，也可以将不同标准的判断再封装为一个过程，得出对应的结论，从而使得程序过程更加简洁，逻辑更加清晰。

当按照 BMI 指数以及参考标准得出体质结论后，进一步根据结论和性别，给出健康建议，并设置对应的体型图片显示，实现方法分别描述如下：

（1）体质结论为太瘦，则对应的健康建议和体型显示代码如图 3.2－13 所示。

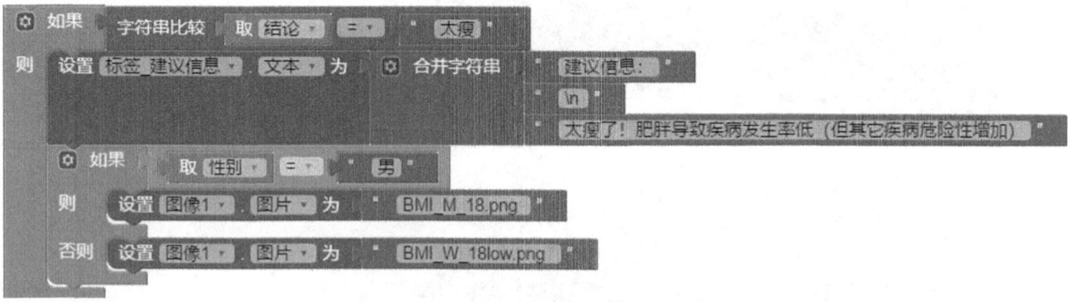

图 3.2－13　自定义过程“体质判断”BMI 指数太瘦后续处理代码

（2）体质结论为正常，则对应的健康建议和体型显示代码如图 3.2－14 所示。

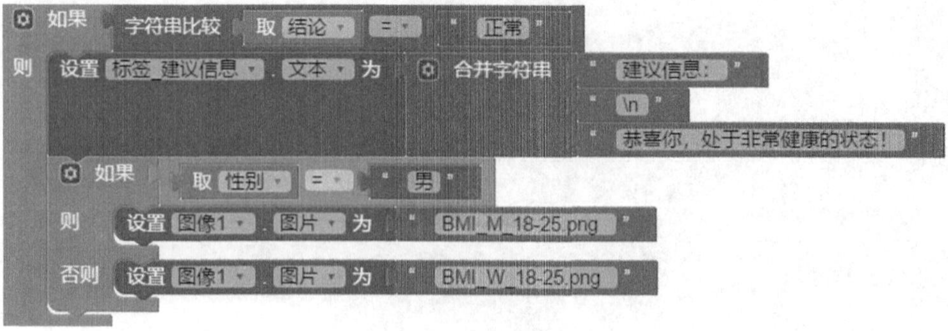

图 3.2－14　自定义过程“体质判断”BMI 指数正常后续处理代码

（3）体质结论为偏胖，则对应的健康建议和体型显示代码如图 3.2－15 所示。

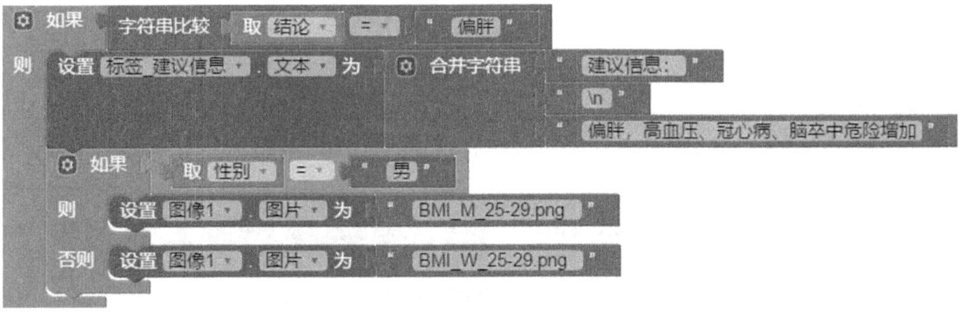

图 3.2－15 自定义过程“体质判断”BMI 指数偏胖后续处理代码

(4)体质结论为肥胖，则对应的健康建议和体型显示代码如图 3.2－16 所示。

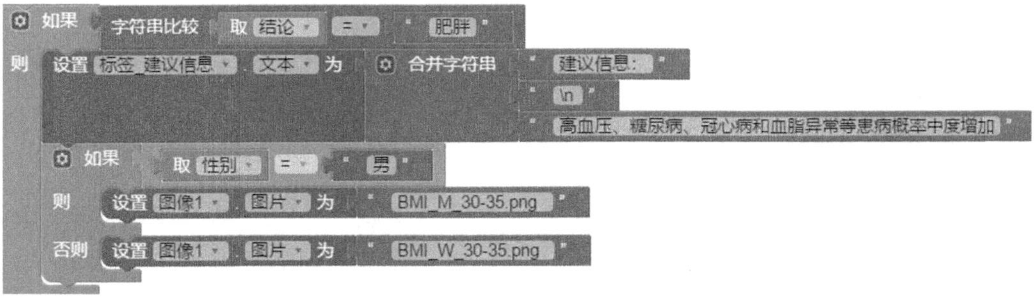

图 3.2－16 自定义过程“体质判断”BMI 指数肥胖后续处理代码

(5)体质结论为重度肥胖，则对应的健康建议和体型显示代码如图 3.2－17 所示。

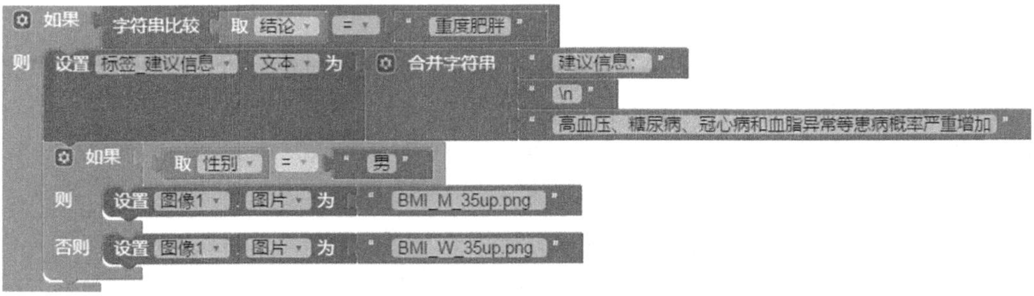

图 3.2－17 自定义过程“体质判断”BMI 指数重度肥胖后续处理代码

(6)体质结论为极重度肥胖，则对应的健康建议和体型显示代码如图 3.2－18 所示。

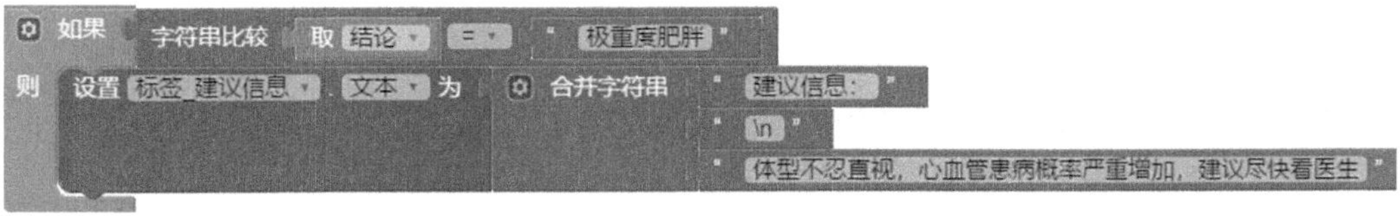

图 3.2－18 自定义过程“体质判断”BMI 指数极重度肥胖后续处理代码

3.2.5 结果测试

安装运行程序，并设置性别、参考标准、体重、身高等参数，点击 BMI 指数计算按钮，程序运行结果如图 3.2-19 所示，其中左图为 Screen1 运行效果，右图为 Screen2 运行效果。

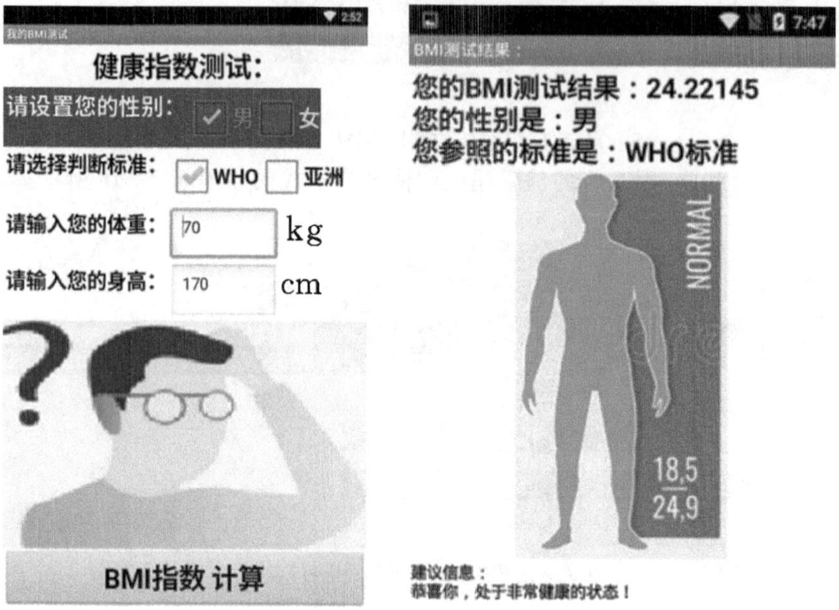

图 3.2-19 BMI 计算程序运行结果测试

3.2.6 拓展思考

进一步的拓展训练，可以考虑实现以下功能：

(1)由于篇幅所限，Screen2 中判断体质的过程仅仅处理了 WHO 标准的判断方法，而对于亚洲标准、中国标准的判断代码并未给出，读者可以进一步扩充完善。

(2)添加数据库功能，记录用户每一次计算的时间、数据。

(3)按照时间以数据曲线的方式显示 BMI 指数的变化。

3.3 列表数据排序算法

3.3.1 问题描述

将给定的若干随机数据，按照升序的方式排序，使得给出的数据形成有序排列结果。比如：给定数据 3,2,4,1,5，排序后的数据序列为 1,2,3,4,5。现在要解决的问题是：

(1)能够观测到原始待排序的数据序列；

(2)能够观测到排序后的数据序列；

(3)更有可能的话，可以观测到排序的过程，即每一步排序的中间结果序列。

3.3.2　学习目标

(1)掌握随机数据列表的生成方法;

(2)掌握列表数据最大/小值所在位置寻找算法;

(3)掌握简单排序算法的原理与实现方法;

(4)掌握多个数据显示方法;

(5)进一步熟悉有返回值的过程设计方法。

3.3.3　方案构思

排序的算法比较多,典型的方法有直接选择排序法、直接插入排序法、冒泡排序法等,其中,直接选择排序算法及其原理介绍如下:

直接选择排序(Straight Select Sorting)是一种简单的排序方法,它的基本思想是:第一次从 R[0]～R[n－1]中选取最小值,与 R[0]交换,第二次从 R[1]～R[n－1]中选取最小值,与 R[1]交换,……,第 i 次从 R[i－1]～R[n－1]中选取最小值,与 R[i－1]交换,……,第 n－1 次从 R[n－2]～R[n－1]中选取最小值,与 R[n－2]交换,总共通过 n－1 次交换,得到一个按排序码从小到大排列的有序序列。

例如:给定 n=8,数组 R 中的 8 个元素的排序码为(8,3,2,1,7,4,6,5),则直接选择排序的过程如下所示:

初始状态[8 3 2 1 7 4 6 5];

第一次[1 3 2 8 7 4 6 5],待排序区最小数据和排序区首元素交换:8—1 交换;

第二次[1 2 3 8 7 4 6 5],待排序区最小数据和排序区首元素交换:3—2 交换;

第三次[1 2 3 8 7 4 6 5],待排序区最小数据和排序区首元素交换:3—3 交换;

第四次[1 2 3 4 7 8 6 5],待排序区最小数据和排序区首元素交换:8—4 交换;

第五次[1 2 3 4 5 8 6 7],待排序区最小数据和排序区首元素交换:7—5 交换;

第六次[1 2 3 4 5 6 8 7],待排序区最小数据和排序区首元素交换:8—6 交换;

第七次[1 2 3 4 5 6 7 8],待排序区最小数据和排序区首元素交换:8—7 交换;

排序完成。

上述过程我们可以看出,如果有 n 个数据,直接选择排序过程简单地讲就是从第 1 个数据到第 n－1 个数据,不断地重复进行下述工作:

(1)寻找当前数据到最后一个数据中的最大/小值的位置;

(2)当前数据和最大/小值位置的数据交换位置。

因此,需要一个循环,遍历待排序的数据序列,另外,还需要设计以下功能:

(1)寻找数据序列指定范围中的最大/小值位置;

(2)交换数据序列指定范围的第一个数据和最大/小值位置数据。

程序设计中为了便于观测,还需要设计两个功能:

(1)产生指定个数的随机数据序列,用以测试排序算法;

(2)将数据序列转换为文本串,用以直观显示数据。

基于上述想法,程序设计界面以及所用组件结构如图 3.3-1 所示。

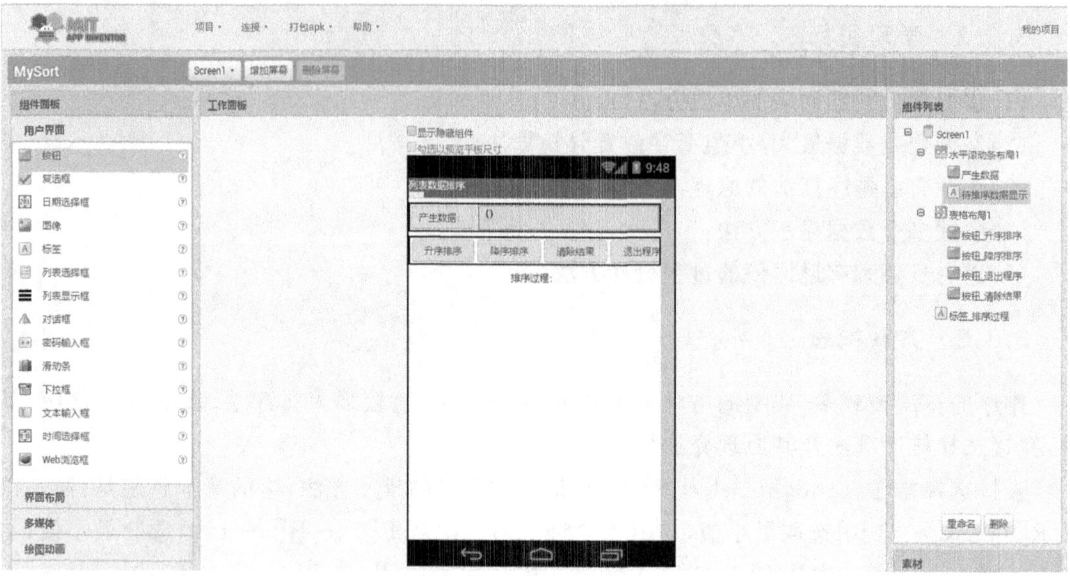

图 3.3－1 程序设计界面

各个组件相关属性设置信息如表 3.3－1 所示。

表 3.3－1 程序中使用的组件及其属性设置

所属面板	对象类型		对象名称	属性	属性取值
界面布局	水平滚动布局		水平滚动 1	默认	默认
用户界面	水平滚动1	按钮	产生数据	文本	产生数据：
		标签	待排序数据显示	文本	()
				高度	充满
				宽度	充满
				背景颜色	青色
				文本颜色	蓝色
				字号	12
界面布局	表格布局		表格布局 1	行数	1
				列数	4
用户界面	表格布局1	按钮	按钮_升序排序	宽度	25%比例
				文本	升序排序
			按钮_降序排序	宽度	25%比例
				文本	降序排序
			按钮_清除结果	宽度	25%比例
				文本	清除结果
			按钮_退出程序	宽度	25%比例
				文本	退出程序
		标签	标签_排序过程	宽度	充满
				高度	充满
				文本对齐	居中
				文本	排序过程：

3.3.4 实现方法

按照设计构思，程序需要声明全局变量，保存产生的数据序列，作为后续排序算法测试使用。App Inventor 中数据序列的存储可以借助列表实现，实现代码如图 3.3-2 所示。

图 3.3-2 程序声明的全局变量

此外，程序主要完成以下功能：

(1)响应 Screen1 之初始化事件。

在屏幕初始化事件发生时，根据操作界面设计，用户首先应该点击“产生数据”按钮，然后才能进行排序功能测试，因此，初始状态设置“升序排序”“降序排序”“清除结果”3 个按钮禁止操作，以防排序数据尚未产生，而直接对空数据源操作引发程序异常，实现代码如图 3.3-3 所示。

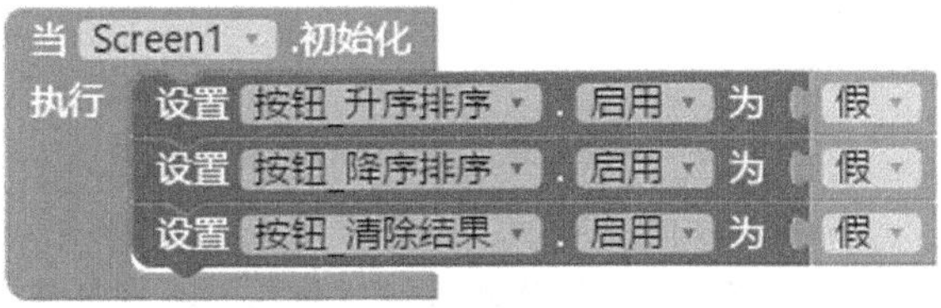

图 3.3-3 Screen1 初始化事件实现代码

(2)设计自定义过程——交换数据。

该过程的目的在于给定数据列表 x，给定位置 i、位置 j 两个参数，过程需要实现交换 i、j 两个位置数据的功能。即将列表 x 原来索引值为 i 的数据项替换为索引值为 j 的数据项，而索引值为 j 的数据项替换为原来索引值为 i 的数据项。该过程的设计方案如下：

过程输入参数：x(处理对象，列表类型数据 x)，i(列表索引值)，j(列表索引值)。

具体实现代码如图 3.3-4 所示。

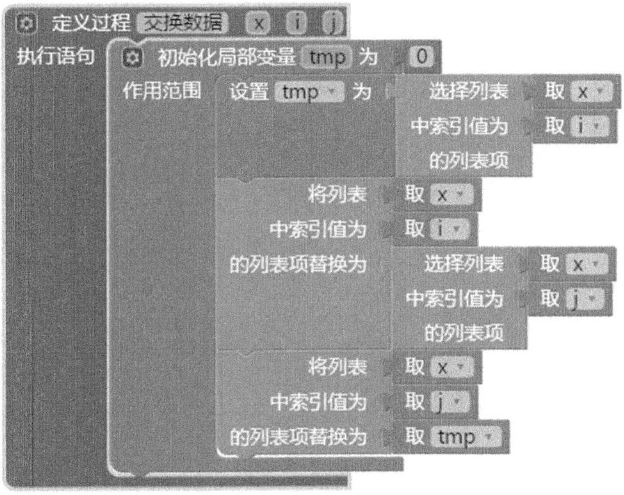

图 3.3-4 自定义过程“交换数据”实现代码

(3)设计自定义过程——产生数据。

该过程的目的在于给定整数 N,产生 N 个随机整数,存储在列表中,属于有返回值类型的过程。

过程输入参数:N(列表的长度)。

过程输出参数:数据列表(长度为 N,数据项为随机整数的列表)。

具体实现代码如图 3.3-5 所示。

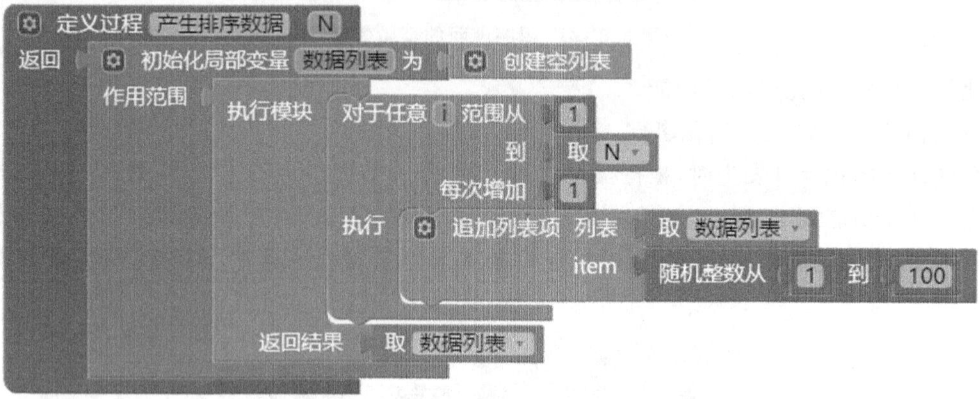

图 3.3-5　自定义过程“产生数据”实现代码

(4)设计自定义过程——列表数据对应的文本串。

该过程的目的在于给定数据列表 x,将列表中所有数据转换成为形如“(d1,d2,…,dn)”的字符串,属于有返回值类型的过程。

过程输入参数:x(待转换的列表);

过程输出参数:str(列表数据项通过空格间隔形成的字符串)。

具体实现代码如图 3.3-6 所示。

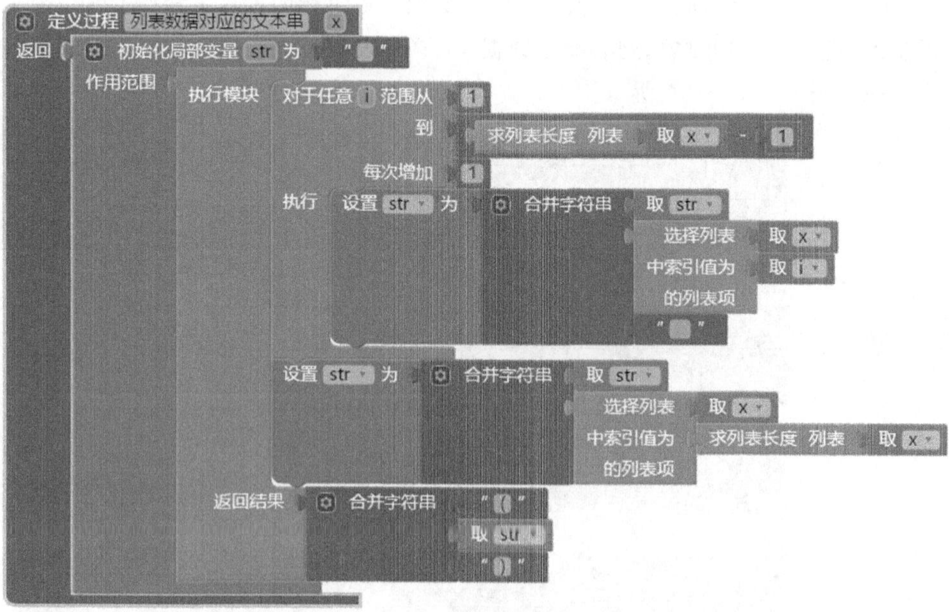

图 3.3-6　自定义过程“列表数据对应的文本串”实现代码

(5)设计自定义过程——数值列表中的最大值位置。

该过程的目的在于给定数据列表 x,给定起始位置 start,寻找数据列表 x 中从 start 位置开始到数据列表 x 最后一个数据元素中最大值的位置,属于有返回值类型的过程。

过程输入参数:x(数据列表),start(开始查找的位置);

过程输出参数:ind(列表 x 中从 start 位置开始到列表最后一个数据元素区间内最大值的位置)。

具体实现代码如图 3.3-7 所示。

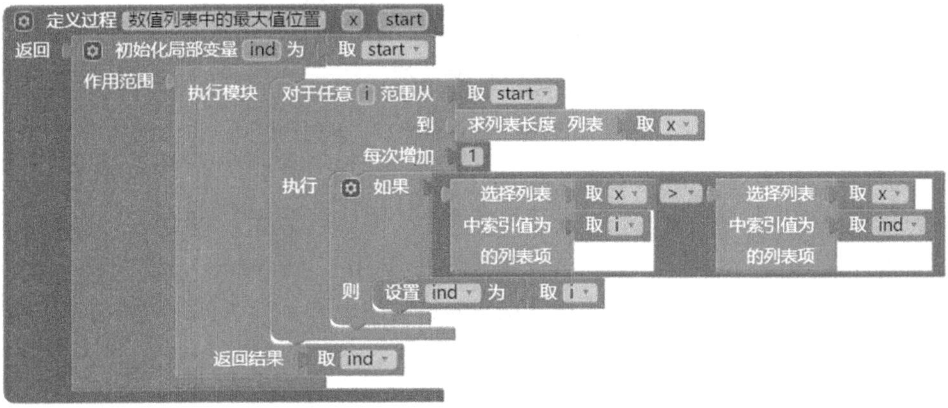

图 3.3-7　自定义过程“数值列表中的最大值位置”实现代码

(6)设计自定义过程——数值列表中的最小值位置。

该过程的目的在于给定数据列表 x,给定起始位置 start,寻找数据列表 x 中从 start 位置开始到数据列表 x 最后一个数据元素中最小值的位置,属于有返回值类型的过程。

过程输入参数:x(数据列表),start(开始查找的位置)。

过程输出参数:ind(列表 x 中从 start 位置开始到列表最后一个数据元素区间内最小值的位置)。

具体代码如图 3.3-8 所示。

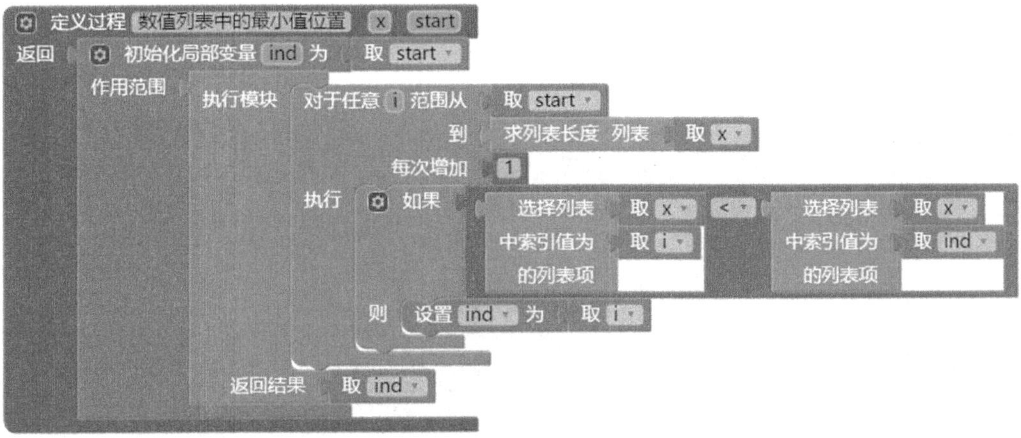

图 3.3-8　自定义过程“数值列表中的最小值位置”实现代码

(7)响应按钮“清除结果”之被点击事件。

清除结果时,待排序数据清空,排序过程显示标签内容复位,具体代码如图 3.3-9 所示。

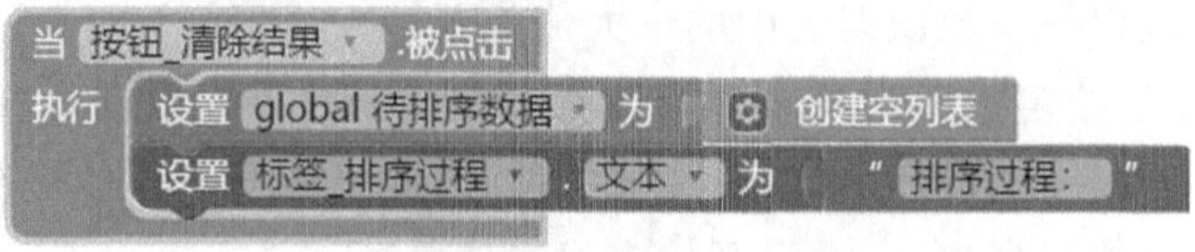

图 3.3-9　按钮_清除结果被点击事件实现代码

(8)响应按钮“退出程序”之被点击事件。

直接调用退出程序代码块,具体代码如图 3.3-10 所示。

图 3.3-10　按钮_退出程序被点击事件实现代码

(9)响应按钮“升序排序”之被点击事件。

当用户点击“升序排序”按钮时,定义循环变量 i 从 1～n－1 遍历,确定 i～n－1 区间的最小值位置,列表交换位置的数据和最小值位置数据,循环结束,排序结束。为了便于观测,每一次循环称为一趟排序过程,将每一次排序的结果转换为以回车换行字符为结尾的字符串,详细显示排序过程,实现代码如图 3.3-11 所示。

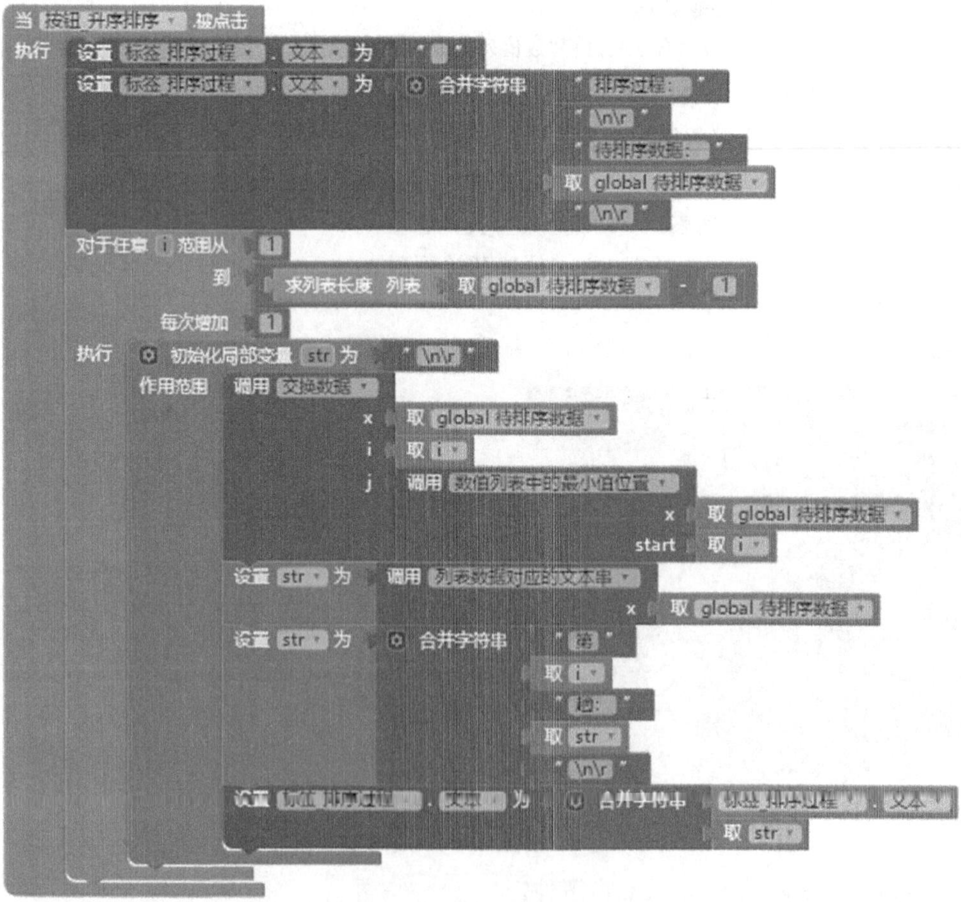

图 3.3-11　按钮_升序排序被点击事件实现代码

(10)响应按钮“降序排序”之被点击事件。

处理过程与升序排序相仿，仅有一处不同，即升序排序寻找的是最小值的位置，降序排序寻找的是最大值的位置，实现代码如图 3.3-12 所示。

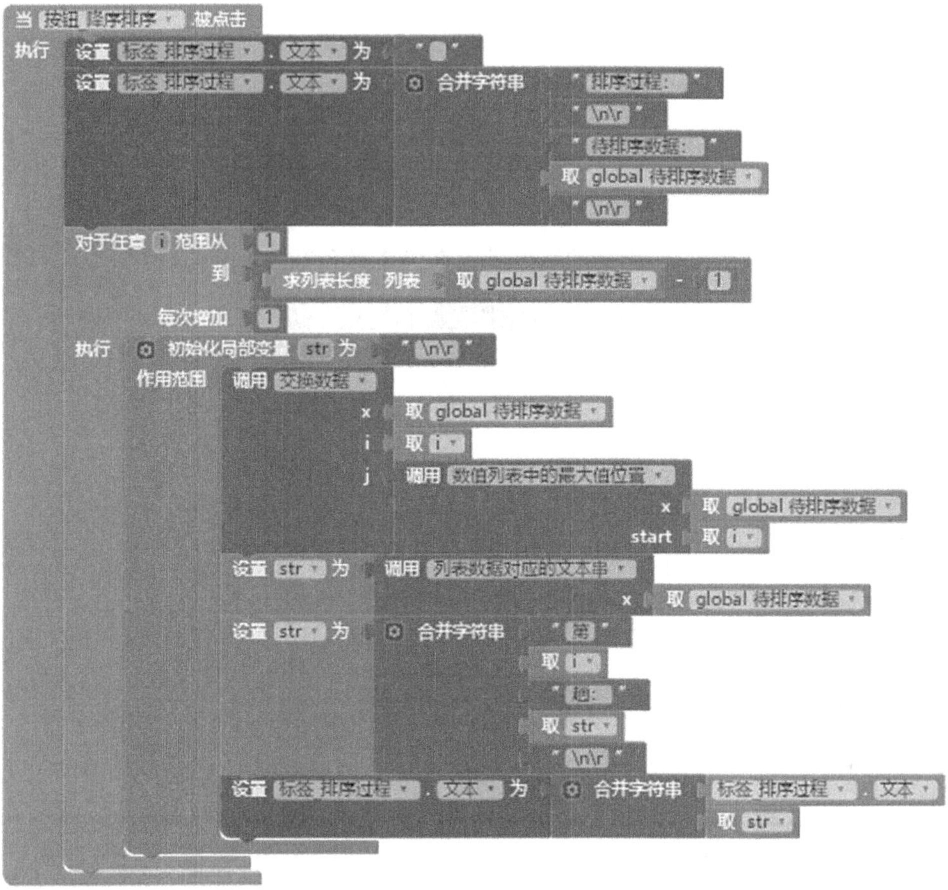

图 3.3-12 按钮_降序排序被点击事件实现代码

3.3.5 结果测试

程序测试过程按如下步骤进行：

(1)程序运行初始化，排序按钮、清除结果按钮禁止操作，如图 3.3-13 所示。

图 3.3-13 程序运行初始化界面

(2)点击“产生数据”按钮，默认生成 10 个随机整数，用以排序，如图 3.3－14 所示。

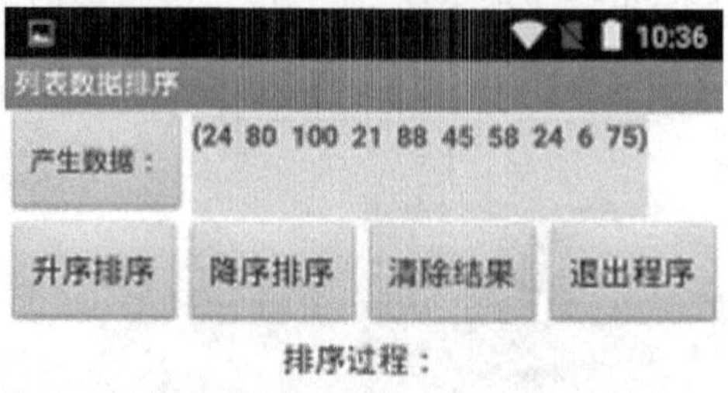

图 3.3－14　点击按钮“产生数据”运行结果

(3)点击“升序排序”按钮，对生成的数据进行直接选择升序排序操作，如图 3.3－15 所示。

图 3.3－15　点击按钮“升序排序”运行结果

(4)点击“降序排序”按钮，对生成的数据进行直接选择降序排序操作，如图 3.3－16 所示。

图 3.3－16　点击按钮“降序排序”运行结果

测试结果表明，程序预定功能均已正确实现。

3.3.6 拓展思考

1)本项目还可以进一步作为若干排序算法的教程,比如经典的直接选择排序、直接插入排序、交换排序、基数排序等算法的学习和演示教学辅助软件,亦可作为不同算法一步步地讲解、示范学习使用。

冒泡排序算法的基本思想:

从第一个数据元素开始,与相邻数据进行比较,如果第一个数据大,则两个交换位置,然后第二个数据与第三个数据比较,……,直到第 n－1 个数据和第 n 个数据比较、交换完毕,这一轮实现了数据序列中的最大值被“交换”到了数据序列的最后一个位置;再从第一个数据到第 n－1 个数据,重复上述过程,历经 n－1 轮,即可完成冒泡排序。

也就是说,假设有 n 个数据待排序,总共需要排序 n－1 轮,每一轮需要做的工作为:从第一个数据开始,到第 n 个数据,完成比较、交换工作;其中,第 i 轮中,从第一个数据开始,到第 $n-i+1$ 个数据,完成比较、交换工作。

可以根据上述排序算法原理,写出冒泡排序程序。

2)本节案例中无论是升序排序还是降序排序,都是程序直接显示排序的最终结果,可以进一步改进程序流程,对于排序算法流程进行人为控制,使之一步步显示每一趟排序过程,从而更加便于用户理解排序算法原理。

3)出于渐进性学习考虑,本节案例并未将排序算法封装为一个过程,而是在按钮事件中直接进行相关代码编写。但是目前这样的做法导致代码的复用性极差,读者可以考虑将不同类型的排序方法封装为相应的过程(函数),以方便再次调用。

3.4 颜色合成器

3.4.1 问题描述

RGB 色彩模式是工业界的一种颜色标准,是通过对红(R)、绿(G)、蓝(B)三个颜色通道的变化以及它们相互之间的叠加来得到各式各样的颜色的,RGB 即是代表红、绿、蓝三个通道的颜色,这个标准几乎包括了人类视力所能感知的所有颜色,是目前运用最广的颜色系统之一。电脑屏幕上的所有颜色,都由红、绿、蓝三种色光按照不同的比例混合而成。一组红、绿、蓝就是一个最小的显示单位,屏幕上的任何一种颜色都可以由一组 RGB 值来记录和表达。因此,红、绿、蓝又称为三原色光,用英文表示就是 R(red)、G(green)、B(blue)。叠加混合的特点为越叠加越明亮。红、绿、蓝三个颜色通道每种各分为 256 阶亮度,在 0 时“灯”最弱——是关掉的,而在 255 时“灯”最亮。当三色灰度数值相同时,产生不同灰度值的灰色调,即三色灰度都为 0 时,是最暗的黑色调;三色灰度都为 255 时,是最亮的白色调。

此案例要求给定 RGB 三原色的值,观察不同颜色分量值合成的颜色效果,同时能够针对给定颜色,对其进行分解,获取颜色对应的 RGB 颜色分量值。

3.4.2 学习目标

(1)掌握颜色变量的初始化;

(2)掌握颜色合成、颜色分解；

(3)掌握对话框人机交互过程；

(4)掌握对话框显示警示信息方法；

(5)掌握滑动条使用方法；

(6)掌握文本合并中转义字符使用方法；

(7)进一步熟悉有返回值过程的设计方法。

3.4.3 方案构思

操作界面放置 3 个滑动条，分别用以操作改变拟合成颜色的 RGB 三原色分量值，每一个滑动条配套一个文本标签，用以提醒用户操作，并在操作过程中显示滑动条当前滑动位置对应的颜色分量取值。滑动条的数据范围与颜色分量取值范围设置一致，最小值为 0，最大值为 255，用以表示 256 阶颜色值。

拖动每一个滑动条改变位置，表示一种新的 RGB 取值，因此每一次滑动操作后都重新利用最新的 RGB 取值合成颜色，并放置画布，通过设置其背景色的方式显示颜色合成的结果。

为了便于理解，同时也提供用随机数的方式产生随机颜色，并通过画布观察随机颜色效果；为了进一步理解颜色的合成与分解，可以调用 AI 中分解颜色功能对于合成的颜色进行分解，获取其 RGB 分量值，并通过对话框的形式显示分解结果，以便与 UI 界面的合成分量值进行比对。

综合上述描述，颜色合成器程序设计界面以及所用组件结构如图 3.4－1 所示。

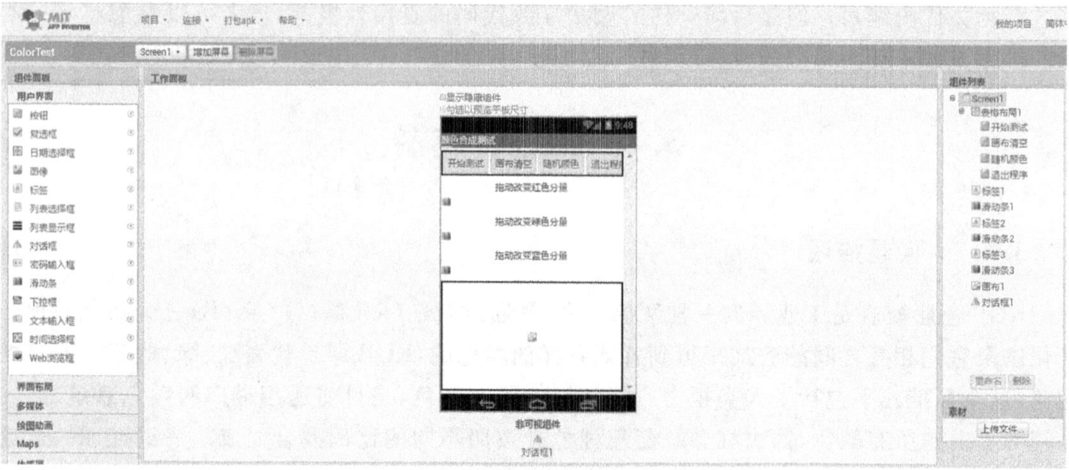

图 3.4－1 程序设计界面

各个组件相关属性设置信息如表 3.4－1 所示。

表 3.4－1 程序中使用的组件及其属性设置

所属面板	对象类型	对象名称	属性	属性取值
界面布局	表格布局	表格布局 1	列数	4
			行数	1
用户界面	按钮	开始测试	宽度	25%比例
			文本	开始测试
		画布清空	宽度	25%比例
			文本	画布清空

续表

所属面板	对象类型	对象名称	属性	属性取值
用户界面	按钮	随机颜色	宽度	25%比例
			文本	随机颜色
		退出程序	宽度	25%比例
			文本	退出程序
	标签	标签 1	宽度	充满
			文本对齐	居中
			文本	拖动改变红色分量
	滑动条	滑动条 1	左侧颜色	红色
			右侧颜色	蓝色
			宽度	充满
			最大值	255
			最小值	0
			滑块位置	128
	标签	标签 2	宽度	充满
			文本对齐	居中
			文本	拖动改变绿色分量
	滑动条	滑动条 2	左侧颜色	红色
			右侧颜色	蓝色
			宽度	充满
			最大值	255
			最小值	0
			滑块位置	128
	标签	标签 3	宽度	充满
			文本对齐	居中
			文本	拖动改变蓝色分量
	滑动条	滑动条 3	左侧颜色	红色
			右侧颜色	蓝色
			宽度	充满
			最大值	255
			最小值	0
			滑块位置	128
	画布	画布 1	高度	充满
			宽度	充满
	对话框	对话框 1	默认	默认

3.4.4 实现方法

按照设计构思，完成工作面板组件设计后，程序需要声明 4 个全局变量，分别表示以下信息：

(1)颜色分量 R，初始值为 128；

(2)颜色分量 G，初始值为 128；

(3)颜色分量 B，初始值为 128；

(4)合成颜色 RGB，初始颜色为白色。

全局变量声明如图 3.4-2 所示。

图 3.4-2 程序声明的全局变量

此外，程序主要完成以下功能：

(1)设计自定义过程——获得颜色分量取值文本串。

该过程的目的在于将 3 个颜色分量合并成为如下形式的文本串：

R：* *

G：* *

B：* *

函数输入参数为 3 个整数，以表示颜色分量值，主要借助合并字符串功能和转义字符"\n\r"表示回车换行字符，从而实现多行文本串的合并生成，属于有返回值类型的过程。过程设计方案如下：

过程输入参数：x(R 分量)，x2(G 分量)，x3(B 分量)。

过程输出参数：str(特定格式编排的文本串)。

实现代码如图 3.4-3 所示。

(2)响应 Screen1 之初始化事件。

当屏幕初始化时，默认合成 RGB 均为 128 的颜色，滑动条禁止操作，并设置 3 个标签的默认显示内容，同时，画布背景色设置为默认合成颜色，实现代码如图 3.4-4 所示。

(3)响应按钮"开始测试"之被点击事件。

当用户点击开始测试按钮，更改 RGB 颜色分量值的 3 个滑动条为允许操作，并设置 3 个标签的默认显示内容，同时，画布背景色设置为默认合成颜色，实现代码如图 3.4-5 所示。

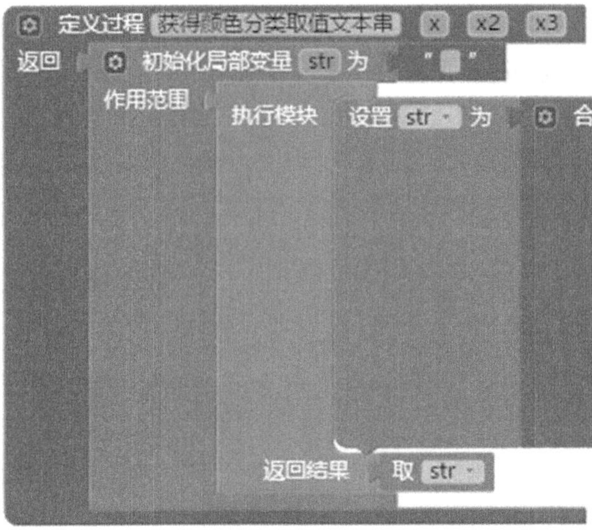

图 3.4－3 自定义过程“获取颜色分类取值文本串”实现代码

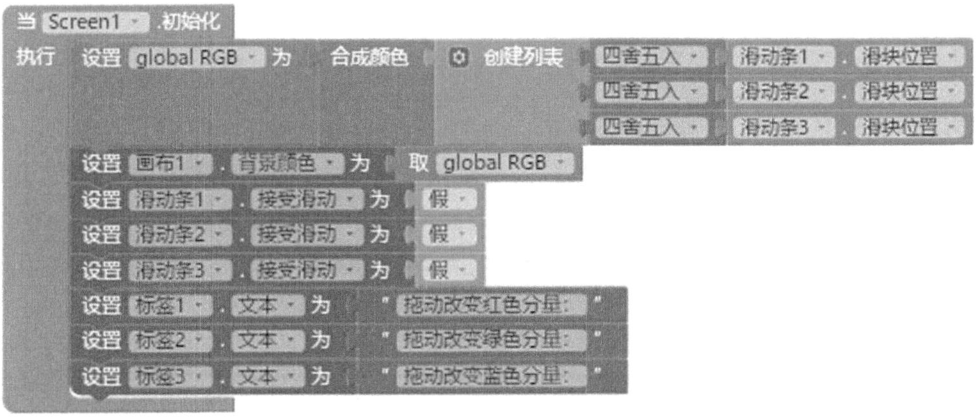

图 3.4－4 Screen1 初始化事件实现代码

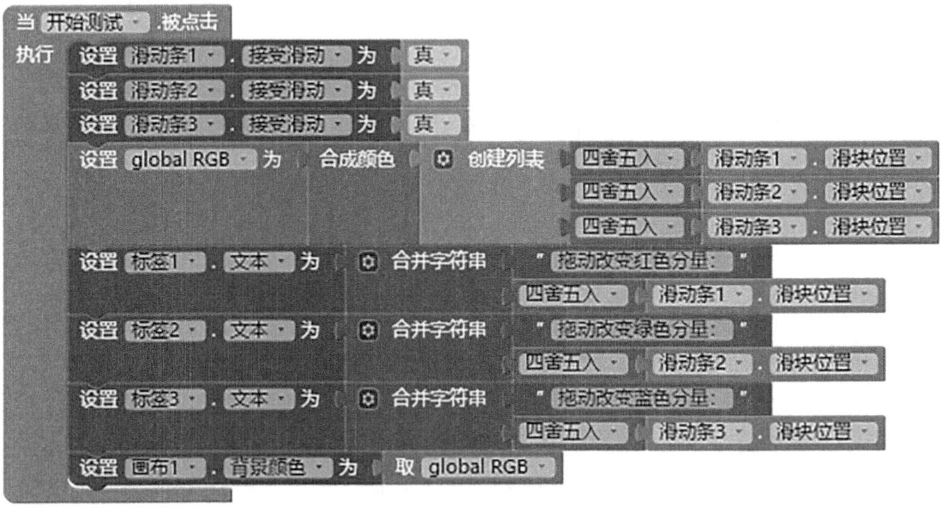

图 3.4－5 按钮“开始测试”被点击事件实现代码

(4)响应滑动条 1 之位置被改变事件。

滑动条 1 的滑块位置表示红色分量取值,当滑块位置改变时,读取滑块位置数据,进行四舍五入处理后,赋予全局变量 R,标签 1 显示提醒信息以及红色分量当前取值,同时程序读取全局变量 G、B 当前取值,合成颜色,作为画布的背景色,用以观察合成的效果,实现代码如图 3.4-6 所示。

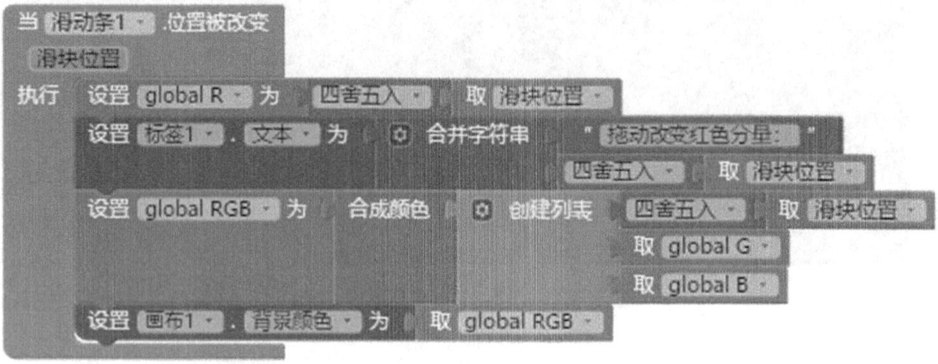

图 3.4-6 滑动条 1 位置被改变事件实现代码

(5)响应滑动条 2 之位置被改变事件。

滑动条 2 的滑块位置表示绿色分量取值,当滑块位置改变时,读取滑块位置数据,进行四舍五入处理后,赋予全局变量 G,标签 2 显示提醒信息以及绿色分量当前取值,同时程序读取全局变量 R、B 当前取值,合成颜色,作为画布的背景色,用以观察合成的效果,实现代码如图 3.4-7 所示。

图 3.4-7 滑动条 2 位置被改变事件实现代码

(6)响应滑动条 3 的位置被改变事件。

滑动条 3 的滑块位置表示蓝色分量取值,当滑块位置改变时,读取滑块位置数据,进行四舍五入处理后,赋予全局变量 B,标签 3 显示提醒信息以及蓝色分量当前取值,同时程序读取全局变量 R、G 当前取值,合成颜色,作为画布的背景色,用以观察合成的效果,实现代码如图 3.4-8 所示。

图 3.4-8 滑动条 3 位置被改变事件实现代码

(7)响应按钮“画布清空”之被点击事件。

单击按键，画布清除最近设置的背景色，用以设置 RGB 的 3 个滑动条的滑块位置设置为默认值 128，并以当前滑块位置合成颜色，作为画布的背景色，同时，3 个标签显示提醒信息以及 RGB 的最新取值，实现代码如图 3.4-9 所示。

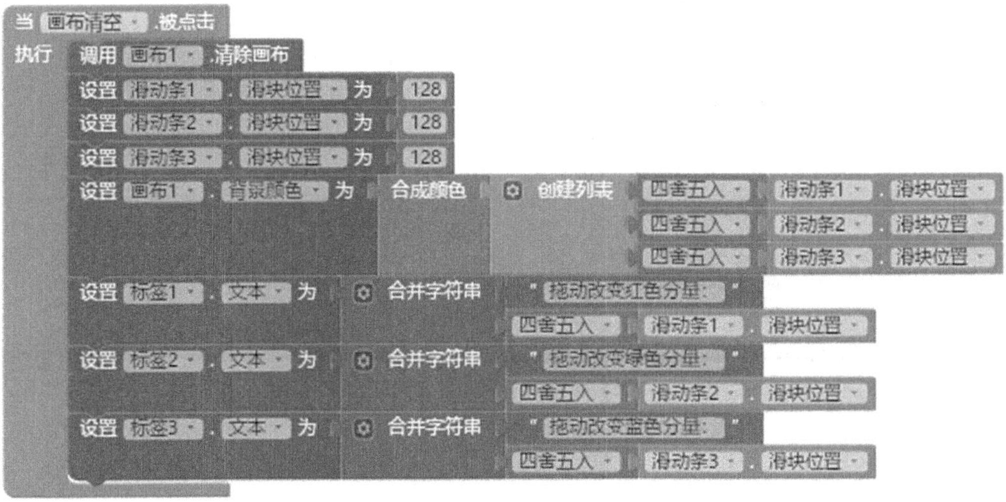

图 3.4-9 按钮“画布清空”被点击事件实现代码

(8)响应按钮“随机颜色”之被点击事件。

用户单击后，首先产生 3 个 0～255 之间的随机整数，并以此作为全局变量 R、G、B 的最新取值，以此值作为 3 个滑动条的滑块位置；随机数合成颜色赋予全局变量 RGB，合成颜色设置为画布的背景色；最后调用对话框显示对于合成颜色的分解结果，用以验证，具体实现代码如图 3.4-10 所示。

(9)响应按钮“退出程序”之被点击事件。

当用户点击“退出程序”按钮，弹出对话框，询问用户是否确定退出，这是软件系统挽留用户的常用手段，具体实现代码如图 3.4-11 所示。

(10)响应对话框 1 之选择完成事件。

对弹出的对话框，如果用户单击其中确定按钮，则退出程序，否则继续留在程序中，具体实现代码如图 3.4-12 所示。

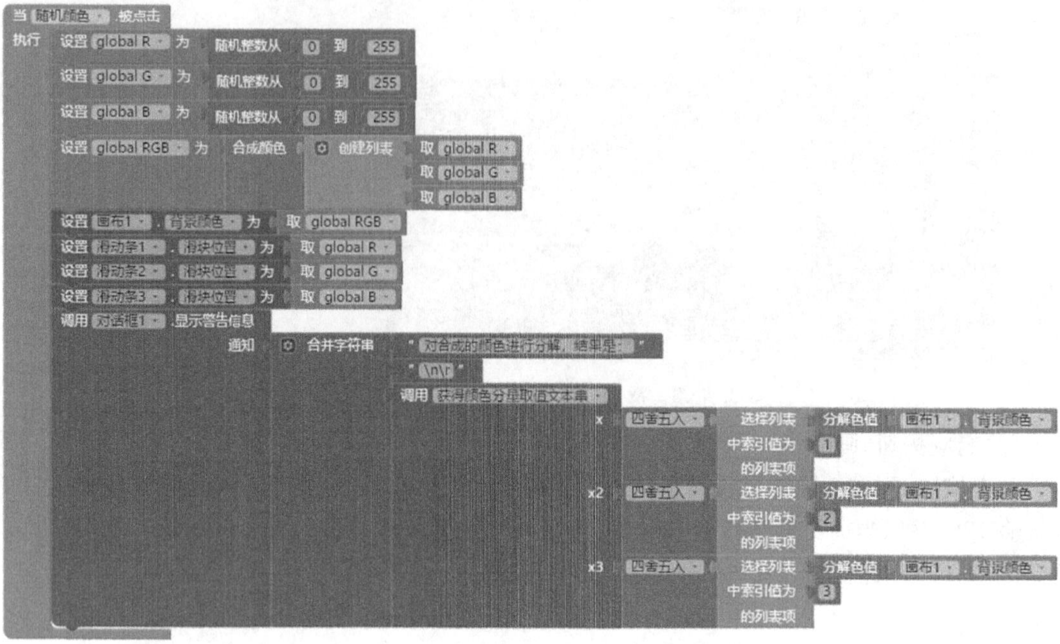

图 3.4－10　按钮“随机颜色”被点击事件实现代码

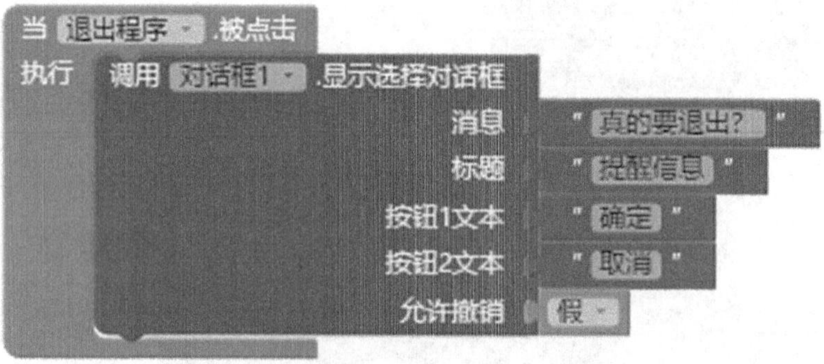

图 3.4－11　按钮“退出程序”被点击事件实现代码

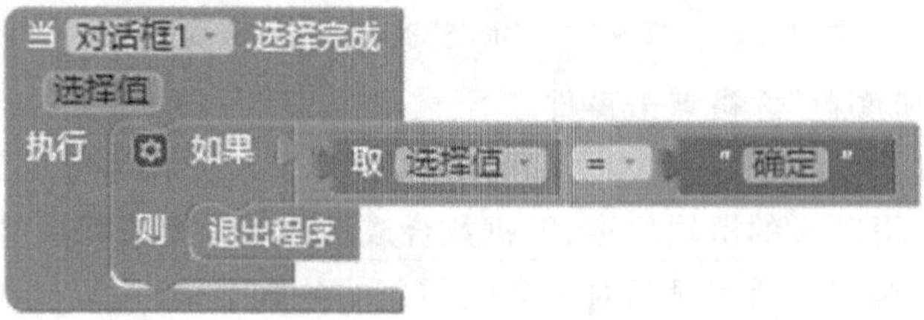

图 3.4－12　对话框 1 选择完成事件实现代码

3.4.5　结果测试

颜色合成器程序的测试步骤如下所示：

(1)安装运行程序，初始状态 3 个滑动条均被禁止操作，默认滑块位置居中，界面如图 3.4－13 所示。

图 3.4－13 程序运行的初始界面

(2)用户点击“开始测试”按钮，滑动条允许操作，标签显示滑块位置数据，如图 3.4－14 所示。

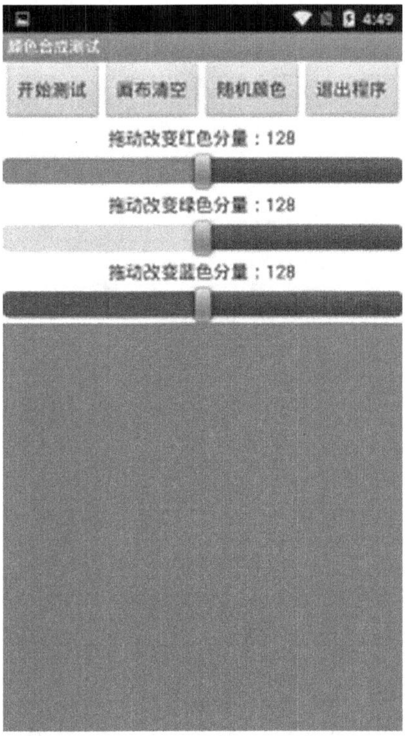

图 3.4－14 点击“开始测试”按钮后程序运行结果

(3)拖动 3 个滑块,改变颜色分量值,标签显示各个颜色分量值,画布背景色为合成色,如图 3.4－15 所示。

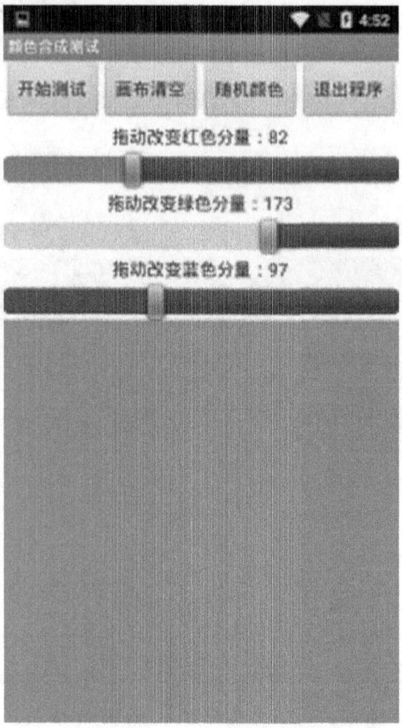

图 3.4－15 拖动 3 个滑块后程序运行结果

(4)点击“随机颜色”按钮,3 个滑动条的滑块位置随机设置,标签显示滑块位置数据,画布背景色为随机合成颜色,同时显示对画布背景色分解的结果,如图 3.4－16 所示。

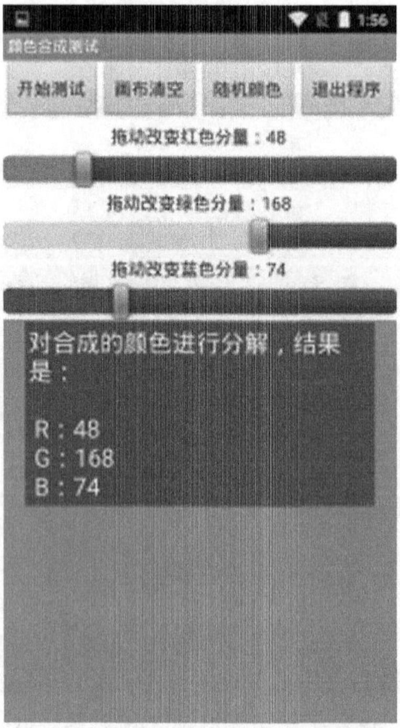

图 3.4－16 点击“随机颜色”按钮后程序运行结果

(5)点击“退出程序”按钮，弹出对话框，如图 3.4－17 所示。

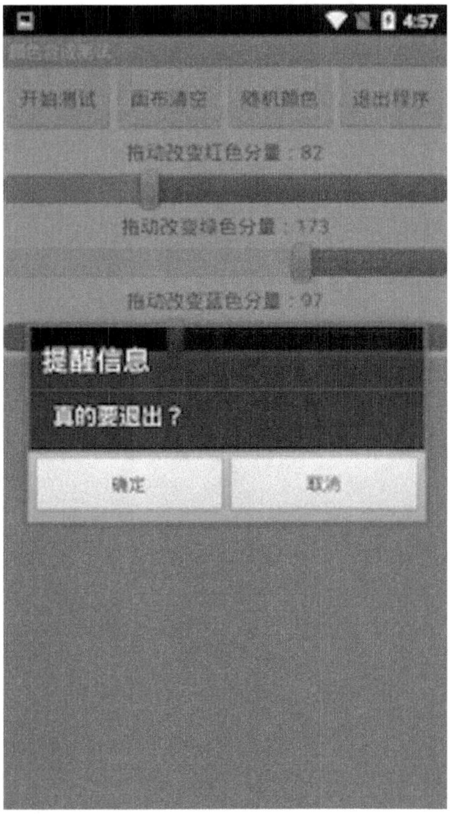

图 3.4－17　点击“退出程序”按钮后程序运行结果

测试结果表明，程序预定功能全部实现。

3.4.6　拓展思考

自然界中绝大部分的可见光谱都可以用红、绿、蓝三色光按不同比例和强度的混合来表示。RGB 分别代表着 3 种颜色：R 代表红色，G 代表绿色，B 代表蓝色。RGB 模型也称为加色模型，通常用于光照、视频和屏幕图像编辑。

而印刷行业多用 CMYK 色彩模式。CMYK 色彩模式以打印油墨在纸张上的光线吸收特性为基础，图像中每个像素都是由靛青(C)、品红(M)、黄(Y)和黑(K)色按照不同的比例合成的。在制作用于印刷打印的图像时，要使用 CMYK 色彩模式。

RGB 色彩模式的图像转换成 CMYK 色彩模式的图像时会产生分色。CMYK 颜色模式转换为 RGB 颜色的基本公式如下所示：

R = 255 * (100－C) * (100－K)/10 000；

G = 255 * (100－M) * (100－K)/10 000；

B = 255 * (100－Y) * (100－K)/10 000。

而 RGB 颜色模式转换为 CMYK 颜色的基本公式如下所示：

K＝min(255－R,255－G,255－B)；

C＝255－R－K；

M＝255－G－K；

Y＝255－B－K。

综合上述背景知识，进一步，可以思考以下优化或者扩展程序的功能。

(1)在本节案例中，对于 RGB 三原色合成颜色，采取了基于滑动条的手动操作。因此，可以自行设计采用颜色列表选择的方式设置 RGB 三原色组成分量，实现已知颜色的合成效果测试。

(2)根据上文给出的颜色模式的转换公式，给出不同颜色模式的相互转换计算和结果显示。

(3)此外，还可以自行设计开发其他颜色模式和 RGB 颜色模式的相互转换以及各类颜色模式之间的相互转换计算程序。

3.5 色环电阻识别器

3.5.1 问题描述

小功率电阻器使用最广泛的是色标法，一般用背景区别电阻器的种类。如浅色(淡绿色、淡蓝色、浅棕色)表示碳膜电阻，红色表示金属或金属氧化膜电阻，深绿色表示线绕电阻。用色环表示电阻器的数值及精度。普通电阻器大多用四个色环表示其阻值和允许偏差。第一、二环表示有效数字，第三环表示倍率(乘数)，与前三环距离较大的第四环表示精度。

精密电阻器采用五个色环标志，第一、二、三环表示有效数字，第四环表示倍率，与前四环距离较大的第五环表示精度。有关色码标注的定义如下所示：

表 3.5－1 精密电阻器色码标注定义

颜色	有效数字	倍率	允许偏差(%)
黑	0	1	
棕	1	10	±1
红	2	100	±2
橙	3	1 000	
黄	4	10 000	
绿	5	100 000	±0.5
蓝	6	1 000 000	±0.25

续表

颜色	有效数字	倍率	允许偏差(%)
紫	7	10 000 000	±0.1
灰	8	100 000 000	
白	9	1 000 000 000	+5～−20
金		0.1	±5
银		0.01	±10

表中虽然给出了多种表示误差的颜色，但是实际上绝大部分电阻表示误差的颜色仅为金色或者银色。

四环电阻的识别为：

第一色环是十位数，第二色环是个位数，第三色环是应乘颜色次幂颜色次，第四色环是误差率。

例1：棕 红 红 金，其阻值为 $12\times10^2=1.2\ \text{k}\Omega$，误差为±5%。

例2：蓝 灰 橙 金，其阻值为 $68\times10^3=68\ 000\ \Omega(68\ \text{k}\Omega)$，允许偏差为±5%。

五色环电阻的识别为：

第一色环是百位数，第二色环是十位数，第三色环是个位数，第四色环是应乘颜色次幂颜色次，第五色环是误差率。

例1：红 红 黑 棕 金，其电阻为 $220\times10^1=2.2\ \text{k}\Omega$ 误差为±5%。

例2：棕 黑 绿 棕 棕，其电阻为 $105\times10^1=1\ 050\ \Omega(1.05\ \text{k}\Omega)$，允许偏差为±1%。

本项目的目的是设计一款专门用于计算电阻欧姆值的小软件，用电阻的色环颜色来辨别电阻的阻值。实现以下功能：

(1)确定色环电阻的色环个数(在常见的四环、五环之间做出一个选择)；

(2)设定每一环的颜色；

(3)识别出色环电阻的电阻值；

(4)识别出色环电阻的误差值。

3.5.2 学习目标

(1)掌握列表选择框的使用方法；

(2)掌握复选框的使用方法；

(3)进一步熟悉列表中相关功能的使用方法；

(4)掌握用户自定义过程的设计方法；

(5)掌握水平滚动布局的使用方法；

(6)掌握表格布局的使用方法。

3.5.3 方案构思

针对程序功能的需求，界面设计时提供 2 个复选框，用以确定色环电阻的类型究竟是四环还是五环。同时根据用户选择结果，借助图像组件显示对应的色环电阻样图，以便用户更加容易使用软件。

由于电阻有 3 个典型阻值单位，包括：欧姆、千欧、兆欧，程序提供用户不同类型单位的选择，以免兆欧级的电阻用欧姆单位表示出现大量数据 0，不便于用户读数的情况出现。

然后借助 5 个列表选择框，选择设定色环电阻每一环的颜色。当用户选择识别四环电阻，则前四个色环电阻启用，如果用户选择识别五环电阻，则所有列表选择框启用。

同时程序还应提供 2 个按钮：

识别按钮——根据设定的电阻类别，显示单位、各环颜色值、计算电阻值；

复位按钮——用于清空存储数据变量，重新开始设置各类操作，重新赋值各类参与计算的变量。

另外，程序还应提供 5 个标签，分别实现以下意图：

设置结果标签：显示用户设定的颜色序列，以便用户检查色环电阻颜色设置是否正确。

对应读数标签：显示每一个颜色对应的数值，以便检查程序判断的每一环颜色对应数值是否正确。

倍率结果标签：显示色环电阻倍率、色环对应数值，以便检查识别结果是否正确。

电阻值标签：根据阻值单位设置结果，显示最后计算得出的阻值数据。

误差值标签：根据色环电阻的最后一环颜色，确定允许的偏差，计算最终误差值。

基于上述想法，程序设计主界面以及所用组件结构如图 3.5－1 所示。

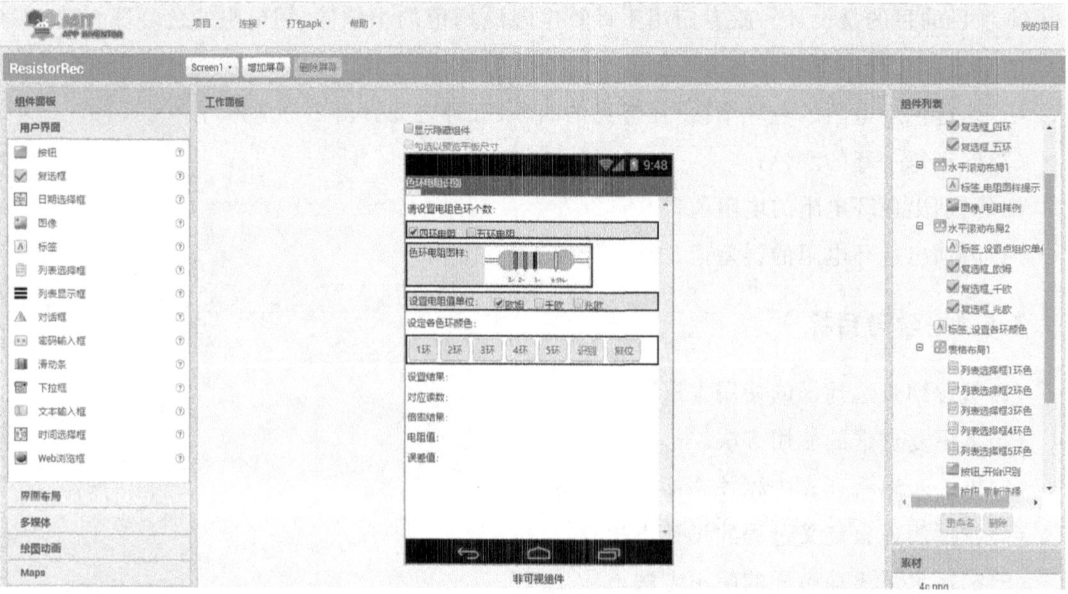

图 3.5－1 程序设计界面

各个组件相关属性设置信息如表 3.5－2 所示。

表 3.5－2　程序中使用的组件及其属性设置

<table>
<tr><th>所属面板</th><th colspan="2">对象类型</th><th>对象名称</th><th>属性</th><th>属性取值</th></tr>
<tr><td>用户界面</td><td colspan="2">标签</td><td>标签_选择电阻色环个数</td><td>文本</td><td>请设置电阻色环个数：</td></tr>
<tr><td>界面布局</td><td colspan="2">水平滚动条布局</td><td>水平滚动条布局 1</td><td>默认</td><td>默认</td></tr>
<tr><td rowspan="2">用户界面</td><td colspan="2">复选框</td><td>复选框_四环</td><td>显示文本</td><td>四环电阻</td></tr>
<tr><td colspan="2">复选框</td><td>复选框_五环</td><td>显示文本</td><td>五环电阻</td></tr>
<tr><td rowspan="4">界面布局</td><td colspan="2">水平滚动布局</td><td>水平滚动布局 1</td><td>默认</td><td>默认</td></tr>
<tr><td rowspan="3">水平滚动布局 1</td><td>标签</td><td>标签_电阻图样提示</td><td>文本</td><td>色环电阻图样：</td></tr>
<tr><td rowspan="2">图像</td><td rowspan="2">图像_电阻样例</td><td>宽度</td><td>充满</td></tr>
<tr><td>图片</td><td>4c.png</td></tr>
<tr><td>界面布局</td><td colspan="2">水平滚动布局</td><td>水平滚动布局 2</td><td>默认</td><td>默认</td></tr>
<tr><td rowspan="5">用户界面</td><td rowspan="5">水平滚动布局 2</td><td>标签</td><td>标签_设置阻值单位提示</td><td>文本</td><td>设置电阻值单位：</td></tr>
<tr><td rowspan="3">复选框</td><td>复选框_欧姆</td><td>显示文本</td><td>欧姆</td></tr>
<tr><td>复选框_千欧</td><td>显示文本</td><td>千欧</td></tr>
<tr><td>复选框_兆欧</td><td>显示文本</td><td>兆欧</td></tr>
<tr><td>标签</td><td>标签_设置各环颜色提示</td><td>文本</td><td>设置各环颜色：</td></tr>
<tr><td rowspan="2">界面布局</td><td colspan="2" rowspan="2">表格界面</td><td rowspan="2">表格界面 1</td><td>列数</td><td>7</td></tr>
<tr><td>行数</td><td>1</td></tr>
<tr><td rowspan="13">用户界面</td><td rowspan="7">表格界面 1</td><td rowspan="5">列表选择框</td><td>列表选择框 1 环</td><td>显示文本</td><td>1 环</td></tr>
<tr><td>列表选择框 2 环</td><td>显示文本</td><td>2 环</td></tr>
<tr><td>列表选择框 3 环</td><td>显示文本</td><td>3 环</td></tr>
<tr><td>列表选择框 4 环</td><td>显示文本</td><td>4 环</td></tr>
<tr><td>列表选择框 5 环</td><td>显示文本</td><td>5 环</td></tr>
<tr><td rowspan="2">按钮</td><td>按钮_开始识别</td><td>显示文本</td><td>识别</td></tr>
<tr><td>按钮_重新选择</td><td>显示文本</td><td>复位</td></tr>
<tr><td colspan="2">标签</td><td>标签_颜色设置结果</td><td>文本</td><td>设置结果：</td></tr>
<tr><td colspan="2">标签</td><td>标签_对应读数</td><td>文本</td><td>对应读数：</td></tr>
<tr><td colspan="2">标签</td><td>标签_倍率结果</td><td>文本</td><td>倍率结果：</td></tr>
<tr><td colspan="2">标签</td><td>标签_电阻值</td><td>文本</td><td>电阻值：</td></tr>
<tr><td colspan="2">标签</td><td>标签_误差值</td><td>文本</td><td>误差值：</td></tr>
<tr><td colspan="2">对话框</td><td>对话框 1</td><td>默认</td><td>默认</td></tr>
</table>

本程序需要用户上传 2 个图片资源，作为图像组件显示内容，分别是：表示四环电阻的图样 4c.png、表示五环电阻的图样 5c.png。

3.5.4 实现方法

程序实现以下功能：

(1)确定色环电阻的色环个数(在常见的四环、五环之间做出一个选择)；

(2)确定电阻值单位(在欧姆、千欧、兆欧之间做出一个选择)；

(3)设定每一环的颜色；

(4)识别出色环电阻的电阻值；

(5)计算出色环电阻的误差值。

首先，程序声明全局变量，分别表示计算得出的电阻值、误差值、四环颜色列表、五环颜色列表，程序实现如图 3.5-2 所示。

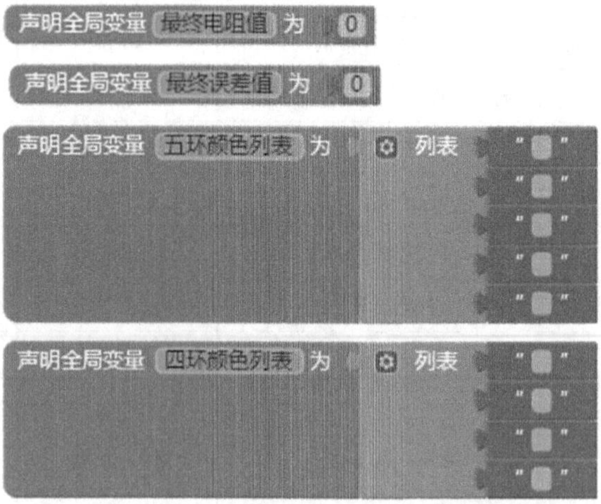

图 3.5-2 程序声明的部分全局变量

在查看颜色与其对应数值的表格过程中我们可以发现，颜色位置序号－1 的结果，恰恰就是颜色表示的数值，所以只要知道了颜色的序号，即可极为方便地计算出颜色对应的数值。

五环颜色列表、四环颜色列表初始状态为空，每一次选择各环颜色时，替换列表对应位置的颜色值，只要选择结束时，列表变量中存在空值，就意味着用户没有完整设置各环颜色。根据此颜色列表值逐项查找其在颜色列表中的位置，就可获取颜色的序号，进而得到颜色对应的数值。

另外，色环电阻颜色序列中的倒数第二项，表示阻值的倍率，颜色序列“黑棕红橙黄绿蓝紫灰白金银”对应的倍率值定义为列表变量如图 3.5-3 所示。

这一列表变量中的倍率数值与其对应颜色的存储位置完全一致，也就是说，只要用户选择了颜色，确定了颜色的位置，即可查找此列表中该位置对应的数值，获取色环电阻计算的倍率。

最后的阻值＝颜色读数×倍率

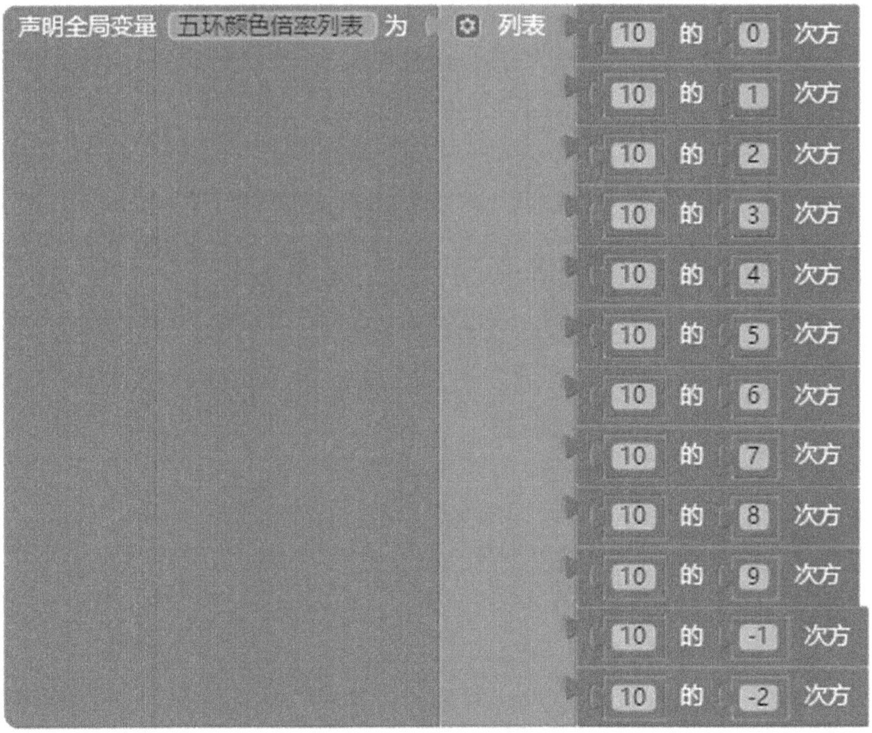

图 3.5-3 程序声明的颜色倍率全局变量

此外，程序主要完成以下功能：

(1)响应 Screen1 之初始化事件。

在屏幕初始化事件发生时，根据操作界面设计，程序默认复选框_四环被选中，复选框_五环未选中，列表选择框 1～4 启用，列表选择框 5 不启用，以表示即将开始设置四环电阻各环颜色，同时，图像组件显示 4c.png 图像，作为色环电阻样例，以帮助用户正确完成各环颜色的识别和确认。最后，设置四环颜色选择列表框各自的选项内容，具体实现代码如图 3.5-4 所示。

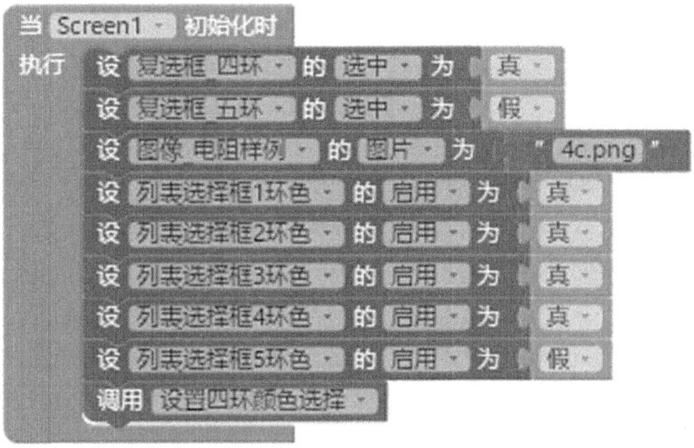

图 3.5-4 Screen1 初始化事件响应代码

(2)响应复选框_四环、复选框_五环之状态被改变事件。

程序界面提供 2 个复选框，状态互斥。用户点击复选框时，如果复选框_四环被选中，则复选框_五环设置为未选中；图像组件显示四环电阻图像样例；四环颜色列表全局变量置空，色环电阻颜色设置标签、读数标签、倍率结果标签、电阻值标签、误差值标签显示值为初始状态，程序实现如图 3.5－5 所示。

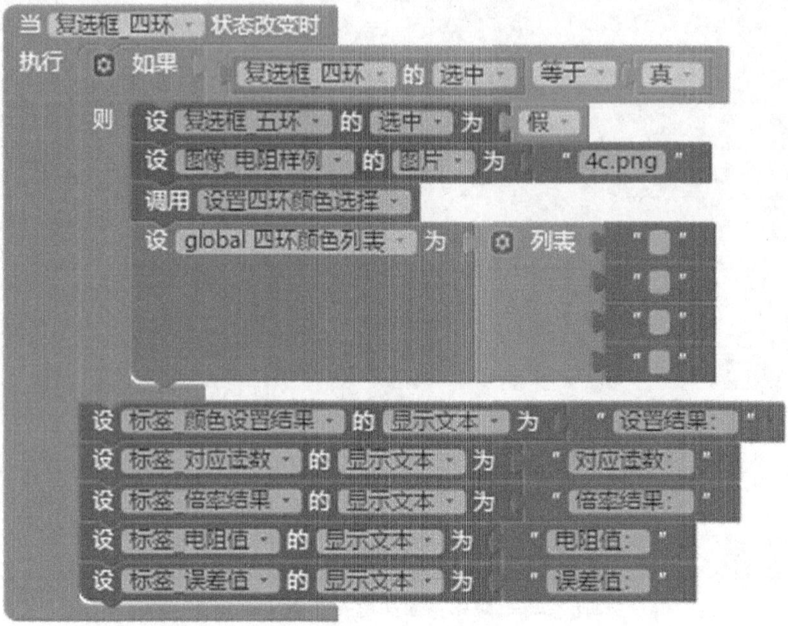

图 3.5－5　复选框_四环状态改变事件响应代码

此功能实现时，调用了自定义过程“设置四环颜色选择”，其目的是设置选择各环颜色组件的启用状态，比如，当用户选择四环电阻，则设置各环颜色的列表选择框仅启用其中四个，以提醒用户逐一设置各环颜色，避免误操作，使得程序具有更好的人机交互效果。同时，设置四个列表选择框的选项内容文本——此文本内容根据绝大部分四环电阻的颜色分布特点确定，其中一、二环为读数，第三环为倍率，第四环为误差，实现代码如图 3.5－6 所示。

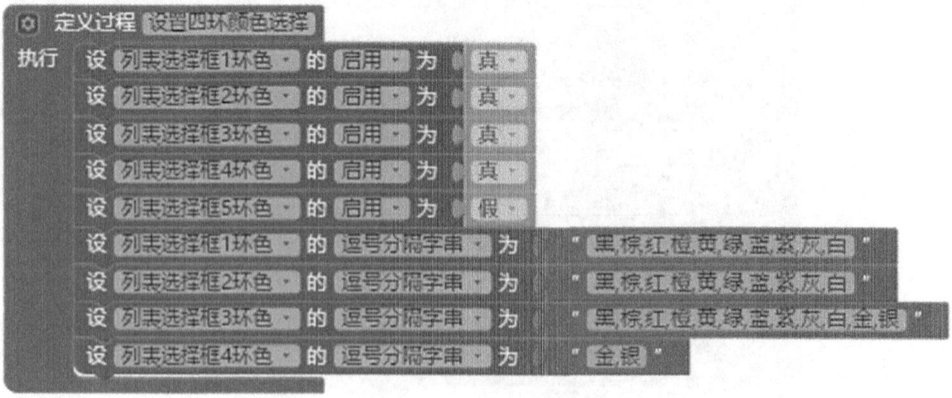

图 3.5－6　自定义过程“设置四环颜色选择”实现代码

同样可以设计自定义过程“设置五环颜色选择”，程序实现代码如图 3.5－7 所示。

类似的，复选框_五环状态被改变事件实现代码如图 3.5－8 所示。

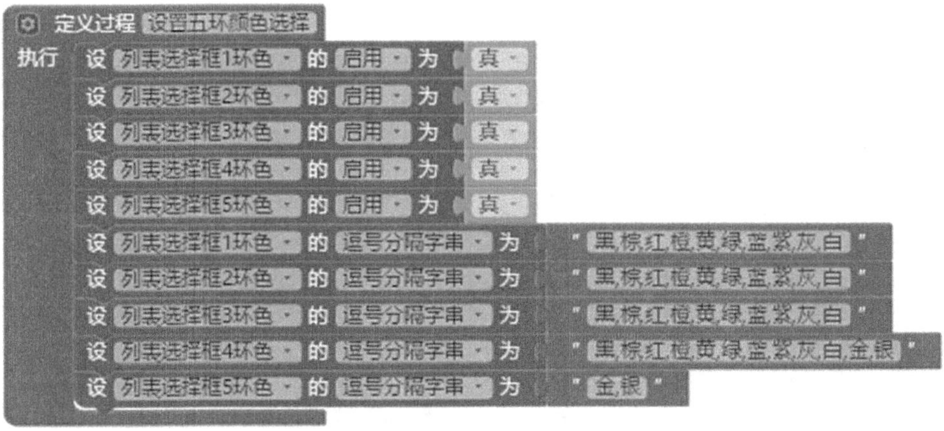

图 3.5-7 自定义过程“设置五环颜色选择”实现代码

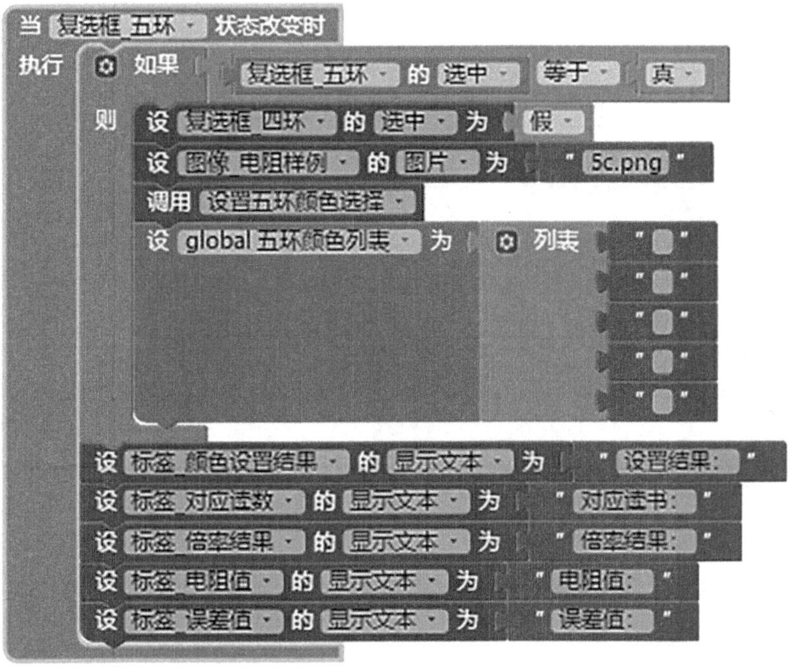

图 3.5-8 复选框_五环状态改变事件响应代码

(3)响应复选框_欧姆、复选框_千欧、复选框_兆欧之状态被改变事件。

程序界面提供 3 个复选框，任何一个复选框被选中，其他两个复选框则被设置为未选中。用户点击复选框时，如果复选框_欧姆被选中，设定标签_电阻、标签_误差值的显示内容，实现代码如图 3.5-9 所示。

这里全局变量“最终电阻值”存储色环电阻识别结果的电阻值，单位为欧姆。

如果复选框_千欧被选中，标签_电阻值的显示内容中的电阻值应除以 1000，换算成为千欧单位下的电阻值，标签_误差值的显示内容中的误差值应除以 1000，换算成为千欧单位下的误差值。另外，需要将其他两个复选框的选中状态设置为假，实现代码如图 3.5-10 所示。

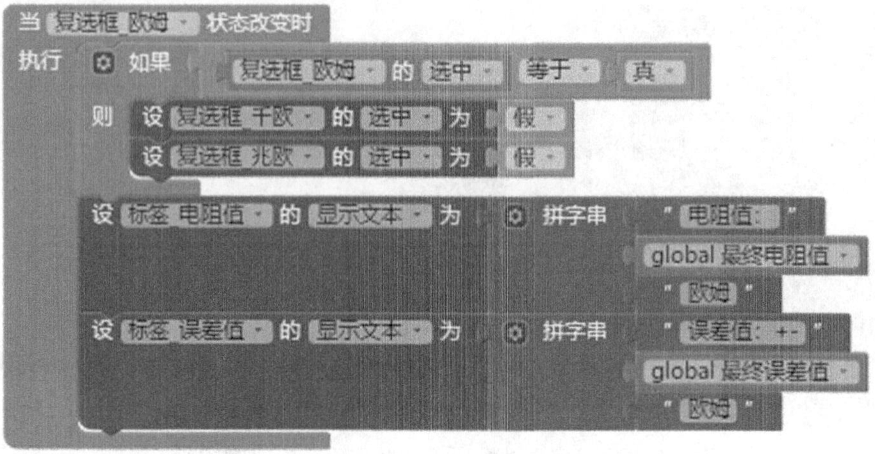

图 3.5-9 复选框_欧姆状态改变事件响应代码

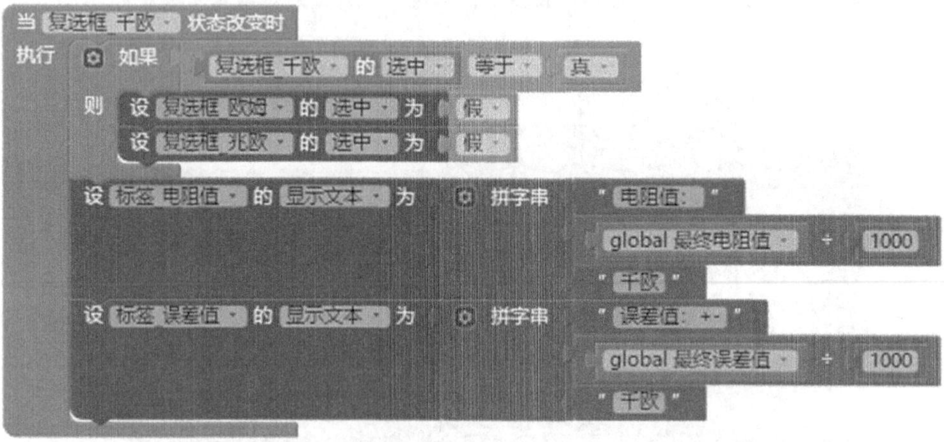

图 3.5-10 复选框_千欧状态改变事件响应代码

同理,复选框_兆欧被选中,实现代码如图 3.5-11 所示。

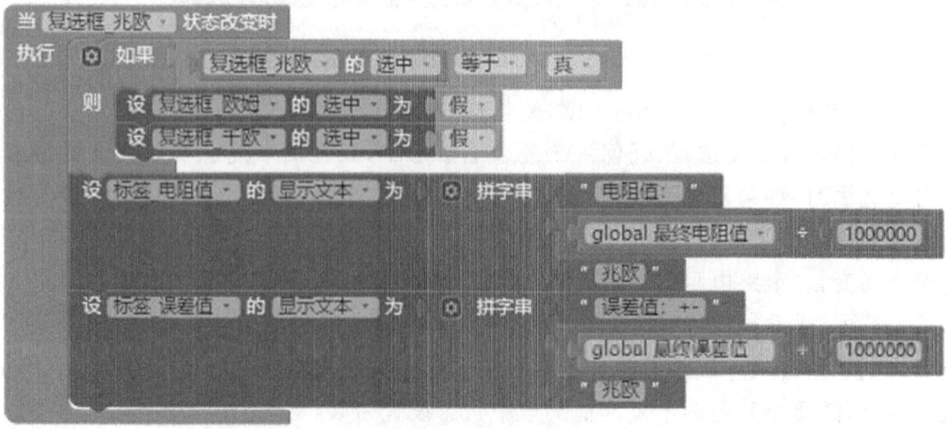

图 3.5-11 复选框_兆欧状态改变事件响应代码

(4)响应列表选择框 1～5 之完成选择事件。

程序界面提供 5 个列表选择框，分别用以设置 5 个环的颜色。当用户前期选择四环电阻时，前 4 个列表选择框启用；当用户前期选择五环电阻时，全部列表选择框启用；如果是判断四环电阻阻值，当第 1 环颜色选择完成时，则将全局变量四环颜色列表中第 1 项的内容替换为选中颜色，当第 2 环颜色选择完成时，则将四环颜色列表中第 2 项的内容替换为选中颜色，……，直到四环电阻各环颜色全部选择完毕。如果是判断五环电阻阻值，当任意一环的颜色选择完毕，则将全局变量五环颜色列表中对应项设置为选中颜色。同时，程序还将用户的每一次选择结果对应的全局变量颜色列表中的数据转换成为字符串，显示出来，以便用户判断设置是否正确。各环颜色选择列表框的完成选择事件处理代码如下。

列表选择框 1 环色之完成选择事件处理代码如图 3.5 - 12 所示。

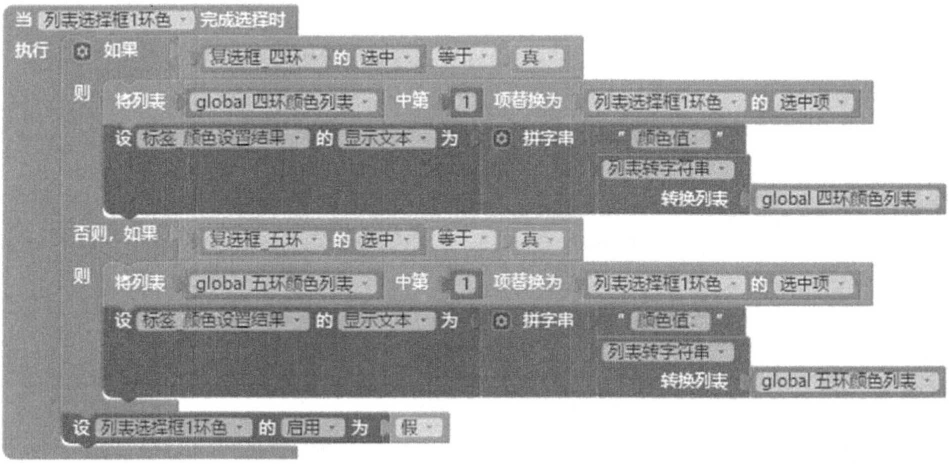

图 3.5 - 12 列表选择框 1 环色选择完成事件响应代码

列表选择框 2 环色之完成选择事件处理代码如图 3.5 - 13 所示。

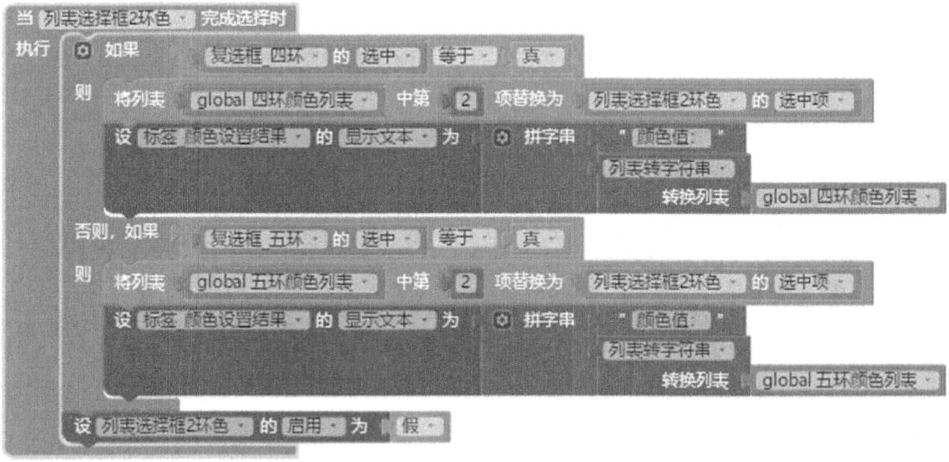

图 3.5 - 13 列表选择框 2 环色选择完成事件响应代码

列表选择框 3 环色之完成选择事件处理代码如图 3.5 - 14 所示。

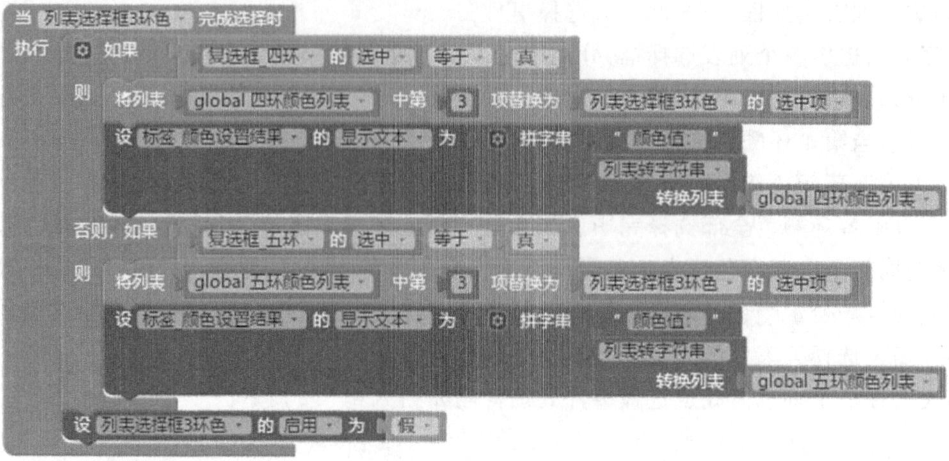

图 3.5-14　列表选择框 3 环色选择完成事件响应代码

列表选择框 4 环色之完成选择事件处理代码如图 3.5-15 所示。

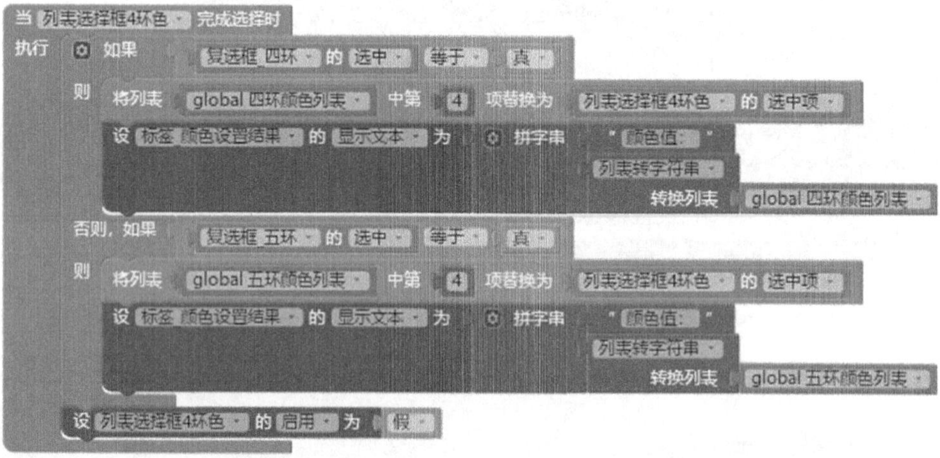

图 3.5-15　列表选择框 4 环色选择完成事件响应代码

列表选择框 5 环色之完成选择事件处理代码如图 3.5-16 所示。

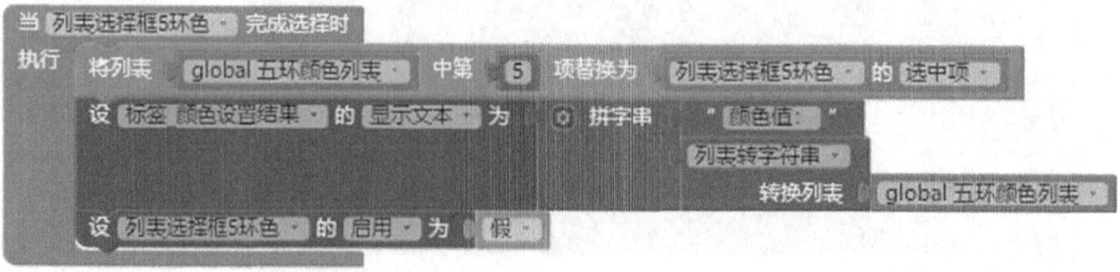

图 3.5-16　列表选择框 5 环色选择完成事件响应代码

这里调用了自定义过程“列表转字符串”，该过程设计中输入项为列表数据，输出项为列表数据对应的字符串，以分隔符“-”间隔开来，实现代码如图 3.5-17 所示。

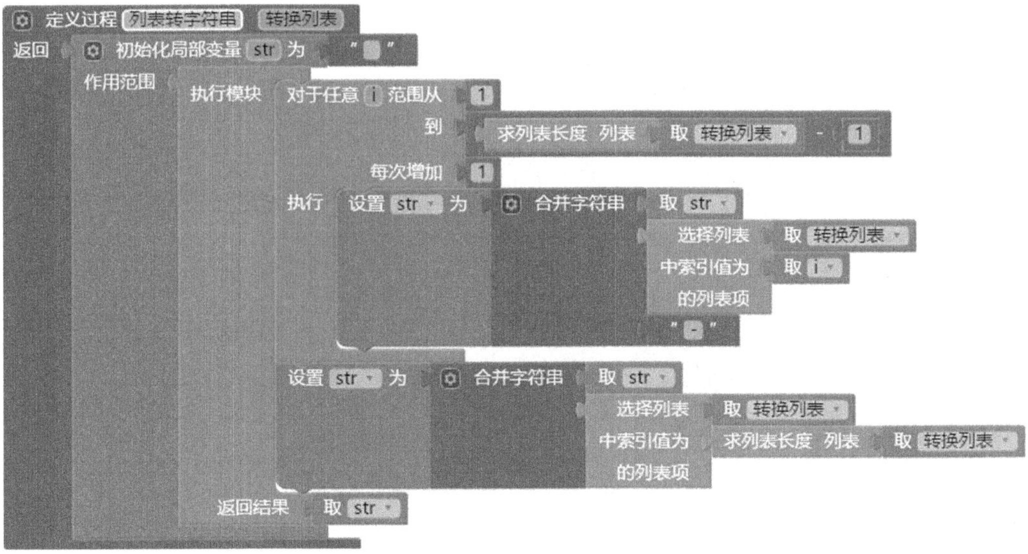

图 3.5－17　自定义过程“列表转字符串”实现代码

(5)响应按钮_开始识别之被点击事件。

当用户点击按钮“按钮_开始识别”时，如果复选框_四环被选中，则识别全局变量“四环颜色列表”中存储的颜色序列，并对颜色选择的完整性进行判断。其中前两项颜色对应数值乘以第三项颜色对应的倍率，就是色环电阻对应的阻值，再根据第四个颜色对应的误差比例计算出误差值。

计算完毕电阻值、误差值后，根据设定的阻值单位，进一步换算显示方式。由于代码篇幅较长，为了便于阅读，按照逻辑功能进行分段，分别描述如下：

①四环电阻识别。

首先判断四环颜色设置是否齐全。如果设置完毕全部四环颜色，则进行色环电阻识别。否则以对话框的形式提醒用户色环电阻颜色尚未设置完毕，需要继续完成颜色设置工作。

开始识别时，首先以全局变量——global 四环颜色列表为参数，调用色环电阻识别器，获取电阻阻值，并计算电阻误差，实现代码如图 3.5－18 所示。

在计算得出四环电阻的阻值以及误差值之后，进一步根据电阻阻值显示单位设置的复选框操作结果，对于前述组电阻阻值、误差值进行规范化处理，实现代码如图 3.5－19 所示。

②五环电阻识别。

五环电阻的识别过程与四环电阻完全一致，唯一不同的是误差值计算时的依据为第五环的颜色，实现代码如图 3.5－20 所示。

这里调用了两个自定义过程，分别是“颜色设定完毕”“色环电阻识别”。

“颜色设定完毕”过程用来判断色环电阻设定的颜色列表中是否存在空白项。由于色环电阻设定的颜色列表初始状态为空字符串，用户选择一环颜色，列表对应位置的颜色替换为新选择的颜色，如果列表不存在空白项，则说明设定完毕，过程返回逻辑真，可以进行下一步处理。过程输入项为列表数据——颜色列表，输出项为逻辑类型数据，具体实现代码如图 3.5－21 所示。

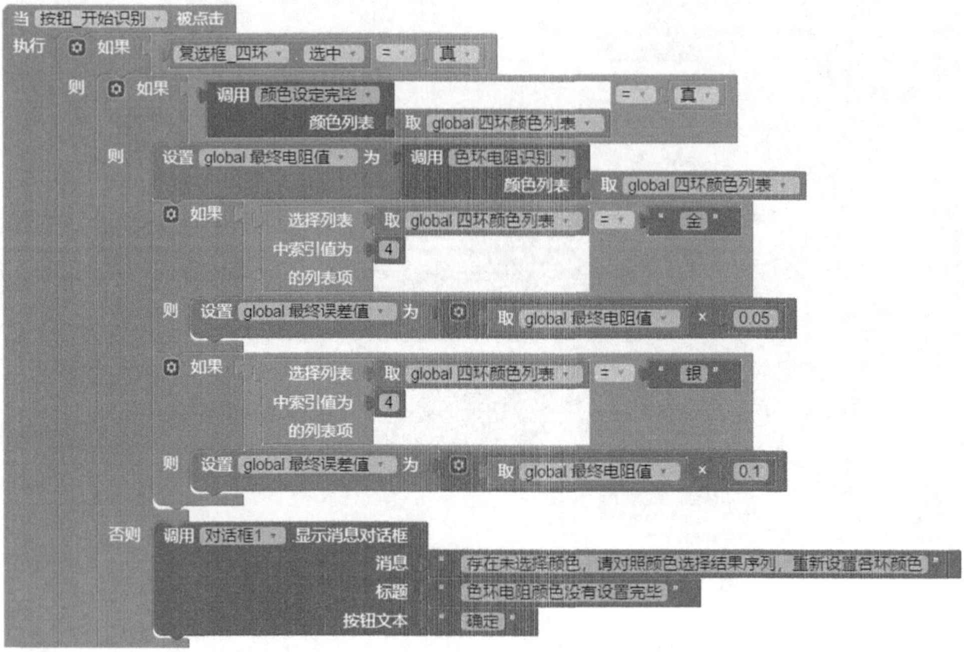

图 3.5-18 按钮_开始识别被点击事件响应代码

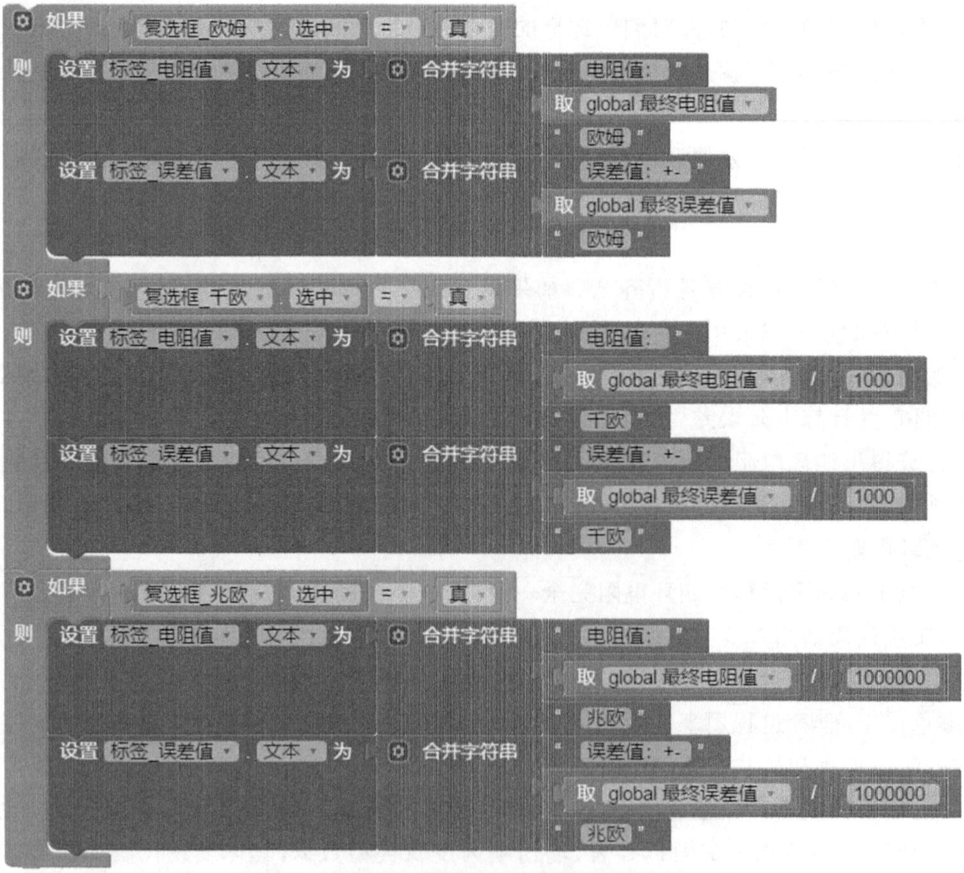

图 3.5-19 四环电阻误差计算与不同量纲显示内容处理代码

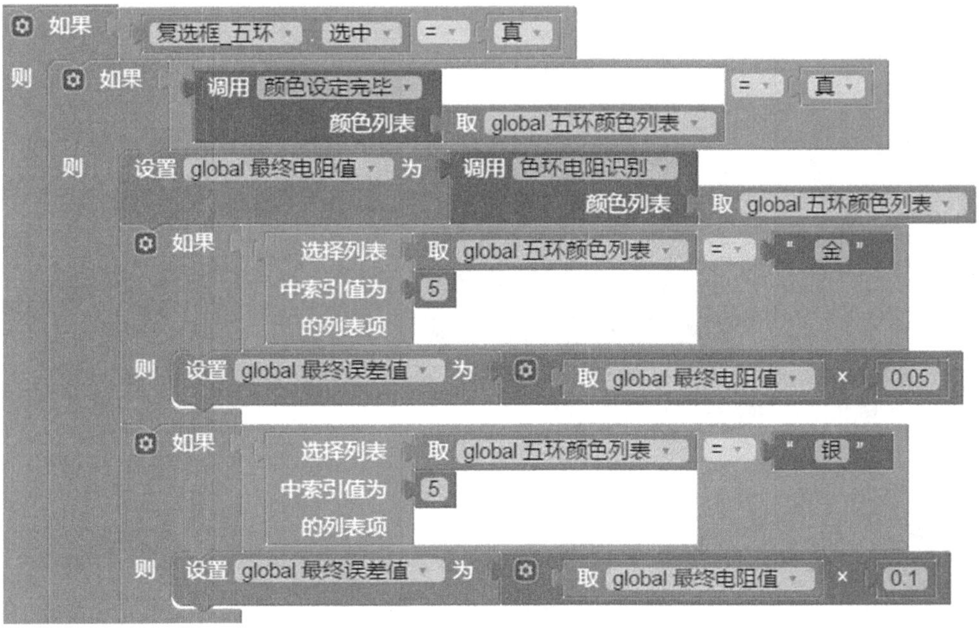

图 3.5 - 20　五环电阻阻值计算与误差值驱动代码

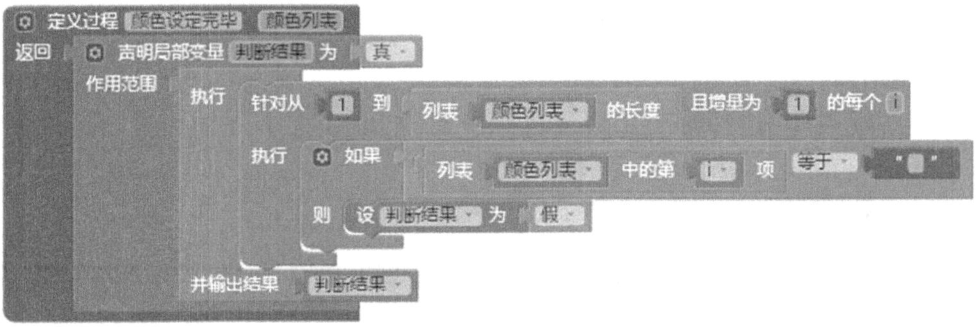

图 3.5 - 21　自定义过程“颜色设定完毕”实现代码

“色环电阻识别”过程用来计算具体电阻值。

四环电阻前 2 环颜色对应读数×3 环颜色对应的倍率值＝电阻值。电阻值×第四环颜色对应的误差比例＝误差值；

五环电阻前 3 环颜色对应读数×4 环颜色对应的倍率值＝电阻值。电阻值×第五环颜色对应的误差比例＝误差值；

过程输入项为列表数据——颜色列表，输出项为数值类型的电阻值，具体实现代码如图 3.5 - 22 所示。

(6)响应按钮_重新选择(“复位”)之被点击事件。

当用户点击“复位”按钮时，主要完成的功能包括：存储色环电阻各环颜色的全局变量“四环颜色列表”“五环颜色列表”置空；颜色设置结果标签、对应读数标签、倍率结果标签、电阻值标签、误差值标签显示文本恢复初始状态——只显示提示信息，不显示具体值；如果当前选择四环电阻识别，则前四个用于选择色环颜色的列表选择框启用，第五个列表选择框禁止操作；如果当前选择五环电阻识别，则全部列表选择框启用，具体实现代码如图 3.5 - 23 所示。

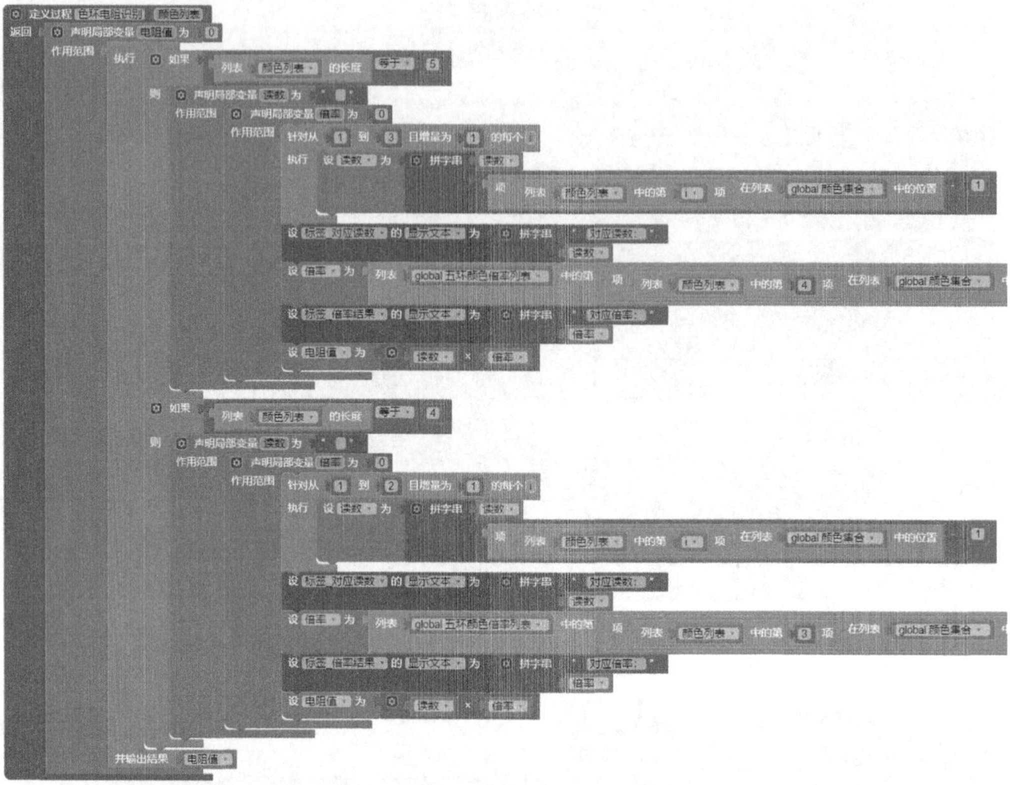

图 3.5-22 自定义过程“色环电阻识别”实现代码

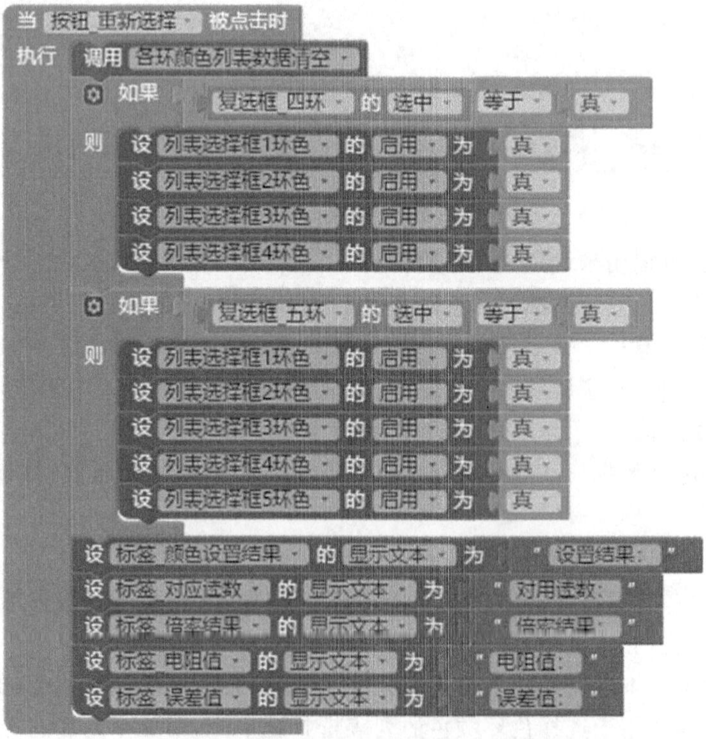

图 3.5-23 按钮“复位”被点击事件响应代码

为了简化代码，复位按钮单击事件处理的第一行代码调用了自定义过程“各环颜色列表数据清空”，实现对于全局变量“四环颜色列表”“五环颜色列表”的数据清空功能，具体实现代码如图 3.5－24 所示。

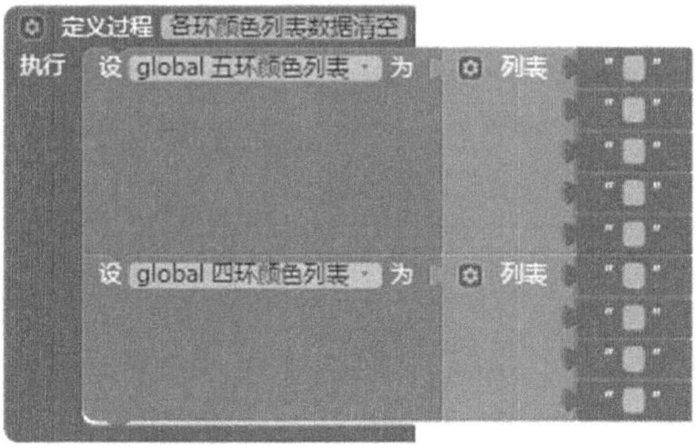

图 3.5－24 自定义过程“各环颜色列表数据清空”实现代码

其实，复位按钮单击事件处理的代码还可以进一步封装、优化和简化，具体实现可以自行思考、设计。

3.5.5 结果测试

安装运行程序，初始界面如图 3.5－25 所示。

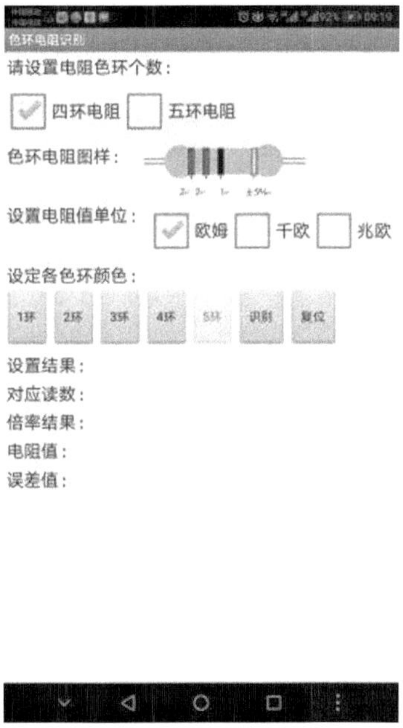

图 3.5－25 程序运行初始界面

默认选择四环电阻，显示四环电阻图像样例，电阻阻值单位为欧姆，各环颜色选择的列表选择框 1～4 启用，5 环颜色选择框禁用，各标签显示文本为初始提示状态。

如前例 2 所示，当四环电阻各环颜色为：蓝 灰 橙 金，其阻值为：$68\times10^{3}=68\ 000\ \Omega$($68\ \mathrm{k\Omega}$)，允许偏差为±5%。操作软件，选择设置各环颜色，点击“识别”按钮，结果如图 3.5－26 所示。

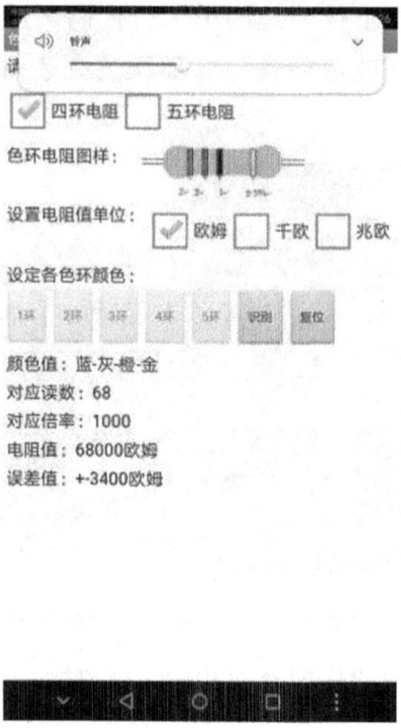

图 3.5－26　指定颜色的四环电阻识别结果

各项提示信息均表明，与预期完全一致，说明四环电阻识别没有任何问题。

如果用户选择识别五环电阻，如前例 1 所示，当五环电阻各环颜色为：红 红 黑 棕 金，其电阻值为 $220\times10^1=2.2\ \mathrm{k}\Omega$，误差为±5%。操作软件，选择设置各环颜色，点击“识别”按钮，结果如图 3.5－27 所示。

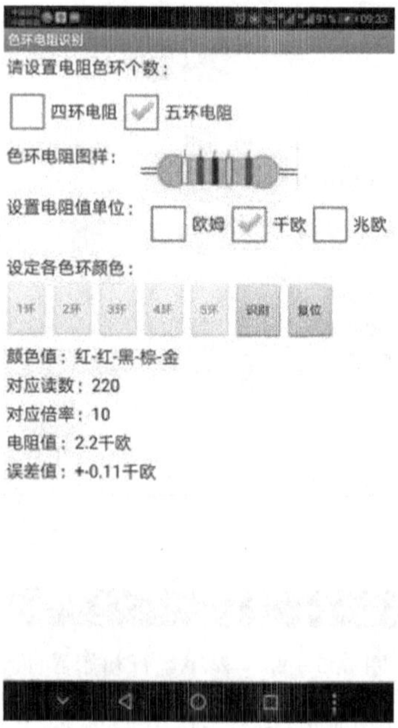

图 3.5－27　指定颜色的五环电阻识别结果

各项提示信息均表明，与预期完全一致，说明五环电阻识别也没有任何问题。

点击复位按钮，结果如图 3.5－28 所示。

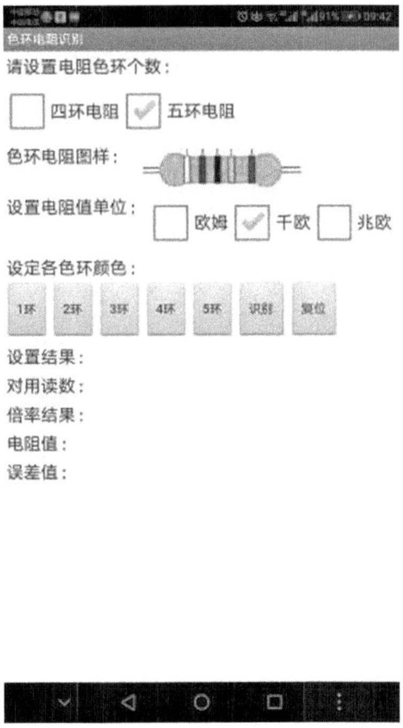

图 3.5-28 点击复位按钮程序运行结果

3.5.6 拓展思考

进一步拓展训练，可以考虑以下几个方面：

(1)用列表选择框探索颜色列表，而非目前文字选项；

(2)界面操作中，如何使得每设置一环的颜色，图样对应颜色跟随调整，当用户选择完毕，图样显示的最终效果就如同待识别的电阻，从而更加具有交互友好的特点；

(3)进一步扩充功能，使 4～6 环的色环电阻，均可自由识别；

(4)进一步优化、简化本节程序代码。

3.6 正在学习请勿打扰

3.6.1 问题描述

手机是一种重要的交流工具，但是学生持有手机后往往无法自持，个人修养与学校教学秩序或者一些重要活动场合的要求不慎匹配，易造成不良影响。比如上课时间手机来电铃声响起，考试期间手机铃声响起，而且经常是无人接听时非常固执地不断来电等，接电话影响教学秩序，不接电话自己惴惴不安，影响学习。同样，正在学习期间接收到短信，也存在看也不是，不看也不是的矛盾心理。

为了给自己营造一个纯净的学习环境，针对这一现象，本节拟开发一种名为“上课学习请勿打扰”的程序。用户在上课、考试、开会等重要时刻运行此程序，程序自动记录未接来电、未读短信，使用户可以在合适的时候，再进行查看和处理。

3.6.2 学习目标

(1)掌握电话拨号器组件的使用方法；
(2)掌握短信收发器的使用方法；
(3)掌握对话框的人机交互过程；
(4)掌握文件管理器的使用方法；
(5)掌握计时器的使用方法。

3.6.3 方案构思

程序分为两个界面，为了提高程序的可观赏性，Screen1 提供文本和图片，显示学习的重要性，并设定用户当前正在忙碌的事情——这一点是后续自动回复消息的重要依据。同时 Screen1 提供 3 个按钮：

启动按钮——启动计时器，启动查看、退出按钮；

查看按钮——启动 Screen2；

退出按钮——退出应用程序。

基于上述想法，设计 Screen1 界面，以及所用组件结构如图 3.6-1 所示。

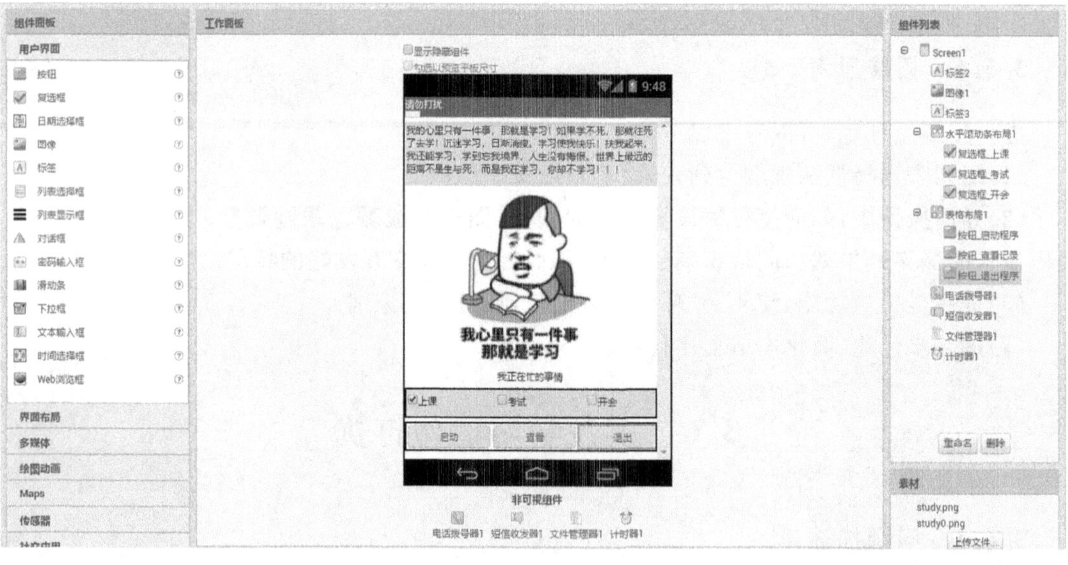

图 3.6-1 Screen1 界面设计

Screen2 由 Screen1 的查看按钮启动，主要是查看未接电话、未看短信的内容，提供两个按钮：

查看未接来电按钮——统计程序运行期间未接电话的时间、电话号码，并通过列表显示；

查看未看短信按钮——统计程序运行期间未看短信的时间、电话号码、短信内容，并通过列表显示。

当用户选择列表中某一项时，提取其中的电话号码，完成错失信息的处理工作，比如询问用户是否回拨电话，如果确定，则启动电话拨打。

基于上述想法，设计 Screen2 界面，以及所用组件结构如图 3.6－2 所示。

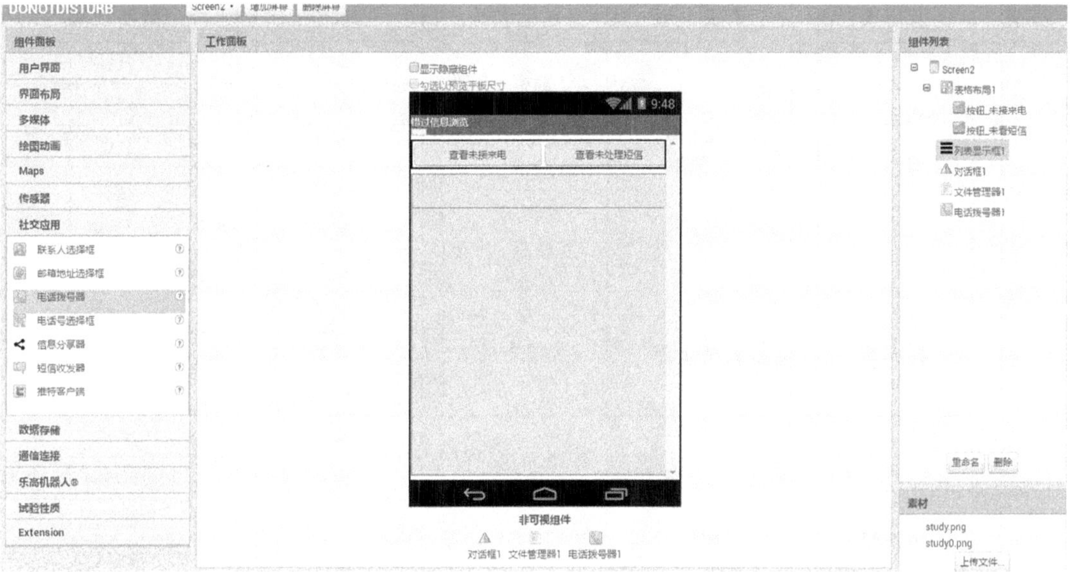

图 3.6－2 Screen2 界面设计

各个组件相关属性设置信息如表 3.6－1 所示。

表 3.6－1 程序中使用的组件及其属性设置

屏幕	所属面板	对象类型	对象名称	属性	属性取值
Screen1	用户界面	标签	标签 1	宽度	充满
				高度	18%
				文本对齐	居左：0
				文本	我的心里只有一件事，那就是学习！如果学不死，那就往死了去学！沉迷学习，日渐消瘦。学习使我快乐！扶我起来，我还能学习。学到忘我境界，人生没有悔恨。世界上最远的距离不是生与死，而是我在学习，你却不学习!!!
		图像	图像 1	图像	Study. png
				宽度	充满
				高度	50%
		标签	标签 3	文本	我正在忙的事情：
	界面布局	水平滚动布局	水平滚动布局 1	宽度	充满

续表

屏幕	所属面板	对象类型	对象名称	属性	属性取值
Screen1	用户界面	复选框	复选框_上课	文本	上课
				宽度	33%
			复选框_考试	文本	上课
				宽度	33%
			复选框_开会	文本	上课
				宽度	33%
	界面布局	表格布局	表格布局 1	宽度	充满
				行数	1
				列数	4
	用户界面	按钮	按钮_启动程序	文本	启动
				宽度	33%
			按钮_查看记录	文本	查看
				宽度	33%
			按钮_退出程序	文本	退出
				宽度	33%
	传感器	计时器	计时器 1	默认	默认
	数据存储	文件管理器	文件管理器 1	默认	默认
	社交应用	电话拨号器	电话拨号器 1	默认	默认
		短信收发器	短信收发器 1	默认	默认
Screen2	界面布局	表格布局	表格布局 1	宽度	充满
				行数	1
				列数	2
	界面布局	按钮	按钮_未接来电	文本	查看未接来电
				宽度	50%
			按钮_未看短信	文本	查看未处理短信
				宽度	50%
		列表显示框	列表显示框 1	背景颜色	青色
				高度	充满
				选中颜色	品红
				文本颜色	蓝色
				字号	32
		对话框	对话框 1	默认	默认
	数据存储	文件管理器	文件管理器 1	默认	默认
	社交应用	电话拨号器	电话拨号器 1	默认	默认

3.6.4　实现方法

1)Screen1 功能实现

按照设计构思,程序需要声明全局变量,保存不用手机期间自动回复的消息内容,默认回复内容为"正在上课,稍后联系",实现代码如图 3.6-3 所示。

图 3.6-3　程序声明的全局变量

此外,程序主要完成以下功能:

(1)响应 Screen1 之初始化事件。

在屏幕初始化事件发生时,根据操作界面设计,用户首先应该点击"启动"按钮,监测全部来电、短消息内容,记录相关信息,自动回复短信,然后才能进行记录查看、退出程序等功能。因此,初始状态设置"查看""退出"2 个按钮为禁止操作,同时,使用于获取来电、短信时间的组件计时器,在屏幕初始化时,也处于禁止工作状态,"启动"按钮单击后,计时器再启动,以防误操作导致程序异常,实现代码如图 3.6-4 所示。

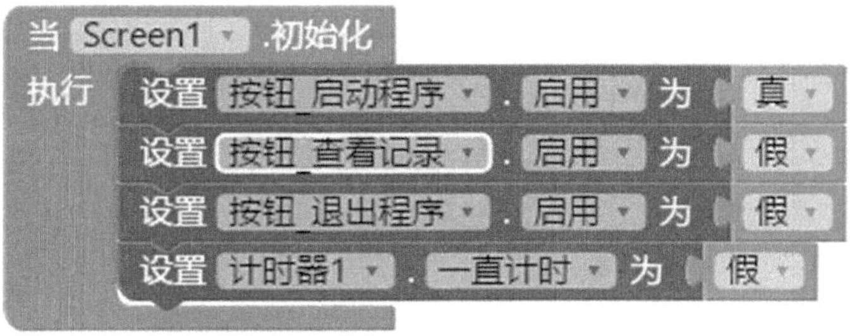

图 3.6-4　Screen1 初始化事件响应代码

(2)响应按钮"启动"之被点击事件。

当用户单击"启动"按钮,设置查看、退出按钮启用,计时器开始工作,同时设置启动按钮启用状态为假,以防止用户反复启动监测,具体实现代码如图 3.6-5 所示。

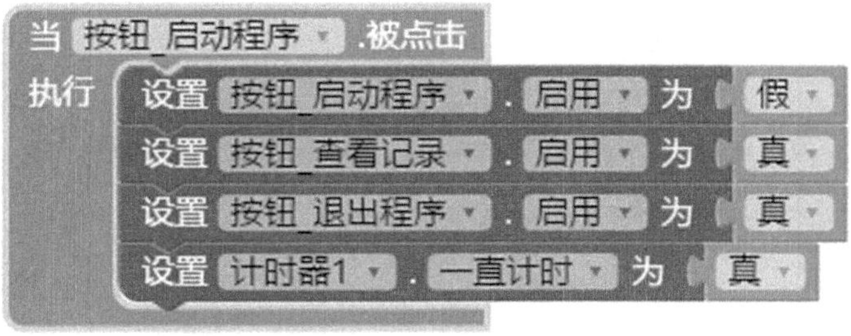

图 3.6-5　按钮"启动"被点击事件响应代码

(3)响应复选框_上课、复选框_考试、复选框_开会之状态被改变事件。

3 个复选框任何时刻只能有一个处于被选中的状态,任何一个复选框状态被改变,程序判断如果选中,则其他两个复选框设置为未选中,并根据选中的文本内容设置全局变量"短消息内容”的内容，具体实现代码如图 3.6－6 所示。

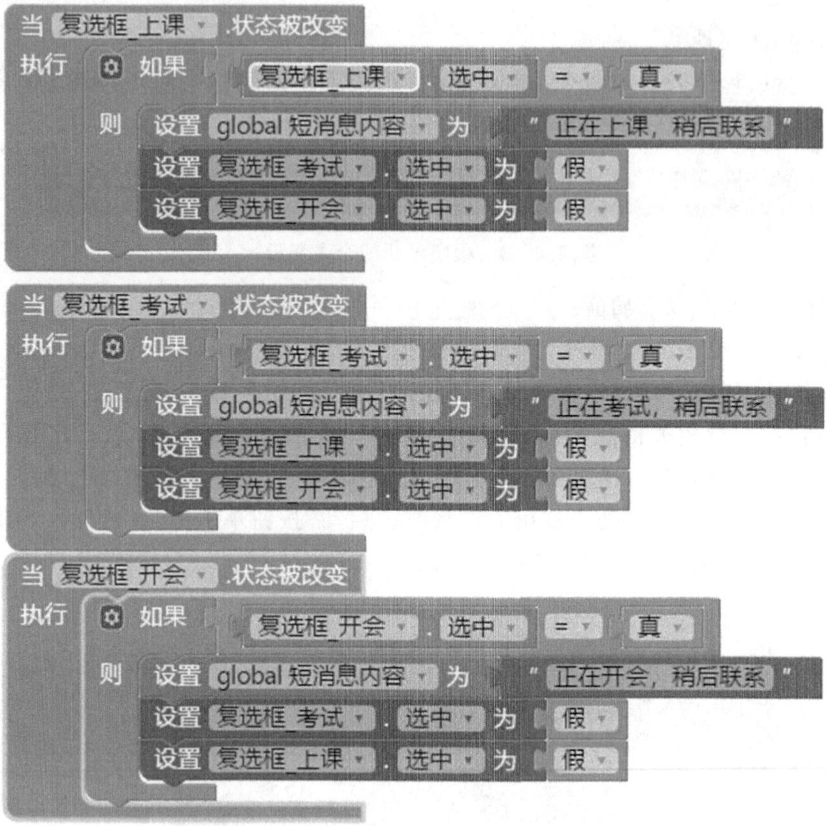

图 3.6－6　复选框状态被改变事件响应代码

(4)响应按钮“退出”之被点击事件。

当用户单击“退出”按钮，程序首先删除本次记录信息的文件 MR. txt，然后调用退出程序功能块。这样处理的好处在于每一次查看的结果程序都是本次监听的记录，而不必担心调出以往的未处理信息，具体实现代码如图 3.6－7 所示。

图 3.6.7　按钮“退出”被点击事件响应代码

这里调用文件管理器的删除文件功能，其中文件名称若以“/”符号开始，表示默认文件存储在 SD 卡上，其路径为“/sdcard/MR. txt”。如果文件名称没有“/”符号，则文件存储在程序的私有存储区。

(5)响应按钮“查看”之被点击事件。

当用户单击“查看”按钮时，打开 Screen2，进行下一步工作，具体实现代码如图 3.6－8

所示。

图 3.6－8 按钮“查看”被点击事件实现代码

(6)响应短信收发器1之收到消息事件。

短信收发器收到消息后,可以提取消息内容、消息来源的电话号码。根据程序设计意图,当接收到短消息时,程序记录当前时间、提取接收的消息内容、电话号码,按照“自动回复短消息:时间—电话号码—消息内容”的格式化数据,以追加内容的方式保存在 SD 卡命名为 MR.txt 的文件中。记录完毕短信消息内容后,按照 Screen1 中设置的目前正在忙的事情,向来信号码发送对应的短消息内容,具体实现代码如图 3.6－9 所示。

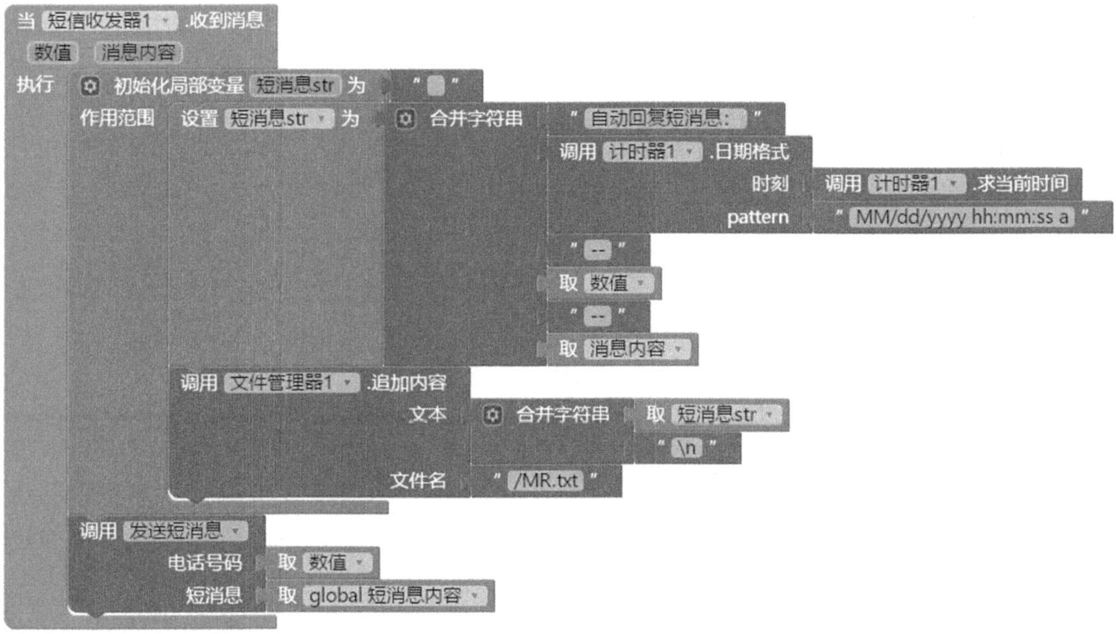

图 3.6－9 短信收发器1收到短信事件响应代码

(7)响应电话拨号器1之开始通话事件。

此事件在打电话时触发,当状态值为1,表示来电铃声响起;当状态值为2,表示本机开始拨打。这里处理的是当有电话拨打时,我们自动回复电话短消息,提醒对方稍后联系,因此处理此事件时,需要判断事件处理参数“状态”。如果为来电,则获取当前时间,来电号码,按照“自动回复的未接来电:时间—电话号码”的格式化数据,以追加内容的方式保存在 SD 卡命名为 MR.txt 的文件中。记录完毕短信消息内容后,按照 Screen1 中设置的目前正在忙的事情,向来电号码发送对应的短消息内容,具体实现代码如图 3.6－10 所示。

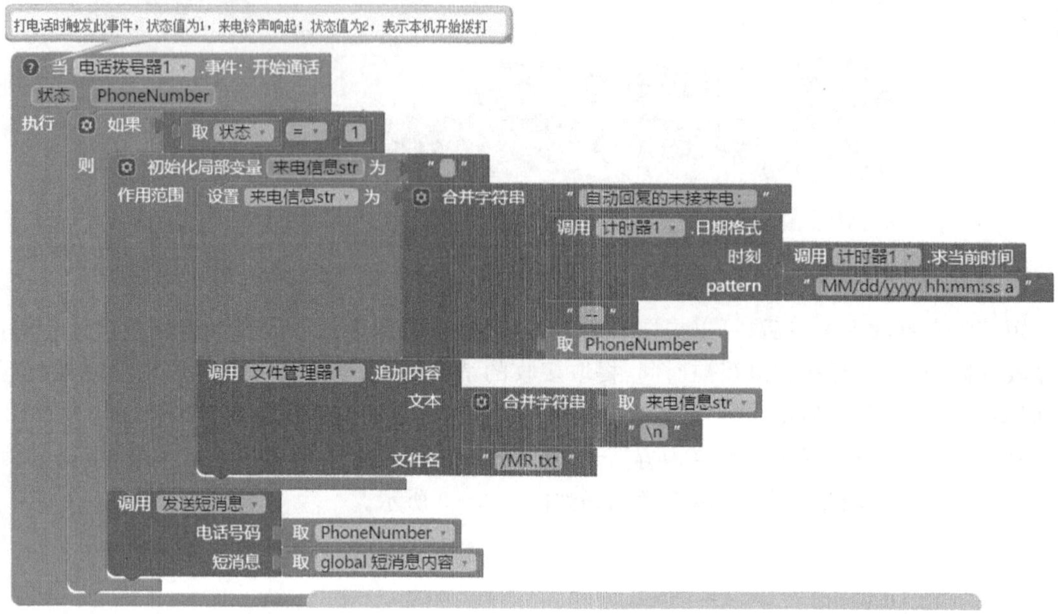

图 3.6-10 电话拨号器 1 开始拨号事件实现代码

(8)编写过程“发送短消息”。

这里我们可以发现，无论是处理未接来电还是未处理短信，均要调用发送短消息功能，因此封装过程“发送短消息”：

过程输入参数：电话号码、短消息。

具体实现代码如图 3.6-11 所示。

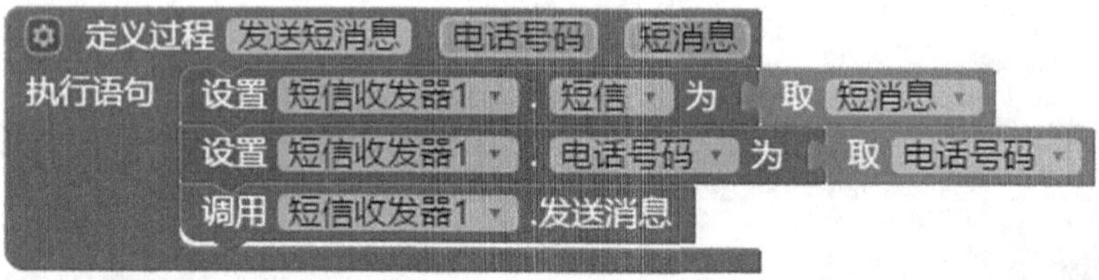

图 3.6-11 自定义过程“发送短消息”实现代码

2)Screen2 功能实现

Screen2 主要完成未处理信息的查看及其处理功能。提供 2 个按钮：

查看未接来电——读取文件 MR.txt 中所有未接来电相关记录，形成列表数据，作为列表显示框的数据源；

查看未处理短信——读取文件 MR.txt 中所有未处理短消息相关记录，形成列表数据，作为列表显示框的数据源；

另外提供一个列表显示框——用户选择列表框中的某一项时，提取出选中项中的电话号码内容，提示用户是否需要回拨电话，并做进一步处理。

程序主要完成以下功能：

(1)声明全局变量。

由于 Screen1 中来电、来信相关信息均保存在 SD 卡的 MR.txt 文件中，程序需要读出文件内容后，按行分解为列表数据，根据记录的每一行自动回复的信息，提取出未接来电、未处理短信两类记录，所以需要声明列表型全局变量“未处理信息”“未接来电”“未看短信”，同时为了便于用户在选择查看未处理信息时回拨电话的需要，还要声明全局变量“回拨电话号码”，具体实现代码如图 3.6－12 所示。

图 3.6－12 程序声明的全局变量

（2）响应 Screen2 之初始化事件。

Screen2 初始化时，调用文件管理器的读取文件功能，读取保存在 SD 卡的 MR. txt 文件，准备获取文件中存储的数据，实现代码如图 3.6－13 所示。

图 3.6－13 Screen2 初始化事件实现代码

（3）响应文件管理器 1 之获得文本事件。

此事件在读取文件结束后触发，读取的结果保存在过程变量“文本”中。由于 Screen1 中每一个未处理的信息都作为文件中的一行记录保存，所以首先以换行符号“\n”分解文本，将得到的列表赋予全局变量“未处理信息”。然后逐一读取列表中的每一个记录，如果该记录中包含“自动回复短消息”，则按照记录格式继续分解，将得到的对应时间、电话号码、消息内容组成结果，保存在列表型全局变量“未看短信”中；如果该记录中包含“自动回复的未接来电”，则按照记录格式继续分解，将得到的对应时间、电话号码组成结果，保存在列表型全局变量“未接来电”中；实现代码如图 3.6－14 所示。

此时，全局变量“未接来电”中保存本次监听未处理的所有电话信息，数据格式为：时间—电话号码；全局变量“未看短信”中保存本次监听未处理的所有短消息，数据格式为：时间—电话号码—短信内容。

（4）响应按钮“查看未接来电”之被点击事件。

当用户单击“查看未接来电”按钮时，设置列表显示框的数据源为全局变量“未接来电”。由于屏幕初始化时调用了打开文件读取数据功能，并在文件读取成功事件处理中对全局变量“未接来电”进行了赋值操作，所以此时，如果本次监听有未接来电，列表类型的全局变量一定不为空，具体实现代码如图 3.6－15 所示。

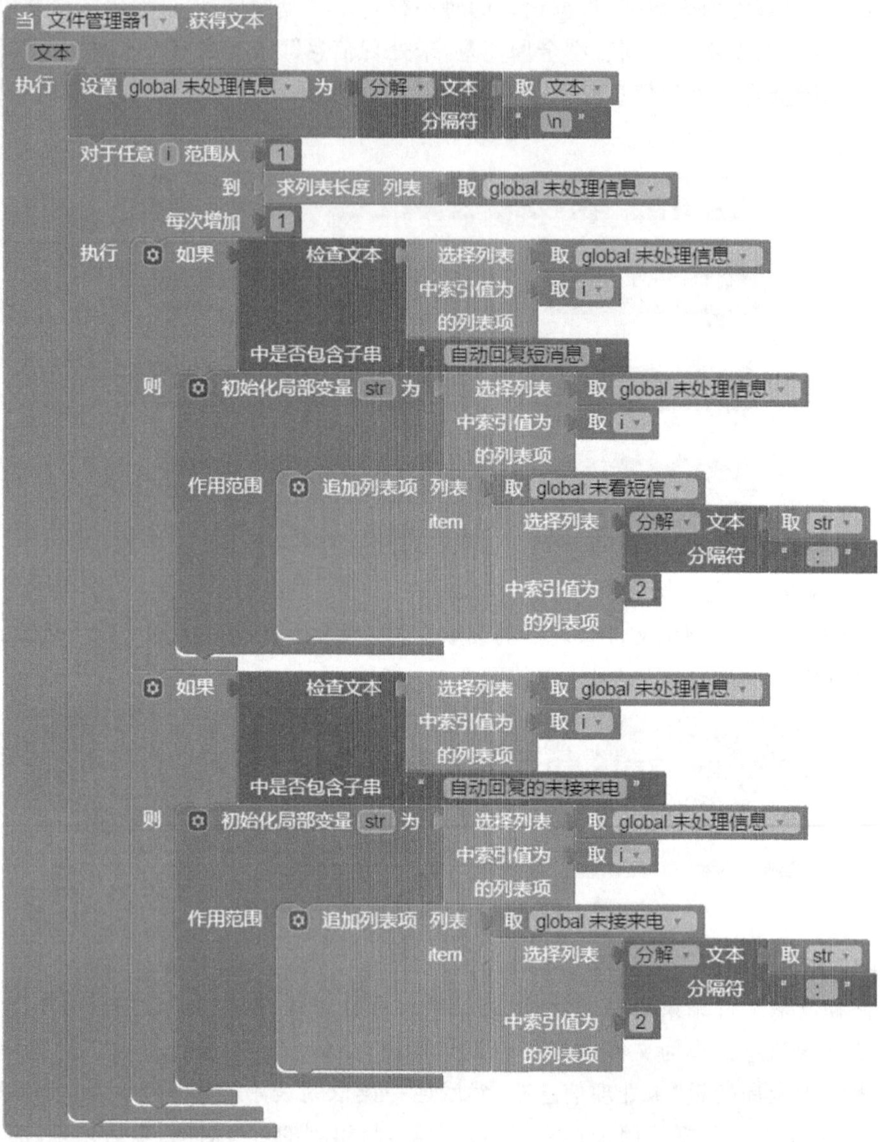

图 3.6－14 文件管理器 1 获得文本事件实现代码

图 3.6－15 按钮“查看未接来电”被点击事件实现代码

(5)响应按钮“查看未看短信”之被点击事件。

当用户单击“查看未看短信”按钮时，设置列表显示框的数据源为全局变量“未看短信”。由于屏幕初始化时调用了打开文件读取数据功能，并在文件读取成功事件处理中对全局变量“未看短信”进行了赋值操作，所以此时，如果本次监听有未看短信，列表类型的全局变量一定不为空，具体实现代码如图 3.6－16 所示。

图 3.6－16 按钮“查看未看短信”被点击事件实现代码

(6)响应列表显示框 1 之选择完成事件。

当用户选择列表框选项时，提取选项中的电话号码，并调用对话框交互功能，提示用户是否回拨电话，具体实现代码如图 3.6－17 所示。

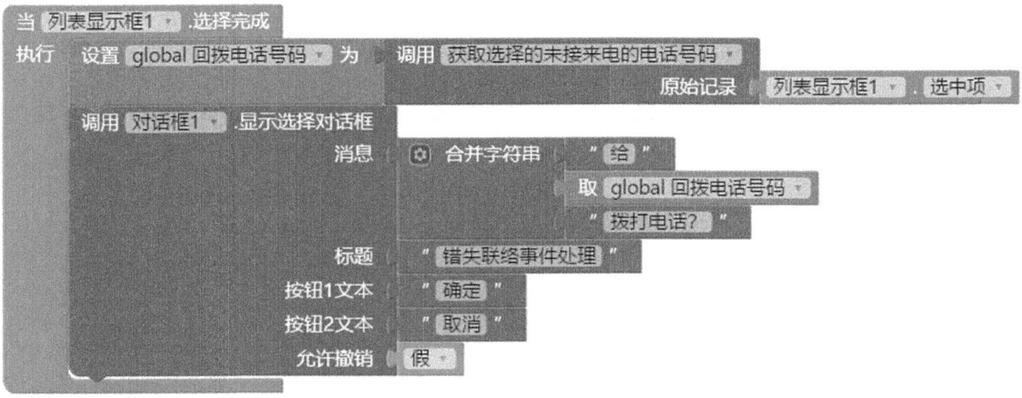

图 3.6－17 列表显示框 1 选择完成事件现实代码

(7)响应对话框 1 之选择完成事件。

当用户单击选择对话框“确定”按钮，设置电话拨号器的拨出号码为列表选择框选中项中的电话号码，调用电话拨号器的拨打电话功能，具体实现代码如图 3.6－18 所示。

图 3.6－18 对话框 1 选择完成事件实现代码

(8)设计过程“获取选择的未接来电的电话号码”。

如前所述，如果是未接来电信息，列表选择框中选项的数据格式为：时间--电话号码，如果是未看短信信息，列表选择框中选项的数据格式为：时间--电话号码--短信内容，为了提取这一格式中的电话号码，调用分解文本功能，以“--”符号分解列表框选中项，得到列表的第 2 项一定是电话号码，具体实现代码如图 3.6－19 所示。

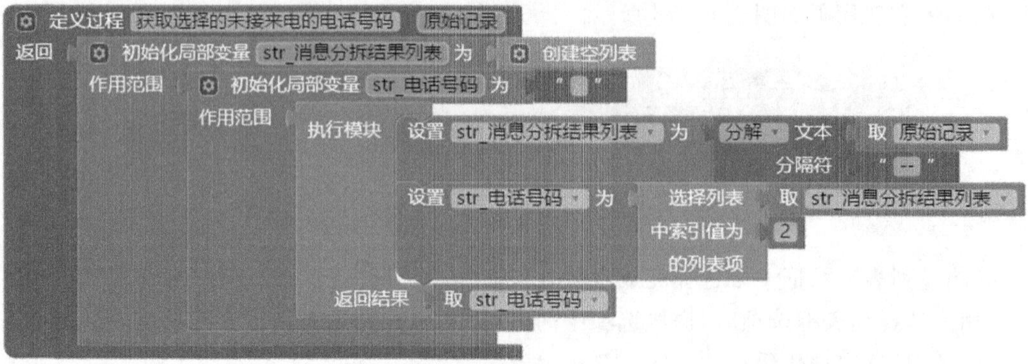

图 3.6－19　自定义过程“获取选择的未接来电的电话号码”实现代码

3.6.5　结果测试

此程序功能的测试需要两个移动电话，首先运行本程序，设置正在忙碌的事件，并启动程序，开始监听，运行结果如图 3.6－20 所示。

图 3.6－20　程序运行初始界面

程序运行期间，用另一部手机分别拨打本机电话号码、发送短消息，本机不予任何处理。然后单击按钮“查看”，运行结果如图 3.6－21 所示。

单击按钮“查看未接来电”，运行结果如图 3.6－22 所示。

单击列表选择框中任意选项，运行结果如图 3.6－23 所示。

单击对话框“确定”按钮，对应电话拨出，运行结果如图 3.6－24 所示。

单击按钮“查看未处理短信”，运行结果如图 3.6－25 所示。

单击列表选择框中任意选项，运行结果与预期完全一致。测试结果表明，预设功能均已实现。

图 3.6-21 单击按钮“查看”程序运行结果

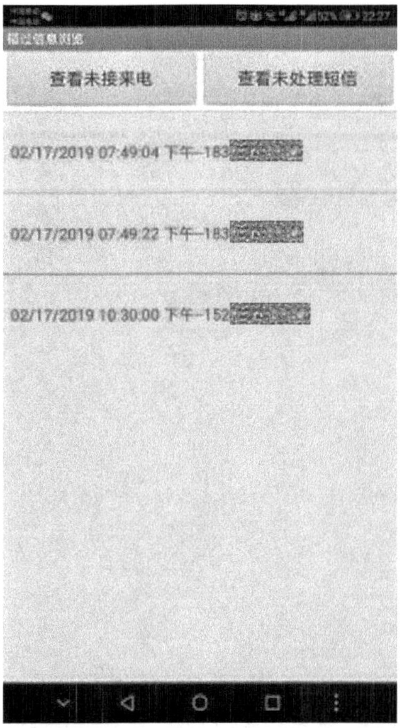

图 3.6-22 单击按钮“查看未接来电”程序运行结果

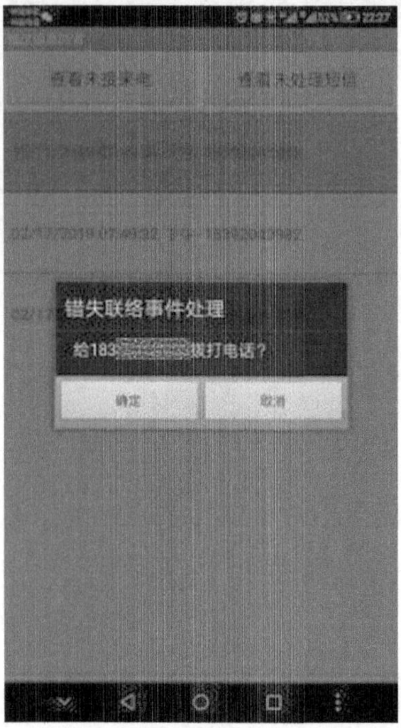

图 3.6-23　列表选择框选择完成后程序运行结果

图 3.6-24　单击对话框“确定”按钮程序运行结果

图 3.6-25　单击按钮“查看未处理短信”程序运行结果

3.6.6　拓展思考

程序目前可以实现只要有来电，就给予回复短信，但是只有手机号码可以接收短信，因此后续可以进一步添加功能：

(1)判断来电号码格式，如果是手机号码，则回复短信，否则只记录电话，不回复短信。

(2)进一步还可以结合电话联系人功能，添加联系人分组维护功能。来电以后，根据联系人分组给予不同的回复内容。

3.7　一种简易数字水平仪

3.7.1　问题描述

安卓手机中内置传感比较丰富，其中 App Inventor 支持的传感器列表如图 3.7-1 所示。

单击传感器右侧的“问号”图标，即可获得关于该传感器的简单介绍，如图 3.7-2 所示。

其中，方向传感器用于确定手机的空间方位，该组件为非可视组件，以角度的方式提供下面三个方位值：

翻转角：当设备水平放置时，其值为 0°；向左倾斜到竖直位置时，其值为 90°；向右倾斜至竖直位置时，其值为−90°。

倾斜角：当设备水平放置时，其值为 0°；随着设备顶部向下倾斜至竖直时，其值为 90°，继续沿相同方向翻转，其值逐渐减小，直到屏幕朝向下方的位置，其值变为 0°；同样，当设备底部向下倾斜直到指向地面时，其值为−90°，继续沿同方向翻转到屏幕朝上时，其值为 0°。

图 3.7－1　App Inventor 支持的传感器一览

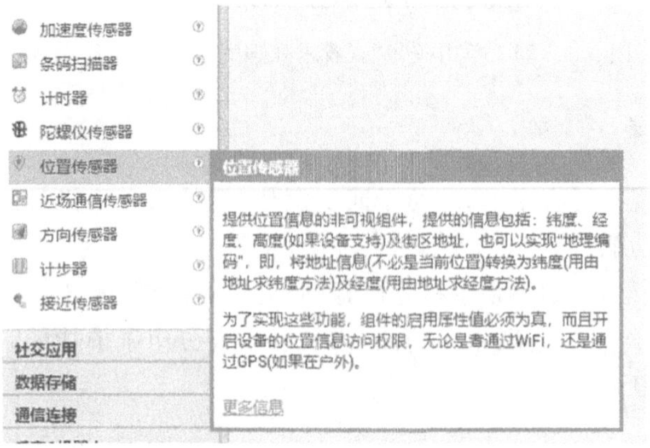

图 3.7－2　App Inventor 传感器简介查看

方位角：当设备顶部指向正北方时，其值为 0°，正东时为 90°，正南时为 180°，正西时为 270°。

安卓手机内置如此之多的传感器，而多数时候我们总是有意无意的忘记或者疏忽这一配置，导致巨大的资源浪费。因此，对安卓内置传感器进行简单的测试测量，使安卓设备从通信装置转换为测量仪器，具有重要的实践意义。

水平仪是一种测量小角度的常用量具。在机械行业和仪表制造中，用于测量相对于水平位置的倾斜角、机床类设备导轨的平面度和直线度、设备安装的水平位置和垂直位置等。水平仪的水准管一般是由玻璃制成的，管内装有液体，当水平仪发生倾斜时，水准管中的气泡就向水平仪升高的一端移动，从而确定水平面的位置。

水平仪主要用于检验各种机床和工件的平面度、直线度、垂直度及设备安装的水平位置等。特别是在测量垂直度时，磁性水平仪可以吸附在垂直工作面上，不用人工扶持，减轻了劳动强度，避免了人体热量辐射带给水平仪的测量误差。

本节主要任务是借助安卓手机提供的方向传感器以及 App Inventor 编程技术，制作一种数字化的简易水平仪。

3.7.2　学习目标

(1)掌握传感器组件的使用方法；

(2)掌握绘图动画类组件的使用方法；

(3)掌握计算机绘图中的坐标映射方法。

3.7.3　方案构思

条式水平仪是利用液体流动和液面水平的原理，以水准泡直接显示角位移，测量相对于水平位置微小斜角的一种条形通用角度测量器具。

观察实物条形水平仪，我们可以发现，当存在倾斜时，水准泡向翘起的一端移动，当达到最大倾角时，水准泡位于翘起一端的边缘；当水平仪处于水平状态时，水准泡位于正中央。

本程序模仿实际的条形水平仪，借助安卓手机中的方向传感器能够测量的翻转角或者俯仰角，以安卓手机作为水平仪，让手机仪器化、专业化，不再仅仅是娱乐、通信工具。

具体实现时，主要借助绘图动画功能中的画布、精灵球两种组件，画布作为水平仪显示背景屏幕，组件精灵球作为水平仪的水准泡，画布中提供正中央位置和水准泡移动轨迹线，小球随着手机的倾斜而移动，实现条形水平仪的基本功能。

作为水准泡的小球在一定的过程中，其坐标位置的确定主要依靠传感器中的方向传感器测量的翻转角作为依据。

这里采用实验确定测量角度与移动位置，比如确定测量范围，根据画布尺寸(建议画布的显示尺寸以像素为单位，这样小球水准泡的坐标位置计算最准确)，建立翻转角度与小球移动后的自身坐标位置两者之间的对应关系，最大倾斜度对应画布最边缘，水平状态对应画布的正中央。

计算机绘图坐标系与我们数学中的坐标系略有不同，其坐标原点位于绘图区域的左上角，右下角是绘图区域的最大横坐标、最大纵坐标位置，如图 3.7－3 所示。

App Inventor 中小球的坐标是以小球的外切圆的左上角坐标作为小球当前的位置，如图 3.7－4 所示。

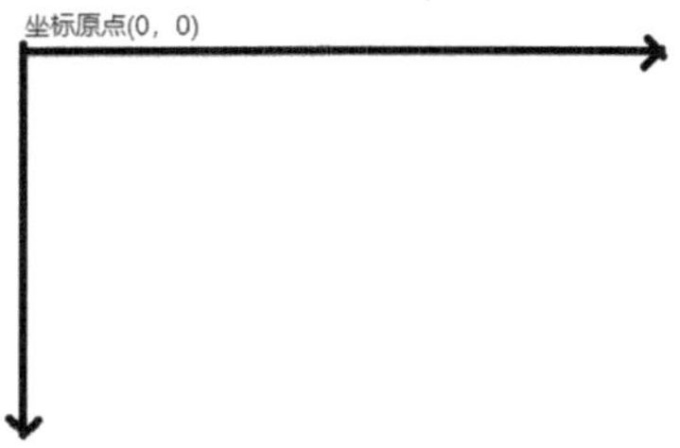

图 3.7－3　计算机绘图坐标系

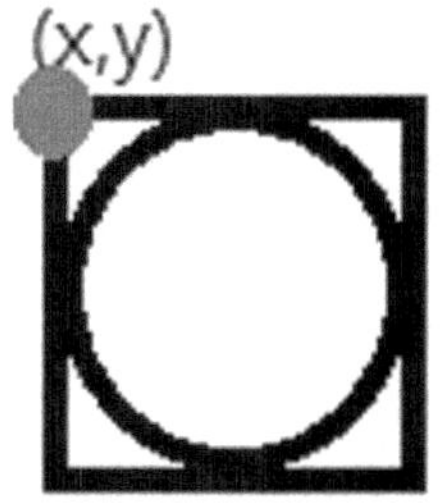

图 3.7－4　App Inventor 中精灵小球坐标确定依据

假设小球的半径为 r，当我们需要小球处于坐标原点时，其小球圆心坐标实际上是 $x=r$，$y=r$。因此，水平状态水准泡小球处于绘图区域的正中央，而正中央的坐标位置实际上正是 $x=$绘图区域宽度/2；$y=$绘图区域高度/2；要想使小球圆心正处于正中央位置，就意味着小球的横纵坐标均小于正中央横纵坐标一个半径的位置，即小球的横坐标＝正中央横坐标$-r$；小球的纵坐标＝正中央纵坐标$-r$。

当手机屏幕朝上放置，向右倾斜时，翻转角（翻滚角）度数的数据范围为[－90，0]，当翻转角＝－90°时，手机屏幕朝向右边处于垂直水平面状态；因为水平仪测量的是小角度，－90°的角虽然也可以处理，但这不是我们期望的。如果设置最大测量倾角为 max，则我们可以这样子处理：

当翻转角＝0°时，小球处于图片正中央；

当翻转角＝－max 时，手机向右倾斜，小球应该跑到图片最左端；

当翻转角＝max 时，手机向左倾斜，小球应该跑到图片最右端。

设置画布尺寸数据为：高 H 像素点，宽 W 像素点，精灵小球半径为 r。

则上述规则可以拟合出一个方程：

$$X'=((W-2\times r)/\max)\times x+(W/2-r)$$
$$Y=H/2-r$$

其中，x 为翻转角度值，X'为小球显示的横坐标值，Y 为小球显示的纵坐标值。作为单一轴向的条形水平仪，水准泡纵向不移动，所以小球的纵坐标值可以始终保持为绘图区域正中央纵坐标值$-r$，其中 r 为小球半径值。

基于上述想法，设计程序主界面以及所用组件结构如图 3.7－5 所示。

图 3.7－5 程序界面设计

各个组件相关属性设置信息如表 3.7－1 所示。

表 3.7－1 程序中使用的组件及其属性设置

所属面板	对象类型	对象名称	属性	属性取值
用户界面	标签	标签_操作提示	文本	操作提示：
		标签_提示内容	文本	水平仪是一种小角度测量仪器，用来反映一条直线或者一个面的水平情况。实体仪器一般利用液体流动和液面水平的原理，以水准泡直接显示角位移，测量相对于水平位置微小斜角的一种条形通用角度测量器具。使用翻转角作为水平判断依据时，只需要左右倾斜手机即可测试，当小球位于图像十字中央时，表明手机处于水平状态
界面布局	表格布局	表格布局 1	行数	1
			列数	3
			宽度	充满
用户界面	按钮	按钮_设置角度	显示文本	设置最大倾角
		按钮_启动测量	显示文本	启动实时测量
		按钮_退出程序	显示文本	退出应用程序
绘图动画	画布	画布 1	背景图片	Level. png
			宽度	320 像素点
			高度	60 像素点
	球	球 1	半径	10
			x 坐标	150
			y 坐标	20
	标签	标签_图片框尺寸	显示文本	当前图片框尺寸：
	标签	标签_设置最大倾斜角度	显示文本	您设置的可测量最大倾斜角度是：
界面布局	水平滚动布局	水平滚动布局 1	默认	默认
	标签	标签_倾斜角提示	显示文本	实时倾斜角测量结果：
	标签	标签_倾斜角数值	显示文本	0
	水平滚动布局	水平滚动布局 2	默认	默认
	标签	标签_翻转角提示	显示文本	实时翻转角测量结果：
	标签	标签_翻转角数值	显示文本	0

3.7.4 实现方法

因为程序多处功能均涉及倾斜角度，因此声明全局变量，表示水平仪测量的角度值，具体代码如图 3.7－6 所示。

图 3.7－6 程序声明的全局变量

此外，程序主要完成以下功能：

(1)响应 Screen1 之初始化事件。

屏幕初始化过程中，方向传感器不启用，标签_图片框尺寸的显示文本的内容设置为当前图片框高度、宽度的像素点数，这两个数据是用来根据水准泡初始状态出现位置计算屏幕正中央的坐标的。然后让小球处于画布显示区域的正中央，考虑到小球坐标位置的特殊性，在显示区域正中央位置的基础上，对于小球坐标位置进行进一步修正，使其圆心刚好位于显示区域正中央位置，具体实现代码如图 3.7－7 所示。

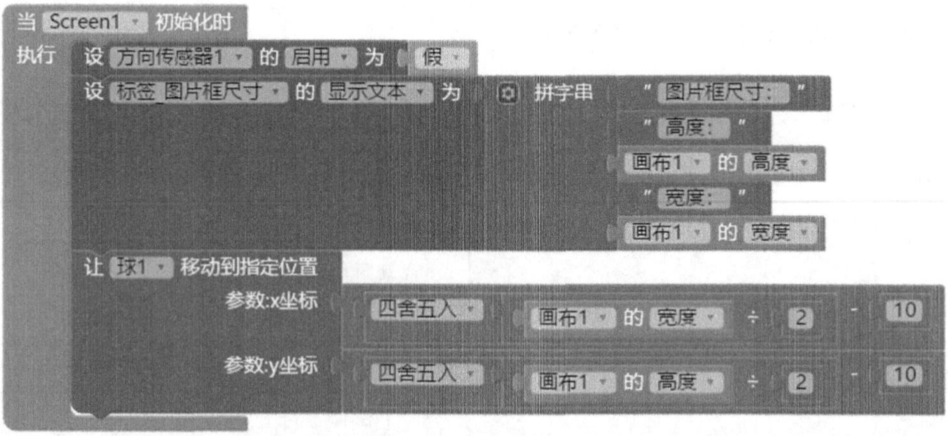

图 3.7－7 Screen1 初始化事件实现代码

(2)响应按钮_设置角度之被点击事件。

当用户单击按钮_设置角度(显示文本为可测最大倾角)，目的是设置最大测量角度值。这里借助对话框实现数据输入，即对话框组件的显示文本对话框功能，具体实现代码如图 3.7－8 所示。

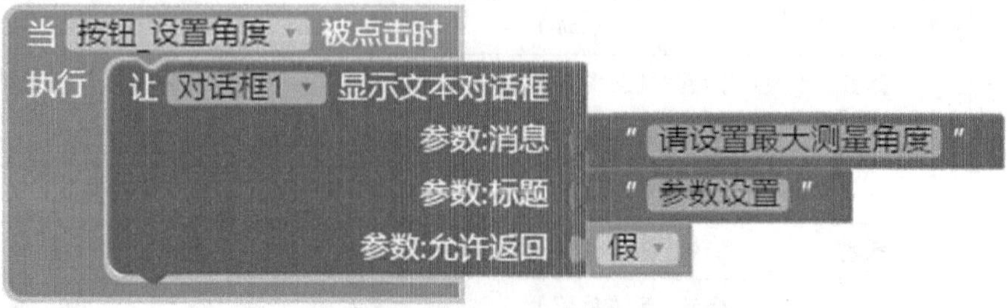

图 3.7－8 按钮_设置角度被点击事件实现代码

(3)响应对话框 1 之完成输入事件。

当用户在文本对话框中完成最大可测倾角数据输入后,程序对输入内容进行判断,如果存在非数字文本,则全局变量 maxValue 赋值为 0;如果输入内容全部是数字,则判断数值是否大于 50,小于 50 则 maxValue 取值为输入数据,大于 50 则 maxValue 取值为 50,此举目的在于限制用户输入范围。同时,标签_设置最大倾斜角度的显示文本设置为当前设定值。

程序中对于角度数据进行绝对值运算处理,目的在于防止用户输入负数,导致后续处理出现意外,如图 3.7－9 所示。

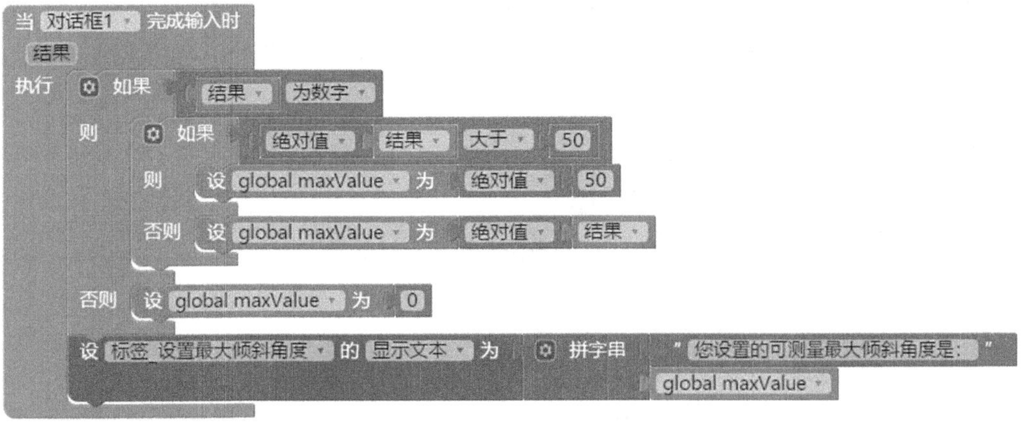

图 3.7－9　对话框 1 完成输入事件实现代码

(4)响应按钮_启动测量之被点击事件。

当用户单击按钮_启动测量,主要目的是启用方向传感器,开始测量。由于测量值一旦获取,就要根据测量值改变小球在画布显示区域中的位置,位置参数的计算还又依赖于最大测量值 maxValue,所以首先判断 maxValue 的取值。从前述对话框完成输入事件响应代码中可以看出,当用户输入数据不合要求时,maxValue 取值为 0,因此,当 maxValue＝0 时,再次调用对话框的显示文本对话框功能,提醒用户输入正确的最大可测倾角值,具体实现代码如图 3.7－10 所示。

图 3.7－10　按钮_启动测量被点击事件实现代码

(5)响应按钮_退出程序之被点击事件。

当用户单击按钮_退出程序,调用退出程序功能块,实现代码如图 3.7－11 所示。

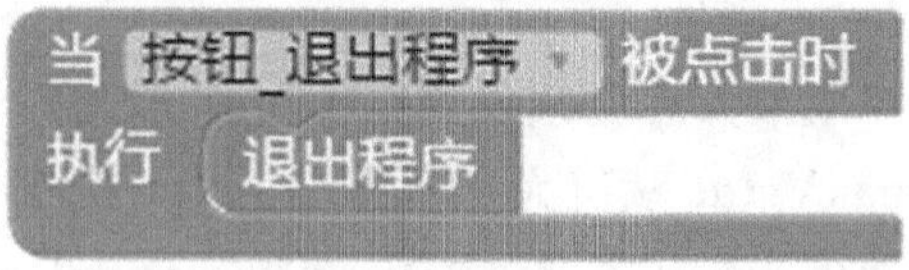

图 3.7-11　按钮_退出程序被点击事件实现代码

(6)响应方向传感器 1 之方向改变事件。

一旦传感器/手机姿态发生变化，就触发此事件。事件处理功能可以提供系统测量的方位角、俯仰角、翻转角，本程序使用翻转角进行水准泡的移动计算。事件处理中，设置标签_倾斜角、标签_翻转角的显示文本为当前获取的最新测量值，并调用自定义过程，实现对于水准泡小球位置的控制，实现代码如图 3.7-12 所示。

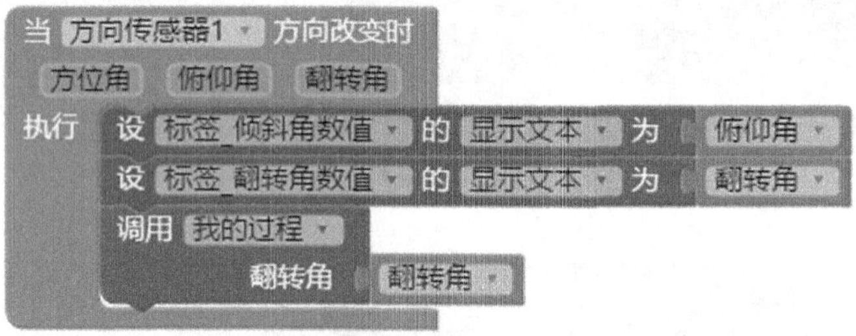

图 3.7-12　方向传感器 1 方向改变事件实现代码

其中，自定义过程“我的过程”中，输入参数为测量获取的翻转角。如果输入的翻转角参数为 0，将小球移动至画布的正中央位置，否则，按照 $X=(140/\max)\times x+150$ 的公式计算水准泡的显示坐标。

其中，x 为翻转角度值，X 为小球显示的横坐标值，作为单一轴向的条形水平仪，水准泡纵向不移动，所以小球的纵坐标值可以始终保持为绘图区域正中央纵坐标值$-r$，其中 r 为小球半径值。

具体实现代码如图 3.7-13 所示。

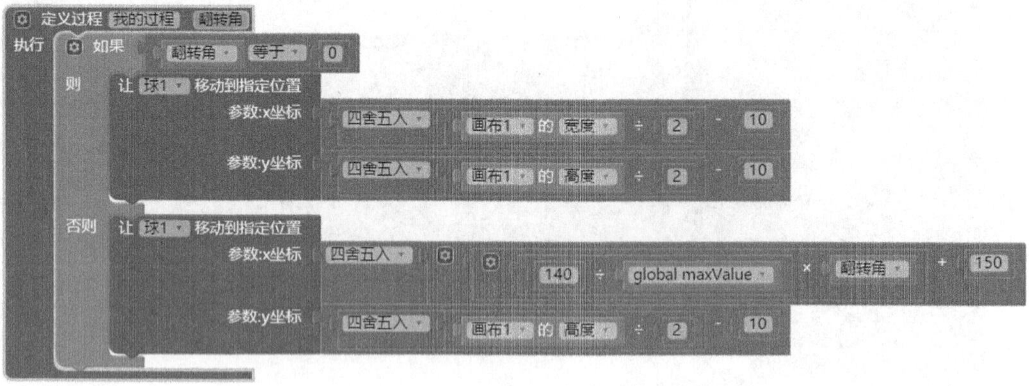

图 3.7-13　自定义过程“我的过程”实现代码

3.7.5　结果测试

安装运行程序，初始界面如图 3.7-14 所示。

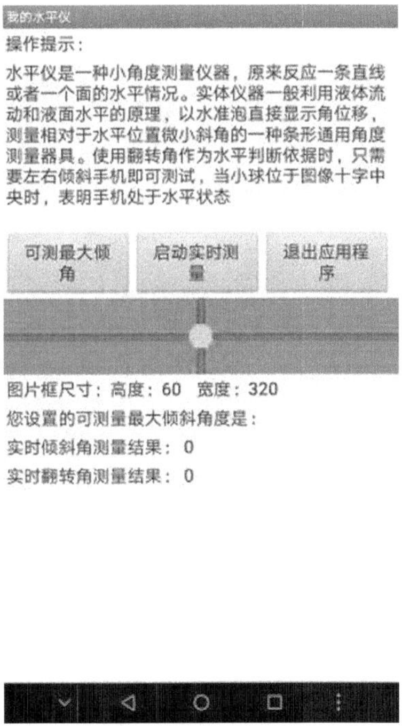

图 3.7-14 程序运行初始界面

单击“可测最大倾角”按钮，结果如图 3.7-15 所示。

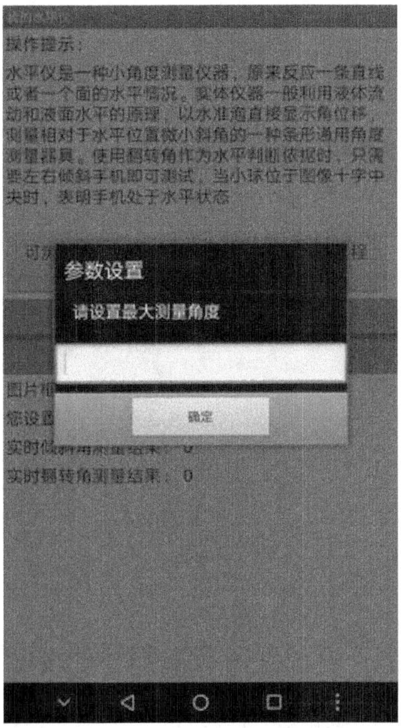

图 3.7-15 单击“可测最大倾角”按钮程序运行结果

输入可测最大倾角为 30，单击确认按钮，结果如图 3.7-16 所示。

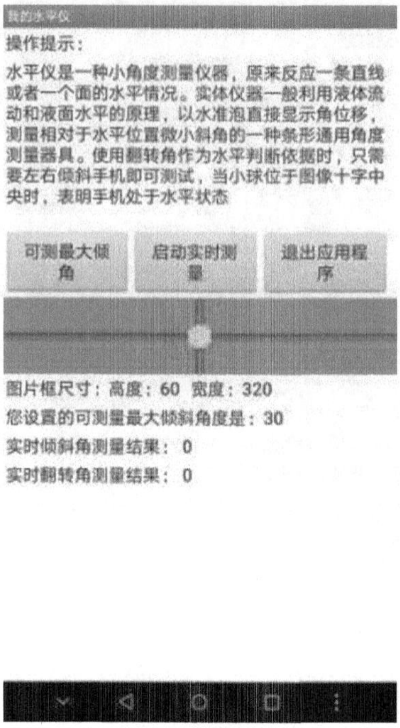

图 3.7-16　单击确认按钮程序运行结果

单击“启动实时测量”按钮，结果如图 3.7-17 所示。

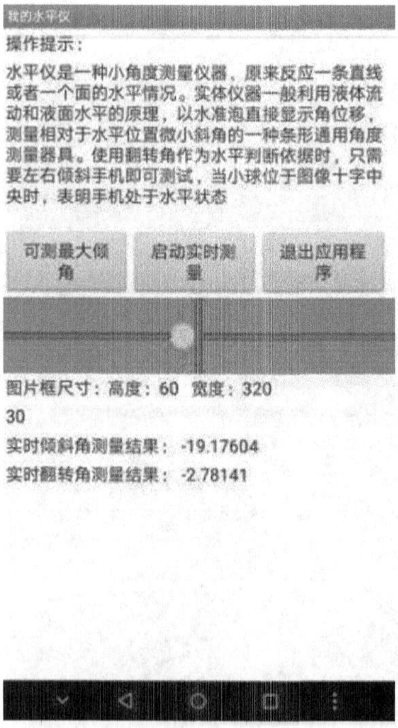

图 3.7-17　单击“启动实时测量”按钮程序运行结果

左右倾斜手机，即可观测到绿色小球沿水平线移动，说明程序实现了条形水平仪的基本功能。

3.7.6 拓展思考

进一步拓展,可以从以下几个方面着手:

(1)本节采用的是基于翻转角进行水平测量,仿照这一构思,如何基于俯仰角(倾斜角)进行水平测量?

(2)更进一步,可以将单纯一个轴向角度测量的直线型水平仪更改为两个轴向的平面水平仪,综合运用倾斜角、翻滚角,使得精灵球在一个矩形区域内部,则形成一个典型的平面水平仪。

(3)尝试背景颜色的渐变色处理,使倾角越大,颜色越深,表示水平情况越差。

(4)还可以加入语音播报功能,使得程序更具有人机交互的友好性,比如语音提醒朝哪边倾斜等。

3.8 摩尔斯电码翻译器

3.8.1 问题描述

在影视作品中,无线电码是非常常见的东西,其中经常使用的、也是最为简单的就是摩尔斯电码了,这里提供一些相关资料,希望有所帮助。

电报出现于19世纪,最早是由美国的摩尔斯发明的,所以电码符号也被称为摩尔斯电码(Morse code),是人类最早用电信号传送信息的方式,在19世纪和20世纪也是主要的通信方式之一。进入21世纪后,电报这种通信方式基本不再使用。

电报的工作原理:发报方将文字转换成特定的编码,然后以电信号把这些编码发送出去;收报方抄收这些编码,然后翻译成文字。双方都有一个相同的代码本,上面记载了文字和编码的对应关系。显然,使用私有的代码本,可避免无关收报方破译电报文本。

电报通常使用国际摩尔斯电码进行收发报。摩尔斯电码使用点(·)和划(—)两种符号的特定组合表示不同的字符。在用声音表示时,其中点(·)为短信号,一个时间单位,读作滴,划(—)为长信号,三个时间单位,读作嗒;两个信号间隔1个时间单位,字符间隔3个时间单位,单词间隔7个时间单位。

假设时间单位为1 s,点(·)就意味着响1 s,停1 s;划(—)就意味着响3 s,停1 s;一个字符停3 s;一个空格停7 s。

也可以使用敲击声音表示摩尔斯电码,即使用声音间隔的长短来表示声音的长短,如敲1下(停3 s)敲1下(停3 s)敲1下(停3 s)表示三长;敲1下(停1 s)敲1下(停1 s)敲1下(停1 s)表示三短。

还可以用灯光亮暗的时间来表示信号的长短,如亮3 s—暗1 s—亮3 s—暗1 s—亮3 s—暗1 s表示三长;亮1 s—暗1 s—亮1 s—暗1 s—亮1 s—暗1 s表示三短。

摩尔斯电码定义了包括英文字母A～Z(无大小写区分)、十进制数字0～9,以及"?""/""()""—"".''在内的字符,很适合英语的通信,至今仍有很多地方在使用。在业余无线电通信中，摩尔斯电码是全世界统一运用的电码。下面列出的是基本码表，其中表 3.8－1 为字母-摩尔斯电码对应表，表 3.8－2 为数字-摩尔斯电码对应表，表 3.8－3 为标点符号-摩尔斯电码对应表。

表 3.8－1　字母-摩尔斯电码对应表

字符	电码符号	字符	电码符号	字符	电码符号	字符	电码符号
A	.—	B	—...	C	—.—.	D	—..
E	.	F	..—.	G	——.	H	....
I	..	J	.———	K	—.—	L	.—..
M	——	N	—.	O	———	P	.——.
Q	——.—	R	.—.	S	...	T	—
U	..—	V	...—	W	.——	X	—..—
Y	—.——	Z	——..				

表 3.8－2　数字-摩尔斯电码对应表

字符	电码符号	字符	电码符号	字符	电码符号	字符	电码符号
0	—————	1	.————	2	..———	3	...——
4	....—	5	.....	6	—....	7	——...
8	———..	9	————.				

表 3.8－3　标点符号-摩尔斯电码对应表

字符	电码符号	字符	电码符号	字符	电码符号	字符	电码符号
.	.—.—.—	:	———...	,	——..——	;	—.—.—.
?	..——..	=	—...—	’	.————.	/	—..—.
!	—.—.——	-	—....—	_	..——.—	“	.—..—.
(	—.——.	)	—.——.—	$	...—..—	&	.—...
@	.——.—.						

摩尔斯电码的组成很有规律，数字全部都是由 5 位点划组成。其中，1～5，数字是几，开头就是几个点，剩余的位数用划来补充；6～9 就是反过来，减去 5 之后，剩下的数字是几就是几个划，其余的位数就用点来补充，0 就是 5 个划。

可见，摩尔斯电码只能用来传送字符数量少的语言，面对数量庞大的中文，则需要一次中间编码进行转换，这就是中文电码。通常是以 1983 年原邮电部编写的《标准电码本（修订本）》为规范。中文电码表采用 4 位阿拉伯数字表示一个中文字符（汉字、字母和符号），从 0001 到

9999 顺序排列。汉字先按部首,后按笔画排列;字母和符号放到电码表的最后。发送中文电报时,先按照中文电码本将中文翻译为数字串,再以摩尔斯电码发送这组数字串。收报方先将电码翻译为数字串,再转译为中文即完成。

不管怎么样,摩尔斯电码还是比较难记的,因此,借助 App Inventor 中提供的文件功能或者微数据库功能,设计实现一种摩尔斯电码翻译器,对于有兴趣的人员学习、了解这种字符编码技术,还是具有一定帮助的。

3.8.2 学习目标

(1)掌握文本输入框操作方法;

(2)掌握水平滚动布局使用方法;

(3)掌握文件管理器以及 txt 文档的存储、访问功能使用方法;

(4)掌握微数据库存储数据、查找数据功能的使用方法。

3.8.3 方案构思

此案例的关键是微数据库的建立和微数据库的查询。微数据库是一个非可视组件,用来保存程序中需要的数据。微数据库与传统的关系型数据库不同,它采用的是"标签-值"的方式存储、查询数据,既可以存放简单数据如数值、文本等,也可以存储复杂格式数据,如列表、声音、图像、视频等,一个标签对应一个列表、一个声音或者一幅图像等。也就是说,每一个数据都有一个专用标签,使用标签来检索标签对应的数据。

每一个应用程序都有自己专有的数据存储区,而且只有一个数据存储区,即使在应用程序中添加多个微数据库,他们也将使用同一个数据存储区,有趣的是,可以在多屏幕应用程序开发时,借助微数据库共享不同屏幕之间的数据。

即使本节案例仅仅用来对英文字符进行摩尔斯编码,如前所示,包括 26 个字母、10 个数字、17 个常用的标点符号,也将涉及 43 个数据的存储以及后续的查询使用。如果手工创建字符-摩尔斯编码数据库,既麻烦又费时,所以首先在计算机上创建文本文件 MorseCode. txt,将英文字符、数字和常见的一些标点符号与对应的摩尔斯编码逐行存储,即每一行存储一个字符与对应的摩尔斯编码,字符与编码之间用空格符号间隔开来。使用 QQ 将计算机上编辑完成的文件传给手机,利用手机文件管理器将接收到的文件移动至 SD 卡存储目录下,这样便于 AI 程序后续访问处理。

应用程序启动后,首先读取文本文件 MorseCode. txt,逐行分解文本内容,形成对应的"标签-值"(即字符-摩尔斯编码),将其写入本地微数据库。

然后借助 AI 中提供的微数据库组件 TinyDB 保存每一个字符以及字符对应的摩尔斯编码,当用户在文本输入框输入待编码的字符串后,首先将字符串所有字符转换为大写字符,然后逐一读出字符串中的每一个字符,每读到一个字符,就查询微数据库,得到字符对应的摩尔斯编码,并将所有摩尔斯编码结果拼接为一个长字符串,原文的转换结果格式为:每一个字符对应一个摩尔斯编码,字符之间用斜杠"/"间隔开来,单词之间用空格间隔开来。

基于上述想法，设计 Screen1 界面，以及所用组件结构如图 3.8－1 所示。

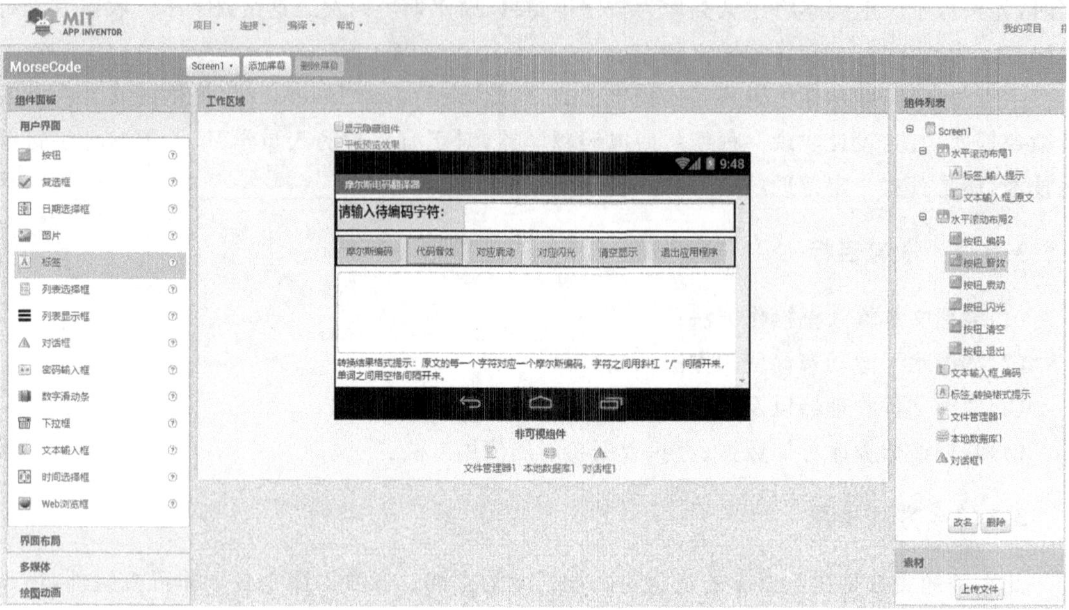

图 3.8－1　程序界面设计

各个组件相关属性设置信息如表 3.8－4 所示。

表 3.8－4　程序中使用的组件及其属性设置

所属面板	对象类型	对象名称	属性	属性取值
界面布局	水平滚动条布局	水平滚动条布局 1	默认	默认
用户界面	标签	标签_输入提示	文本	请输入待编码字符：
	文本输入框	文本输入框_原文	宽度	70%
界面布局	水平滚动条布局	水平滚动条布局 2	默认	默认
用户界面	按钮	按钮_编码	显示文本	摩尔斯编码
		按钮_音效	显示文本	代码音效
		按钮_震动	显示文本	对应震动
		按钮_闪光	显示文本	对应闪光
		按钮_清空	显示文本	清空显示
		按钮_退出	显示文本	推出应用程序
	文本输入框	文本输入框_编码	宽度	充满
			高度	40%
			字号	20
			粗体	勾选

续表

所属面板	对象类型	对象名称	属性	属性取值
用户界面	标签	标签_转换格式提示	文本	转换结果格式提示:原文的每一个字符对应一个摩尔斯编码,字符之间用斜杠"/"间隔开来,单词之间用空格间隔开来。
	对话框	对话框 1	默认	默认
数据存储	文件管理器	文件管理器 1	默认	默认
	本地数据库	本地数据库 1	默认	默认

3.8.4 实现方法

程序核心功能是将给定的英文文本串转换为摩尔斯编码字符串,所以必须实现以下功能:

(1)保存待编码数据;

(2)保存摩尔斯编码结果;

(3)设计字符串—摩尔斯编码转换函数。

由于微数据库存储的数据由文本文件读取而来,文本文件读取的每一行数据都是一个"标签-值"字符串,因此借助列表保存所有读取数据,然后,将列表数据逐一继续分解,作为微数据库的一项写入数据库。因此程序需要创建三个全局变量,实现代码如图 3.8-2 所示。

图 3.8-2 程序声明的全局变量

此外,程序还需要完成以下功能:

(1)响应 Screen1 之初始化事件。

屏幕初始化时,需要清除本地数据库全部内容,并读入 SD 卡存储的文本文件,以免后续程序处理异常,程序实现代码如图 3.8-3 所示。

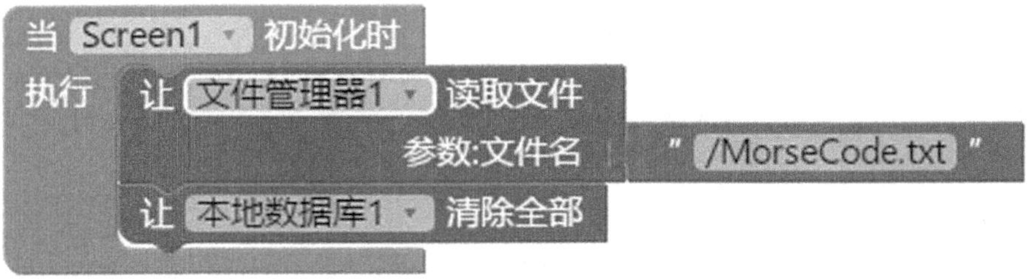

图 3.8-3 Screen1 初始化事件响应代码

(2)响应文件管理器 1 之获得文本(收到文本)事件。

此事件当已经从指定的存储位置即 SD 卡目录下的 MorseCode. txt 读取到内容后触发。

文件管理器读取到的数据保存在变量“文本”中。由于文本文件中,每一行的格式为“字符-空格-摩尔斯编码”,所以变量“文本”中的数据可以借助回车字符分割为一个列表,此时列表中保存每一行数据;列表变量名称为 MC。然后访问列表 MC 中的每一项数据,每访问一项数据,再用空格字符“ ”分割,得到编码列表,该列表第一项作为一个字符,第二项作为一个字符的编码值,字符作为标签,编码作为值,形成“标签-编码”数据项,然后调用微数据库的保存数据功能,将“标签-编码”数据项插入数据库。微数据库创建完毕后,借助对话框实现信息提示,体现操作界面的友好性,程序实现代码如图 3.8-4 所示。

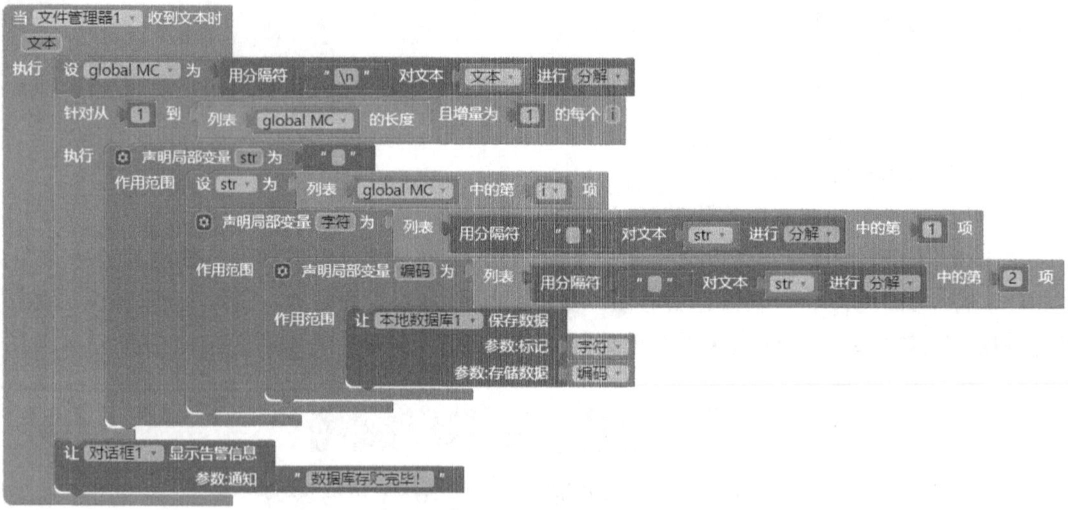

图 3.8-4 文件管理器 1 收到文本事件响应代码

(3)响应按钮_编码之被点击事件。

当用户单击编码按钮时,将文本输入框_原文中输入的文本赋予全局变量“待编码原文”,并将其转换为大写字符。判断全局变量“待编码原文”是否为空,如果为空,调用对话框显示消息功能,提醒用户输入待编码字符,如果不空,则设置文本输入框_编码为多行显示,调用自定义过程“GetMorseCode”,输入参数为全局变量“待编码原文”,结果赋予全局变量“编码结果”,并将其作为文本输入框_编码的显示文本,具体实现代码如图 3.8-5 所示。

其中,自定义过程“GetMorseCode”的输入参数为字符串类型数据,输出结果为摩尔斯编码字符串。过程实现时,程序逐一访问输入参数的每一个字符,以该字符作为标签查询微数据库,得到的结果即为该字符的摩尔斯编码字符串,将所有字符对应的摩尔斯编码字符串通过符号“/”拼接起来,且保留原文单词间的空格,就形成了比较容易识读的摩尔斯编码结果,具体代码如图 3.8-6 所示。

(4)响应按钮_清空之被点击事件。

当用户单击清空按钮时,将文本输入框_原文、文本输入框_编码的显示文本设置为空,等待下一次编码转换,实现代码如图 3.8-7 所示。

图 3.8-5 按钮_编码被点击事件实现代码

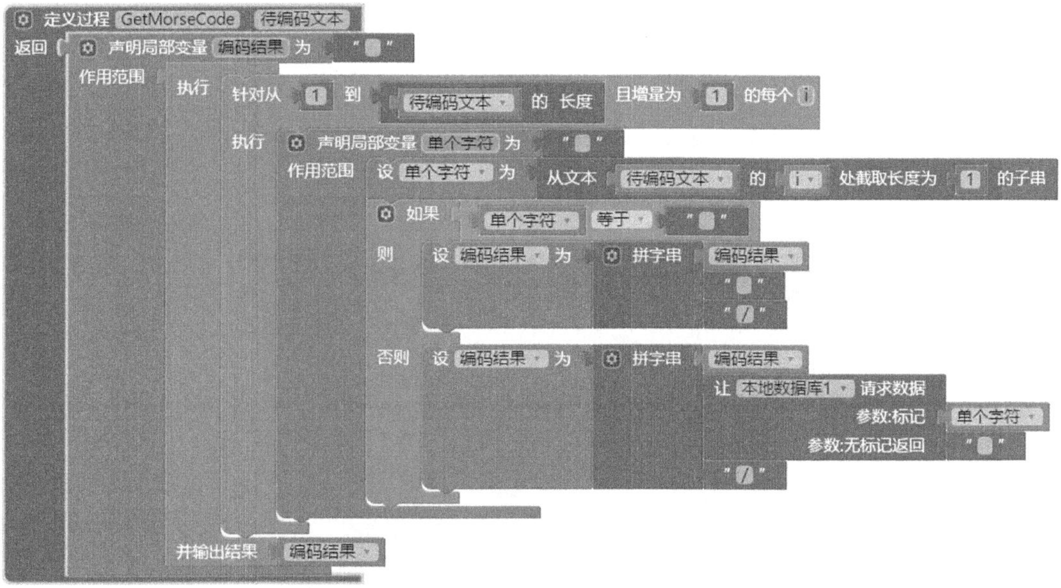

图 3.8-6 自定义过程“GetMorseCode”实现代码

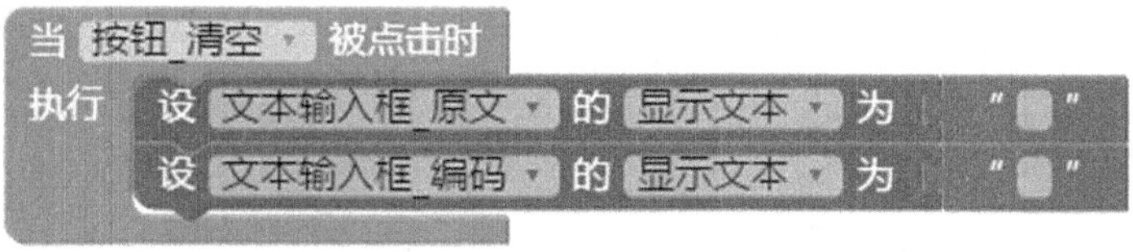

图 3.8-7 按钮_清空被点击事件实现代码

3.8.5 结果测试

安装运行程序后，当输入字符串“i love you”，点击“摩尔斯编码”按钮，结果如图 3.8-8 所示。

点击按钮“清空显示”，结果如图 3.8-9 所示。

此时，再点击“摩尔斯编码”按钮，结果如图 3.8-10 所示。

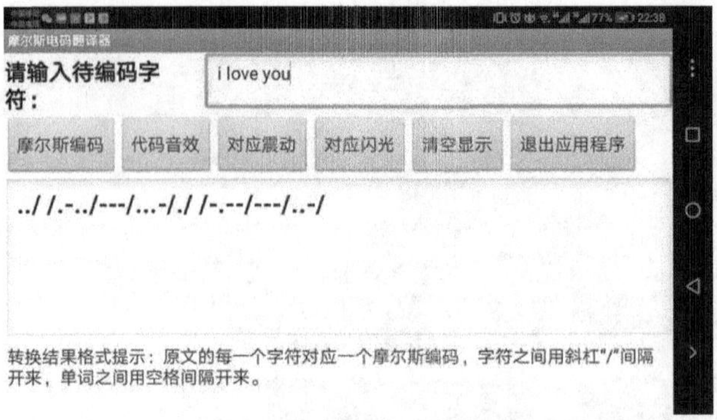

图 3.8-8　点击“摩尔斯编码”按钮程序运行结果

图 3.8-9　点击按钮“清空显示”程序运行结果

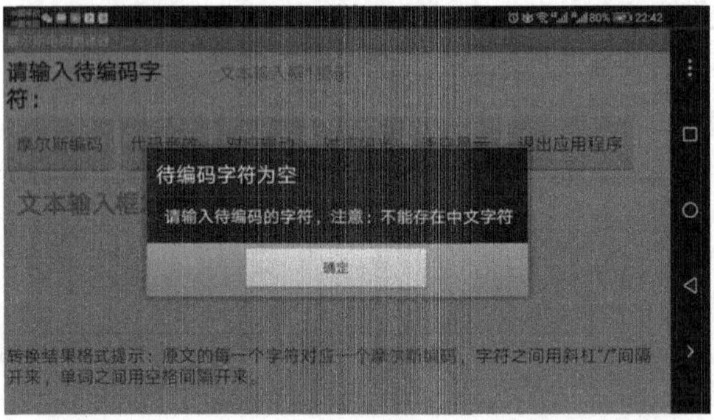

图 3.8-10　点击“摩尔斯编码”按钮程序运行结果

测试结果表明，程序核心功能均已正确实现。

3.8.6　拓展思考

进一步拓展可以考虑实现以下功能：

(1)将翻译出来的摩尔斯代码序列，以“嘀”“嗒”声音的形式播放出来，即预设的代码音效按钮事件处理；

(2)以震动效果展示编码结果，即预设的对应震动按钮事件处理；

(3)借助于闪光灯操作插件，实现摩尔斯电码的灯光显示，即预设的对应闪光按钮事件处理；

(4)还可以拓展训练多屏幕之间基于微数据库的数据共享。

3.9　蓝牙即时通信工具

3.9.1　问题描述

蓝牙是一种廉价的短距离无线通信技术，用途十分广泛，目前几乎所有的手机均配置蓝牙通信模块。作为一种重要的无线通信技术，如果无法发挥其作用，就太可惜了，本书在这一节案例的基础上，更是提出了基于蓝牙的灯光控制应用，加上读者对传感器应用、数据处理应用等做进一步拓展，笔者相信，手机可以不仅仅是一部通信工具，还是一种典型的测量装置、分析处理装置、控制装置，让手机专业化、仪器化，是在校学习期间应该具备的理想信念。

本节拟解决的问题就是借助蓝牙技术，实现手机间的即时通信。两部手机之间如果需要进行蓝牙通信，必须经过"设备配对""建立连接""消息收发"三个步骤。简单起见，蓝牙通信需要编写两个程序：

一是蓝牙服务器程序，接受来自客户端的连接请求，当建立通信连接后，双方即可互相发送、接收消息，为了简化问题，这里仅仅收发文本消息。

二是蓝牙客户端程序，这种蓝牙程序是绝大部分手机端需要编写的程序，用以向服务器申请连接，建立通信链路。

因此需要完成的任务包括：

(1)编写蓝牙服务器程序，实现以下功能：

①可以启动/停止连接服务；

②可以显示连接状态；

③可以记录、显示通信双方收发的消息；

④可以向客户端发送消息。

(2)编写蓝牙客户端程序，实现以下功能：

①可以选择需要连接的通信设备；

②可以显示连接状态；

③可以记录、显示通信双方收发的消息；

④可以向服务器发送消息。

3.9.2　学习目标

(1)掌握蓝牙客户端组件的使用方法；

(2)掌握蓝牙服务器组件的使用方法；

(3)掌握计时器组件的使用方法。

3.9.3　方案构思

蓝牙通信中，数据的发送行为往往是已知和可控的，可以在任何需要发送数据的时候直接调用蓝牙组件的数据发送功能实现。但是，遗憾的是，对于蓝牙的数据接收，AI 并未提供相应的事件，也就是说，虽然 AI 提供接收数据的功能，但是用户并不知道什么时候需要接收数据，需要接收多少数据。因此，这里就会牵扯到通信数据接收的两种典型机制：

(1)事件触发的通信。数据的接收会触发相应的事件，编程人员只需要在相应的事件处理代码块中编写通信数据的接收和进一步处理程序即可。

(2)轮询方式的通信。这种方式中，程序需要不断地查询接收缓冲区，检查是否接收到数据，如果接收到数据，则读取通信数据，进行下一步的处理，如果没有接收到数据，则不做任何处理。

App Inventor 中的蓝牙数据通信，数据的读取是以典型的轮询方式进行的，因此在服务器程序、客户端程序中均使用定时器，定时检查蓝牙组件接收数据的长度，如果接收数据的长度=0，不予处理；如果接收数据长度>0，则读取指定长度的数据。

为了进一步增强程序操作界面的友好性，程序操作界面中需要提供反映通信连接状态的指示内容，需要提供记录、显示收发消息的相关组件，需要提供数据发送内容编辑、触发数据发送功能的按钮等。

因此，服务器程序需要实现的主要功能如下：

(1)应用启动时勾选“等待连接”复选框，开启蓝牙服务，等待客户端连接，禁用断开连接按钮；

(2)当收到请求完成连接时，启用断开连接按钮，启用计时器；

(3)在计时事件中侦听服务器收到的字节数，如果字节数大于 0，则更新聊天记录；

(4)当收到“断开连接”消息时，取消勾选“等待连接”复选框，显示“已断开连接”，禁用断开连接按钮，禁用计时器；

(5)再次勾选“等待连接”复选框时，开启蓝牙服务，等待客户端连接；

(6)点击断开连接按钮，服务器向客户端发送“断开连接”消息，与客户端断开连接，禁用计时器，禁用“断开连接”按钮。

基于上述想法，首先设计蓝牙通信服务器程序界面，以及所用组件结构如图 3.9-1 所示。

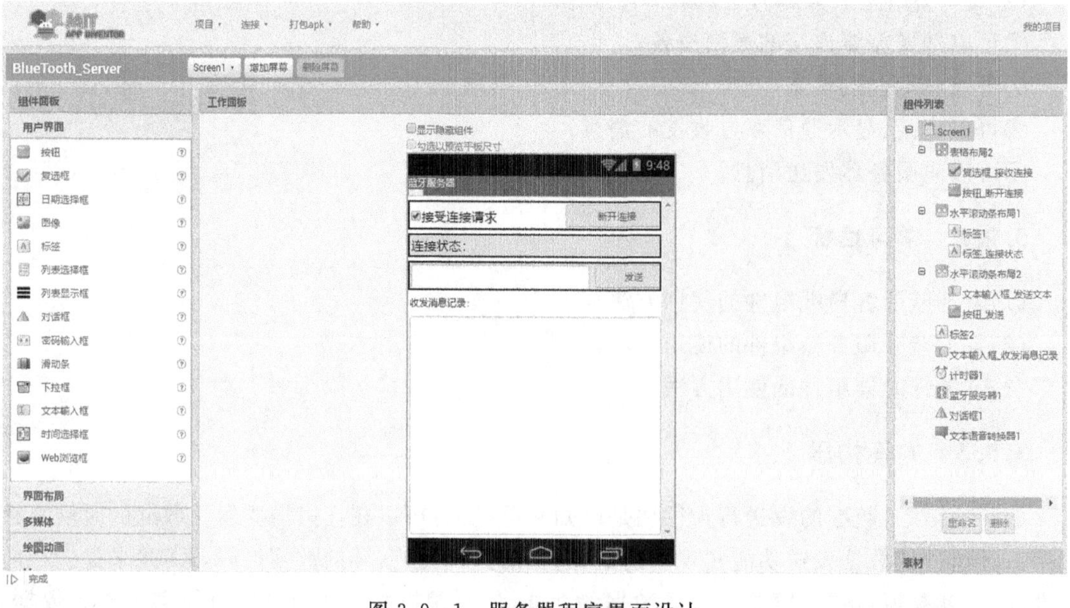

图 3.9-1　服务器程序界面设计

服务器程序各个组件相关属性设置信息如表 3.9－1 所示。

表 3.9－1 服务器程序中使用的组件及其属性设置

<table>
<tr><th>所属面板</th><th colspan="2">对象类型</th><th>对象名称</th><th>属性</th><th>属性取值</th></tr>
<tr><td rowspan="3">界面布局</td><td colspan="2" rowspan="3">表格布局</td><td rowspan="3">表格布局 1</td><td>宽度</td><td>充满</td></tr>
<tr><td>列数</td><td>2</td></tr>
<tr><td>行数</td><td>1</td></tr>
<tr><td rowspan="6">用户界面</td><td rowspan="6">表格布局1</td><td rowspan="4">复选框</td><td rowspan="4">复选框_接受连接</td><td>选中</td><td>勾选</td></tr>
<tr><td>字号</td><td>18</td></tr>
<tr><td>宽度</td><td>60%</td></tr>
<tr><td>文本</td><td>接受连接请求</td></tr>
<tr><td rowspan="2">按钮</td><td rowspan="2">按钮_断开连接</td><td>宽度</td><td>40%</td></tr>
<tr><td>文本</td><td>断开连接</td></tr>
<tr><td>界面布局</td><td colspan="2">水平滚动条布局</td><td>水平滚动条布局 1</td><td>宽度</td><td>充满</td></tr>
<tr><td rowspan="4">用户界面</td><td rowspan="4">水平布局1</td><td rowspan="4">标签</td><td rowspan="2">标签 1</td><td>文本</td><td>连接状态：</td></tr>
<tr><td>字号</td><td>18</td></tr>
<tr><td rowspan="2">标签_连接状态</td><td>文本</td><td></td></tr>
<tr><td>字号</td><td>18</td></tr>
<tr><td>界面布局</td><td colspan="2">水平滚动条布局</td><td>水平滚动条布局 2</td><td>宽度</td><td>充满</td></tr>
<tr><td rowspan="5">用户界面</td><td rowspan="5">水平布局2</td><td rowspan="2">文本输入框</td><td rowspan="2">文本输入框_发送文本</td><td>宽度</td><td>70%</td></tr>
<tr><td>提示</td><td>此处填写拟发送的消息</td></tr>
<tr><td rowspan="3">按钮</td><td rowspan="3">按钮_发送</td><td>宽度</td><td>30%</td></tr>
<tr><td>文本</td><td>发送</td></tr>
<tr><td>宽度</td><td>充满</td></tr>
<tr><td rowspan="4">用户界面</td><td colspan="2">标签</td><td>标签_收发消息记录</td><td>文本</td><td>收发消息记录：</td></tr>
<tr><td colspan="2" rowspan="2">文本输入框</td><td rowspan="2">文本输入框_收发消息记录</td><td>高度</td><td>充满</td></tr>
<tr><td>宽度</td><td>充满</td></tr>
<tr><td colspan="2">对话框</td><td>对话框 1</td><td>默认</td><td>默认</td></tr>
<tr><td>多媒体</td><td colspan="2">文本语音转换器</td><td>文本语音转换器 1</td><td>默认</td><td>默认</td></tr>
<tr><td>传感器</td><td colspan="2">计时器</td><td>计时器 1</td><td>启用计时</td><td>取消勾选</td></tr>
<tr><td>通信连接</td><td colspan="2">蓝牙服务器</td><td>蓝牙服务器 1</td><td>默认</td><td>默认</td></tr>
</table>

类似的，客户端程序需要实现的主要功能如下：

(1)应用启动时，显示“尚未建立连接”状态，列表选择框“蓝牙设备列表”可用，“断开按钮”禁用；

(2)打开蓝牙设备列表，查看可供连接的蓝牙设备，并选择即将与之聊天的蓝牙设备；

(3)如果连接成功，则显示“已连接到服务器”，禁用蓝牙设备列表，启用断开按钮，计时器开始计时；

(4)在计时事件中侦听蓝牙客户端收到的数据，如果数据量大于0，且消息内容不等于“断开连接”，则更新聊天记录；

(5)如果侦听到的消息为“断开连接”，则修改交互组件的启用状态，显示“已断开连接”状态；

(6)在已建立连接的状态下，如果用户点击“断开按钮”，客户端首先向服务器发送“断开连接”消息，然后主动与服务器断开连接，并修改交互组件的启用属性；

(7)用户在聊天内容输入框中输入文字，然后点击提交按钮，向服务器发送消息，并更新聊天记录。

基于上述构思，设计蓝牙通信客户端程序界面，以及所用组件结构如图 3.9-2 所示。

图 3.9-2 客户端程序界面设计

客户端程序各个组件相关属性设置信息如表 3.9-2 所示。

表 3.9-2 客户端程序中使用的组件及其属性设置

<table>
<tr><th>所属面板</th><th colspan="2">对象类型</th><th>对象名称</th><th>属性</th><th>属性取值</th></tr>
<tr><td>界面布局</td><td colspan="2">水平滚动条布局</td><td>水平布局 1</td><td>宽度</td><td>充满</td></tr>
<tr><td rowspan="4"></td><td rowspan="4">水平布局1</td><td rowspan="2">列表选择框</td><td rowspan="2">列表选择框_蓝牙设备</td><td>宽度</td><td>50%</td></tr>
<tr><td>文本</td><td>选择需要连接的蓝牙设备</td></tr>
<tr><td rowspan="2">按钮</td><td rowspan="2">按钮_断开连接</td><td>宽度</td><td>50%</td></tr>
<tr><td>文本</td><td>断开蓝牙连接</td></tr>
<tr><td>界面布局</td><td colspan="2">水平滚动条布局</td><td>水平布局 2</td><td>宽度</td><td>充满</td></tr>
</table>

续表

<table>
<tr><th>所属面板</th><th colspan="2">对象类型</th><th>对象名称</th><th>属性</th><th>属性取值</th></tr>
<tr><td rowspan="2">用户界面</td><td rowspan="2">水平布局2</td><td rowspan="2">标签</td><td>标签1</td><td>文本</td><td>连接状态：</td></tr>
<tr><td>标签_连接状态</td><td>文本</td><td></td></tr>
<tr><td>界面布局</td><td colspan="2">水平滚动条布局</td><td>水平布局3</td><td>宽度</td><td>充满</td></tr>
<tr><td rowspan="5">用户界面</td><td rowspan="5">水平布局3</td><td rowspan="2">文本输入框</td><td rowspan="2">文本输入框_发送消息</td><td>宽度</td><td>70%</td></tr>
<tr><td>提示</td><td></td></tr>
<tr><td rowspan="3">按钮</td><td rowspan="3">按钮_发送</td><td>宽度</td><td>30%</td></tr>
<tr><td>文本</td><td>发送</td></tr>
<tr><td>宽度</td><td>充满</td></tr>
<tr><td rowspan="4">用户界面</td><td colspan="2">标签</td><td>标签_收发消息记录</td><td>文本</td><td>消息收发记录：</td></tr>
<tr><td colspan="2" rowspan="2">文本输入框</td><td rowspan="2">文本输入框_收发消息记录</td><td>高度</td><td>充满</td></tr>
<tr><td>宽度</td><td>充满</td></tr>
<tr><td colspan="2">对话框</td><td>对话框1</td><td>默认</td><td>默认</td></tr>
<tr><td>多媒体</td><td colspan="2">文本语音转换器</td><td>文本语音转换器1</td><td>默认</td><td>默认</td></tr>
<tr><td>传感器</td><td colspan="2">计时器</td><td>计时器1</td><td>启用计时</td><td>取消勾选</td></tr>
<tr><td>通信连接</td><td colspan="2">蓝牙客户端</td><td>蓝牙客户端1</td><td>默认</td><td>默认</td></tr>
</table>

3.9.4 实现方法

本节案例需要完成两个 App 的设计开发：蓝牙服务器程序和蓝牙客户端程序。

1. 蓝牙服务器程序

蓝牙服务器程序需实现以下功能：

(1)响应 Screen1 之初始化事件。

当屏幕初始化时，设置显示收发消息记录的文本框内容为空，并调用自定义过程“等待客户端连接请求”，用于各个对象的初始化设置，具体实现代码如图 3.9-3 所示。

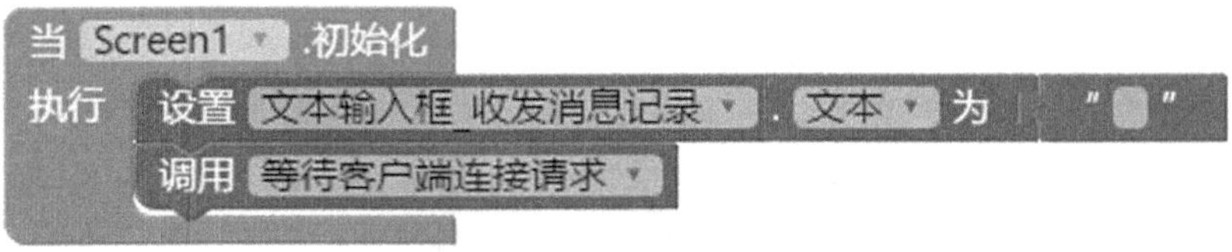

图 3.9-3 Screen1 初始化事件实现代码

其中，“等待客户端连接请求”过程需要完成对象初始化操作：设置表示连接状态的标签文本为“等待客户端的连接请求”，设置断开连接按钮、发送消息按钮、计时器为禁用状态，以免程序出现异常；设置收发记录文本框、发送消息输入文本框为空，并调用内置块中蓝牙服务器的接受连接功能，具体实现代码如图 3.9-4 所示。

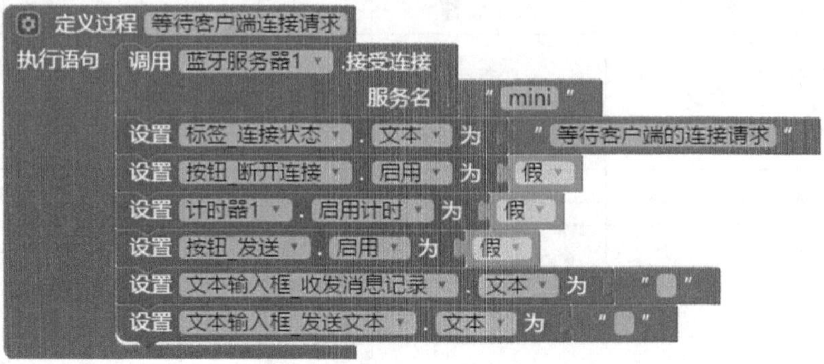

图 3.9-4　自定义过程“等待客户连接请求”实现代码

(2)响应复选框_接受连接之状态改变事件。

当复选框_接受连接处于勾选状态，表示蓝牙服务器开始接受来自客户端的连接请求，调用自定义过程“等待客户端连接请求”。否则，蓝牙服务器停止接受连接请求，并调用自定义过程“断开连接”，实现代码如图 3.9-5 所示。

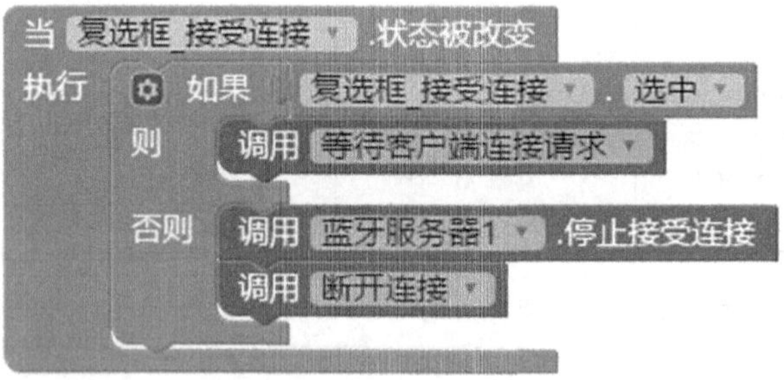

图 3.9-5　复选框_接受连接状态被改变事件实现代码

自定义过程“断开连接”，首先调用内置块中蓝牙服务器的停止接受连接功能，设置连接状态为“已经断开连接”，禁用计时器、断开连接按钮、发送按钮、清空发送消息的文本框，最后调用内置块中蓝牙服务器的断开连接功能，具体实现代码如图 3.9-6 所示。

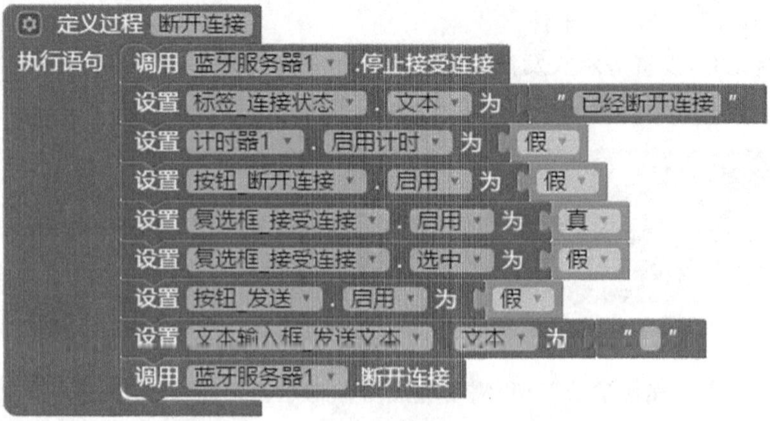

图 3.9-6　自定义过程“断开连接”实现代码

(3)响应蓝牙服务器 1 之接受连接事件。

当客户端请求连接时，触发蓝牙服务器接收连接事件，表示有客户端和服务器建立连接。这里调用自定义过程“连接成功”，实现客户端和服务器建立连接后需要处理的工作，实现代码如图 3.9－7 所示。

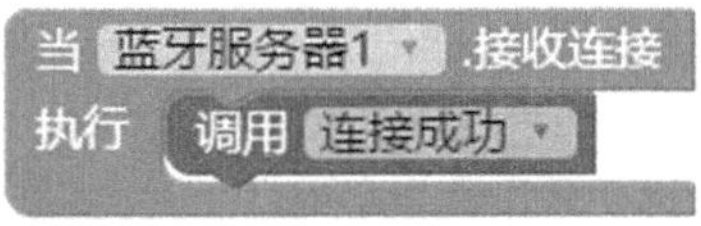

图 3.9－7　蓝牙服务器 1 接受连接事件实现代码

自定义过程“连接成功”的主要任务是设置连接状态显示标签的内容为“已经建立连接”，并启用断开连接按钮、消息发送按钮以及计时器，实现代码如图 3.9－8 所示。

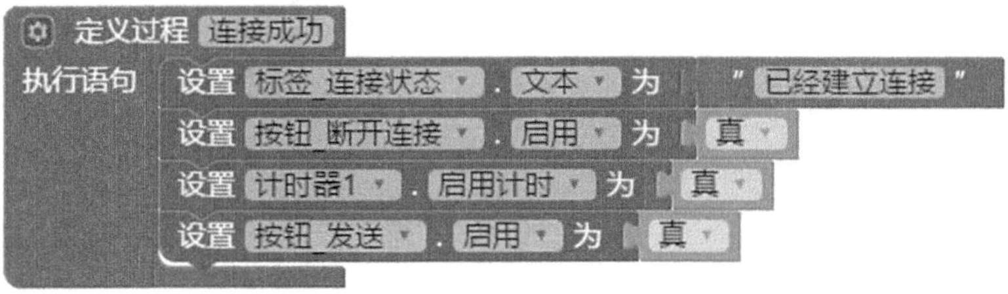

图 3.9－8　自定义过程“连接成功”实现代码

(4)响应计时器 1 之计时到达事件。

计时器 1 设置为 1 s 的时间间隔，也就是说，每过 1 s，计时器触发时间到达事件，按照蓝牙服务器组件的数据接收轮询机制，每过 1 s 查询一下蓝牙服务器已经接收的字节数，当接收字节数>0 时，表示接收到数据。调用内置块中从蓝牙服务器接收文本功能，接收来自客户端的数据。

如果客户端发送的消息为“断开连接”，则调用自定义过程“断开连接”；否则调用自定义过程“刷新消息记录”，实现客户端信息的显示，并调用文本语音转换器的念读文本功能，实现接收信息的语音播报，具体实现代码如图 3.9－9 所示。

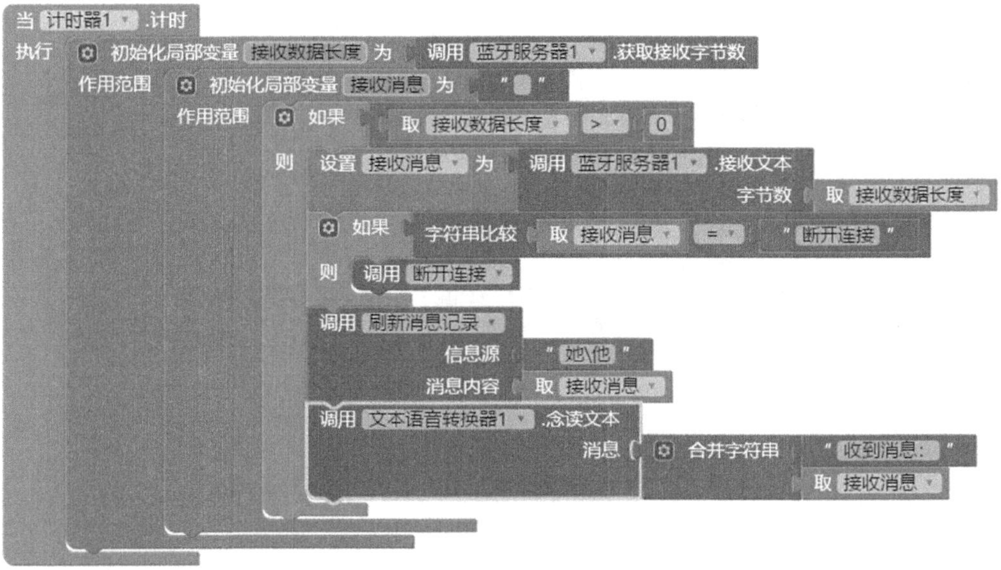

图 3.9－9　计时器 1 计时事件实现代码

其中，自定义过程“刷新消息记录”主要处理消息收发记录文本框显示文本更新的事务。

过程输入参数：信息源（确定消息产生的对象，即服务器产生的消息还是客户端产生的消息）、消息内容（接收或者发送的文本内容）

当消息收发记录的文本框为空，表示首次接收到消息，设置文本框的内容为信息源、“：”、消息内容 3 个文本串合并的结果；否则文本框的内容为文本框当前显示文本、“\n”（回车）、信息源、“：”、消息内容 5 个文本串合并的结果，实现代码如图 3.9-10 所示。

图 3.9-10 自定义过程“刷新消息记录”实现代码

(5)响应按钮_发送之被点击事件。

当用户单击按钮“发送”时，如果发送文本输入框为空，语音提醒用户输入需要发送的数据消息；否则调用蓝牙服务器的发送文本功能，发送文本输入框的数据。同时调用自定义过程“刷新消息记录”，将服务器发送的消息在消息记录文本框中显示，并调用文本语音转换器，实现发送消息的语音播报，具体实现代码如图 3.9-11 所示。

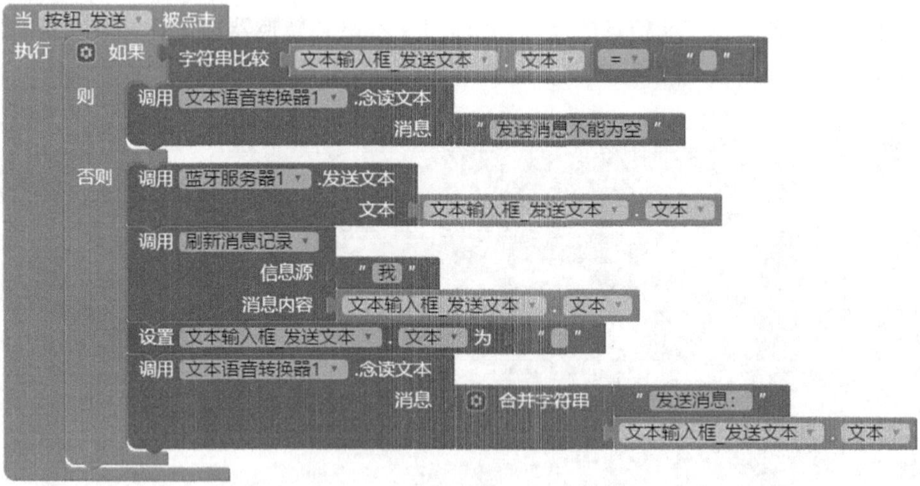

图 3.9-11 按钮_发送被点击事件实现代码

2. 蓝牙客户端程序

客户端程序相关事件处理和功能的设计如下：

(1)响应 Screen1 之初始化事件。

当应用程序启动时，触发屏幕初始化事件。初始状态主要设置断开连接按钮、消息发送按钮为禁用状态，以免尚未建立通信连接进行上述操作引发程序异常；同时设置显示连接状态的标签文本为“程序初始化，尚未建立连接”，设置输入发送消息的文本框、显示消息收发记录的文本框为空，具体实现代码如图 3.9－12 所示。

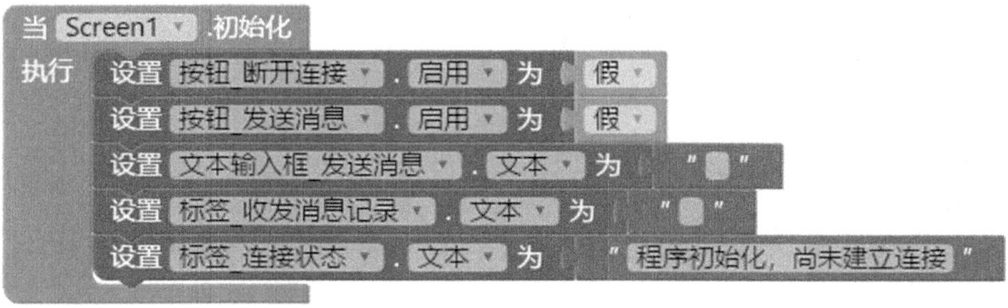

图 3.9－12 Screen1 初始化事件实现代码

(2)响应列表选择框_蓝牙设备之准备选择事件。

当列表框准备选择时，设置列表选择框的选择列表内容为蓝牙客户端所有可搜索到的外部设备的地址和名称，具体实现代码如图 3.9－13 所示。

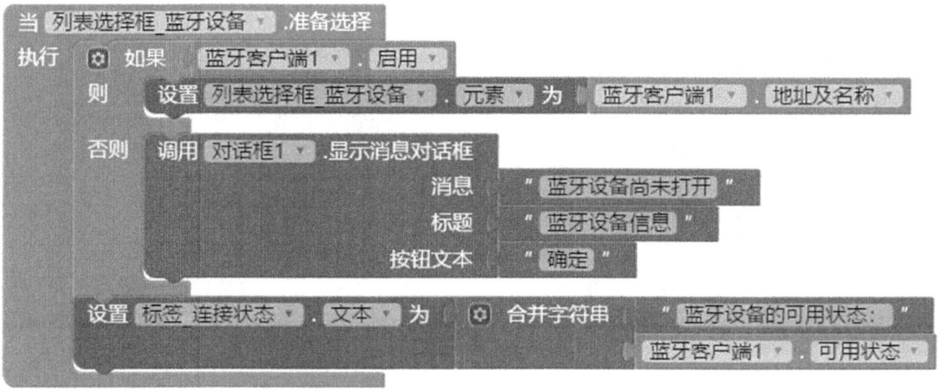

图 3.9－13 列表选择框_蓝牙设备准备选择事件实现代码

(3)响应列表选择框_蓝牙设备之完成选择事件。

当用户完成列表框选择时，表示用户选择了可连接的某一设备，用户选中的设备地址和名称就是蓝牙客户端需要连接的服务器。如果连接成功，调用自定义过程“连接成功事务处理”，否则调用自定义过程“连接失败事务处理”，具体实现代码如图 3.9－14 所示。

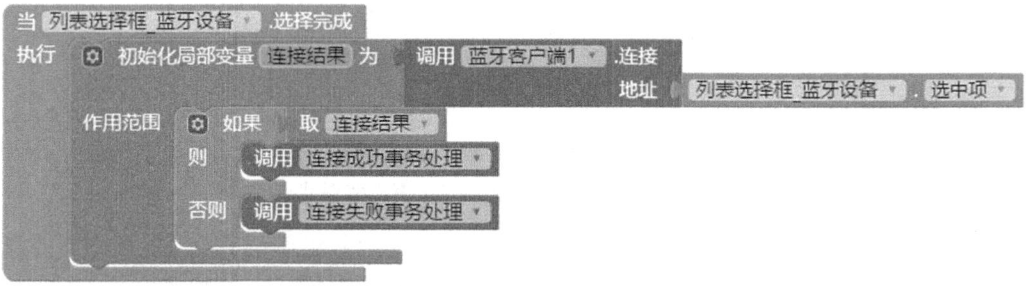

图 3.9－14 列表选择框_蓝牙设备选择完成事件实现代码

自定义过程“连接成功事务处理”被调用时，设置表示连接状态的标签为“连接到服务器”，启用断开连接按钮、消息发送按钮，启用计时器准备接收蓝牙通信数据，同时禁用蓝牙设备选择列表框，以防止重复连接导致异常情况出现，具体代码如图 3.9－15 所示。

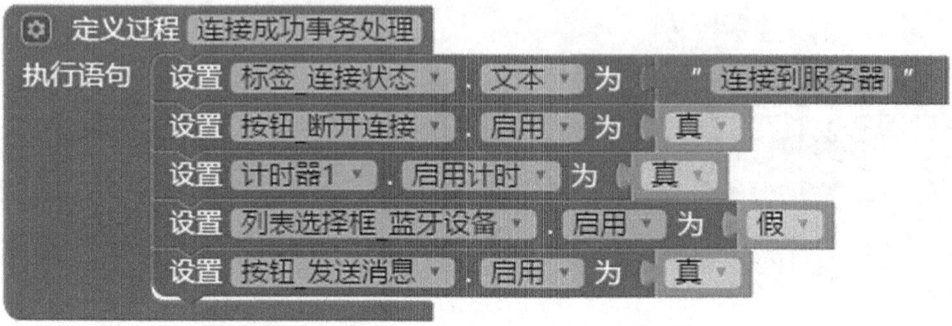

图 3.9－15　自定义过程“连接成功事务处理”实现代码

自定义过程“连接失败事务处理”被调用时，设置表示连接状态的标签为“连接失败”，禁用断开连接按钮、消息发送按钮，禁用计时器，停止接收蓝牙通信数据，同时启用蓝牙设备选择列表框，准备重新连接蓝牙设备，具体代码如图 3.9－16 所示。

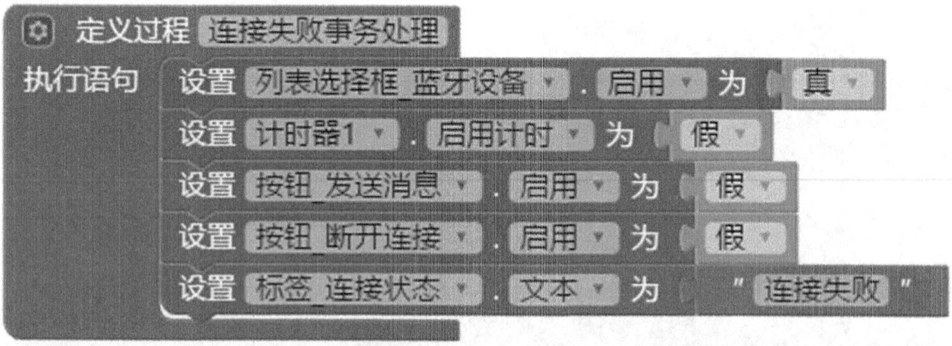

图 3.9－16　自定义过程“连接失败事务处理”实现代码

(4)响应按钮_断开连接之被点击事件。

当用户单击“断开连接”按钮时，蓝牙客户端向服务器发送消息“断开连接”，并调用自定义过程“断开连接事务处理”，具体实现代码如图 3.9－17 所示。

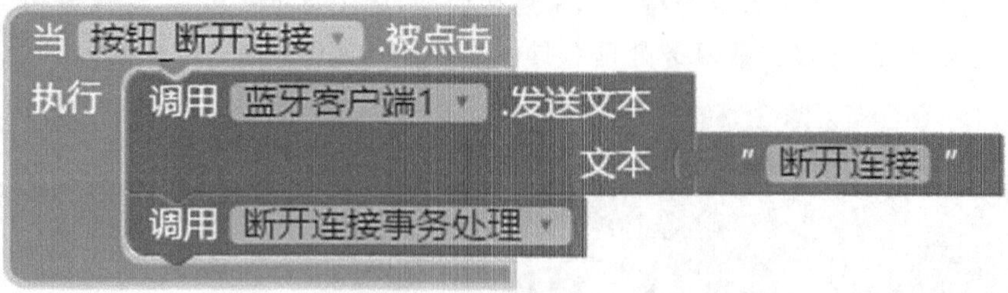

图 3.9－17　按钮_断开连接被点击事件实现代码

自定义过程“断开连接事务处理”被调用时，调用蓝牙客户端的断开连接功能，启用蓝牙设备选择列表框，禁用计时器、发送按钮、断开连接按钮，设置表示连接状态的标签文本为“断开连接”，输入发送消息的文本框、收发消息记录显示的文本框清空，实现代码如图 3.9－18 所示。

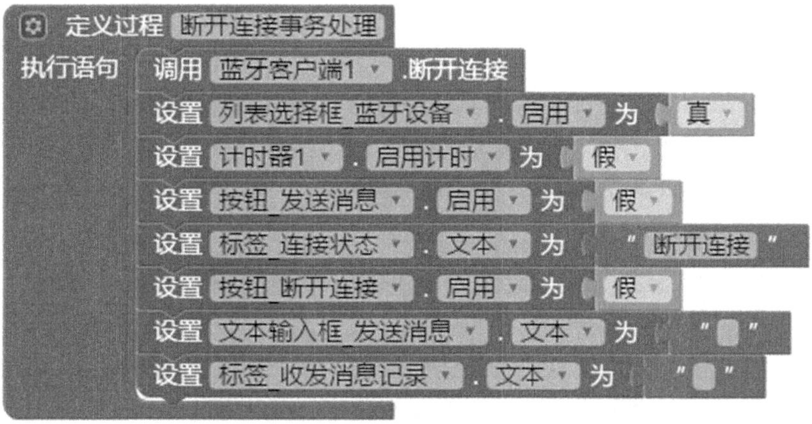

图 3.9-18 自定义过程“断开连接事务处理”实现代码

(5)响应计时器_到达计时点事件。

计时器在客户端和服务器建立连接成功后启动，一经启动，就以 1 s 的时间间隔触发计时器到达计时点事件。当事件触发后，调用自定义过程“接收数据”，实现代码如图 3.9-19 所示。

图 3.9-19 计时器 1 到达计时点事件实现代码

自定义过程“接收数据”的主要功能就是查询蓝牙客户端接收的数据长度，一旦大于 0，则读取对应字节长度的数据，调用自定义过程“刷新消息记录”，以文本的形式追加显示在消息收发记录文本框中，同时调用文本语音转换器的念读文本功能，实现接收消息的语音播报。如果接收到“断开连接”消息，则调用自定义过程“断开连接”，具体实现代码如图 3.9-20 所示。

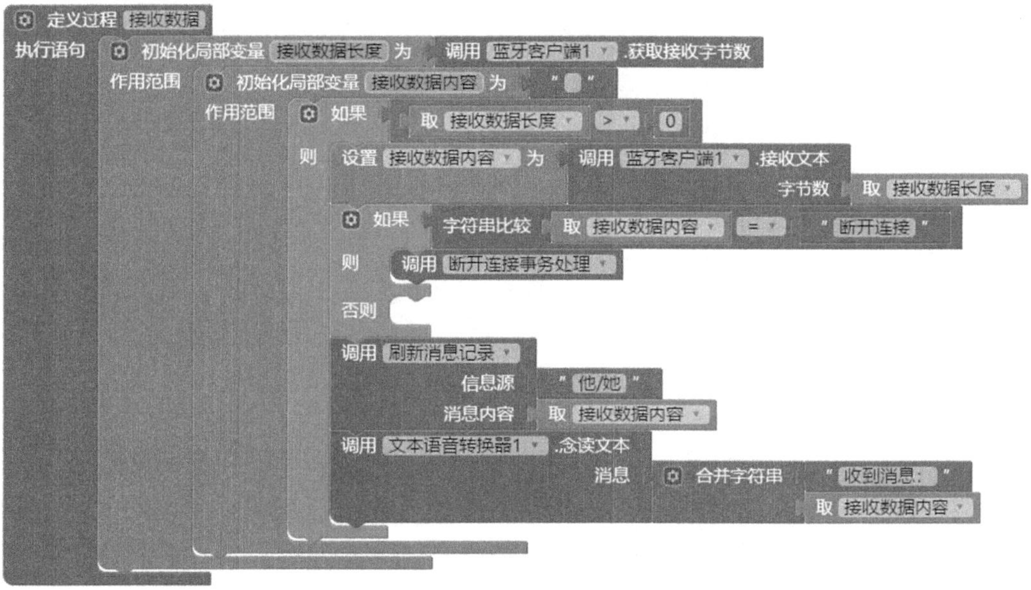

图 3.9-20 自定义过程“接收数据”实现代码

自定义过程“刷新消息记录”主要处理蓝牙设备接收到数据后，在消息收发记录文本框中数据的显示问题。当收发消息记录文本框为空的时候，设置文本框显示内容为来自客户端的消息，否则将接收的文本消息追加在文本框之后，具体实现代码如图 3.9－21 所示。

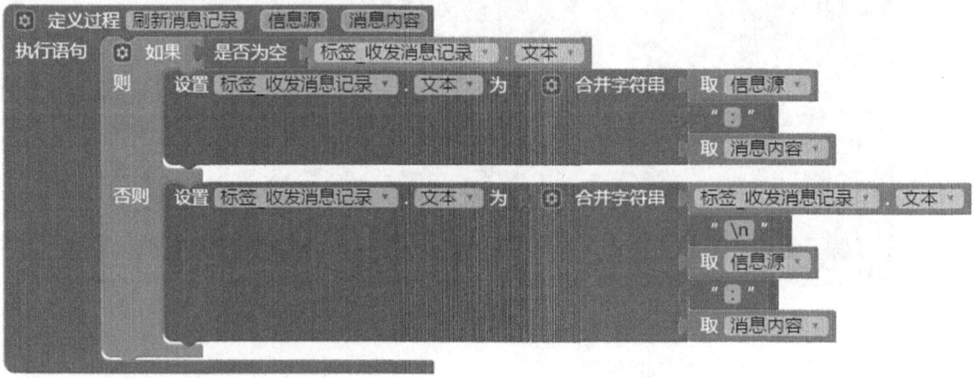

图 3.9－21 自定义过程“刷新消息记录”实现代码

(6)响应按钮_发送数据之被点击事件。

当用户单击“数据发送”按钮时，读取发送数据文本输入框中的内容，作为蓝牙客户端发送文本功能的输入参数，并将发送的数据按照指定的格式追加到用于显示收发数据内容的文本输入框_接收数据显示中，调用文本语音转换器实现发送消息的语音播报功能。当发送消息为“断开连接”时，调用自定义过程“断开连接事务处理”，完成相关设置，等待重新连接，具体实现代码如图 3.9－22 所示。

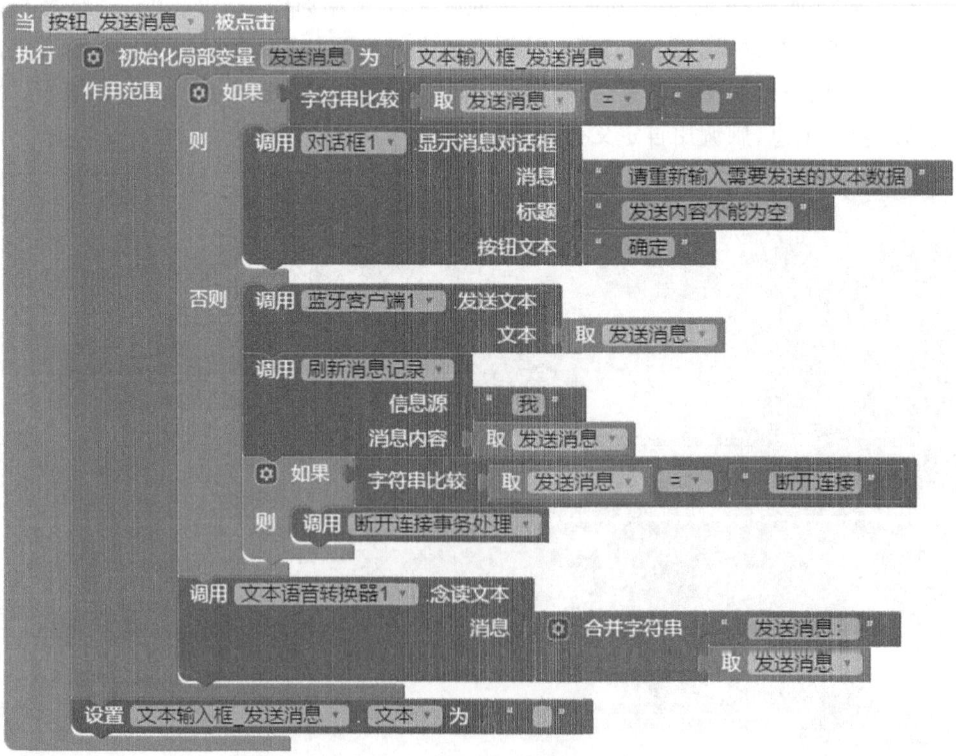

图 3.9－22 按钮_发送消息被点击事件实现代码

3.9.5 结果测试

蓝牙通信程序测试需要两部安卓手机，一部装蓝牙服务器程序，另一部安装蓝牙客户端程序。打开两机的蓝牙模块，进行配对。首先运行服务器程序，默认启动等待连接，运行结果分别如图 3.9-23 所示。

图 3.9-23 服务器、客户端程序运行初始界面

客户端选择配对连接的蓝牙手机，客户端、服务器程序运行结果如图 3.9-24 所示。

图 3.9-24 客户端选择连接后程序运行结果

依次为客户端选择连接的蓝牙设备——服务器地址和名称、服务器程序显示已经建立连接、客户端显示连接到服务器。表明蓝牙通信链路成功建立，此时，即可相互发送文本消息。

服务器发送数据“i love you”，服务器、客户端程序运行结果如图 3.9－25 所示。

图 3.9－25　服务器发送数据后程序运行结果

客户端发送“断开连接”，服务器、客户端程序运行结果如图 3.9－26 所示。

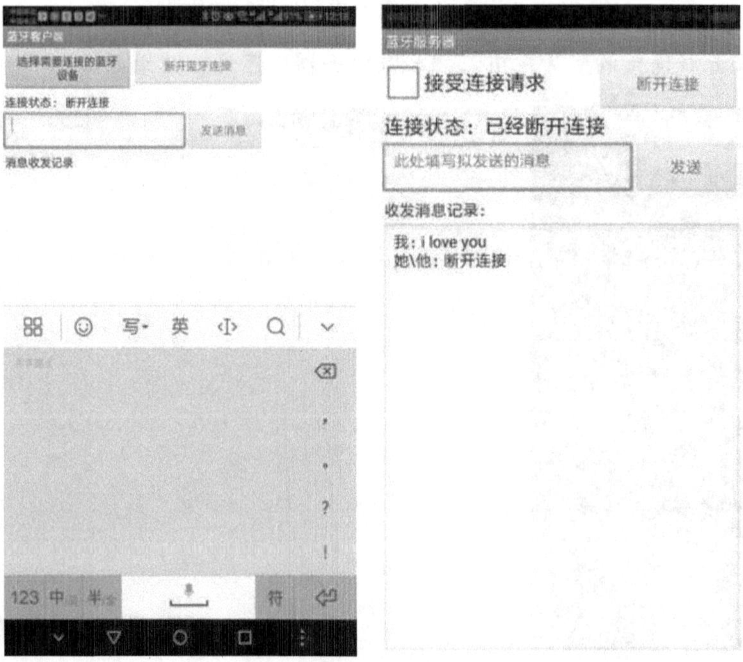

图 3.9－26　客户端发送“断开连接”后程序运行结果

当客户端发送“断开连接”,客户端程序恢复至初始状态,此时服务器连接状态显示“已经断开连接”,信息收发记录显示最后一次接收的消息为“断开连接”。断开连接按钮、消息发送按钮禁用,接受连接请求复选框启用,等待用户的下一步操作。

测试结果说明,基于蓝牙通信技术,可以方便建立双机通信链路,实现即时通信功能。

3.9.6　拓展思考

进一步拓展练习可以思考实现以下功能:

(1)目前开发两个程序,有点麻烦,是否可以设计成为一个程序,用户可自由配置其为服务器程序或者客户端程序。

(2)在安卓应用商店下载蓝牙串口软件,模拟当前流行的蓝牙串口调试助手,设计一款基于 AI 的蓝牙串口调试助手。

4　综合应用实践

4.1　手机蓝牙控制灯光

4.1.1　问题描述

目前，人们通过用手触动在插座上的开关对插座进行机械操作，使用起来非常不方便，比如在寒冷的冬季，人们不得不离开温暖的被窝，甚至光着脚丫去打开用电器的电源，另外这些用电器电源的开与关也可能是非常令人烦恼的事，比如忘记关闭电源是常有的事情，这就可能造成电能的浪费，更有甚者可能成为火灾隐患。假如用户有一款用手机蓝牙就能遥控的插座，那该是件多么轻松惬意的事啊！

这种需求催生出了一批蓝牙开关集成模块，它们依靠蓝牙通信技术和智能手机建立通信连接，接受智能手机命令，执行对应开关状态的变化，典型的弱电开关、强电开关应用如图 4.1－1 所示。

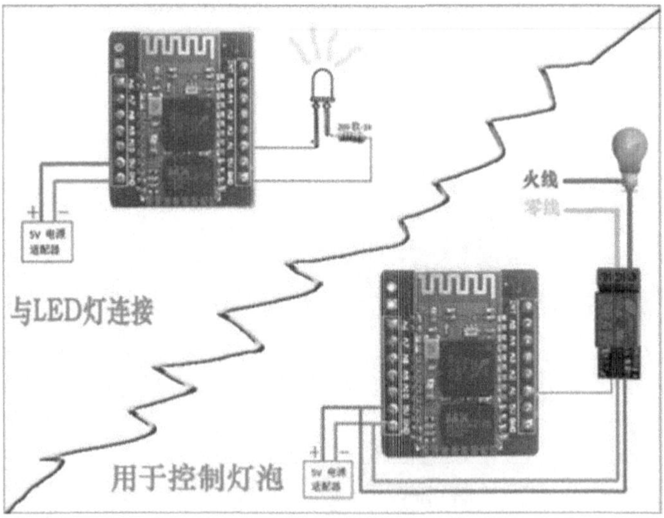

图 4.1－1　蓝牙开关应用图例

一旦智能手机和蓝牙开关建立通信连接，就可以按照通信协议，发送相应的指令数据控制蓝牙开关对应端口的电平的高低。需要注意的是，这里的指令数据是 16 进制数值型数据，需要转换为 10 进制整数数据，并以列表的形式存储。

结合蓝牙控制器的工作模式以及控制指令，我们可以轻而易举地设计开发室内灯光的开关手机控制、手机控制的门禁(电磁门锁)、自动浇水、自动风扇开关等无穷多的应用。

本节我们以 YS-BLK 蓝牙控制模块为核心，完成灯光控制电路设计制作，并根据 YS-BLK

蓝牙控制模块的通信协议,编写、制作安卓版本的蓝牙通信程序,实现手机控制 LED 灯/日光灯的基本应用,达到智能家居环境灯光子系统的初步技术效果。用户可以用手机按键控制灯光开关,可以设置延时灯光效果。

4.1.2 学习目标

(1)蓝牙客户端使用方法;

(2)16 进制数据指令的列表实现方法;

(3)控制电路的设计方法。

4.1.3 方案构思

本节案例关键在于蓝牙控制器的使用,YS-BLK 蓝牙控制模块结构图如图 4.1－2 所示。

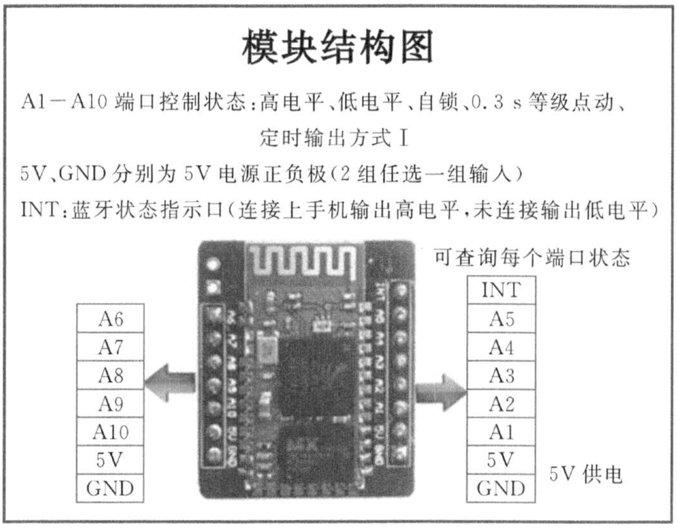

图 4.1－2 YS-BLK 蓝牙控制模块结构图

该模块总共有 10 个可以控制的 IO 端口,分别是 A1、A2、……、A10,当模块通过蓝牙通信接收到相应的指令时,10 个 IO 端口可以自锁或者点动模式输出高电平、低电平。

基于该模块的简单应用系统可以是弱电系统的蓝牙遥控,首先设计蓝牙控制器及其外部电路,10 个 IO 引脚均按照如图 4.1－3 所示连接,完成硬件电路设计。

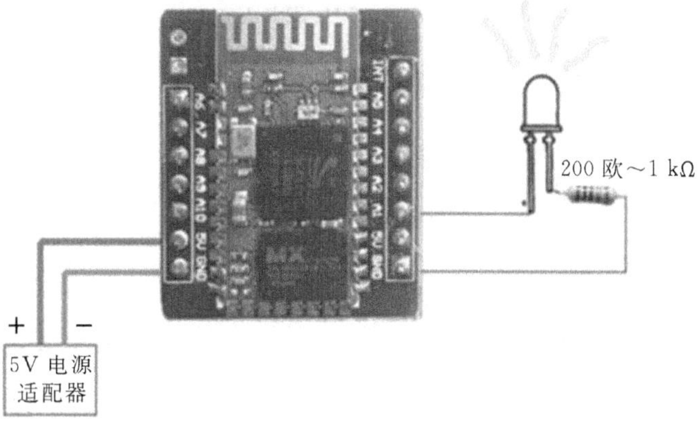

图 4.1－3 蓝牙控制器弱电系统连接示例

图中蓝牙控制器工作时，5V 电源正极连接蓝牙模块的 5 V 引脚，5 V 电源负极连接蓝牙模块的 GND 引脚，发光二极管长腿(+)连接模块 A1 引脚(P1)，发光二极管短腿(−)通过 200～1 kΩ 电阻与模块的 GND 引脚(P1)连接。当 A1 端口输出高电平时，LED 灯亮，输出低电平时，LED 灯灭。而 A1 端口的输出电平可以通过手机蓝牙通信数据来决定，这就为基于安卓手机应用程序的遥控系统设计奠定了硬件基础。读者可以参考此电路完成 10 个电路的连接工作。

或者也可以按照如图 4.1－4 所示电路连接，对 220 V 的照明电路进行控制。图中 220 V 交流电源零线接继电器 COM 端子，火线接继电器 NO 端子，蓝牙控制器 A1 输出引脚接继电器输入信号端子，蓝牙控制器工作时，5 V 电源正极连接蓝牙模块的 5 V 引脚，5 V 电源负极连接蓝牙模块的 GND 引脚，蓝牙控制器 5 V 电源引脚并接继电器模块 DC＋端子，蓝牙控制器 GND 引脚并接继电器模块 DC－端子。当 A1 输出高电平时，COM 与 NO 端子闭合，灯泡形成电路回路，电灯亮；当 A1 输出低电平时，COM 与 NO 端子断开，灯泡电路断路，电灯灭。读者可以在此基础上进一步扩充为 10 个灯泡的控制电路。

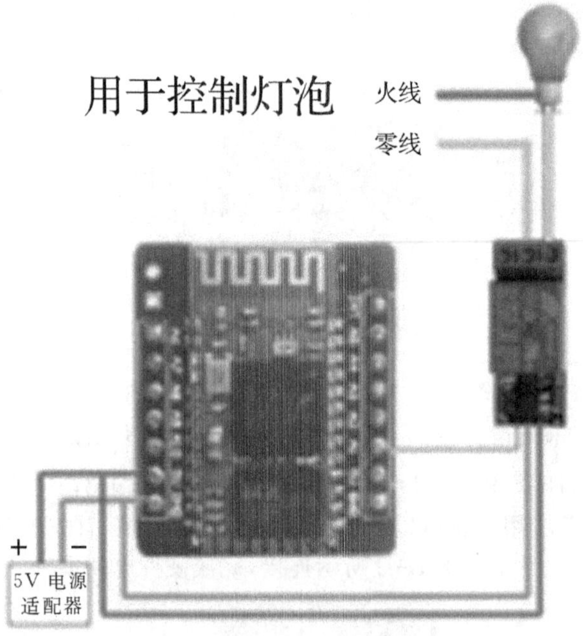

图 4.1－4　蓝牙控制器强电系统连接示例

需要注意的是，蓝牙控制器端口输出电流最大为 15 mA，累计输出电流不超过 60 mA，如果希望驱动多个端口，可以考虑增加使用三极管或其他驱动模块连接蓝牙模块的各个输出端口。

本节案例使用的 YS-BLK 蓝牙控制模块通信协议如下：

自锁模式：按一次输出高电平，再按一次输出低电平，依次循环。高电平即输出 5 V，低电平即输出 0 V，高低电平与开和关是相对关系，具体看控制的设备接收信号情况，对应的指令如表 4.1－1 所示。

表 4.1-1 自锁模式控制指令一览表

端口号	控制指令	端口号	控制指令
P1	01 99 01 00 99	P6	01 99 06 00 99
P2	01 99 02 00 99	P7	01 99 07 00 99
P3	01 99 03 00 99	P8	01 99 08 00 99
P4	01 99 04 00 99	P9	01 99 09 00 99
P5	01 99 05 00 99	P10	01 99 10 00 99

低电平输出模式:按一次输出低电平,按一次输出高电平,再按也是保持低电平,对应的指令如表 4.1-2 所示。

表 4.1-2 低电平模式控制指令一览表

端口号	控制指令	端口号	控制指令
P1	01 99 01 01 99	P6	01 99 06 01 99
P2	01 99 02 01 99	P7	01 99 07 01 99
P3	01 99 03 01 99	P8	01 99 08 01 99
P4	01 99 04 01 99	P9	01 99 09 01 99
P5	01 99 05 01 99	P10	01 99 10 01 99

高电平输出模式:按一次输出高电平,再按一次还是输出高电平,再按也是保持高电平,对应的指令如表 4.1-3 所示。

表 4.1-3 高电平模式控制指令一览表

端口号	控制指令	端口号	控制指令
P1	01 99 01 02 99	P6	01 99 06 02 99
P2	01 99 02 02 99	P7	01 99 07 02 99
P3	01 99 03 02 99	P8	01 99 08 02 99
P4	01 99 04 02 99	P9	01 99 09 02 99
P5	01 99 05 02 99	P10	01 99 10 02 99

互锁模式:分为 P1~P5 互锁模式和 P6~P10 互锁模式。如按 P1 互锁,则 P1~P5 这 5 个端口只有 P1 输出高电平,其他输出低电平。反之如果按 P2 互锁,只有 P2 输出高电平,其他输出低电平。对应的指令如表 4.1-4 所示。

表 4.1-4 互锁模式控制指令一览表

P1~P5 互锁		P6~P10 互锁	
端口号	控制指令	端口号	控制指令
P1	01 99 01 03 99	P6	01 99 06 03 99
P2	01 99 02 03 99	P7	01 99 07 03 99
P3	01 99 03 03 99	P8	01 99 08 03 99
P4	01 99 04 03 99	P9	01 99 09 03 99
P5	01 99 05 03 99	P10	01 99 10 03 99

点动延时模式:点动是指输出高电平后延时一段时间后输出低电平,延时取值范围为 1~F,

共 15 个等级,每个等级以 0.3 s 累加。如 P1 点动 0.3 s 则对应指令为:

01 99 01 A1 99;

0.6 s:01 99 01 A2 99;

3 s:01 99 01 AA 99。

P2 端口点动 3 s 的对应指令为:01 99 02 AA 99。对应的指令如表 4.1-5 所示。

表 4.1-5 点动延时模式控制指令一览表

端口号	控制指令	端口号	控制指令
P1 点动输出	01 99 01 AX 99	P6 点动输出	01 99 06 AX 99
P2 点动输出	01 99 02 AX 99	P7 点动输出	01 99 07 AX 99
P3 点动输出	01 99 03 AX 99	P8 点动输出	01 99 08 AX 99
P4 点动输出	01 99 04 AX 99	P9 点动输出	01 99 09 AX 99
P5 点动输出	01 99 05 AX 99	P10 点动输出	01 99 10 AX 99

电机控制的端口组合模式:

这种模式下,蓝牙控制器可以同时控制 5 个电机的启停和正反转。使用两个输出端口,比如以 P1、P2 端口作为电机控制信号。P1=1 代表 P1 输出高电平,P1=0 代表 P1 输出低电平。用于控制电机正反转、停止。对应的指令如表 4.1-6 所示。

表 4.1-6 电机控制的端口组合模式控制指令一览表

电机 1 组合	控制指令	电机 2 组合	控制指令
P1=1;P2=0	01 99 01 04 99	P3=1;P4=0	01 99 04 04 99
P1=0;P2=1	01 99 02 04 99	P3=0;P4=1	01 99 05 04 99
P1=0;P2=0	01 99 03 04 99	P3=0;P4=0	01 99 06 04 99
电机 3 组合	控制指令	电机 4 组合	控制指令
P5=1;P6=0	01 99 07 04 99	P7=1;P8=0	01 99 10 04 99
P5=0;P6=1	01 99 08 04 99	P7=0;P8=1	01 99 11 04 99
P5=0;P6=0	01 99 09 04 99	P7=0;P8=0	01 99 12 04 99
电机 3 组合	控制指令		
P9=1;P10=0	01 99 13 04 99		
P9=0;P10=1	01 99 14 04 99		
P9=0;P10=0	01 99 15 04 99		

蓝牙控制器 YS-BLK 是默认作为一个蓝牙服务器存在的,所以手机 App 应该是一个客户端程序,因此程序设计中必须使用的组件就是蓝牙客户端。

根据需求,程序必须具备以下功能:

(1)选择需要连接设备的地址和名称。这就需要程序设计中提供一个列表选择框,列表选择框选项内容为手机可检测到的蓝牙服务器设备地址和名称,用户选择后,建立手机和蓝牙设备的通信连接。

(2)按键控制灯开关。当按键打开灯光时,向蓝牙控制器发送控制指令,使得蓝牙控制器相应端口输出高电平；当按键关闭灯光时，向蓝牙控制器发送控制指令，使得蓝牙控制器相应端口输出低电平。

(3)蓝牙开关点的工作模式下，设置点动延时，使得 LED 灯可以延时关闭，从而使得灯光关闭指令下达后，用户还可以从容地完成必要善后工作，不必摸黑。

基于上述想法，设计应用程序界面以及所用组件结构如图 4.1－5 所示。

程序各个组件相关属性设置信息如表 4.1－7 所示。

图 4.1－5　程序界面设计

表 4.1－7　程序中使用的组件及其属性设置信息

所属面板	对象类型	对象名称	属性	属性取值
用户界面	列表选择框	列表选择框 1	显示文本	选择需要控制的蓝牙灯光设备
界面布局	水平滚动布局	水平滚动布局 2	默认	默认
界面布局	垂直滚动布局	垂直滚动布局 1	默认	默认
用户界面	标签	标签_关灯模式提示	显示文本	设置关灯模式：
	复选框	复选框_是否延时关	显示文本	延时关灯
用户界面	列表选择框	列表选择框_延时设置	显示文本	选择并设定延时时间
界面布局	表格布局	表格布局 1	列数	2
			行数	5
			宽度	充满
用户界面	按钮	按钮_开关 1 灯	显示文本	开 1 灯
			宽度	50％
		按钮_开关 2 灯	显示文本	开 2 灯
			宽度	50％

续表

所属面板	对象类型	对象名称	属性	属性取值
用户界面	按钮	按钮_开关 3 灯	显示文本	开 3 灯
			宽度	50%
		按钮_开关 4 灯	显示文本	开 1 灯
			宽度	50%
		按钮_开关 5 灯	显示文本	开 5 灯
			宽度	50%
		按钮_开关 6 灯	显示文本	开 6 灯
			宽度	50%
		按钮_开关 7 灯	显示文本	开 7 灯
			宽度	50%
		按钮_开关 8 灯	显示文本	开 8 灯
			宽度	50%
		按钮_开关 9 灯	显示文本	开 9 灯
			宽度	50%
		按钮_开关 10 灯	显示文本	开 10 灯
			宽度	50%
用户界面	按钮	按钮_退出程序	显示文本	退出应用程序
			宽度	充满
用户界面	对话框	对话框 1	默认	默认
通信连接	蓝牙客户端	蓝牙客户端 1	默认	默认

4.1.4 实现方法

本节项目的开发，关键在于对 YS-BLK 蓝牙控制模块通信协议的理解。该模块有多种端口输出控制指令，而手机与蓝牙控制模块的通信连接是项目成功实施的核心；另外，启动蓝牙控制器工作与点动模式（延时开关）时，究竟延时多少是生成控制指令的关键，因此程序首先声明 2 个全局变量，用以保存通信连接状态和延时时间，如图 4.1－6 所示。

图 4.1－6　程序声明的全局变量

程序运行时初始状态只有用以选择需要控制的蓝牙灯光设备的列表选择框和退出应用程序的按钮启用，其他组件均设置为禁止操作状态。

当用户选择并连接蓝牙控制模块后，如果选择了延时关灯模式，则用以选择设定延时时间的列表选择框启用。同时，10 个控制灯光的按钮启用。对于每一个按钮，当按钮显示文本为“开×灯”时，点击按钮，发送对应的端口高电平工作指令，并设置按钮显示文本为“关×灯”。当按钮显示文本为“关×灯”时，点击按钮，判断是否延时关灯，如果不是延时关灯，则发送对应的端口低电平工作指令，如果选择延时关灯，则根据选择的延时时间，生成并发送点动控制指令，设置按钮显示文本为“关×灯”。

此外，程序主要完成以下功能：

(1)响应 Screen1 之初始化事件。

在屏幕初始化事件发生时，为了提高用户界面友好性，便于用户按照操作流程逐步完成灯光的遥控操作，对于程序界面中的组件启用状态进行了管理。初始状态，除了选择蓝牙设备的列表选择框和退出程序的按钮启用，其他组件均被设置为禁止操作状态，即启用状态为逻辑“假”，具体实现代码如图 4.1－7 所示。

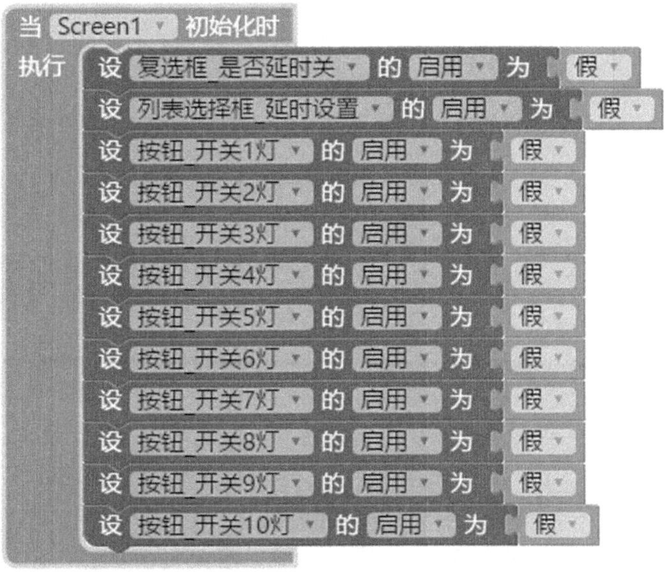

图 4.1－7 Screen1 初始化事件实现代码

(2)响应列表选择框 1 之准备选择事件。

当列表选择框 1 准备选择时，首先需要保证手机蓝牙功能打开，并与设备配对成功。调用蓝牙客户端的断开已连接设备的功能，然后设置蓝牙客户端的选择项列表的内容为所有已经配对成功的蓝牙设备清单，可通过蓝牙客户端的地址及名称属性获取此数据，具体实现代码如图 4.1－8 所示。

图 4.1－8 列表选择框 1 准备选择事件实现代码

(3)响应列表选择框 1 之选择完成事件。

当列表选择框 1 完成选择时，设置蓝牙客户端的连接设备为用户选择的设备地址及名称，并启动通信连接，当连接成功，则弹出对话框提示连接成功信息，否则弹出对话框提示连接失败信息。如果蓝牙设备连接成功，则调用自定义过程“开启设备操作”，将屏幕初始化期间禁止操作的 UI 组件启用，具体实现代码如图 4.1 - 9 所示。

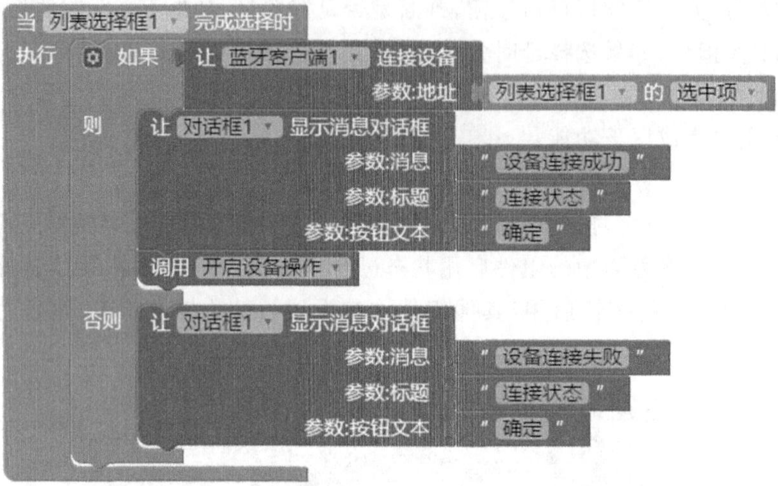

图 4.1 - 9 列表选择框 1 选择完成事件实现代码

这里调用了自定义过程“开启设备操作”，其实现的完整代码如图 4.1 - 10 所示。

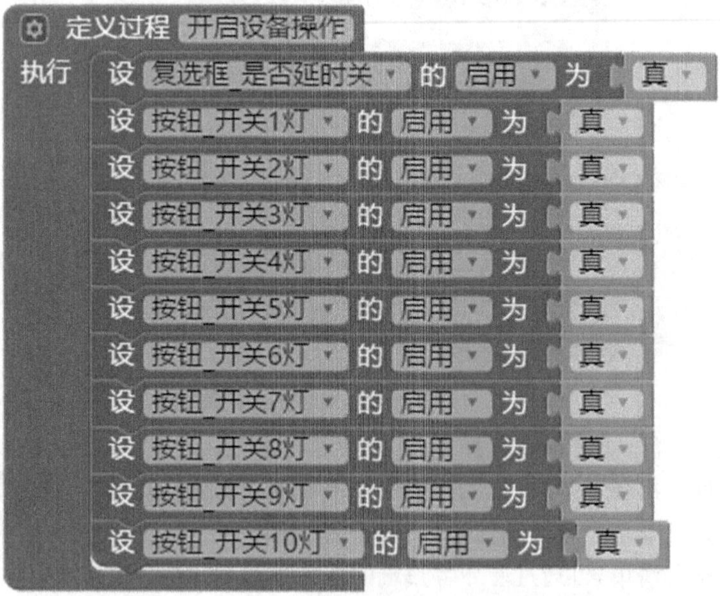

图 4.1 - 10 自定义过程“开启设备操作”实现代码

代码中用以选择设定延时时间的列表选择框并未启用，而是等待判断用户是否选择延时关灯选项，再做进一步处理。

(4)响应蓝牙客户端 1 之连接失败事件。

当蓝牙客户端连接失败时，弹出对话框，显示连接失败信息，实现代码如图 4.1 - 11 所示。

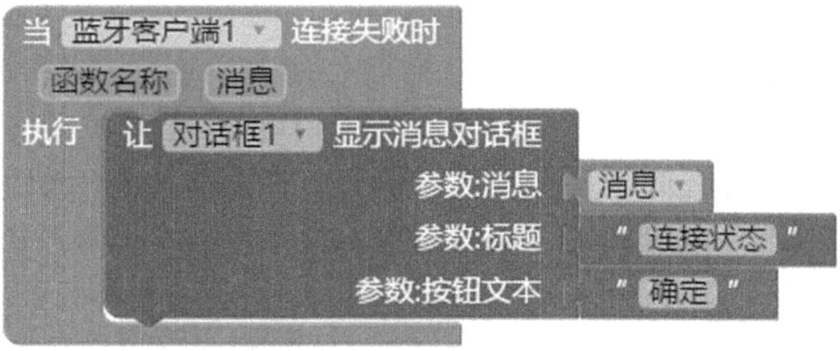

图 4.1-11 蓝牙客户端 1 连接失败事件实现代码

(5)响应复选框_是否延时关之状态改变事件。

当复选框_是否延时关的状态改变时,如果用户选中,表示即将发送对应端口的点动指令,即延时关灯指令,并启用延时设置目的的列表选择框,否则延时设置目的的列表选择框禁止操作,实现代码如图 4.1-12 所示。

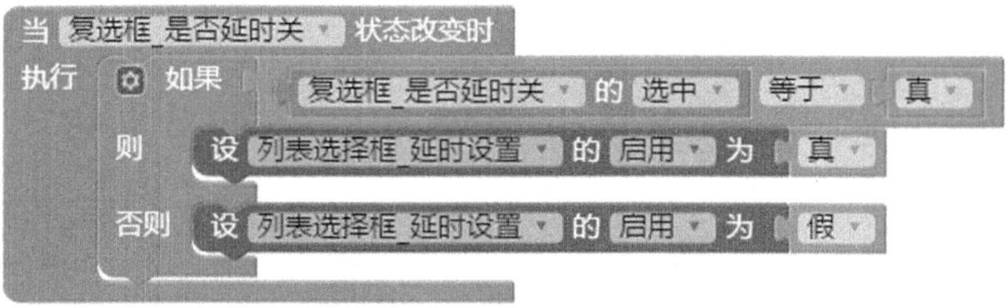

图 4.1-12 复选框_是否延时关状态改变事件实现代码

(6)响应列表选择框_延时设置之准备选择事件。

由于蓝牙控制模块的点动工作模式是指 IO 端口输出高电平后延时一段时间后就输出低电平,延时取值范围有 1～F 共 15 个等级,每个等级以 0.3 s 累加,一个时间等级对应一条控制指令,比如:端口 1 延时 0.3 s 对应第一级,则发送指令为:01 99 **01** **A1** 99。指令中黑体部分 **01** 表示 1 号端口,A1 表示延时 1 个时间等级,如果延时 2 个时间等级,则发送指令为 01 99 **01** **A2** 99。因此,延时设置的列表框中的选项内容就应该是 15 个可供设置的延时时间,即 0.3,0.6,…,4.5。

按照上述思路,创建列表类型的临时变量,按照 0.3 的步进值,循环 15 次,将得到的延时数据追加到列表中,使之成为列表选择框的选项内容,具体实现代码如图 4.1-13 所示。

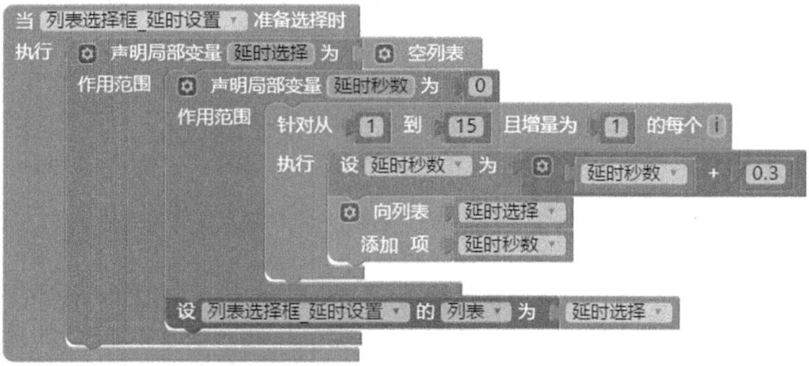

图 4.1-13 列表选择框_延时设置准备选择事件实现代码

(7)响应列表选择框_延时设置之完成选择事件。

由于延时设置的列表框中的选项内容为15个可供设置的延时时间,即0.3、0.6、……、4.5,而延时指令形如“01 99 **01 A2** 99”,关注的是延时等级,其中A2为16进制数据,对应整数为10×16+2(延时等级),而延时设置的列表框中提供的又是可读性较好的延时时间,所以,当用户完成选择时,选中项对应的具体时间值除以0.3,将其换算为对应的延时等级,并将换算结果进行整数化处理后,赋予全局变量“延时时间”,为了进一步提高持续操作的友好性,并进一步验证换算结果的正确性,还提供了对话框显示用户操作结果,具体实现代码如图4.1-14所示。

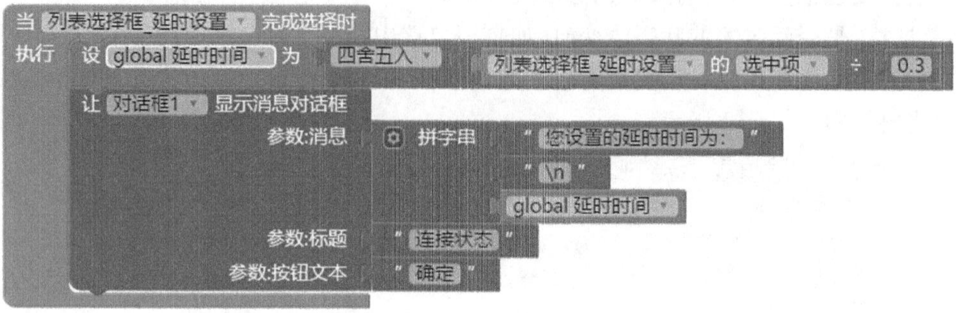

图4.1-14 列表选择框_延时设置选择完成事件实现代码

(8)响应按钮_开关1灯之被点击事件。

当按钮开关1灯被点击时,如果按钮显示文本为“开1灯”,则需要控制蓝牙模块1号端口为高电平工作模式,因此,调用自定义过程“开关灯光指令发送”,设置参数开关编号为1,开关状态为开,并设置按钮的显示文本为“关1灯”。

当用户点击按钮时,如果按钮显示文本为“关1灯”,则需要判断验延时关灯复选框是否选中,如果选中,则调用自定义过程“延时关闭控制指令发送”,并设置过程参数延时等级为全局变量延时时间值、开关编号为1;否则调用自定义过程“开关灯光指令发送”,设置参数开关编号为1,开关状态为关。完成关灯相关操作后,设置按钮的显示文本为“开1灯”,具体实现代码如图4.1-15所示。

这里涉及两个自定义过程:开关灯光指令发送和延时关闭控制指令发送。其中:

自定义过程“开关灯光指令发送”,输入参数:开关编号、开关状态。

当输入参数开关状态为开时,按照蓝牙控制模块端口高电平工作模式发送控制指令。该模式下指令的格式由5个16进制的字节组成,形如:01 99 01 02 99。其中1、2、5字节为固定值,第3字节值表示开关编号,第4字节值为02,表示高电平工作模式。因此,当按钮_开关1灯被点击,如果按钮显示文本为开,则发送指令为01 99 01 02 99,对应10进制的字节数组内容为:1 153 1 2 153,调用蓝牙客户端的发送字节数组功能,将此数据发送给蓝牙控制模块,即可实现蓝牙控制模块1号端口连接灯光的开灯操作。

当输入参数开关状态为关时,按照蓝牙控制模块端口低电平工作模式发送控制指令。指令格式与高电平模式唯一不同的就是第4字节的内容为1,表示低电平工作,具体实现代码如图4.1-16所示。

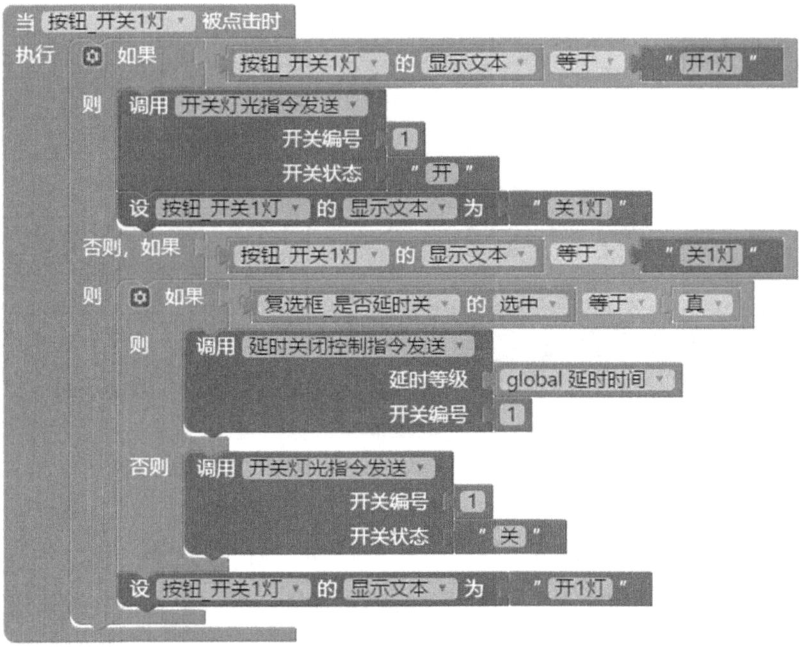

图 4.1-15 按钮_开关 1 灯被点击事件实现代码

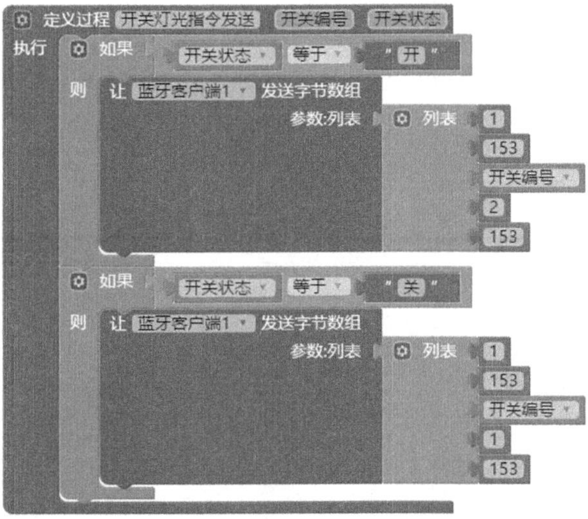

图 4.1-16 自定义过程“开关灯光指令发送”实现代码

自定义过程“延时关闭控制指令发送”，输入参数：延时等级、开关编号。

当发送延时关闭指令时，按照蓝牙控制模块的通信协议，需要发送指令将蓝牙控制模块端口设置为点动模式，该模式指令的一般形式为：01 99 01 AX 99。其中第 3 字节的内容设置端口编号，第 4 字节设置延时时间。延时时间由 16 进制 AX 表示，其中 X 为 1～F 之间的一个数字，表示 15 个延时等级，每一个等级按照 0.3 s 累加递进。因此，当给定输入参数延时等级为 1～15 之间的整数时，第 4 个字节 AX 可以表示为 10 进制的“10×16＋延时等级”，即“160＋延时等级”，即可实现指定时间的延时关闭效果，具体实现代码如图 4.1-17 所示。

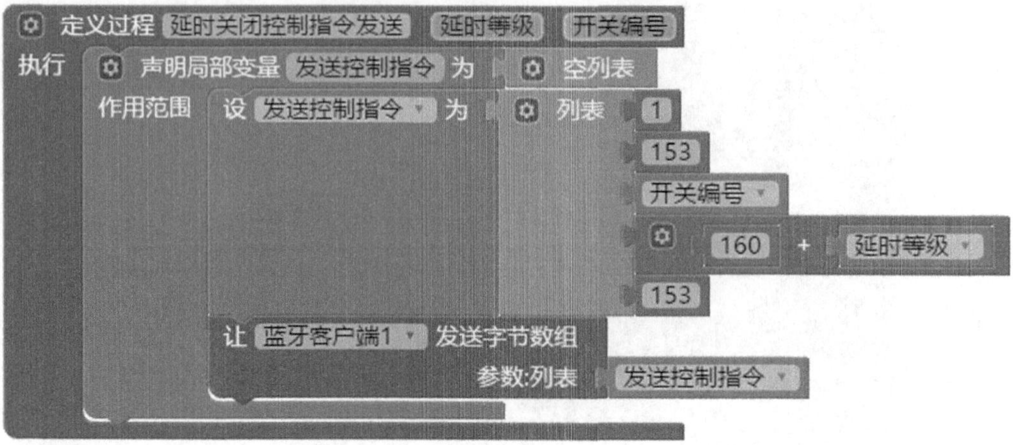

图 4.1-17 自定义过程“延时关闭控制指令发送”实现代码

(9)响应按钮_开关 2 灯之被点击事件。

当按钮开关 2 灯被点击时，如果按钮显示文本为“开 2 灯”，则需要控制蓝牙模块 2 号端口为高电平工作模式，因此，调用自定义过程“开关灯光指令发送”，设置参数开关编号为 2，开关状态为开，并设置按钮的显示文本为“关 2 灯”。

当用户点击按钮时，如果按钮显示文本为“关 2 灯”，则需要判断验延时关灯复选框是否选中，如果选中，则调用自定义过程“延时关闭控制指令发送”，并设置过程参数延时等级为全局变量延时时间值、开关编号为 2；否则调用自定义过程“开关灯光指令发送”，设置参数开关编号为 2，开关状态为关。完成关灯相关操作后，设置按钮的显示文本为“开 2 灯”，具体实现代码如图 4.1-18 所示。

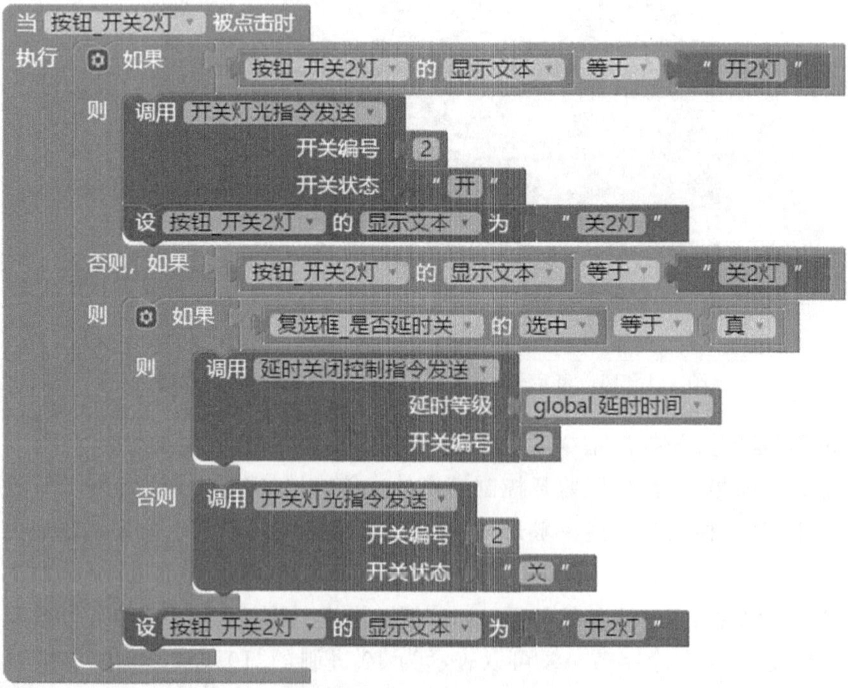

图 4.1-18 按钮_开关 2 灯被点击事件实现代码

至此，读者可以发现，在经过不同指令发送过程的封装之后，10 个按钮的事件响应代码，区别仅仅在于开关编号、开关状态和按钮的显示文本设置，程序的可读性、逻辑性进一步得到增强。因篇幅所限，这里就不再一一罗列，读者可以参考上述代码自行完成。

(10)响应按钮_退出程序之被点击事件。

调用控制模块中的退出程序功能块即可，实现代码如图 4.1－19 所示。

图 4.1－19　按钮_退出程序被点击事件实现代码

4.1.5　结果测试

本节所示项目必须首先建立起蓝牙控制模块和手机之间的配对关系。具体过程如下：蓝牙模块上电，红灯闪烁表示模块运行正常，仅亮红灯无闪烁，表示模块工作不正常，红灯不亮表示模块电源故障。此时打开手机蓝牙模块，搜索可用设备。一般 6 字节的地址码或者类似"BC04-B"样式的蓝牙设备名称即为可连接的蓝牙控制模块。点击可用设备地址或名称，在弹出的对话框中输入配对密码"1234"，点击确认按钮，完成手机和蓝牙模块的配对工作。完成配对工作之后，手机就可以和蓝牙控制模块建立通信连接，进而完成后续相关操作。

安装运行程序，初始界面如图 4.1－20 所示。

图 4.1－20　程序运行初始界面

选择连接的设备(蓝牙控制器)，本节案例使用的蓝牙控制器设备名称为 BC04-B，如图 4.1－21 所示。

图 4.1－21　选择已经配对的蓝牙设备

当出现图 4.1－22 显示的界面时，表示手机和蓝牙控制器连接成功。

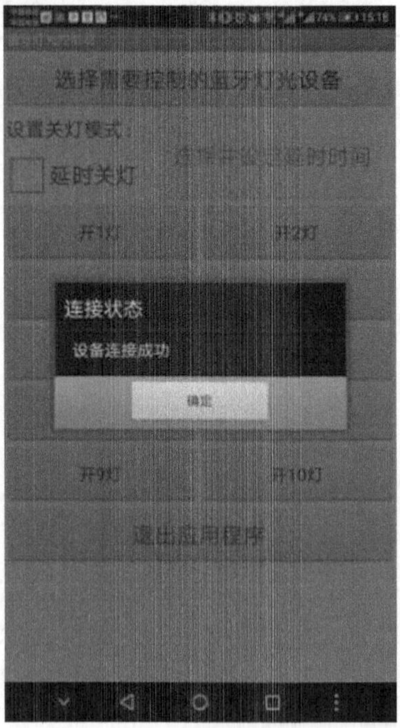

图 4.1－22　蓝牙设备连接成功运行结果

此时，就可以点击按钮，按照蓝牙控制器通信协议，生成控制指令，并发送给蓝牙控制器，实现各个灯泡开关的无线远程控制，如图 4.1－23 所示。

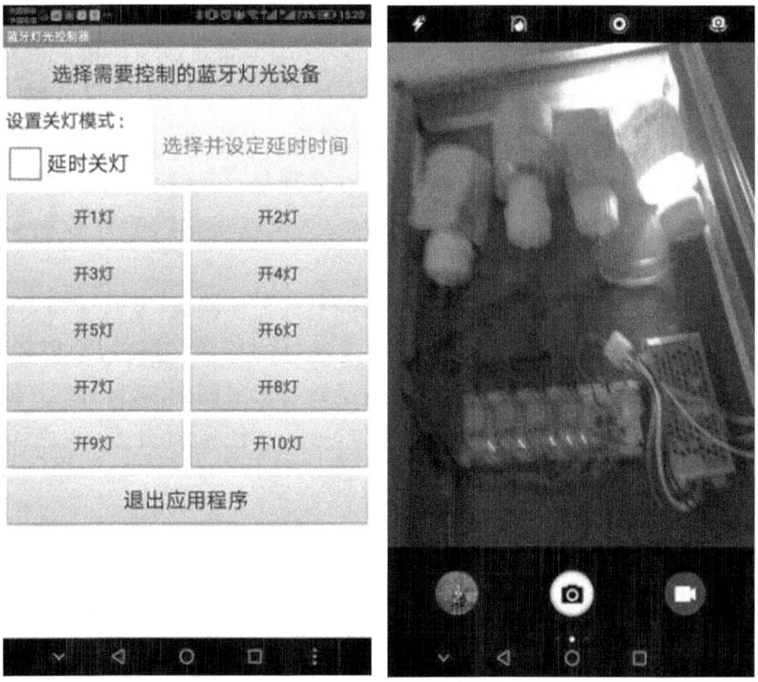

图 4.1-23 点击开灯按钮程序运行结果

4.1.6 拓展思考

进一步拓展训练,可以思考以下功能的开发:

(1)增加语音控制功能,实现语音、按键并存环境下对于蓝牙控制模块所连接设备的远程控制,比如,用户只需要说类似“1 号灯开”“厨房灯关”等指令,即可自动实现相关功能。

(2)需要注意的是,语音识别存在同音字的不确定性,如何在处理同音字识别结果下还能进一步提升控制的准确性,需要提供相应的技术手段进行处理。

(3)目前按钮 1 对应的就是蓝牙控制模块端口 1 的设备控制,可否为程序增加功能,使其能够随意配置每一按钮控制的蓝牙模块端口,语音环境下还需要配置对应的语音命令,从而使得系统应用的灵活性进一步增强。

(4)更进一步,参考此蓝牙控制器模块功能,自己实验将单片机和主从一体蓝牙模块结合搭建更多端口的控制功能,并使用三极管放大器增强端口驱动能力

(5)再进一步,探索单片机+WiFi 模块、单片机+以太网模块、单片机+ZIGBEE 模块,实现更多通信网络环境下的应用功能。

4.2 跌倒检测与紧急呼救

4.2.1 问题描述

随看我国社会的老龄化问题日益加剧,老年人的健康安全监护问题越来越受到人们的重

视。研究表明，在 65 岁以上的老年人当中，每年有一次或多次跌倒经历的比例高达 1/3，其中 20%～30%的老人在跌倒事件中会出现擦伤、髋部骨折、头部外伤等伤情。更重要的是，许多老年人由于身体比较虚弱，自理能力和自我保护能力下降，常常会发生意外跌倒，如果老人在跌倒后不能得到及时的救助，很可能会使情况恶化甚至危及生命。此外，当今社会中老年人跌倒后无人敢搀扶、无人敢救，渐渐成为一种普遍的社会现象，在这种情况下，跌倒对老年人更是致命的。因此，针对老年人对安全保证的迫切需求，采取技术手段维护老年人的生命健康权利，具有着极大的社会价值。

跌倒检测的主要作用在于能够在“发现”老人因意外而摔倒时，及时向外界发送报警信息，以便进行确认和救护。关于跌倒的定义，尽管缺乏统一的标准，但是近来研究人员广泛采用是：“人体有意识或是无意识的倒向并躺在地面或是较低水平面的事件。”这一事件主要分为四个阶段：跌倒前阶段、临界阶段、跌倒后阶段和恢复阶段，如图 4.2－1 所示。

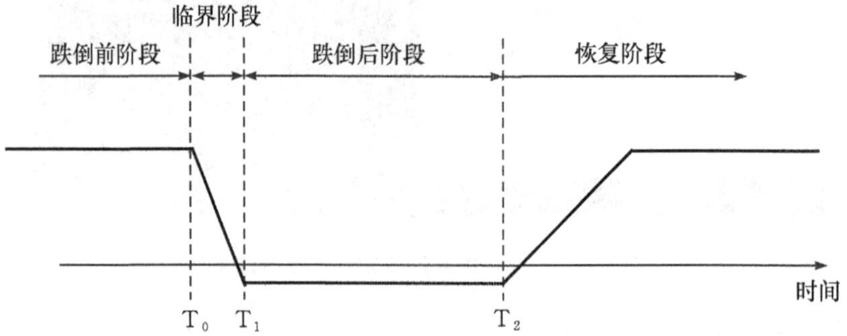

图 4.2－1 跌倒过程阶段划分

跌倒前阶段与日常行为相同；临界阶段以人体倒向地面为起始，以人体承受剧烈冲击为结束，这个阶段大概持续 0.3～0.5 s；跌倒后阶段以人体承受剧烈冲击为起点，该阶段人体处于不活动状态；恢复阶段是跌倒者自行站立或在他人帮助下恢复站立。

在跌倒报警器设备中，除了用于检测人体摔倒时加速度值和速度大小的加速度传感器外，通信模块也是必不可少的，它能够将处理器对测量数据进行分析和处理后的结果发送出去。为了进一步提高监护能力，在报警器中可加入 GPS 定位模块，以便能够在事发时，准确进行人员定位。这种功能尤其适合于经常进行户外活动的老人。

随着智能手机成为人们生活的必需品，它的使用人群也从以追求时尚的年轻人为主向各个年龄阶层发展，老年人也慢慢加入到了使用智能手机的行列。智能手机能够被随身携带，并具有加速度、速度、方向等传感器，有一切摔倒行为识别所需要的硬件设备，有着独特的先天优势。

我们所做的工作就是利用智能手机随时收集加速度传感器的数据，应用行为分析的技术，监测老人是否有摔倒。它由 GPS 天线和通信网络连接，在检测到摔倒时可以很快收集到地理位置信息，并及时向子女或医疗机构求助。

4.2.2 学习目标

(1)传感器中计时器、位置传感器、加速度传感器等组件的使用；

(2)社交应用中短息收发器、电话拨号器等组件的使用；

(3)数据存储中微数据库的使用；

(4)多媒体中文本语音转换器的使用。

4.2.3　方案构思

跌倒检测的目标是能够将跌倒与日常生活的正常动作区分开来，准确地检测跌倒的发生，并智能判断(并执行)是否需要报警求助。从而尽可能地缩短救助时间，减小跌倒带来的伤害(尤其是长时间晕厥)，降低误报率，最终提升被监测者的生活质量。

人们的日常行为包括：走、跑、跳、上下楼、坐下、躺下、起立等，这些日常行为的识别主要包含两个方面：其一是运动所对应的静态姿势不同，对应的惯性量即是姿态的变化；其二是在不同静态姿势间转换的剧烈程度不同，对应的惯性量即是加速度的变化。

加速度的时域信号体现了人体运动过程中的剧烈程度，以及在不同时刻剧烈程度的分布。一般随身携带的安卓手机所采集的加速度信号包含了传感器本身所测的 X、Y、Z 三个轴向的加速度，并含有重力加速度、人体正常抖动、噪声以及手机与人体的相对运动所产生的信号。这些信号的分离比较复杂，所以往往采取合加速度的概念，即：

$$AVM=\sqrt{A_x^2+A_y^2+A_z^2}$$

通过三轴加速度的矢量和的计算，能比较直观的体现人体运动的剧烈程度，而且合加速度还具有以下性质：

(1)总加速度(AVM)的幅值以 $1g$ 为中值摆动，因为有重力加速度的存在；

(2)坐下、起立、走、躺下和上楼的总加速度(AVM)变化幅值在 $2g$ 之内，说明运动剧烈程度较小；

(3)跑和跳的总加速度(AVM)变化幅值在 $4g$ 之内，说明运动剧烈程度较大；

常见的跌倒主要分为 3 种：

(1)向前跌倒，即从站立到俯卧的剧烈过程；

(2)向后跌倒，即从站立到仰卧的剧烈过程；

(3)侧向跌倒，包括向左和向右跌倒，即从站立到侧卧的剧烈过程。

通过以上对日常行为和跌倒的加速度及人体姿态的分析可知，跌倒可以分为三个阶段：第一阶段是失重阶段，此时人体开始无意识的倒向地面；第二阶段是冲击阶段，此时人体其他部位与地面发生冲击；第三阶段是平躺阶段，此时人体平躺在地面上处于静息状态。并且，跌倒过程中突出的特征可以归结为以下 3 点：

(1)在人体处于失重阶段时，总加速度(AVM)有一个下降的过程，形成一个明显的谷值；

(2)在人体承受冲击阶段时(在谷值大约持续 0.3～0.5 s 后发生)，总加速度(AVM)急剧增加形成一个明显的峰值；

(3)冲击之后，由于人体姿态变化而处于平躺状态，总加速度(AVM)维持在 $1g$ 左右。

基于以上分析和大量试验，总结出一种比较简单的跌倒检测算法。该算法的核心思想是按照时间序列关系判断加速度阈值，需要定义两个阈值，分别是：加速度高阈值(HAT)、加速度低阈值(LAT)。其主要流程如下：

(1)三轴加速度传感器的测量采样频率为 100 Hz，累计采样时长 3 s；

(2)每秒采样后由三轴加速度计算总加速度 AVM,累计计算 100 个采样值的 AVM;

(3)取 AVM 的最小值,若检测最小 AVM < LAT ,说明存在失重状态,继续判断;

(4)取 AVM 的最大值,若检测最大 AVM >HAT ,说明存在强烈冲击状态,继续判断;

(5)如果 AVM 最大值位置在 AVM 最小值位置之后,且位置间距>50(数据发生时间间隔约 0.3 s),则判定跌倒。

根据老人跌倒检测的实际需求,程序必须具备以下功能:

(1)紧急联系人设定。当检测出跌倒并确认需要报警的时候,根据当事人需要,应该向紧急联系人拨打电话,并发送短信。紧急联系人的姓名、电话等信息可以借助微数据库进行保存,一次设置,多次使用。用户再次设置紧急联系人信息时,可覆盖原来的紧急联系人信息,以实现信息修改功能。程序每次运行时,语音播报紧急联系人信息,以便老人确认。如果需要改变,则进入设置联系人信息功能进行修改。

(2)数据采集功能。为了捕捉 0.1 s 的数据变化,按照采样定理的基本要求,程序应该按照 100 Hz 的采样速率,采集手机加速度传感器数据。也就是说,每 0.1 s 采集加速度传感器数据 10 次(读者可以尝试进一步加大采样速率)。由于跌倒事件一般发生在 2~3 s 之内,因此可以每采集 3 s 的数据,启动数据分析一次,判断最近 3 s 之内是否存在跌倒事件的发生,这一功能可以借助两个定时器实现。当启动监测后,两个计时器开始计时。计时器 1 间隔 10 ms 触发一次,采集手机当前加速度传感器的状态,同时借助列表保存采集的数据;计时器 2 间隔 4000 ms 触发一次,计时器 2 每一计时事件发生时,收集计时器 1 中存储数据的列表中的数据,启动数据分析和处理,并清除当前数据存储列表中的全部数据,准备重新开始下一个检测周期。

(3)数据分析处理功能。每 3 s 读取加速度数据列表,寻找列表中的最小值、最大值,以及最大值、最小值的位置。如果最小值<0.1,最大值>5,且位置间距≥30,则认为存在显著的失重、冲击状态,若两种状态之间存在 0.3 s 左右的延时,可以认为存在一次疑似的跌倒事件。

(4)多媒体报警功能。当检测出跌倒事件后,程序应该发出警示声音提醒用户检测出跌倒,并借助音频播放器循环播放有警示效果的音频文件,提醒用户进一步处理。检测出跌倒事件后可以通过点击程序界面 SOS 按钮,确认跌倒,并自动拨打电话、向紧急联系人发送报警短信息。短信内容中包含跌倒位置信息(经度、纬度、地址信息),以便紧急联系人能够迅速确定位置并及时处置。

(5)虚警状态取消。本书案例重在通过问题解决过程给与读者启发,而非实际产品开发,因此对给出的跌倒检测算法进行了必要的简化处理,必然存在检测失误的现象。当虚警状态发生时,程序应该提供取消报警功能,此时用户处于正常活动状态,可以选择及时取消报警,以免造成紧急联系人不必要的紧张。取消报警通过对应的按钮操作实现,但是如果用户在检测出跌倒事件并且警示声音播放后 5 s 没有做出任何反应,则认为用户已经失去自主行为能力,改由程序自动发送求助短消息。

基于上述想法,设计应用程序由两个屏幕组成。Screen1 为主控屏幕,完成程序的核心功能——实时监测、联系求助、取消报警等;同时提供操作导航功能,比如按钮“设置应急电话”负责跳转至 Screen2,完成紧急联系人电话、姓名等信息的填报。

1. 主控屏幕构思

Screen1 作为主控屏幕，界面以及所用组件结构如图 4.2-2 所示。

图 4.2-2 Screen1 程序界面设计

Screen1 程序各个组件相关属性设置信息如表 4.2-1 所示。

表 4.2-1 Screen1 程序中使用的组件及其属性设置

所属面板	对象类型	对象名称	属性	属性取值
用户界面	标签	标签 1	字号	20
			粗体	勾选
			宽度	充满
			文本	跌倒检测与报警
			文本对齐	居中
		标签_当前位置	字号	12
			高度	15%
			宽度	充满
			文本	如果无法获取当前位置数据，则显示最近可获取的位置数据
			文本对齐	居中
界面布局	水平布局	水平布局 1	水平对齐	居中
			高度	40%
			宽度	充满

续表

所属面板	对象类型		对象名称	属性	属性取值
用户界面	水平布局1	按钮	按钮_SOS	字号	14
				高度	充满
				宽度	自动
				图像	SOS. png
				文本对齐	居中
界面布局	水平滚动条布局		水平滚动条布局1	默认	默认
用户界面	水平滚动条布局1	标签	标签2	字号	12
				高度	自动
				宽度	自动
				文本	紧急联系人:
			标签_联系人信息	字号	12
				高度	自动
				宽度	自动
				文本	联系人姓名;联系人电话
界面布局	水平滚动条布局		水平滚动条布局2	默认	默认
用户界面	水平滚动条布局2	按钮	按钮_开始监测	粗体	勾选
				字号	20
				宽度	50%
				文本	开始监测
			按钮_取消报警	粗体	勾选
				字号	20
				宽度	50%
				文本	取消报警
界面布局	水平滚动条布局		水平滚动条布局3	默认	默认
用户界面	水平滚动条布局3	按钮	按钮_设置报警电话	粗体	勾选
				字号	20
				宽度	50%
				文本	设置报警电话

续表

所属面板	对象类型	对象名称	属性	属性取值
传感器	加速度传感器	加速度传感器 1	最小间隔	10 ms
			敏感度	较强
	位置传感器	位置传感器 1	默认	默认
	计时器	计时器_采样	计时间隔	10 ms
			启用	取消勾选
		计时器_分析	计时间隔	3000 ms
			启用	取消勾选
		计时器_是否报警	计时间隔	5000 ms
			启用	取消勾选
社交应用	电话拨号器	电话拨号器 1	默认	默认
	短信收发器	短信收发器 1	默认	默认
多媒体	语音合成器	语音合成器 1	默认	默认
	音频播放器	音频播放器 1	源文件	120. wav
用户界面	对话框	对话框 1	默认	默认
数据存储	微数据库	微数据库	默认	默认

2. 紧急联系人设置屏幕构思

Screen2 作为紧急联系人设置屏幕，界面以及所用组件结构如图 4.2－3 所示。

图 4.2－3 Screen2 程序界面设计

Screen2 程序各个组件相关属性设置信息如表 4.2－2 所示。

表 4.2-2　Screen2 程序中使用的组件及其属性设置

所属面板	对象类型	对象名称	属性	属性取值
用户界面	标签	标签 1	文本	选择紧急求助联系人电话
社交应用	联系人选择框	联系人选择框 1	粗体	勾选
			字号	24
			宽度	充满
			文本	选择设置紧急联系人
			文本对齐	居中
用户界面	文本输入框	文本输入框 1	背景颜色	青色
			字号	40
			高度	15%
			宽度	充满
			文本	00000000000
			文本对齐	居中
			文本颜色	品红
	按钮	按钮_保存联系人	粗体	勾选
			字号	20
			高度	15%
			宽度	充满
			文本	保存紧急求助联系人电话
			文本对齐	居中
	对话框	对话框 1	默认	默认
多媒体	文本语音转换器	文本语音转换器 1	默认	默认

4.2.4　实现方法

1. Screen1 程序设计

老人跌倒检测以及报警，关键在于按照 100 Hz 的速率采集加速度传感器数据，每采集 3 s 数据，完成一次数据分析，对于最新采样的数据序列判别合加速度最大值、最小值、最大值与最小值出现的时差，若满足跌倒判别条件，即认为出现行为异常。程序启动多媒体报警，若人为确认报警，则自动向紧急联系人发送含有位置信息的报警短信，因此程序首先声明若干全局变量，用以保存采样数据、位置数据、经度、纬度等，如图 4.2-4 所示。

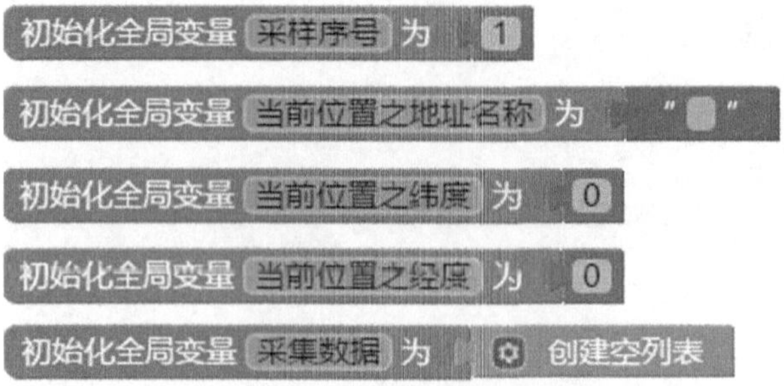

图 4.2-4　程序声明的全局变量

其中：

采样序号变量用以保存 100 Hz 采样速率下每一次采样数据在列表型全局变量——采集数据中的存储位置。每一次采样该变量累加 1,3 s 采集时长满足或者变量值>300 时，该变量复位为 1。

采集数据变量用以保存实时采集的合加速度数据，初始化程度为 300(每 1 s 采集 100 个数据，累计采集 3 s)。

当前位置之纬度变量用以保存用户当前所处位置的纬度数据。

当前位置之经度变量用以保存用户当前所处位置的经度数据。

当前位置之地址名称变量用以保存位置传感器获取的最新位置信息。

此外，程序还需要完成以下功能：

(1)响应屏幕初始化事件。

在屏幕 Screen1 初始化事件发生时，为了提高用户界面的友好性，设定按钮_SOS、按钮_设置报警电话、按钮_取消报警为禁用状态，以免用户出现误操作。设置加速度传感为启用状态，开始感知手机的加速度状态信息。

程序首先调用自定义过程“创建采样数据列表”，赋予全局变量 global 采集数据，作为 100 Hz采样速率下存储采集数据的容器；然后调用微数据库功能，查询标签为“PhoneNum”的数据值；如果返回结果为空，说明尚未配置紧急联系人信息，为了便于老人使用，此处不但文字显示相关信息，而且调用语音合成器念读功能，告诉用户需要设置紧急联系人信息，并设置按钮_设置报警电话的启用状态为真；否则意味着用户手机已经存储紧急联系人信息，此时则调用微数据库功能获取紧急联系人姓名、电话信息，合并为紧急联系人信息字符串，并通过语音合成器的念读功能播报，具体实现代码如图 4.2-5 所示。

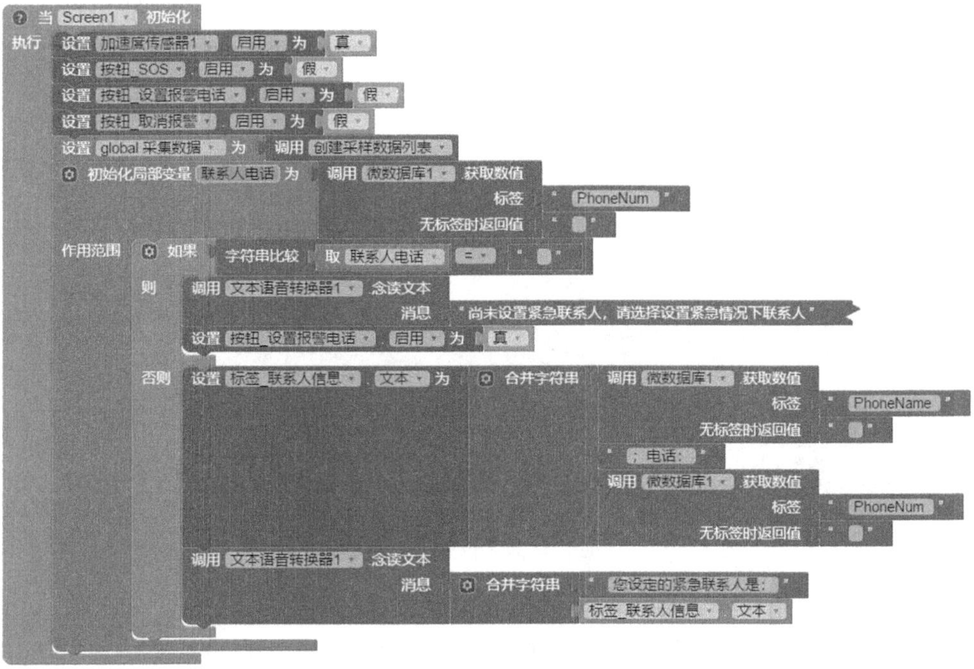

图 4.2-5 Screen1 初始化事件实现代码

这里调用了自定义过程“创建采样数据列表”，该过程设计的目的在于创建一个容器，存储最近 3 s 采集的合加速度数据，以便进行数据分析和处理。这里使用了 App Inventor 内置的数据类型——列表，存储采集的数据。

过程输入参数：无；

过程返回参数：初始值为 1(1 g 加速度为重力加速度，可认为静止状态数据)，长度为 300 的列表。

过程实现方法：创建长度为 300 的空列表，用以保存采样数据。

具体实现代码如图 4.2－6 所示。

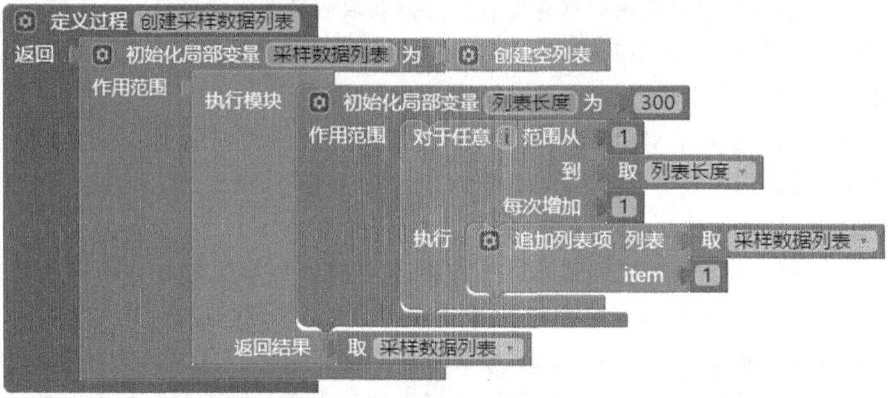

图 4.2－6 自定义过程“创建采样数据列表”实现代码

(2)响应位置传感器 1 之位置被改变事件。

当位置传感器检测到位置改变事件时，程序采集传感器经度、纬度、当前地址数据，借助文本合并功能块，将传感器数据编辑成为完整的地址信息，通过标签_当前位置在手机屏幕中显示出来，具体实现代码如图 4.2－7 所示。

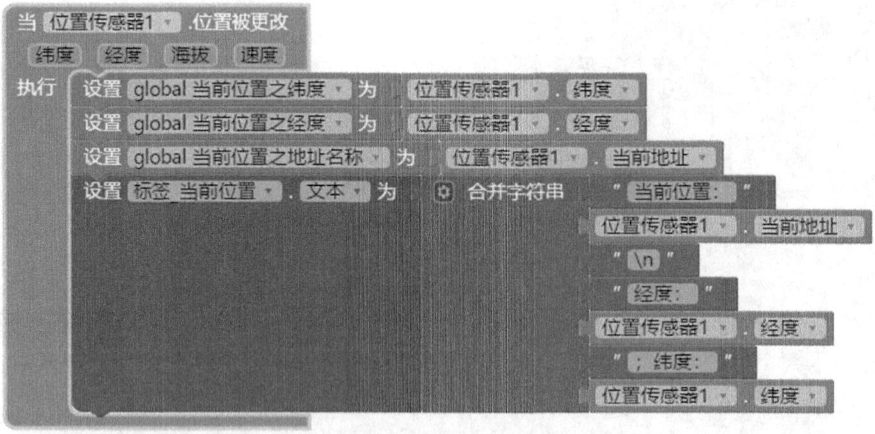

图 4.2－7 位置传感器 1 位置变化事件实现代码

(3)响应按钮_开始监测之被点击事件。

按钮_开始监测为 2 状态按钮，当按钮显示文本为“开始监测”时，点击事件发生时启动跌倒检测和报警，同时设置按钮显示文本为“停止监测”；当按钮显示文本为“停止监测”时，点击事件发生时采样计时器、分析计时器均停止工作，同时设置按钮显示文本为“开始监测”，具体实现代码如图 4.2－8 所示。

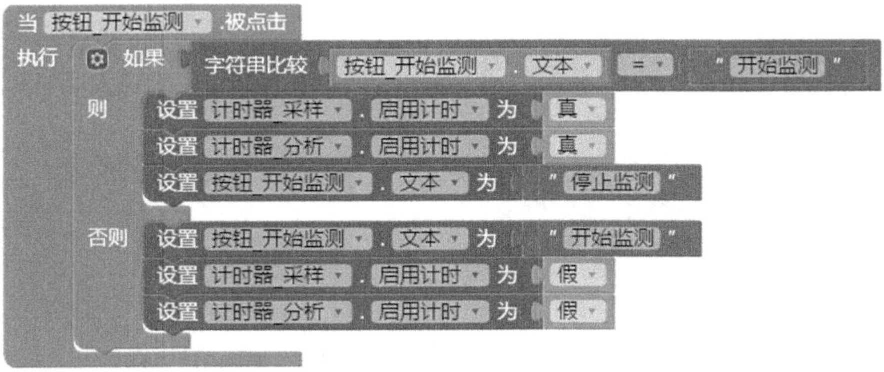

图 4.2－8 按钮_开始监测被点击事件实现代码

(4)响应按钮_设置报警电话之被点击事件。

当用户点击按钮“设置报警电话”，程序跳转至 Screen2，进行紧急联系人设置事务处理，实现代码如图 4.2－9 所示。

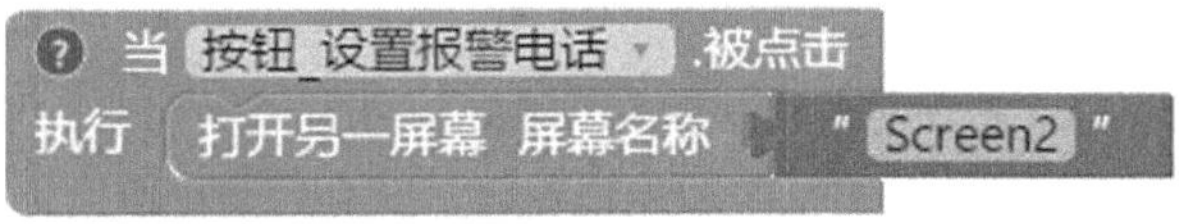

图 4.2－9 按钮_设置报警电话被点击事件实现代码

(5)响应按钮_取消报警之被点击事件。

由于程序检测到跌倒事件后会循环播放报警音频，5 s 后自动停止，自动处置，5 s 之内可由用户人工操作取消，以免虚警导致不必要的担心。当用户点击按钮“取消报警”时，只需要停止播放警示音频、求助按钮、取消报警按钮禁用，继续监测是否发生跌倒事件即可，实现代码如图 4.2－10 所示。

图 4.2－10 按钮_取消报警被点击事件实现代码

(6)响应按钮_SOS 之被点击事件。

当用户点击 SOS 按钮，意味着用户确认了跌倒事件的发生，确实需要紧急求助。此时播放警示声音的音频播放器停止工作，启动紧急求助流程，即向紧急联系人发送当前位置信息，向紧急联系人拨打电话等。由于这些功能在检测到跌倒事件发生后 5 s 没有得到人工处置会自动触发再次执行，因此将其封装为自定义过程“紧急求助”，具体实现代码如图 4.2－11 所示。

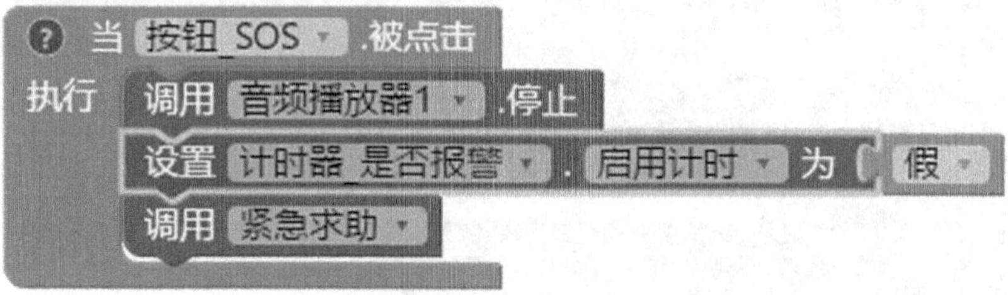

图 4.2－11　按钮_SOS 被点击事件实现代码

自定义过程“紧急求助”的主要任务为调用微数据库功能，查询紧急联系人电话号码，将当前位置传感器获取的数据合并成为特定格式的字符串，通过短信收发器发送出去，同时自动向紧急联系人拨打电话，具体实现代码如图 4.2－12 所示。

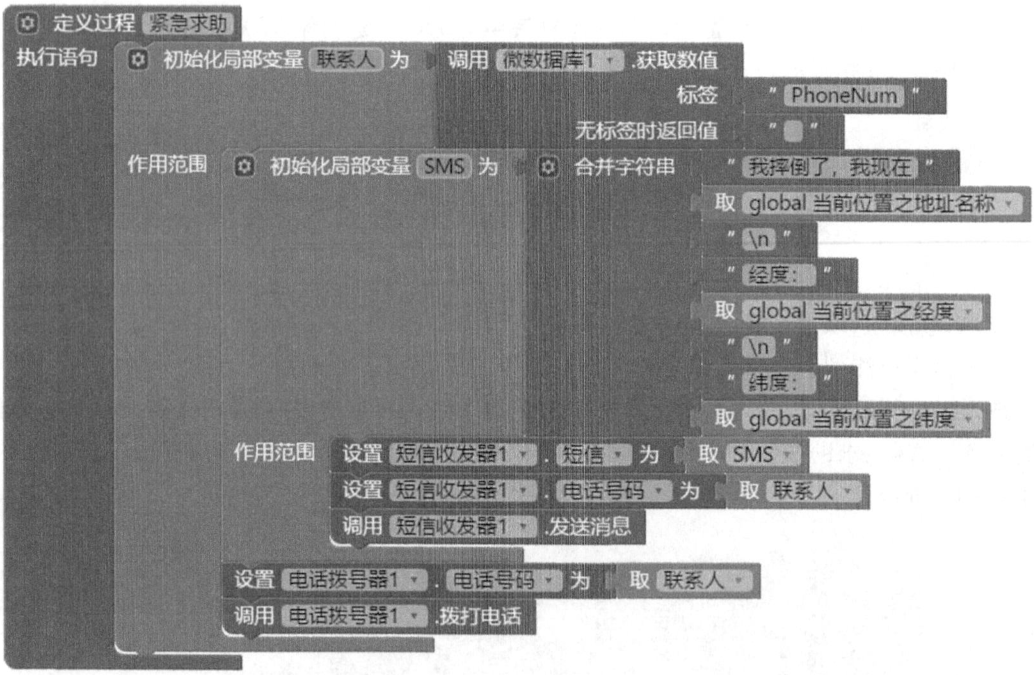

图 4.2－12　自定义过程“紧急求助”实现代码

(7)响应计时器_采样之计时事件。

用于数据采集的计时器每 10 ms 采集一次加速度传感器的数据，对数据进行必要的预处理(华为手机传感器采集的重力加速度为 9.8，以此对所有数据进行归一化处理，消除重力加速度影响)，计算合加速值。每发生一次采样计时事件，用于访问采集数据列表的游标——全局变量 global 采样序号迭加 1，替换列表型全局变量 global 采样数据中对应索引值的列表项内容；当采样序号大于 global 采样数据的列表长度时，global 采样序号复位为 1，开始新一轮数据采集，具体实现代码如图 4.2－13 所示。

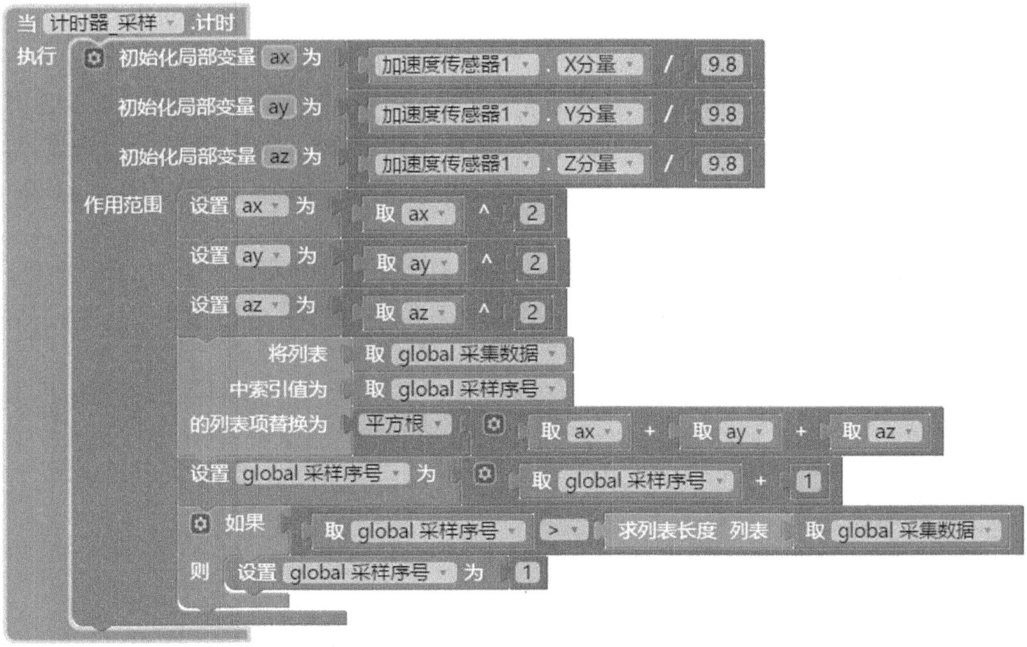

图 4.2-13 计时器_采样计时事件实现代码

(8)响应计时器_分析之计时事件。

计时器_分析每 3 s 触发一次，事件发生时，首先复制全局变量——global 采集数据，对于其中 300 个数据进行统计分析，判断是否发生跌倒事件。如果有跌倒事件发生，则启用计时器_是否报警(该计时器 5 s 触发一次)，并启用 SOS 按钮、取消报警按钮。

计时器_是否报警启用后，当用户在 5 s 之内选择 SOS 报警，或者取消报警，计时器_是否报警停止计时，等待在下一次数据分析过程中发现问题后重新启用；否则，认为跌倒事件发生后 5 s，用户尚未人工处置，疑似无法自主活动，情况比较严重，可在计时事件中自动予以处理，具体实现代码如图 4.2-14 所示。

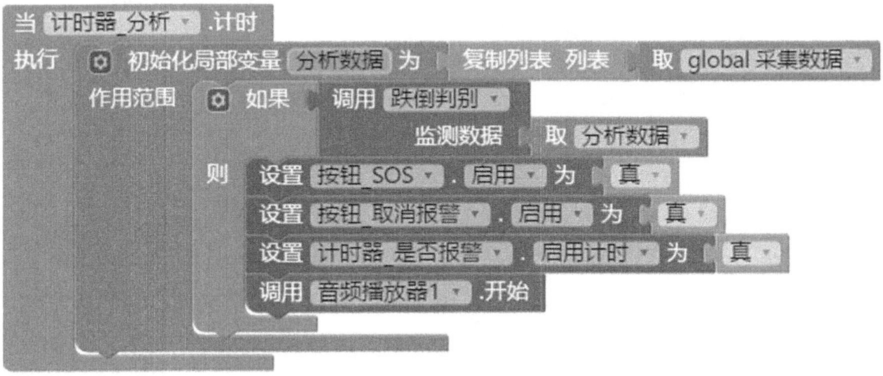

图 4.2-14 计时器_分析计时事件实现代码

这里调用了自定义过程“跌倒判别”。通过大量模拟跌倒和日常行为实验，统计汇总后发现跌倒时合加速度峰值范围约为 4.5～6.0，按照前文所述跌倒行为特征以及判别的基本依据，设计自定义过程“跌倒判别”如下：

过程输入参数：列表型数据(长度 300，列表项为合加速度)。

过程输出参数:逻辑型数据(真,表示跌倒事件发生;假,表示未发生跌倒事件)。

过程实现方法:

如前所述,跌倒行为发生时,存在典型的失重环节、冲击环节,其中失重环节接近自由落体,垂直方向重力加速度锐减,导致合加速度出现较大回落,一般出现合加速度的最小值,而冲击阶段合加速度数据出现较大的上升趋势,而且失重和冲击两种状态之间一般存在0.2~0.3 s的时差。

根据这一过程特点,可以判定失重环节一般会出现合加速度的最小值,而冲击阶段会出现合加速度的最大值。因此跌倒检测算法设计时,首先查找、确定输入数据列表的最大值MaxValue及其位置MaxPos,最小值MinValue及其位置MinPos,再计算最大值与最小值之间的间隔DataInterval=MaxPos-MinPos,如果MaxValue>4.5(实验发现跌倒时合加速度数据峰值范围约为4.5~6.0,加此阈值判断是为了避免和其他日常行为混淆,出现误判),且最小值出现的位置先于最大值出现的位置,则可认为存在疑似跌倒事件,过程返回真,否则返回假。具体实现代码如图4.2-15所示。

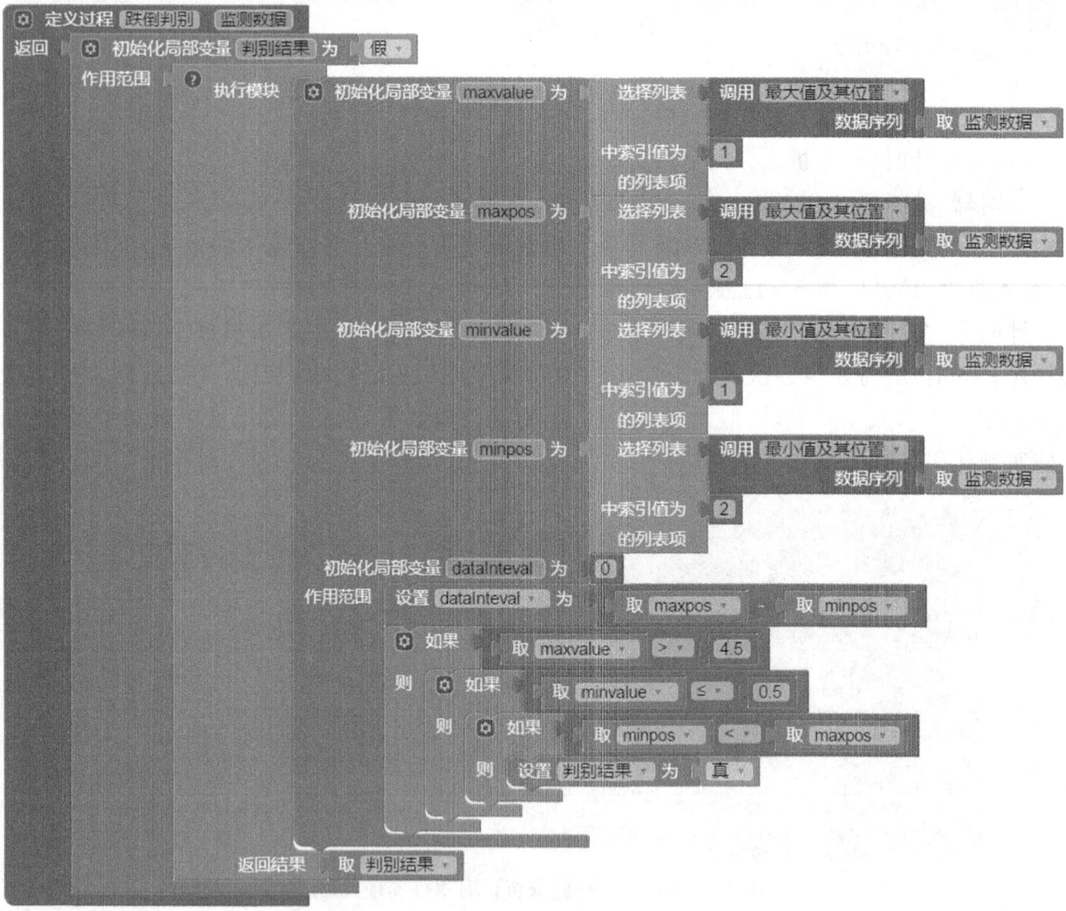

图4.2-15 自定义过程"跌倒判别"实现代码

跌倒判别算法中又调用了自定义过程"确定最大值及其位置、确定最小值及其位置"。其中:

确定最大值及其位置:对于给定的列表型序列数据,通过遍历,确定列表中最大值以及最大值的位置。

过程输入参数：列表型数据(最近 3s 的合加速度数据序列)。

过程输出参数：列表型数据(列表第一项为最大值，第二项为最大值在序列中的位置)。

过程实现方法：初始化最大值为 0，最大值位置为 0，遍历输入列表中的每一个数据，如果该数据大于最大值，则最大值赋值为当前访问的列表数据，最大值位置也设置为当前访问列表的索引值，……，遍历结束后，最大值保存列表中最大数据，最大值位置保存最大值在列表中的位置。将其封装为一个列表数据，第一项为最大值，第二项为最大值在序列中的位置，作为过程返回值，从而实现程序的全部功能，具体实现代码如图 4.2－16 所示。

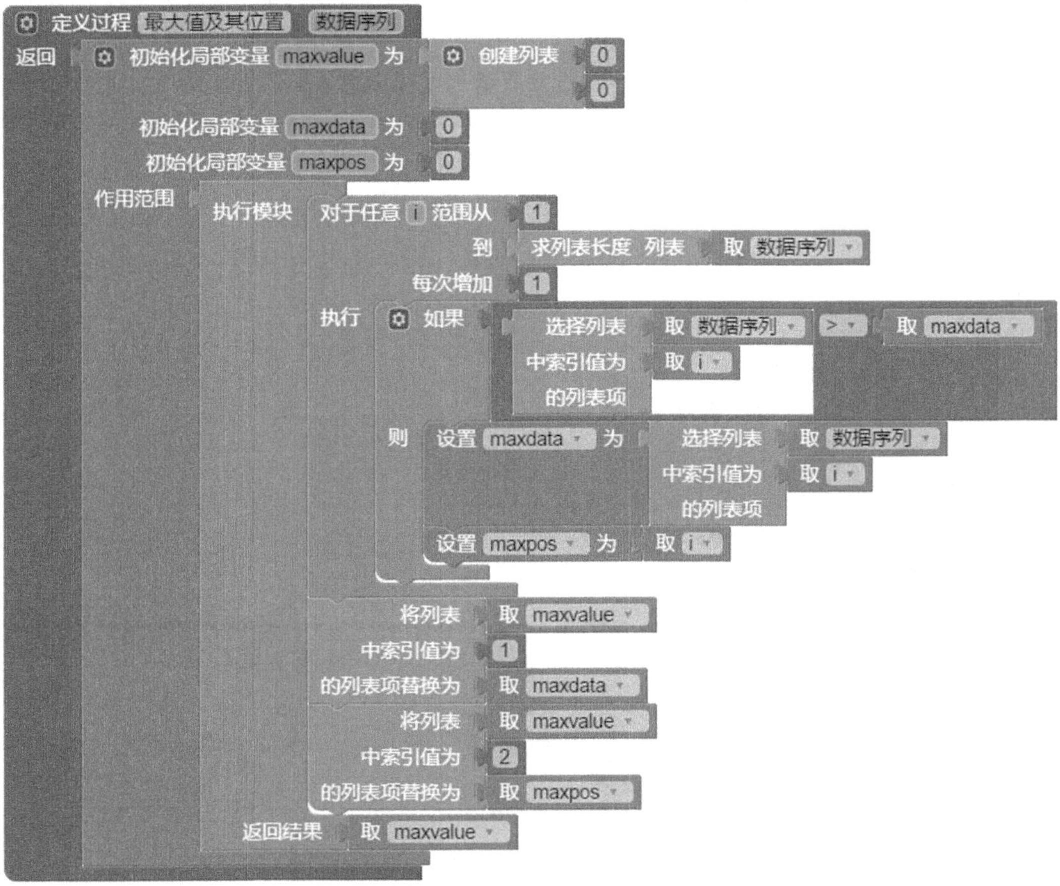

图 4.2－16　自定义过程“最大值及其位置”实现代码

而自定义过程“最小值及其位置”，读者可以仿效上述实现方法，对自定义过程“最大值及其位置”进行改造，自行设计实现，此处不再赘述。

(9)响应计时器_是否报警之计时事件。

计时器_分析每 5 s 触发一次，如果在计时事件触发前，用户选择点击按钮 SOS 或者点击按钮取消报警，该计时器停止工作，不会触发计时事件。如果计时事件发生，就意味着检测到跌倒事件发生，5 s 内用户尚未做出任何反应，预示出现意外的可能性大幅度增加，程序应该自动处置，即调用自定义过程“紧急求助”发送当前位置短信，拨打电话寻求救助，实现代码如图 4.2－17 所示。

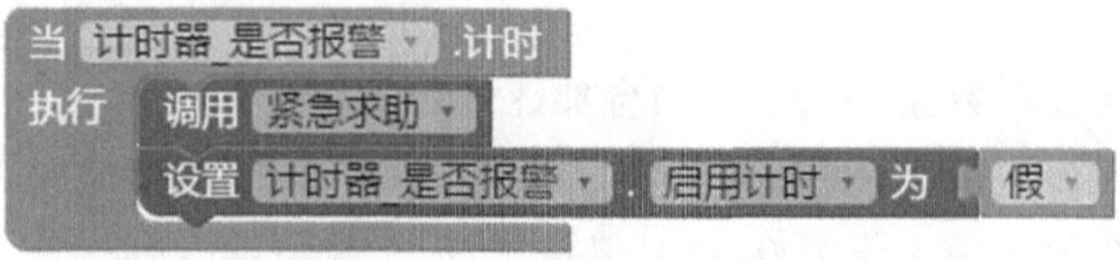

图 4.2-17 计时器_是否报警计时事件实现代码

(10)响应 Screen1 之关闭屏幕事件。

关闭屏幕事件是指其他屏幕关闭返回 Screen1 而触发的事件。本节案例中 Screen2、Screen3 屏幕关闭返回 Screen1 时都会触发该事件。不同的是，Screen2 关闭时传递列表型参数(包括紧急联系人的姓名、电话信息。具体格式为姓名在前，电话号码在后，两者以“，”间隔，以便后续处理)，而 Screen3 不传递参数。

因此事件发生时，可以通过判断事件参数——返回结果是否包含间隔符号“，”判断是否为 Screen2 传递的紧急联系人参数。分解 Screen2 返回结果，提取紧急联系人姓名、电话，借助语音合成器朗读联系人信息，以便用户进一步确认设置信息，同时将紧急联系人姓名、电话存储在微数据库中，以备后续程序使用。同时设置按钮_设置报警电话为禁用状态，以免用户重复设置，并通过标签显示紧急联系人相关信息，具体实现代码如图 4.2-18 所示。

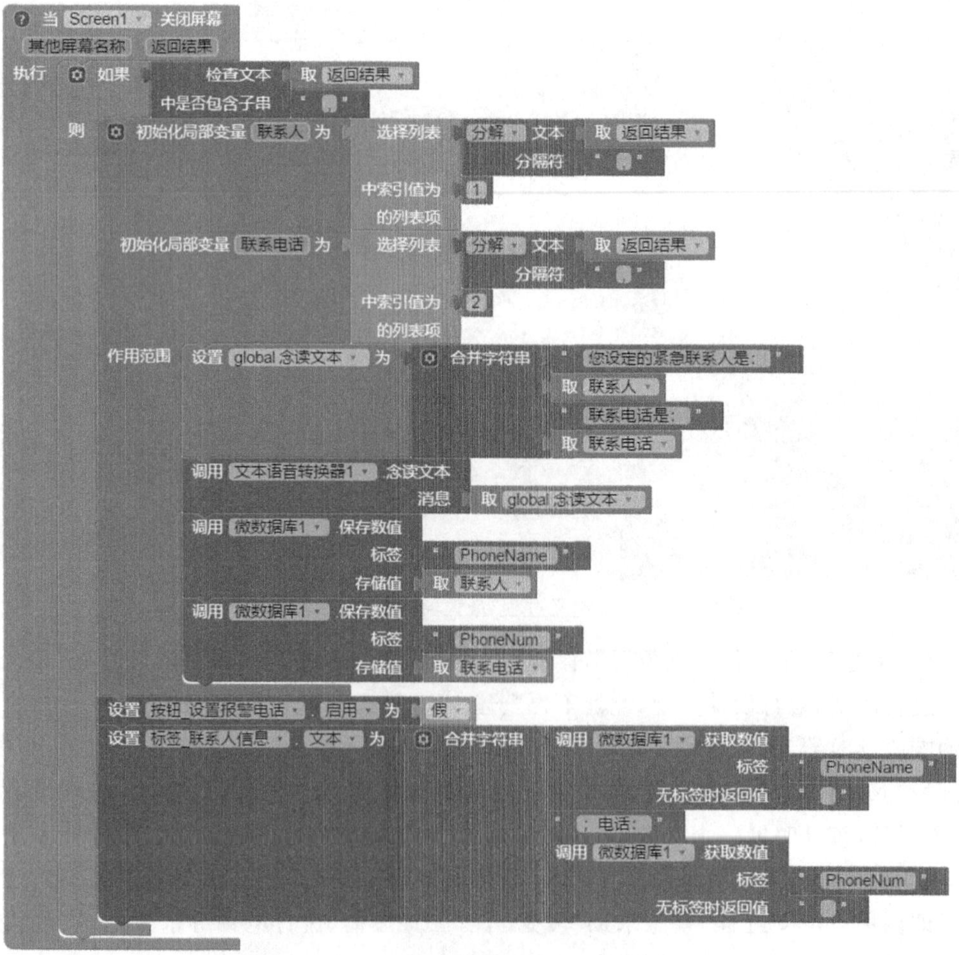

图 4.2-18 Screen1 关闭屏幕事件实现代码

2. Screen2 程序设计

Screen2 完成设置紧急联系人信息功能，需要定义两个全局变量——global 联系人姓名、global 联系人电话，用以保存用户选择、设置的结果，实现代码如图 4.2－19 所示。

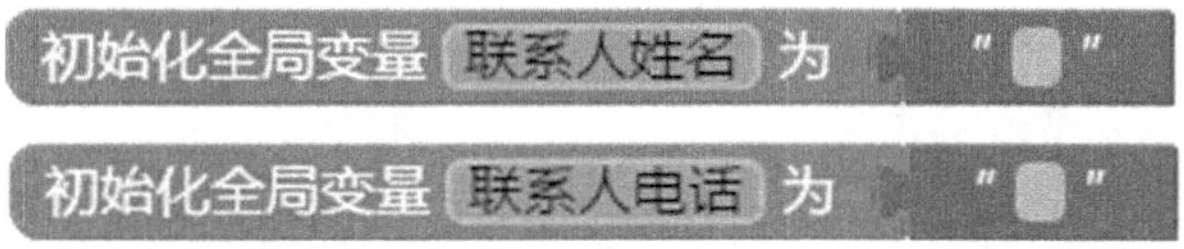

图 4.2－19　Screen2 程序声明的全局变量

此外，程序需要实现以下功能：

(1)响应 Screen2 之初始化事件。

Screen2 初始化时，设置按钮_保存联系人为禁用状态，以免用户在未选择、设置紧急联系人的情况下，出现误操作，实现代码如图 4.2－20 所示。

图 4.2－20　Screen2 初始化事件实现代码

(2)响应联系人选择框 1 之选择完成事件。

联系人选择框 1 选择操作完毕触发该事件，选择完成后，设置全局变量 global 联系人姓名、global 联系人电话的值为当前选择的联系人姓名、电话号码；设置文本框显示内容为当前选择的电话号码，同时调用语音合成器朗读用户选择结果合并的文本串，以便用户进一步确认选择结果，并启用保存联系人信息按钮，实现代码如图 4.2－21 所示。

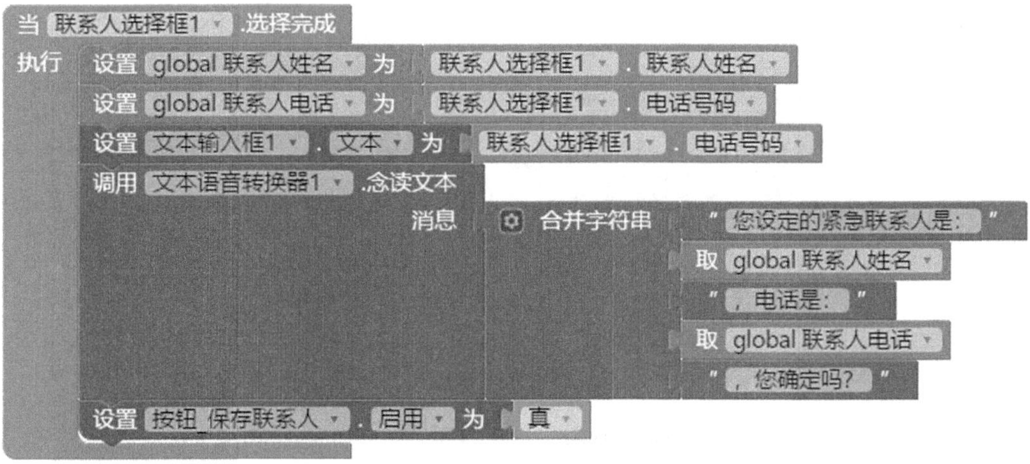

图 4.2－21　联系人选择框 1 之选择完成事件实现代码

(3)响应按钮_保存联系人之被点击事件。

当用户点击按钮时，弹出选择型对话框，询问用户是否确认选择、设置的紧急联系人信息，选中项包括“确定”“取消”两种状态。对话框选择完成，如果用户点击“确认”按钮，则可以保存前期设置的联系人姓名、联系人电话，具体实现代码如图4.2-22所示。

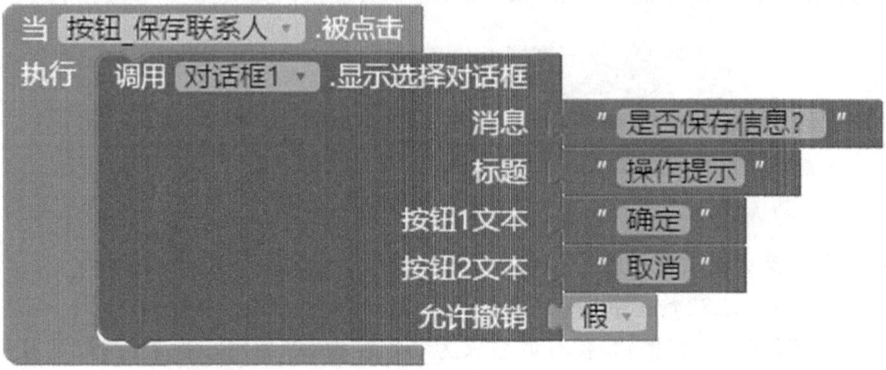

图4.2-22 按钮_保存联系人被点击事件实现代码

(4)响应对话框1之选择完成事件。

对话框选择“确定”，表示用户认可当前选择设置的紧急联系人信息，将用户选择的紧急联系人姓名、电话号码用间隔符号“,”合并为一个字符串，作为关闭Screen2时屏幕传递的参数。否则意味着用户并不认可当前选择设置的紧急联系人，需要修改，并调用语音合成器念读“请重新设置紧急联系人”，提醒用户进一步操作，具体实现代码如图4.2-23所示。

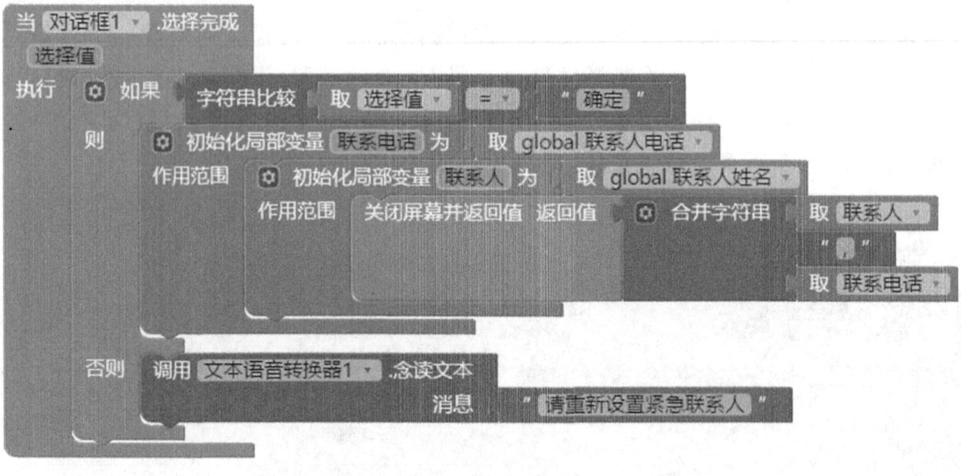

图4.2-23 对话框1选择完成事件实现代码

4.2.5 结果测试

安装并运行程序，初始运行界面如图4.2-24所示。

首次运行程序，程序语音播报“尚未设置紧急联系人，请设置紧急联系人”，提醒用户使用之前进行必要的配置操作。程序显示当前用户地址信息、经度、纬度等数据，而且取消报警按钮、SOS按钮(图形背景)设置为禁用状态，避免用户误操作。

点击按钮“设置报警电话”，进入Screen2，执行结果如图4.2-25所示。

图 4.2-24　程序运行初始界面

图 4.2-25　点击按钮“设置报警电话”程序运行结果

点击联系人选择框“选择设置紧急联系人”，打开手机通信录，选择可以依靠的亲属，获取其姓名、电话。选择完成后，程序语音播报选择结果，询问用户是否确定选择结果。如果不确定，则可以重新选择设置紧急联系人。

点击按钮“保存紧急联系人电话”，程序返回 Screen1，并传回 Screen2 中选择设置的紧急联系人信息。在关闭 Screen2 之前，弹出对话框进一步询问用户是否确认选择结果，如果选择取消，则可重新选择设置，否则返回 Screen1，如图 4.2-26 所示。

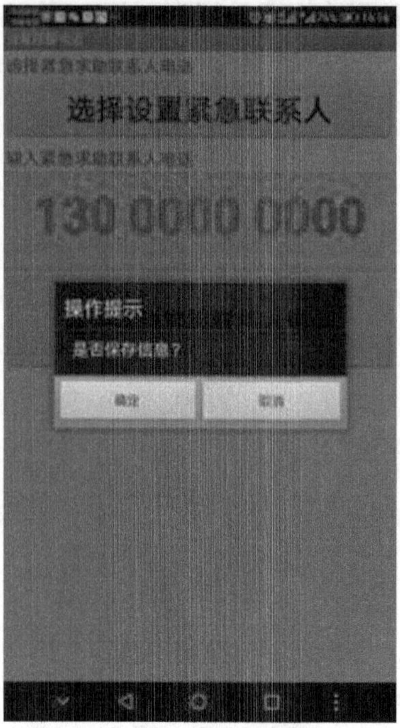

图 4.2-26　点击按钮“保存紧急联系人电话”后程序运行结果

返回 Screen1 后，点击按钮“开始监测”，按钮显示文本更改为“停止监测”，再次点击按钮，即可停止工作。监测期间，如果检测到跌倒事件，程序播放 120 急救音频，直至用户点击 SOS 按钮或者取消报警按钮，或者 5 s 内用户未做任何反应，程序自动向紧急联系人发送求助短消息，运行结果如图 4.2-27 所示。

图 4.2-27　点击按钮“开始监测”后程序运行结果

实际测试发现，目前设定的跌倒判定条件比较严格，能够有效检测较大幅度的跌倒行为，包括前倒、后倒、侧倒等不同情况。但是对于比较轻微的倒下，程序并未报警，说明检测算法的敏感度还有待于进一步提高。

4.2.6 拓展思考

进一步拓展训练，可以思考以下功能的开发：

(1)跌倒报警如果严重的话，由程序自主向紧急联系人发送求助短消息。短消息中地址信息至为重要，是实施救助的重要依据，但是目前对手机中 GPS 打开与否尚未进行判断，有可能导致在紧急情况发生时，程序因无法获取地址信息而发送无效求助短信。读者可以考虑使程序首先判断是否打开 GPS 定位功能，然后才能开始跌倒监测。

(2)时间序列特征在跌倒测试数据中是比较显著的，而且跌倒过程的测试数据和走、跑、跳、上下楼、坐下、躺下、起立等日常行为具有显著的差异。因此借助时间序列的相似性检测算法，比对最近 3 s 的测试数据序列与典型日常行为数据序列的相似性，或可比较精确地识别出跌倒事件的发生。典型的时间序列相似性检测算法有 DWT 算法，有兴趣的读者可以查阅文献资料，设计并实现该算法。

(3)由于篇幅所限，本节案例对于跌倒检测算法中信号特征的提取进行了必要的简化处理，仅仅借助最大值、最小值以及极值之间的位置间隔来进行判断，读者可以进一步提取方差、标准差等特征数据，并图形化显示走、跑、跳、上下楼、坐下、躺下、起立等日常行为下这些特征数据的取值，寻求最佳判断参数，使得跌倒检测算法以及更进一步的行为模式识别结果更加准确可靠。

4.3 校园游览助手

4.3.1 问题描述

每一年的大学新生入学季中，无论是学生本人还是学生家长，面对陌生环境，总是充满了好奇心。因此，每年入学季都有大量的志愿者给予新生和家长导引帮助。但是这样仅仅起到了办理入学业务流程的指引作用，而很难发挥让学生和家长更加直接、深入了解学校的作用。因此，学校各个院系每年也照例举行部分家长、新生座谈会，介绍学院相关情况，借以激发学生对学校的感情。但是这一做法受时间、地点等多方面因素的约束和限制，覆盖面太小，无法对每一位学生进行具体介绍。

随着智能手机的普及，人人时时处处借助手机掌握自己当前所在的位置，已经不是一件困难的事情。所以当学生或家长拿着手机，走到学校的任何一个地方，都能根据当前所在的位置，由多媒体信息介绍了解有关学校的详细信息，比如大楼所属的学院、学院拥有的知名学者、著名教师、办学条件、杰出学子、研究方向、辉煌成就等，将对学生建立终身学习意识发挥极其重要的作用，并且有助于消除新生在中学阶段老师一直宣传的“考上大学就轻松了”语境下产生的入学后放松、懈怠的典型情绪，从而实现信息化条件下借助用户终端开展学校游览与宣传展示的功能，使新生及家长可以在轻松、悠闲的状态下，根据自己的需要，随时随地深入了解学校、学院以及所学专业，为新生入学教育提供一种新途径。

因此，开发一款适用于新生入学时进行学校游览指导的 App，能够使得用户在室外时，根据 GPS 位置传感器数据，测算出与学校热点区域的相对位置和方位信息，进而调取与之对应的数据信息，进行语音播报；而当用户在室内时，则可借助二维码扫描功能，了解各个专业实验室的功能、各个办事机构的流程与负责人等。这些功能能够保证用户仅仅需要持有一部安卓手机，就能不依靠志愿者，无论是在室内还是室外，都能及时了解自己的位置，以及感兴趣区域的相关信息，具有一定的现实意义。

4.3.2 学习目标

(1)位置传感器的使用方法、定位数据的扩展应用；

(2)文件管理器的使用方法、数据的格式化存储方案设计；

(3)语音合成技术及其组件的使用方法；

(4)点到线段的距离计算方法；

(5)点到区域的距离计算方法；

(6)音频播放器使用方法；

(7)二维码/条形码扫描组件的使用方法。

4.3.3 方案构思

根据前述分析，需要解决的问题有两个：

一是室外相对位置的定位。室外定位目前最便捷的手段就是 GPS＋电子地图。这种定位方式虽然可以精确地确定自己的坐标位置，但是对于处于完全陌生地域情况下，更想了解周边有关区域信息的用户，却无能为力。作为学校游览助手软件，更加需要的是一种能够进行室外相对位置定位的技术。室外相对位置的定位是指根据 GPS 经纬度参数分析、测算得出用户与学校各个主要功能区域/建筑物(文中多处称之为热点区域)的相对位置，并从中遴选出距离最近的若干区域，让用户可以确定自己目前所在区域的具体方位及距离，从而为用户进一步行动提供引导。

对于室外相对位置的定位问题，首先要建立热点区域信息，借助电子地图提取学校平面地图，确定学校热点区域，同时采集热点区域的经纬度坐标。为了简化问题，本节案例将热点区域简化为矩形区域，因此只需要获取每一个区域的左上角(电子地图模式下左上角就是西北角)经纬度参数、右下角(电子地图模式下右下角就是东南角)经纬度参数，即可得到完整的热点区域周界坐标参数序列，如图 4.3-1 所示。

假设某一区域的左上角经纬度参数为(x_1, y_1)，右下角经纬度参数为(x_2, y_2)，则对于任何一个热点区域，从左上角开始，按照顺时针的方向；四个顶点的坐标分别是(x_1, y_1)、(x_2, y_1)、(x_2, y_2)、(x_1, y_2)。同时，根据道路和区域的连接关系，热点区域被 4 个顶点坐标划分为 8 个区域，如图 4.3-2 所示。

当用户接近热点区域时，一定是处于图中所示的 8 个区域中的一个。而且，这 8 个区域恰好对应了 8 种不同的相对位置方位信息——位于 1 号区域，则意味着用户处于该热点区域的西北角；位于 2 号区域，则意味着用户处于该热点区域的正北方向；……；位于 8 号区域，则意味着用户处于该热点区域的西边。

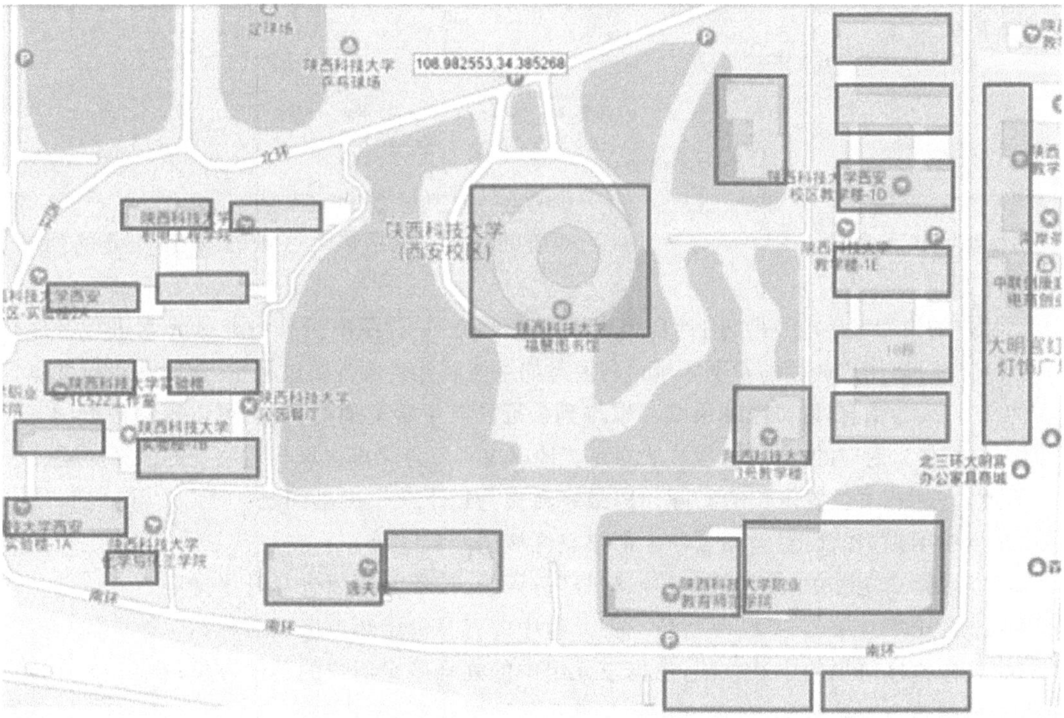

图 4.3-1 热点区域周界示意图

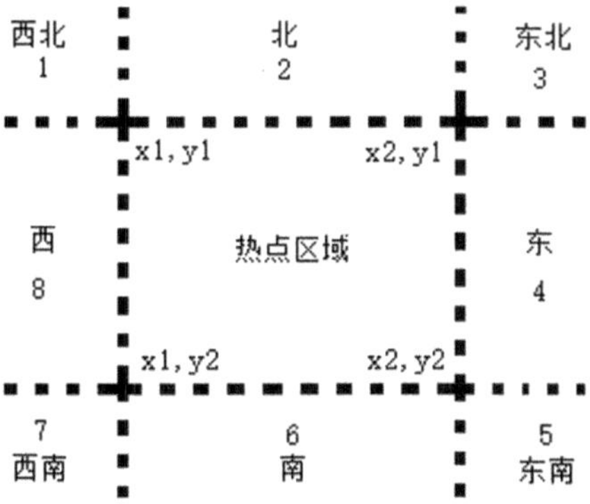

图 4.3-2 热点周界区域划分方案

因此,对于用户当前位置(x,y),以及学校内部众多区域的已知两个顶点坐标(x_{i1},y_{i1})、(x_{i2},y_{i2}),其中:$i=1\sim N$,N 为热点区域的总数。我们需要解决的问题就转换为如何根据用户当前位置,测算出距离最近的几个热点区域,并且测算出自己处于这些热点区域的哪一个方位。

计算得出距离用户最近的若干热点区域及其方位信息后,按照距离远近列表依次显示,当用户感兴趣某一热点区域时,点击并选择列表项,显示并以多媒体播报对应区域的相关信息介绍,就满足了室外相对位置定位的需求——用户在哪一个区域的什么位置,这个区域的功能以及其他相关信息展示。

如果存在 N 个热点区域,用户与每一个热点区域的 8 个方位的距离就形成了 $N\times8$ 矩阵，如下所示：

$$d=\begin{bmatrix} d_{11} & d_{12} & d_{13} & d_{14} & d_{15} & d_{16} & d_{17} & d_{18} \\ d_{21} & d_{22} & d_{23} & d_{24} & d_{25} & d_{26} & d_{27} & d_{28} \\ \cdots & \cdots & \cdots & \cdots & \cdots & \cdots & \cdots & \cdots \\ d_{N1} & d_{N2} & d_{N3} & d_{N4} & d_{N5} & d_{N6} & d_{N7} & d_{N8} \end{bmatrix}$$

其中，d_{ij} 初始状态为∞($i=1\sim N,j=1\sim 8$)，矩阵的行号 i 表示热点区域的编号，矩阵的列号 j 表示 8 个方位。

当用户的位置发生改变时，则计算得出该距离矩阵，并对距离矩阵中非∞元素进行升序排序，则可得出距离用户最近的若干区域距离值。如果按照元素值排序过程中，同时携带该元素值所在的行号、列号信息，则排序结果既可以得到最近的若干距离值，同时也可以得到最近的若干区域编号(行号)、对应的方位(列号)，从而完美地解决了室外热点区域相对位置的测算问题。

因此，室外相对位置定位的实际问题最终转换为以下几个编程问题：

(1)生成用户当前位置坐标点与全部热点区域的距离矩阵；

(2)获取距离矩阵中“元素值、行号、列号”三元组，按照元素值进行升序排序；

(3)选择排序结果的中某一项，依据三元组中的行号确定热点区域名称；

(4)选择排序结果的中某一项，依据三元组中的列号确定用户的具体方位；

(5)根据热点区域名称、所在方位确定显示的文字信息、图片等。

根据需求，程序必须具备以下功能：

(1)文件存储全部热点区域名称、顶点坐标、相关信息，并能读取处理的功能；

(2)借助位置传感器获取用户当前位置数据，并显示位置信息；

(3)生成 $N\times 8$ 的距离矩阵(当前位置与全部热点区域距离)；根据用户当前位置坐标，计算当前位置与每一个热点区域的 8 个距离，得到当前位置与全部热点区域的 $N\times 8$ 的距离矩阵；

(4)获取距离矩阵三元组(“元素值、行号、列号”)，升序排序并列表显示排序结果前三项的功能；

(5)获取感兴趣的热点区域名称、文本信息以及实现语音播报功能。

二是室内定位并获取最近功能区域/房间的相关信息。

室内由于没有 GPS 信号或者无法获取准确经纬度参数和高程参数，用户处于不同楼层、不同房间附近时，需要采取技术手段知道自己在哪里，面前的房间功能等信息。

目前室内定位技术手段比较多，但是往往依赖于大量计算和辅助设备，成本比较高。而作为校园游览助手软件，更多需要的仅仅是对于建筑物内部不同楼层、不同房间的功能、办事指南或者杰出成绩等公示性信息的了解，依赖于大量辅助设备实现这一功能显然不合适。

近年来，二维码的广泛应用为游览目的的室内定位打开了一扇新窗户——将室内定位用户最想知道的信息封装为二维码。当存在室内定位需求时，扫描二维码，识别二维码，获取封装于二维码内部的相关数据信息，从而达到室内定位服务的目的。

因此，室内定位就存在相对比较简单的方案——在建筑物内部每一个房间门口打印粘贴二维码，利用二维码的信息存储功能，保存每一个房间(实验室/办公室)的功能或者办事流程以及责任教师等信息。当用户扫描二维码时，读出相关信息进行显示或者语音播报，实现自助服务。

至此，建筑物内部位置服务、室外 GPS 相对位置服务的核心功能均已形成解决方案，但是遗憾的是，热点区域的顶点坐标并不会天然存在，所以还得具备热点区域顶点坐标的采集功能，采集结果按照指定格式保存为数据文件，以便室外 GPS 相对位置服务计算使用。

因此，基于上述想法，本节案例将分为两个屏幕完成上述功能，其中 Screen1 为主界面，实现室内外的位置服务功能，并引导用户进入 Screen2，Screen2 主要完成热点区域顶点坐标的采集功能。

Screen1 的应用程序界面以及所用组件结构如图 4.3－3 所示。

图 4.3－3 Screen1 程序界面设计

Screen1 程序各个组件相关属性设置信息如表 4.3－1 所示。

表 4.3－1 Screen1 程序各个组件相关属性设置

所属面板	对象类型		对象名称	属性	属性取值
用户界面	标签		标签 1	字号	18
				粗体	勾选
				宽度	充满
				文本	欢迎使用校园游览助手
				背景颜色	青色
				文本对齐	居中
界面布局	水平滚动布局		布局 1	高度	自动
				宽度	充满
用户界面	布局 1	标签	标签 2	字号	14
				文本	GPS 坐标
			标签_GPS 坐标	字号	14
				文本	

续表

所属面板	对象类型	对象名称	属性	属性取值
界面布局	水平滚动布局	布局 2	高度	自动
			宽度	充满
用户界面	布局2 按钮	按钮_室外测算	字号	12
			宽度	50%
			文本	室外相对位置定位
		按钮_室内扫描	字号	12
			宽度	50%
			文本	室内二维码定位
界面布局	水平滚动布局	布局 3	高度	自动
			宽度	充满
	布局3 标签	标签 3	字号	12
			文本	模拟产生的当前位置：
		标签_经纬度	字号	10
			文本	
		标签_当前位置	字号	10
			文本	
用户界面	标签	标签 6	字号	10
			文本	测算得出的最近热点区域信息
用户界面	列表显示框	列表显示框 1	高度	35%
			宽度	100%
			文本颜色	品红
			字号	36
	标签	标签_最近热点区域介绍	字号	10
			高度	20%
			宽度	100%
			文本	学校总体介绍
	按钮	按钮_室外热点坐标采集	字号	12
			宽度	充满
			文本	热点坐标采集与维护
	对话框	对话框 1	默认	默认
传感器	位置传感器	位置传感器 1	默认	默认
	条码扫描器	条码扫描器 1	使用外部扫描仪	取消勾选

续表

所属面板	对象类型	对象名称	属性	属性取值
多媒体	文本语音转换器	文本语音转换器 1	默认	默认
数据存储	文件管理器	文件管理器_矩阵	默认	默认
		文件管理器_热点介绍	默认	默认

Screen2 的应用程序界面以及所用组件结构如图 4.3－4 所示。

图 4.3－4　Screen2 程序界面设计

Screen2 程序各个组件相关属性设置信息如表 4.3－2 所示。

表 4.3－2　Screen2 程序各个组件相关属性设置

所属面板	对象类型	对象名称	属性	属性取值
用户界面	列表选择框	列表选择框 1	元素字串	2A 实验楼，2B 实验楼，1A 实验楼，1B 实验楼，1C 实验楼，逸夫楼，人文楼，1 号教学楼，3 号教学楼，轻工博物馆，图书馆
			粗体	勾选
			宽度	充满
			文本	点击选择热点区域名称
			字号	14
			文本对齐	居中
界面布局	水平布局	布局 1	高度	自动
			宽度	充满

续表

<table>
<tr><th>所属面板</th><th colspan="3">对象类型</th><th colspan="3">对象名称</th><th>属性</th><th>属性取值</th></tr>
<tr><td rowspan="12">界面布局</td><td rowspan="17">布局1</td><td rowspan="12">垂直滚动布局</td><td rowspan="2">复选框</td><td colspan="3">复选框_西北</td><td>文本</td><td>热点区域西北角</td></tr>
<tr><td colspan="3">复选框_东南</td><td>文本</td><td>热点区域东南角</td></tr>
<tr><td rowspan="10">表格布局</td><td colspan="3" rowspan="2">表格布局1</td><td>行数</td><td>2</td></tr>
<tr><td>列数</td><td>2</td></tr>
<tr><td rowspan="8">表格布局1</td><td rowspan="8">标签</td><td rowspan="2">标签1</td><td>字号</td><td>14</td></tr>
<tr><td>文本</td><td>经度</td></tr>
<tr><td rowspan="2">标签2</td><td>字号</td><td>14</td></tr>
<tr><td>文本</td><td>纬度</td></tr>
<tr><td rowspan="2">标签_经度</td><td>字号</td><td>14</td></tr>
<tr><td>文本</td><td>0</td></tr>
<tr><td rowspan="2">标签_纬度</td><td>字号</td><td>14</td></tr>
<tr><td>文本</td><td>0</td></tr>
<tr><td rowspan="5">绘图动画</td><td colspan="2" rowspan="2">画布</td><td colspan="3" rowspan="2">画布1</td><td>高度</td><td>50%</td></tr>
<tr><td>宽度</td><td>充满</td></tr>
<tr><td colspan="2" rowspan="3">图像精灵</td><td colspan="3" rowspan="3">图像精灵1</td><td>宽度</td><td>充满</td></tr>
<tr><td>高度</td><td>充满</td></tr>
<tr><td>图片</td><td>NS.jpg</td></tr>
<tr><td rowspan="2">界面布局</td><td colspan="3" rowspan="2">水平滚动布局</td><td colspan="3" rowspan="2">水平布局2</td><td>高度</td><td>10%</td></tr>
<tr><td>宽度</td><td>100%</td></tr>
<tr><td rowspan="6">用户界面</td><td rowspan="6">水平布局2</td><td colspan="2" rowspan="6">标签</td><td colspan="3" rowspan="2">标签3</td><td>字号</td><td>14</td></tr>
<tr><td>文本</td><td>当前位置：</td></tr>
<tr><td colspan="3" rowspan="4">标签_位置信息</td><td>文本</td><td></td></tr>
<tr><td>字号</td><td>14</td></tr>
<tr><td>高度</td><td>自动</td></tr>
<tr><td>宽度</td><td>自动</td></tr>
<tr><td rowspan="8">用户界面</td><td colspan="3" rowspan="2">按钮</td><td colspan="3" rowspan="2">按钮_保存坐标数据</td><td>宽度</td><td>100%</td></tr>
<tr><td>文本</td><td>保存坐标数据</td></tr>
<tr><td colspan="3" rowspan="5">标签</td><td colspan="3">标签4</td><td>文本</td><td>已经采集的数据列表：</td></tr>
<tr><td colspan="3" rowspan="4">标签_采集信息显示</td><td>宽度</td><td>100%</td></tr>
<tr><td>字号</td><td>10</td></tr>
<tr><td>文本</td><td></td></tr>
<tr><td colspan="3">对话框</td><td colspan="3">对话框1</td><td>默认</td><td>默认</td></tr>
</table>

续表

所属面板	对象类型	对象名称	属性	属性取值
传感器	计时器	计时器 1	计时间隔	1000
	位置传感器	位置传感器 1	默认	默认
	方向传感器	方向传感器 1	默认	默认
数据存储	文件管理器	文件管理器 1	默认	默认
	微数据库	热点坐标库	默认	默认

同时，程序还需要上传 3 个素材：文本文件 HotRegion. txt、BuildingLocation2-3. txt、图片 NS. jpg。其中：

文本文件 HotRegion. txt 保存各热点区域的介绍文本，每一个自然段记录一个区域的介绍文本，如图 4. 3－5 所示。

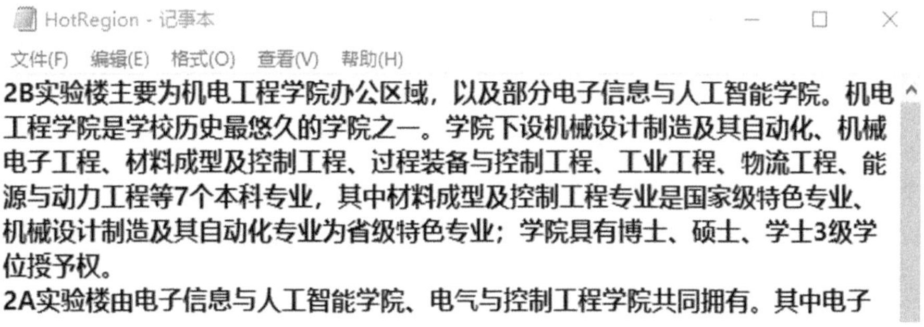
HotRegion - 记事本
文件(F) 编辑(E) 格式(O) 查看(V) 帮助(H)
2B实验楼主要为机电工程学院办公区域，以及部分电子信息与人工智能学院。机电工程学院是学校历史最悠久的学院之一。学院下设机械设计制造及其自动化、机械电子工程、材料成型及控制工程、过程装备与控制工程、工业工程、物流工程、能源与动力工程等7个本科专业，其中材料成型及控制工程专业是国家级特色专业、机械设计制造及其自动化专业为省级特色专业；学院具有博士、硕士、学士3级学位授予权。
2A实验楼由电子信息与人工智能学院、电气与控制工程学院共同拥有。其中电子

图 4. 3－5　HotRegion. txt 文本文件样例

文本文件 BuildingLocation2-3. txt 保存各热点区域的名称、西北顶点经纬度坐标、东南顶点经纬度坐标，每行文本记录一个热点区域信息，如图 4. 3－6 所示。

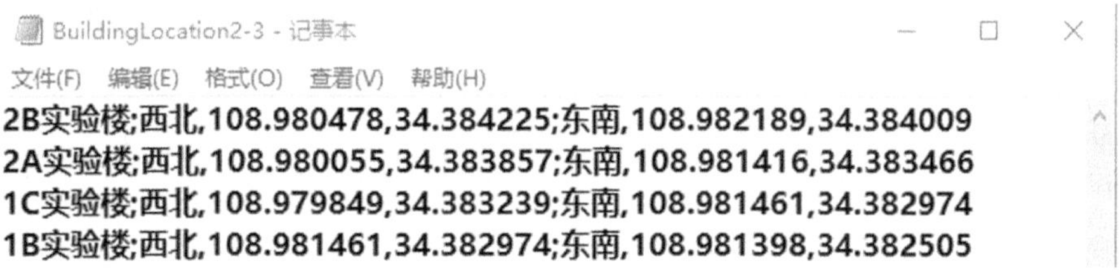
BuildingLocation2-3 - 记事本
文件(F) 编辑(E) 格式(O) 查看(V) 帮助(H)
2B实验楼;西北,108.980478,34.384225;东南,108.982189,34.384009
2A实验楼;西北,108.980055,34.383857;东南,108.981416,34.383466
1C实验楼;西北,108.979849,34.383239;东南,108.981461,34.382974
1B实验楼;西北,108.981461,34.382974;东南,108.981398,34.382505

图 4. 3－6　BuildingLocation2-3. txt 文本文件样例

图片文件 NS. jpg 为指南针图样，如图 4. 3－7 所示。

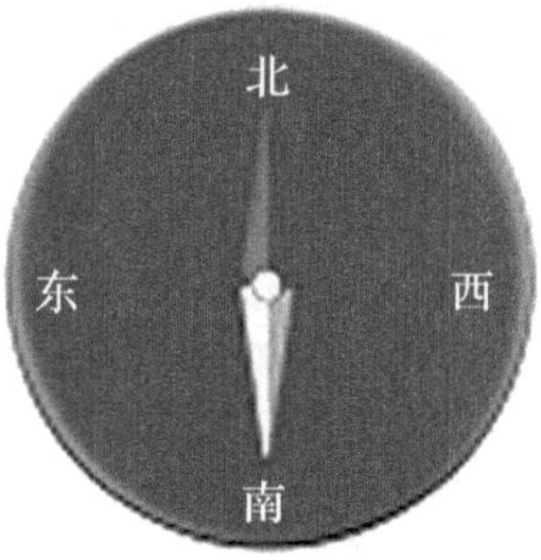

图 4. 3－7　指南针图样

4.3.4 实现方法

1. Screen1 实现方法

校园游览助手设计，最困难的部分莫过于室外相对位置定位功能的实现。需要根据当前位置坐标数据以及热点区域全部的顶点坐标数据，实时计算距离用户最近的若干区域，因此程序首先声明若干全局变量，用以保存全部热点区域名称、顶点坐标、介绍信息等，如图 4.3－8 所示。

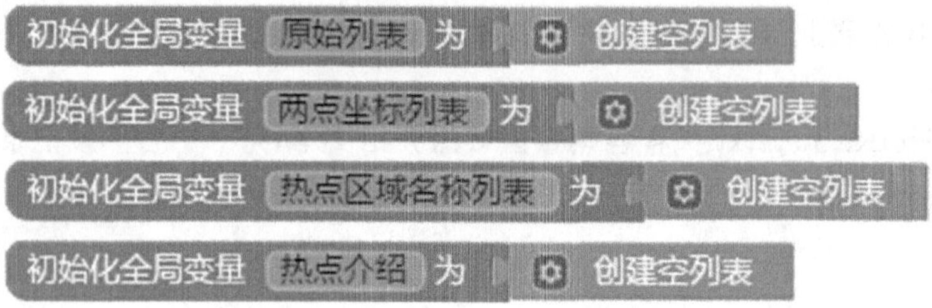

图 4.3－8 程序声明的全局变量

其中，列表类型变量“原始列表”用以保存文本文件中读取的全部热点区域信息，列表的每一个数据项，包含一个热点的主要信息。列表类型变量“两点坐标列表”用以保存全部的热点区域西北、东南两个顶点的经纬度坐标数据。列表类型变量“热点区域名称列表”用以保存全部的热点区域名称。列表类型变量“热点介绍”用以保存全部的热点区域的介绍信息。

此外，程序还需要完成以下功能：

(1)响应 Screen1 之初始化事件。

Screen1 初始化期间，打开预先生成的热点区域顶点坐标信息数据文件以及热点区域介绍文件。为了简化问题，热点区域顶点坐标信息数据文件需要事先生成，并上传为程序资源文件，所以借助文件管理器访问文件时，文件名称添加前缀符号“//”。实际上在热点区域顶点坐标采集屏幕 Screen2 中，区域的顶点坐标文件存储在 SD 卡中，访问时，文件名称应该添加前缀符号“/”而不是“//”。这里使用两个文件管理器分别打开文件 HotRegion. txt、BuildingLocation2－3. txt，具体实现代码如图 4.3－9 所示。

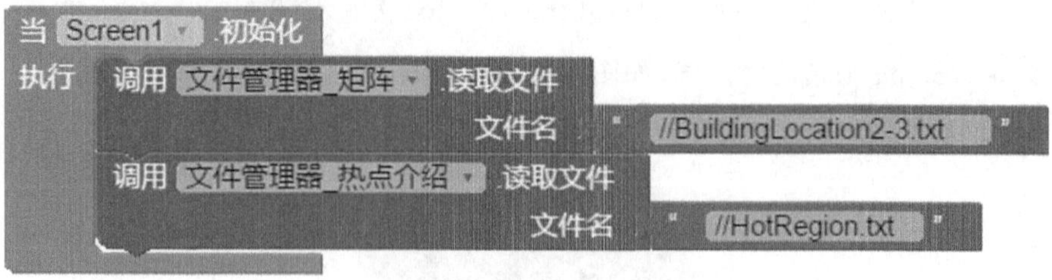

图 4.3－9 Screen1 初始化事件实现代码

(2)响应文件管理器_热点介绍之获得文本事件。

当文件管理器_热点介绍读出热点区域介绍文件后，触发此事件，读出结果通过参数“文本”返回。由于文本文件 HotRegion. txt 保存各热点区域的介绍信息，而且每一个自然段记录一个区域的介绍文本，所以打开文本文件 HotRegion.txt 并获得文本信息后，以分隔符号“\n”即自然分段符号进行文本分解，所得列表赋值给全局变量“global 热点介绍”。此列表分别存储每一个热点区域的介绍信息，而且列表项顺序与顶点坐标文件中热点区域的顺序一致，实现代码如图 4.3-10 所示。

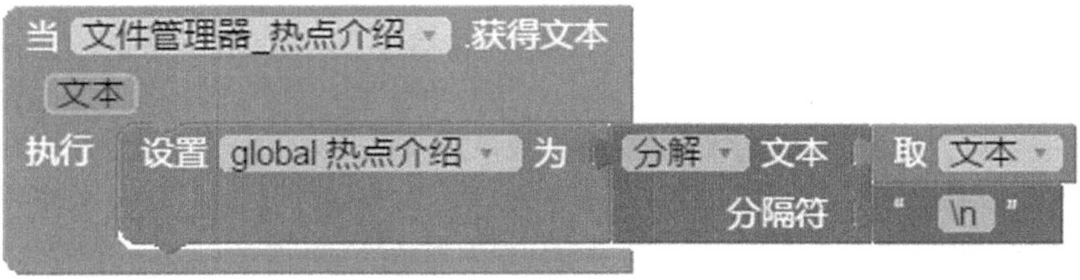

图 4.3-10 文件管理器_热点介绍获得文本事件实现代码

(3)响应文件管理器_矩阵之获得文本事件。

当文件管理器_矩阵读出热点区域坐标文件后，触发此事件，读出结果通过参数“文本”返回。如果获取文本不空，则按照程序预先设置，对于获取的文本按照分隔符“\n”进行分解，得到全局变量“global 原始列表”的数据；对于全局变量“global 原始列表”的每一个数据项，调用自定义过程“生成两点坐标列表”，得到全局变量“global 两点坐标列表”的数据；对于全局变量“global 原始列表”的每一个数据项，调用自定义过程“获取热点区域名称列表”，得到全局变量“global 热点区域名称列表”的数据。

否则(文本文件打开后，未获取相关数据)，则调用对话框的显示警告信息功能，提醒用户采集数据，才能正确执行相关代码，实现代码如图 4.3-11 所示。

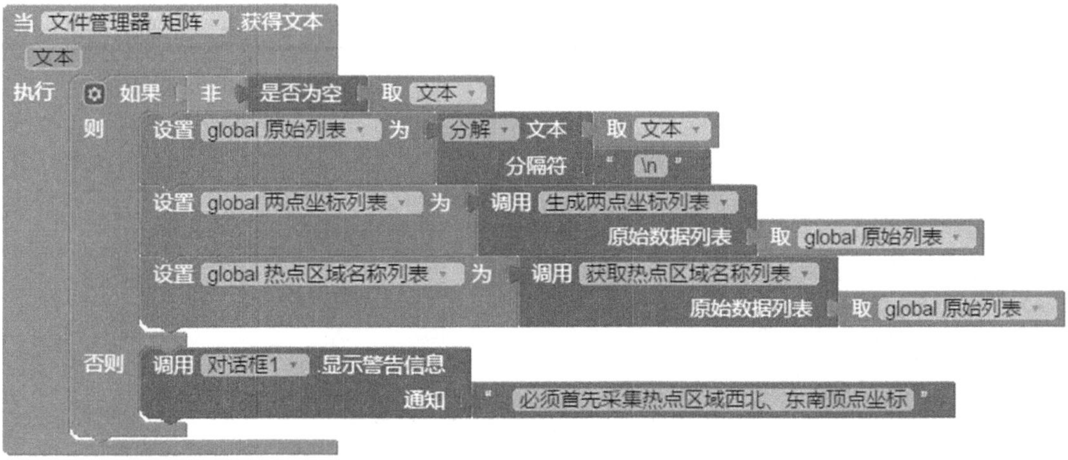

图 4.3-11 文件管理器_矩阵获得文本事件实现代码

其中：

自定义过程“生成两点坐标列表”，将原始列表数据项的组成格式“热点区域名称；西北，西北顶点经度，西北顶点纬度；东南，东南顶点经度，东南顶点纬度”，进行进一步分割处理，得到“西北顶点经度，西北顶点纬度；东南顶点经度，东南顶点纬度”格式的两点坐标列表。

实现这一功能时，首先遍历原始列表的每一个数据项，对于获取的每一个数据项，进行以下工作：

(1)用符号“;”分解数据项，得到具有 3 个数据元素的列表，称为一次分解结果。一次分解结果的第二项数据元素为西北方位及其坐标，第三项数据元素为东南方位及其坐标，其中西北方位及其坐标以符号“,”间隔。

(2)一次分解结果的第二项，第一个“,”以后的子串就是经纬度参数。获取该经纬度参数的方法比较多，可以采取提取子串的方式，也可以用符号“,”进一步分解，再提取其结果的第二项、第三项，然后合成“经度，纬度”格式的参数字符串。

(3)分别获取热点区域西北方位的经纬度参数字符串、东南方位的经纬度字符串后，借助“;”符号间隔，将两对坐标数据合成为一个热点区域的顶点坐标数据。

遍历结束后，即生成关于全部热点区域的 2 顶点坐标列表。

过程输入参数：列表(原始列表，含有热点名称、方位、坐标等全部信息)。

过程输出参数：列表(全部热点的 2 顶点坐标列表)。

具体实现代码如图 4.3－12 所示。

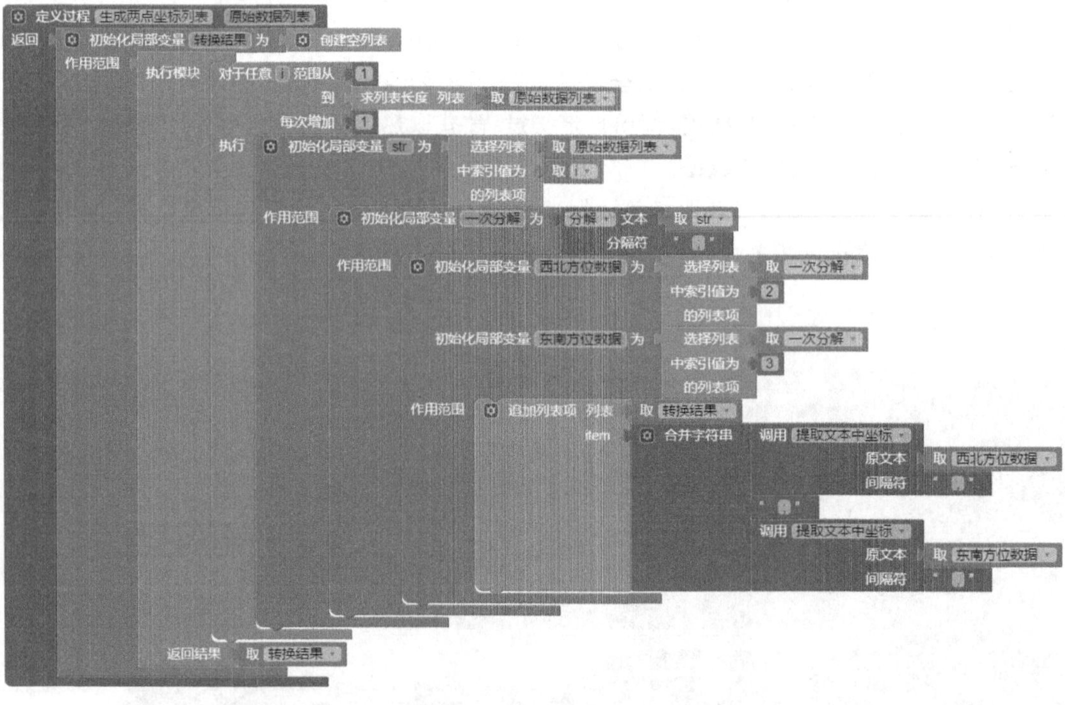

图 4.3－12　自定义过程“生成两点坐标列表”实现代码

自定义过程“提取文本中坐标”，将上一步骤中得到的一次分解结果(格式为“西北，西北顶点经度，西北顶点纬度”)中的坐标数据提取出来，生成格式为“经度，纬度”的坐标参数。

实现这一功能时，首先调用文本块中求取子串在文本中的位置功能，得到间隔符号在文本中出现的位置(如果文本串中存在多个间隔符号，则返回间隔符号第一次出现的位置)，然后调用求取文本长度的功能，截取间隔符号出现位置后至文本结尾的全部字符，作为返回结果。

过程输入参数:原文本,间隔符(原文本即待处理的文本串,间隔符即间隔符号,这里特指符号“,”)。

过程输出参数:文本数据(原文本中间隔符号后的全部字符对应的子串)。

具体实现代码如图 4.3-13 所示。

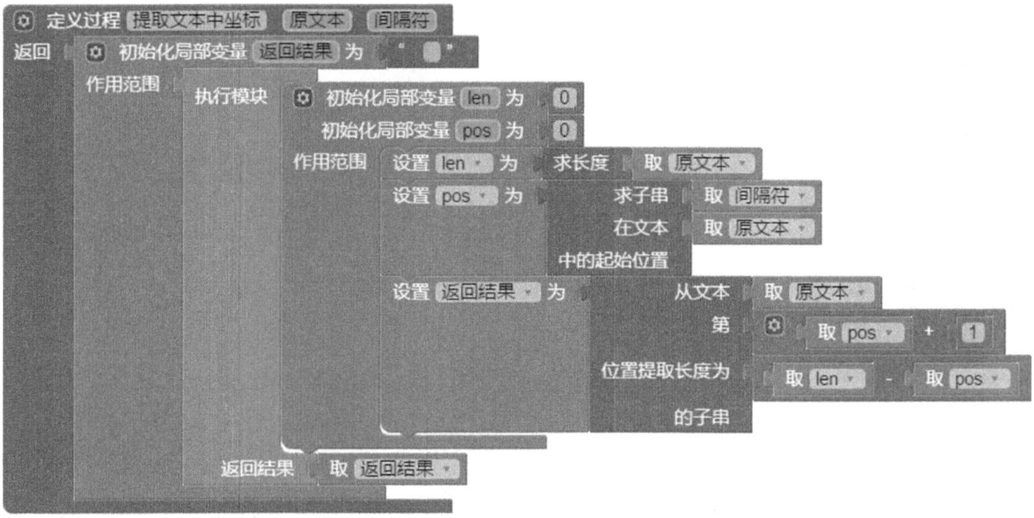

图 4.3-13 自定义过程“提取文本中坐标”实现代码

自定义过程“获取热点区域名称列表”,将原始列表数据项的组成格式“热点区域名称;西北,西北顶点经度,西北顶点纬度;东南,东南顶点经度,东南顶点纬度”进行进一步分割处理,得到原始列表中每一个数据项中的热点区域名称,并形成一个列表,以备后续功能使用。

实现这一功能时,首先遍历原始列表的每一个数据项,对于获取的每一个数据项,存在两种提取方案:一是用符号“;”分解数据项,得到具有 3 个数据元素的列表,列表的第一项就是我们需要的热点区域名称。将所有热点区域名称封装为一个列表返回,即可实现从原始列表中提取热点区域名称的功能。二是仔细观察原始数据列表的每一个数据项,可以发现第一个“;”以前的子串恰好是热点区域的名称,因此只需要提取出每一个原始数据列表的数据项中第一个字符至第一个“;”出现的前一位置子串,即可实现从原始列表中提取热点区域名称的功能。

过程输入参数:列表(原始列表,含有热点名称、方位、坐标等全部信息)。

过程输出参数:列表(全部热点区域名称列表)。

具体实现代码如图 4.3-14 所示。

(4)响应位置传感器 1 之位置被改变事件。

程序界面显示用户当前 GPS 坐标,以便用户了解自己当前的实际位置。当位置传感器感知到用户位置发生改变时,采集位置传感器的经度、纬度数据,并通过标签显示。为了提高显示效果的动态性,调用合成颜色功能,每一次位置改变,合成一种随机颜色,作为标签显示的文本颜色,增强视觉效果,具体实现代码如图 4.3-15 所示。

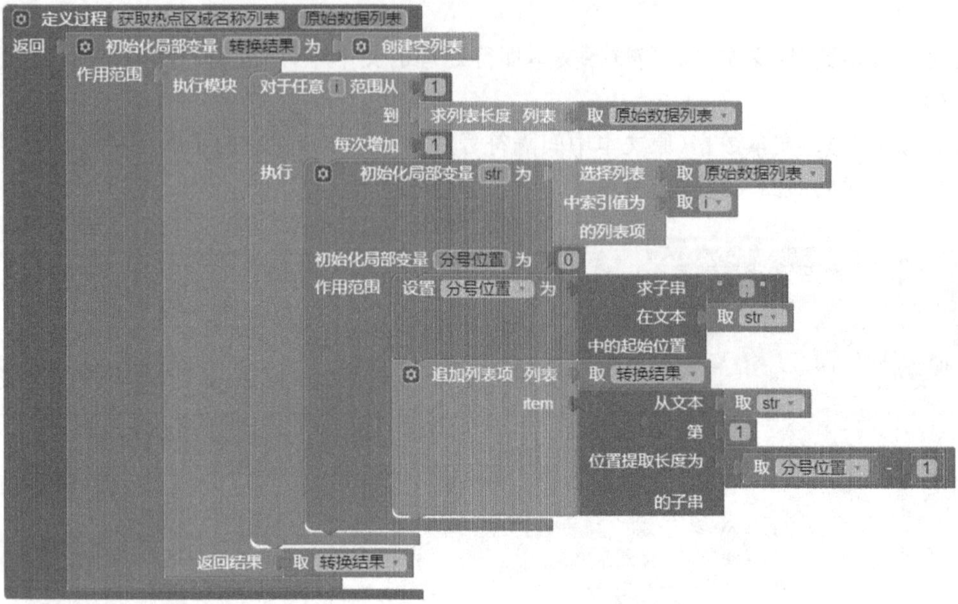

图 4.3-14　自定义过程“获取热点区域名称列表”实现代码

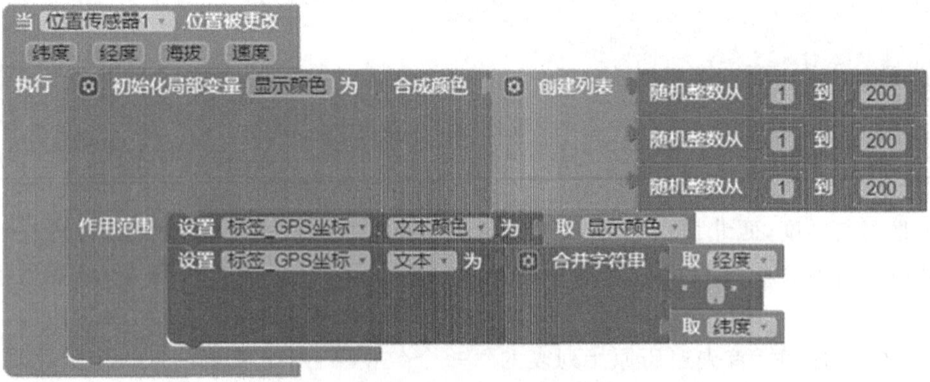

图 4.3-15　位置传感器 1 之位置改变事件实现代码

(5)设计自定义过程——初始化距离矩阵。

游览助手实际上是不断计算当前实际位置和所有热点区域的距离。根据方案构思部分的内容，与每一个热点区域的距离可根据其所属区域细分为 8 个距离，当存在 N 个热点区域时，与之对应的就是 $N\times8$ 的一个距离矩阵，用以保存当前位置与各个热点区域的距离。由于本节案例定位于学校内部的用户位置与热点区域的距离，所以初始状态默认无穷大距离值均为 10 000(单位为 m)。

过程输入参数：数值类型数据 N(热点区域个数)。

过程输出参数：列表型数据(二维列表，$N\times8$ 矩阵数据)。

具体实现代码如图 4.3-16 所示。

(6)设计自定义过程——点到线段距离。

点到线段的距离指的是当前用户位置到热点区域周界的某一条边界线段的距离。假设组成热点区域周界的某一线段的两个端点分别为 p1、p2，用户的实际位置点为 pp，则需要计算的就是用户实际位置 pp 到 p1、p2 组成的线段之间的距离 h，如图 4.3-17 所示。

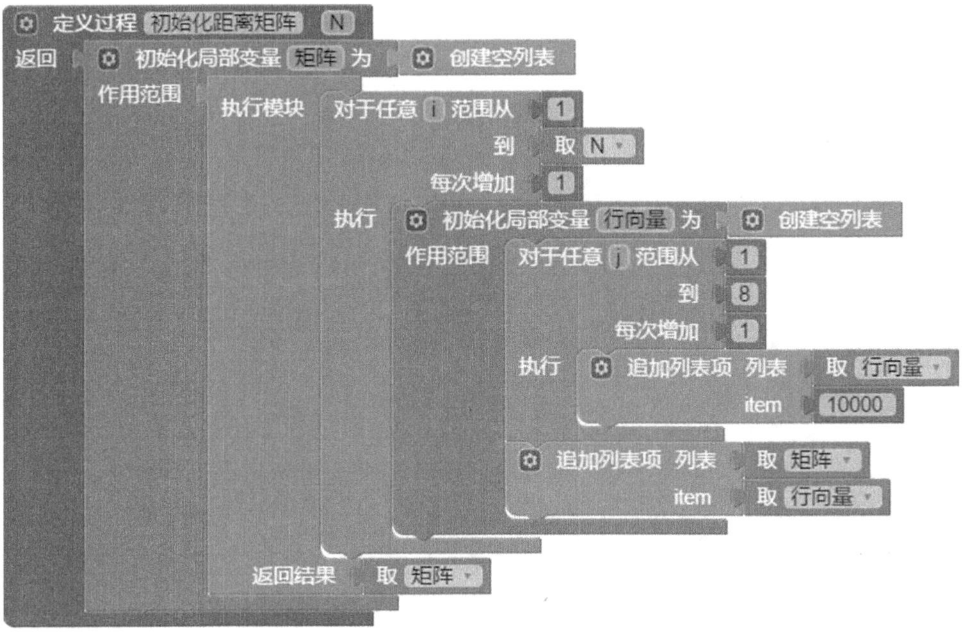

图 4.3-16 自定义过程“初始化距离矩”阵实现代码

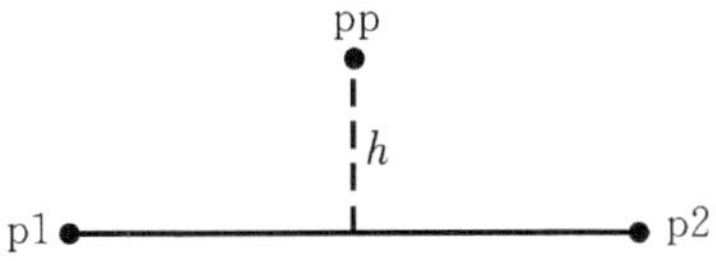

图 4.3-17 点到线段距离计算原理示意图

距离 h 可借助海伦公式得出：

$$h=\sqrt{p(p-a)(p-b)(p-c)}$$

其中，$p=\frac{1}{2}(a+b+c)$，a 为端点 p1、p2 组成的线段长度，b 为端点 p1、pp 组成的线段长度，c 为端点 pp、p2 组成的线段长度。

过程输入参数：pp，p1，p2(pp 表示用户当前实际位置经纬度数据；p1、p2 表示线段两个端点的经纬度数据)。

过程输出参数：数值型距离值。

具体实现代码如图 4.3-18 所示。

(7)设计自定义过程——点到点距离。

距离矩阵初始化完成后，每一次用户位置的变化，都会触发一次当前位置点到所有热点区域的距离计算。计算点到热点区域的距离可以分解为计算点到点的距离、点到线段的距离两项任务。

程序设计中点的坐标由经度、纬度两个 GPS 参数表示，由于 App Inventor 语言自身的限制，对于数据结构的定义远不如字符编码的高级语言那么灵活，所以本节案例中关于坐标点的数据结构定义借助字符串来表示，即采取形如“经度参数，纬度参数”的表示方式，用逗号作为间隔符号，将位置数据的经度参数和纬度参数组合成为一个字符串。

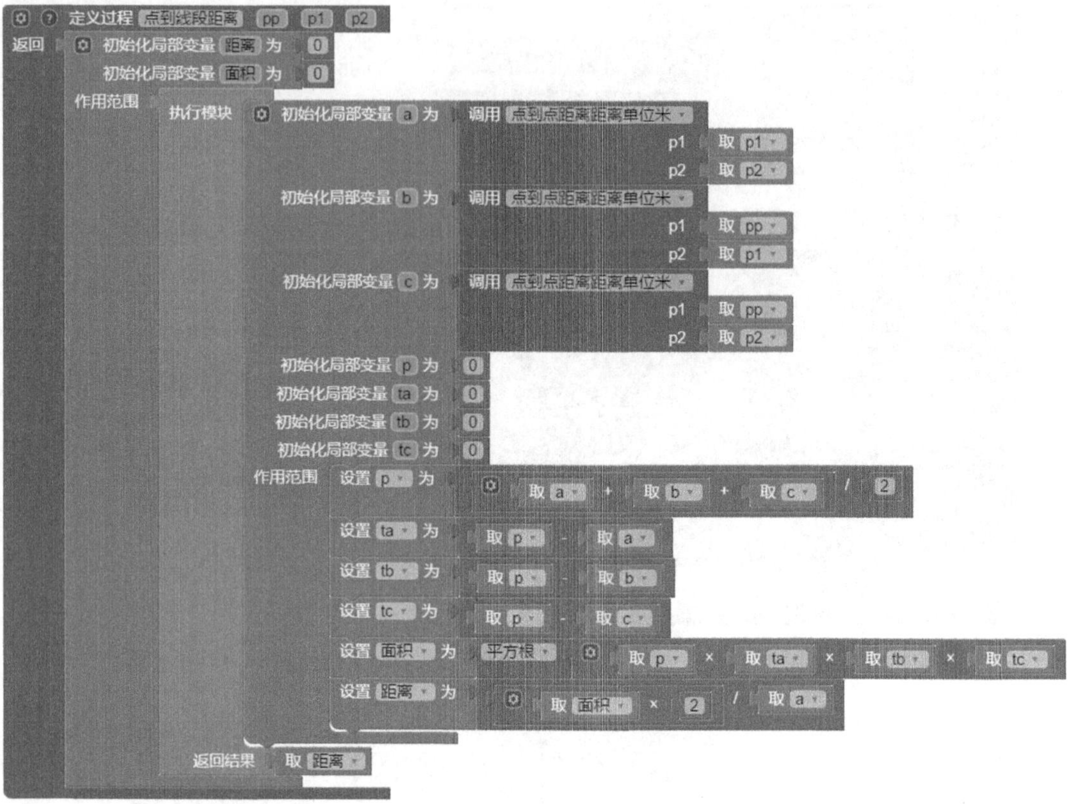

图 4.3-18 自定义过程“点到线段距离”实现代码

根据地球上任意两点的经纬度计算两点间的距离。地球是一个近乎标准的椭球体，它的赤道半径为 6 378.140 km，极半径为 6 356.755 km，平均半径为 6 371.004 km。如果我们假设地球是一个完美的球体，那么它的半径就是地球的平均半径，记为 $R=6\ 371.004$ km。

计算 GPS 获取的两个经纬度之间的距离，算法比较多，只是一些算法精度高，一些算法精度比较低，无所谓哪一个好哪一个不好，主要看在什么场合下使用。本文仅仅是用来计算距离用户当前位置最近的热点区域，精度要求并不是很高，所以采取的算法只要能够满足基本需要，并且计算量较小，就是好的算法。

1)两点直接距离计算

一般 GPS 获取的经纬度参数在计算时，首先转换为 NTU 经度和 NTU 纬度，计算方法如下：

$$\text{NTU 经度}=\text{GPS 经度}\times 100\ 000$$

$$\text{NTU 纬度}=\text{GPS 纬度}\times 100\ 000$$

NTU 相当于 1/100 000 度。

地球的周长 $L=2\times\pi\times R=4\ 003$ km，于是同一经度条件下，纬度每变化 1 度，距离相差 $L/360=111.194\ 995$ km。纬度每变化 1/100 000 度，距离相差约 1.1 m。同理，在赤道上，经度每变化 1/100 000 度，距离相差约 1.1 m。

所以距离简单的计算方法就是：

$$d=\sqrt{(Lat1\_Ntu-Lat2\_Ntu)^2+(Lon1\_Ntu-Lon2\_Ntu)^2}$$

其中：

$Lat1\_Ntu=Lat1\times 100\ 000$，$Lat1$ 为点 A 纬度；

$Lat2\_Ntu=Lat2\times 100\ 000$，$Lat2$ 为点 B 纬度；

$Lon1\_Ntu=Lon1\times 100\ 000$，$Lon1$ 为点 A 经度；

$Lon2\_Ntu=Lon2\times 100\ 000$，$Lon2$ 为点 B 经度。

比如：

GPS 读取 A 点经度为 116.954 00，纬度为 39.954 00；B 点经度为 116.953 00，纬度为 39.953 00；

对应的 A 点 NTU 经度为 11 695 400，NTU 纬度为 3 995 400；

对应的 B 点 NTU 经度为 11 695 300，NTU 纬度为 3 995 300；

于是 AB 两点之间的距离 $=\sqrt{(11\ 695\ 400-11\ 695\ 300)^2+(3\ 995\ 400-3\ 995\ 300)^2}=141$ m。

2)两点球面距离计算

还有一种典型算法是将地球看作是一个典型的圆球，计算球面距离，计算方法如下：

$$\Delta A=(Lat2-Lat1)\times\pi/180$$

$$\Delta B=(Lon2-Lon1)\times\pi/180$$

$$Lat1\_Ridian=Lat1\times\pi/180$$

$$Lat2\_Ridian=Lat2\times\pi/180$$

$$X=2\times R\times a\sin\sqrt{\left(\sin\frac{\Delta A}{2}\right)^2+\cos(Lat1\_Radian)\times\cos(Lat2\_Radian)\times\left(\sin\frac{\Delta B}{2}\right)^2}\ (\mathrm{km})$$

其中，$R=6\ 371.004$ km。

同样，假设 GPS 读取 A 点经度为 116.954 00，纬度为 39.954 00；B 点经度为 116.953 00，纬度为 39.953 00。按照上述公式计算 AB 两点之间的距离为 157 m。

3)计算三角距离

同一经度下，纬度每变化一度，对应距离约为 69.1 英里(1 英里＝1 609.347 m)，赤道上，一经度的变化对应距离 57.3 英里；随着纬度的增加，经度每变化一度，对应的距离为三角函数关系，所以存在以下计算方法：

$$A=69.1\times(Lat2-Lat1)$$

$$B=69.1\times(Lon2-Lon1)\times\cos(Lat1/57.3)$$

$$d=\sqrt{A^2+B^2}\times 1\ 609.344$$

同样，假设 GPS 读取 A 点经度为 116.95 400，纬度为 39.95 400；B 点经度为 116.953 00，纬度为 39.953 00。按照上述公式计算 AB 两点之间的距离为 157 m。

采用如图 4.3－19 所示的网络工具验证，结果为 142 米，这样的误差，对于校园内的游览距离计算已经足够了。按照计算方法的复杂度的区别，本节案例选择两点之间直接距离计算法。

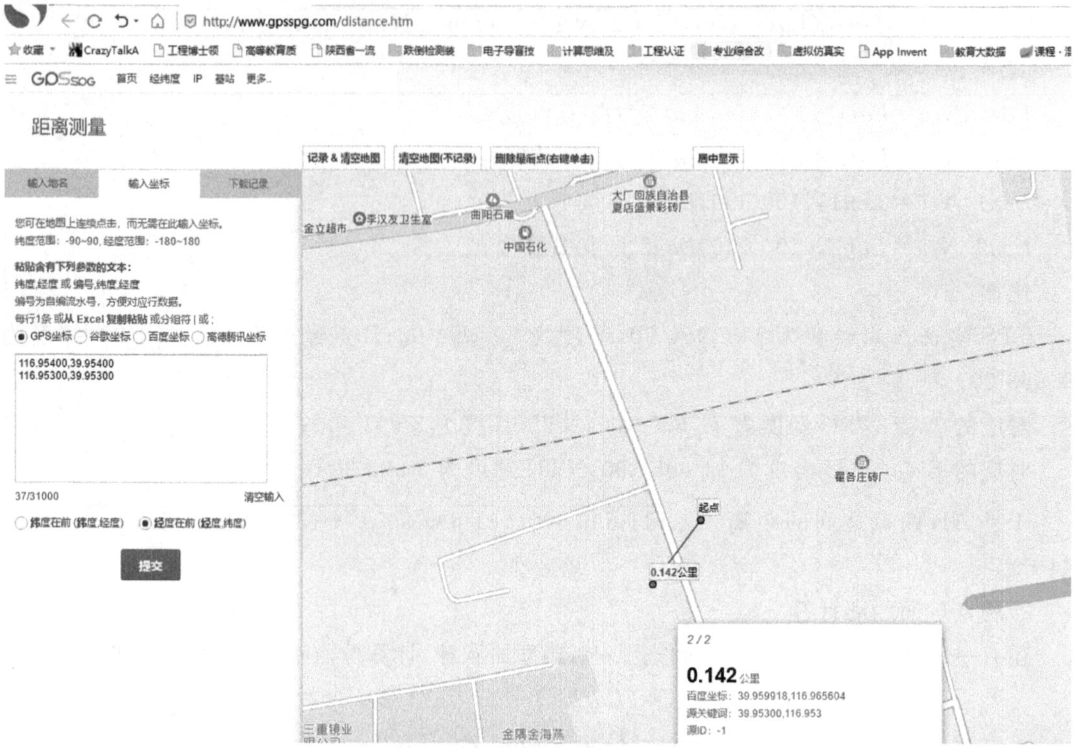

图 4.3-19　点到点距离验证网站示意

另外，目前功能设计时是通过计算用户当前位置与所有热点区域的距离，生成一个距离矩阵，借助距离矩阵中距离值的大小来确定距离用户最近的热点区域，因此距离值只要能够表示出当前位置与各个热点区域的距离大小即可。所以本节案例中将经纬度参数假设为直角坐标系下的坐标值，通过欧几里得距离公式直接进行计算，从而简化经纬度参数对应的实际距离。

此时问题的关键就是如何通过字符串形式的点坐标数据，得到欧氏几何距离公式中表示当前位置的坐标数据 x_1，y_1，表示目标点的坐标数据 x_2，y_2。程序实现时以分隔符号“,”对GPS经纬度数据进行分解，得到列表的第一项可视为直角坐标系下的横坐标，第二项可视为直角坐标系下的纵坐标。

综上所述，得出如下实现方法：

过程输入参数：p1、p2(p1、p2 均为经纬度参数字符串，经度与纬度通过逗号间隔)。

过程输出参数：数值型距离值(单位为 m)。

具体实现代码如图 4.3-20 所示。

(8)设计自定义过程——刷新距离矩阵。

当用户每一次获取最新 GPS 坐标数据并且需要查询最近热点区域时，调用自定义过程“刷新距离矩阵”，实现当前位置坐标相对于每一个热点区域的 8 个方位距离值。

如前所述，每一个热点区域坐标拾取其左上角亦即西北角坐标(x_1,y_1)、右下角亦即东南角坐标(x_2,y_2)，则区域矩形的 4 个顶点坐标依次分别为：(x_1,y_1)、(x_2,y_1)、(x_2,y_2)、(x_1,y_2)。热点区域被 4 个顶点坐标划分为 8 个不同方位，如图 4.3-21 所示。

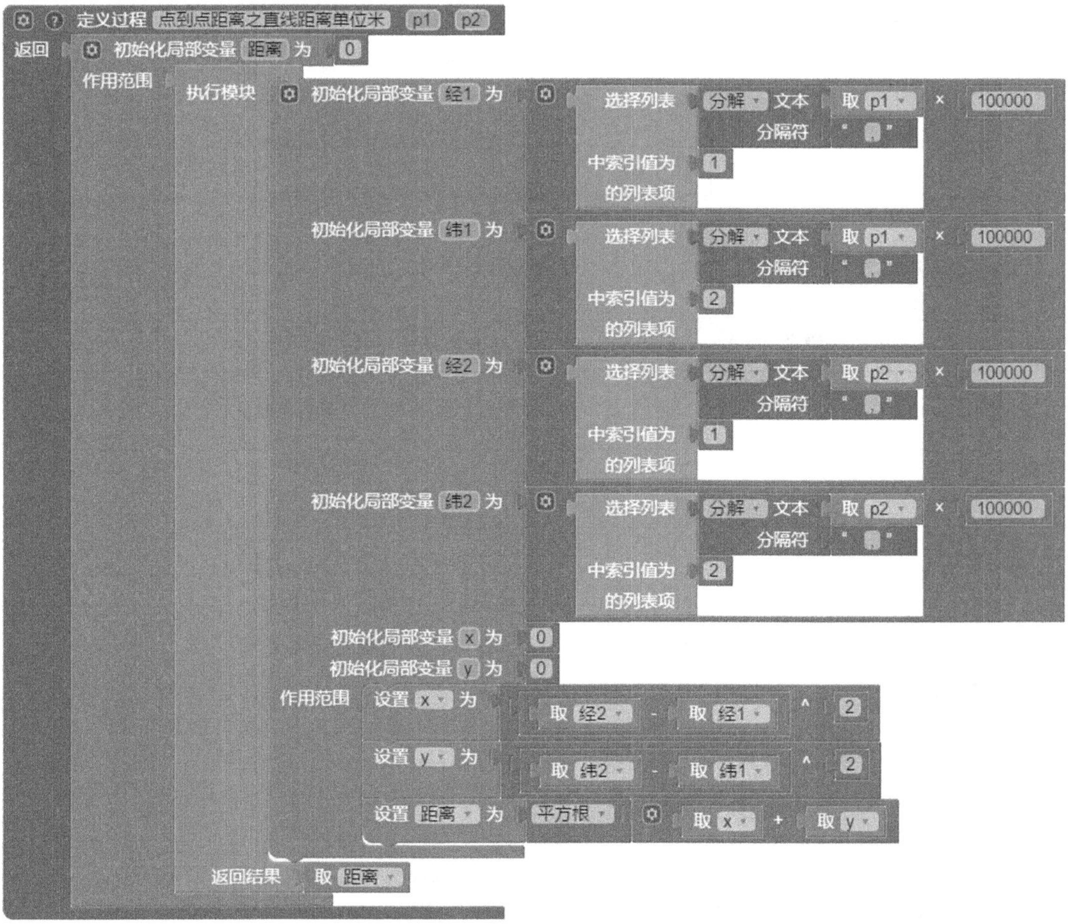

图 4.3-20　自定义过程“点到点距离之直线距离单位米”实现代码

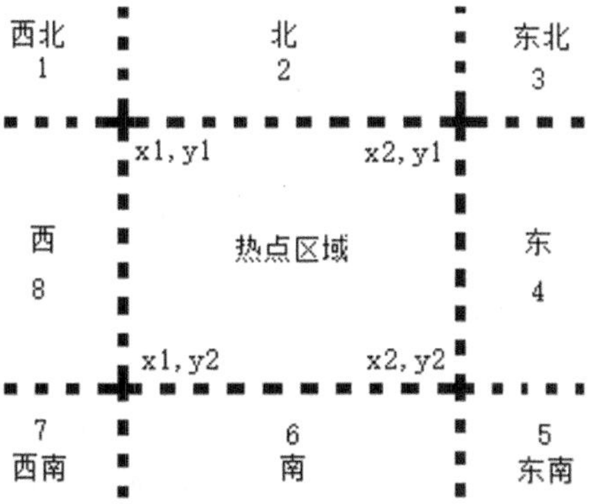

图 4.3-21　热点区域周界方位划分及其顶点坐标

由地理常识可以得知，经纬度对应的坐标体系在我国可以视为具有如图 4.3-22 所示的结构特点的直角坐标系。

中国处于东经、北纬的坐标框架下，从西往东，由北向南，东经逐渐变大，北纬逐渐变小。用户当前位置坐标(x，y)究竟处于 8 个区域中哪一个，应该结合经纬度坐标体系特点，按照表 4.3-3 所示依据进行判断。

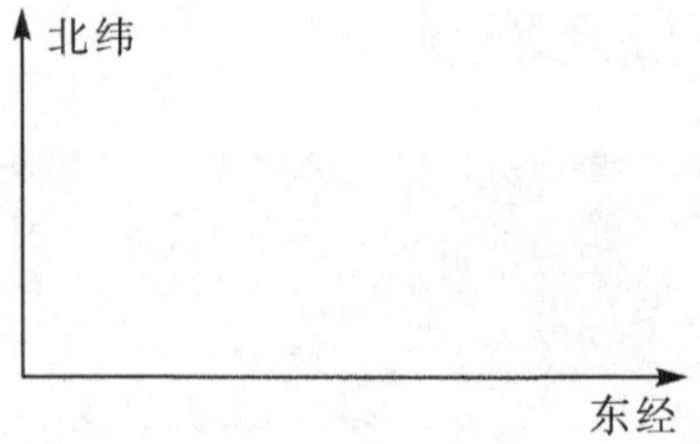

图 4.3-22 中国地区经纬度数据对应的坐标系

表 4.3-3 不同区域位置坐标判断条件与距离计算方法

方位编号	判决条件	距离计算方法
1	$x<=x_1$,且 $y>=y_1$	(x,y)、(x_1,y_1)两点之间距离
2	$x_1<x<x_2$,且 $y>y_1$	点(x,y)与线段$[(x_1,y_1)$、$(x_2,y_1)]$构成距离
3	$x>=x_2$,且 $y>=y_2$	(x,y)、(x_2,y_1)两点之间距离
4	$x>x_2$,且 $y_2<y<y_1$	点(x,y)与线段$[(x_2,y_1)$、$(x_2,y_2)]$构成距离
5	$x>=x_2$,且 $y<=y_2$	(x,y)、(x_2,y_2)两点之间距离
6	$x_1<x<x_2$,且 $y<y_2$	点(x,y)与线段$[(x_1,y_2)$、$(x_2,y_2)]$构成距离
7	$x<=x_1$,且 $y<=y_2$,	(x,y)、(x_1,y_2)两点之间距离
8	$x<x_1$,且 $y_2<y<y_1$,(x,y)	点(x,y)与线段$[(x_1,y_1)$、$(x_1,y_2)]$构成距离

也就是说,当得到热点区域矩形周界的 4 个顶点经纬度坐标数据后,根据当前坐标与 4 个顶点坐标的关系,更新当前坐标与对应热点区域的 8 个方位的距离值(不符合坐标区间关系,则不更新),计算、更新完毕每一个热点区域的 8 个方位距离值后,完成距离矩阵的刷新。

刷新距离矩阵前,已知用户当前坐标 pp,全部热点区域顶点坐标列表的全局变量“global 两点坐标列表”以及初始值为∞的 $N\times 8$ 矩阵。刷新距离矩阵时,首先遍历全局变量“global 两点坐标列表的每一个数据项,每访问列表的一个数据项,进行以下工作:

(1)以“,”分解数据项文本,得到列表的第一项即为该区域西北顶点的经纬度参数,列表的第二项即为该区域东南顶点的经纬度参数。在这两个参数基础上分别构造 x_1,x_2,y_1,y_2,p_1,p_2,p_3,p_4 等计算参数。其中 x_1,y_1 为西北顶点的经度、纬度;x_2,y_2 为东南顶点的经度、纬度;p_1 为“经度,纬度”格式的西北顶点经纬度坐标对;p_2 为“经度,纬度”格式的东北顶点经纬度坐标对;p_3 为“经度,纬度”格式的东南顶点经纬度坐标对;p_4 为“经度,纬度”格式的西南顶点经纬度坐标对。

(2)实时监测坐标 x,y,根据所属方位判断依据,计算对应的距离值。若符合 1、3、5、7 方位判断条件,按照点到点距离计算距离值;符合 2、4、6、8 方位判断条件,按照点到线段距离计算距离值;如果不符合 1～8 方位判断条件,则不更新距离矩阵中对应方位的距离值,继续保持∞。

综上所述,得出如下实现方法:

过程输入参数:初始矩阵,顶点坐标列表,当前坐标。

过程输出参数:N×8 距离矩阵。

过程的总体逻辑框架如图 4.3－23 所示。

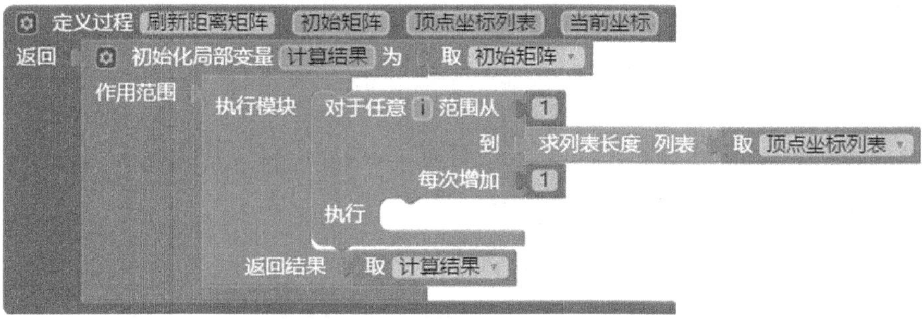

图 4.3－23 自定义过程“刷新距离矩阵”实现代码框架结构

在上图中的循环结构内,填写遍历每一个顶点坐标列表数据项(即每一个热点区域)后,具体的业务处理代码,分为两个部分:

第一部分,构造计算需要的有关参数,分为以下步骤:

(1)构造局部变量 x,y,如图 4.3－24 所示。

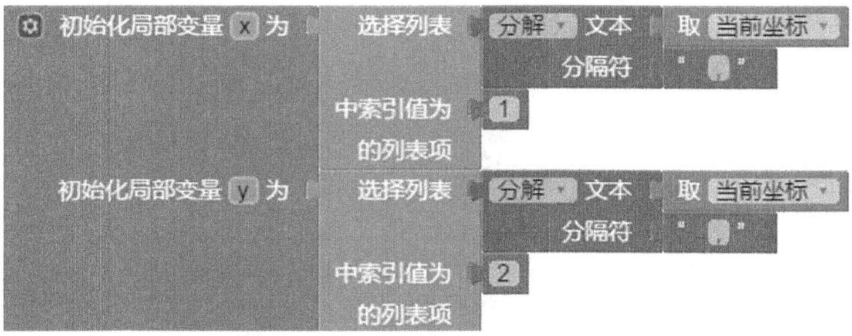

图 4.3－24 构造局部变量 x,y

(2)构造局部变量 x_1,y_1,x_2,y_2,如图 4.3－25 所示。

(3)构造局部变量 p_1,p_2,p_3,p_4,如图 4.3－26 所示。

第二部分,判断当前位置与 8 个方位的关系,如果符合条件,则更新距离矩阵对应列的数据元素值,实现代码如下:

如果当前位置符合区域 1,即符合条件:$x<=x_1$,且 $y>=y_1$,按照点到点距离计算当前位置与第 i 个热点区域的第 1 列(方位 1)距离值,如图 4.3－27 所示。

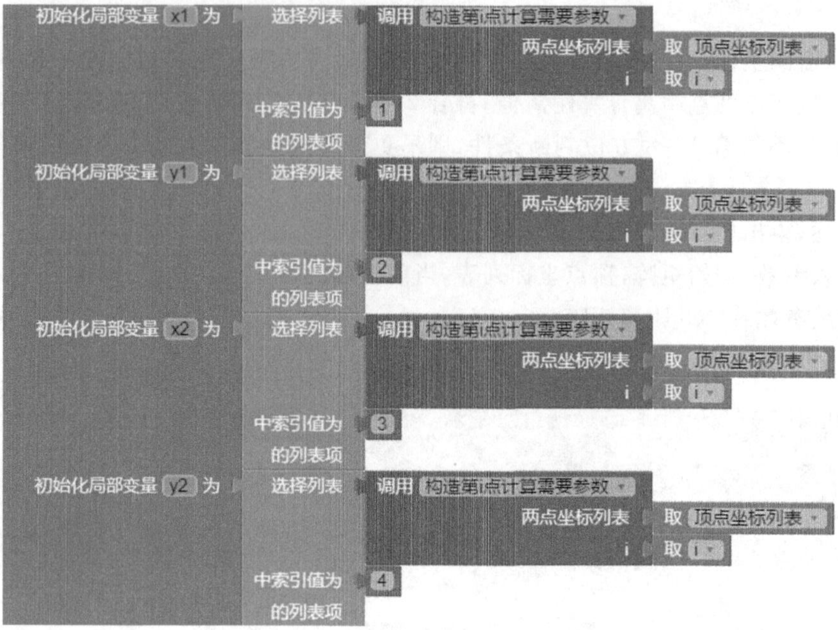

图 4.3-25 构造局部变量 x_1, y_1, x_2, y_2

图 4.3-26 构造局部变量 p_1, p_2, p_3, p_4

如果当前位置符合区域 2,即符合条件:$x_1 < x < x_2$,且 $y > y_1$,按照点到线段距离计算当前位置与第 i 个热点区域的第 2 列(方位 2)距离值,如图 4.3-28 所示。

如果当前位置符合区域 3,即符合条件:$x >= x_2$,且 $y >= y_2$,按照点到点距离计算当前位置与第 i 个热点区域的第 3 列(方位 3)距离值,如图 4.3-29 所示。

如果当前位置符合区域 4,即符合条件:$x > x_2$,且 $y_2 < y < y_1$,按照点到线段距离计算当前位置与第 i 个热点区域的第 4 列(方位 4)距离值,如图 4.3-30 所示。

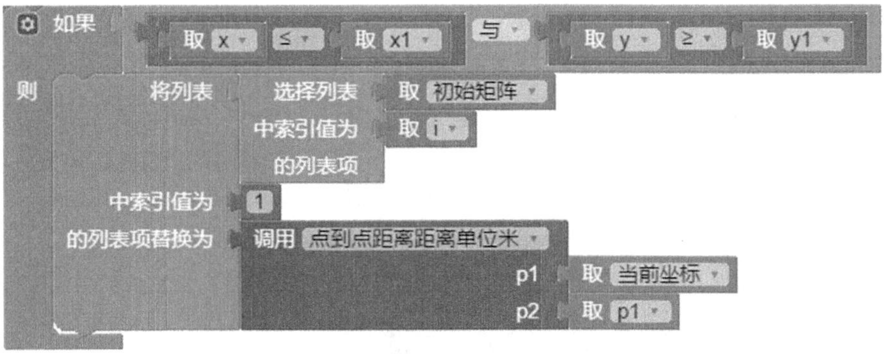

图 4.3-27 用户处于方位 1 时距离计算代码

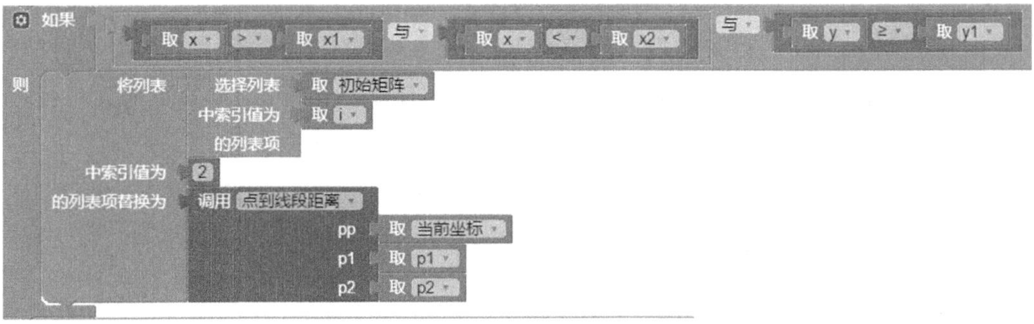

图 4.3-28 用户处于方位 2 时距离计算代码

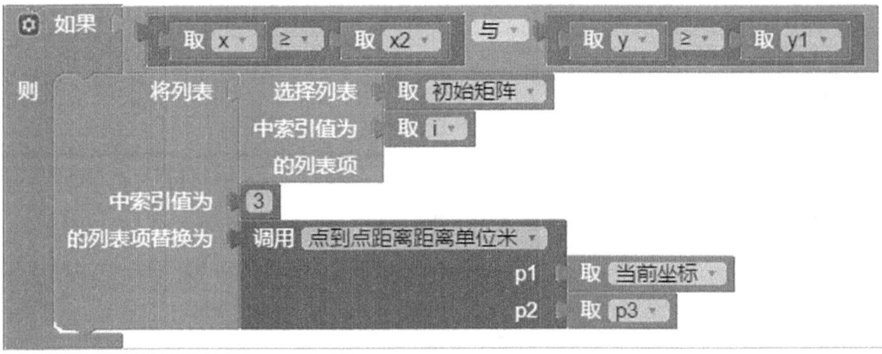

图 4.3-29 用户处于方位 3 时距离计算代码

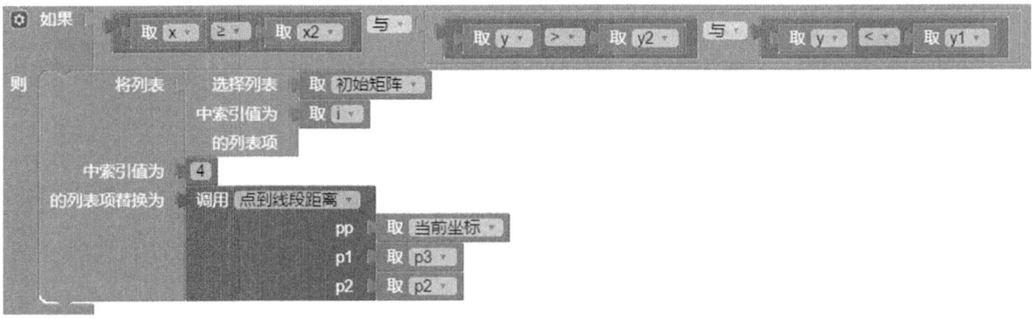

图 4.3-30 用户处于方位 4 时距离计算代码

如果当前位置符合区域 5,即符合条件:$x>=x_2$,且 $y<=y_2$,按照点到点距离计算当前位置与第 i 个热点区域的第 5 列(方位 5)距离值,如图 4.3-31 所示。

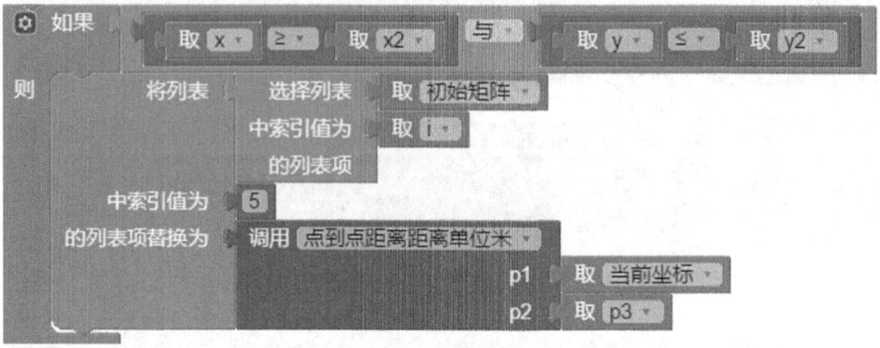

图 4.3-31 用户处于方位 5 时距离计算代码

如果当前位置符合区域 6,即符合条件:$x_1<x<x_2$,且 $y<y_2$,按照点到线段距离计算当前位置与第 i 个热点区域的第 6 列(方位 6)距离值,如图 4.3-32 所示。

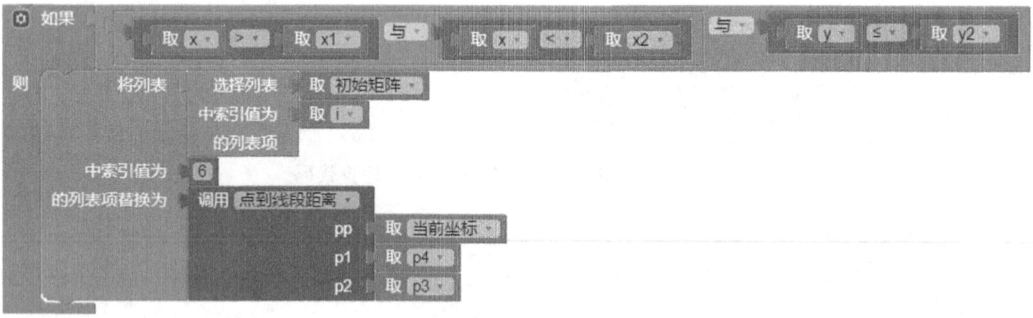

图 4.3-32 用户处于方位 6 时距离计算代码

如果当前位置符合区域 7,即符合条件:$x<=x_1$,且 $y<=y_2$,按照点到点距离计算当前位置与第 i 个热点区域的第 7 列(方位 7)距离值,如图 4.3-33 所示。

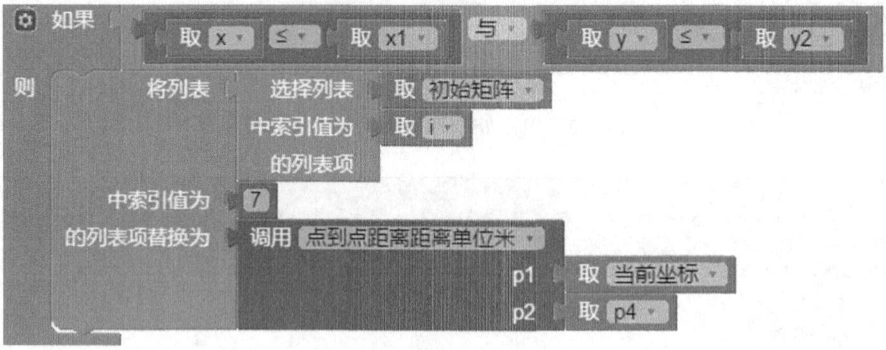

图 4.3-33 用户处于方位 7 时距离计算代码

如果当前位置符合区域 8,即符合条件:$x<x_1$,且 $y_2<y<y_1$,按照点(x,y)到线段距离计算当前位置与第 i 个热点区域的第 8 列(方位 8)距离值,如图 4.3-34 所示。

两部分代码与过程总体逻辑框架结合,即可实现本节案例最复杂的功能——刷新距离矩阵。

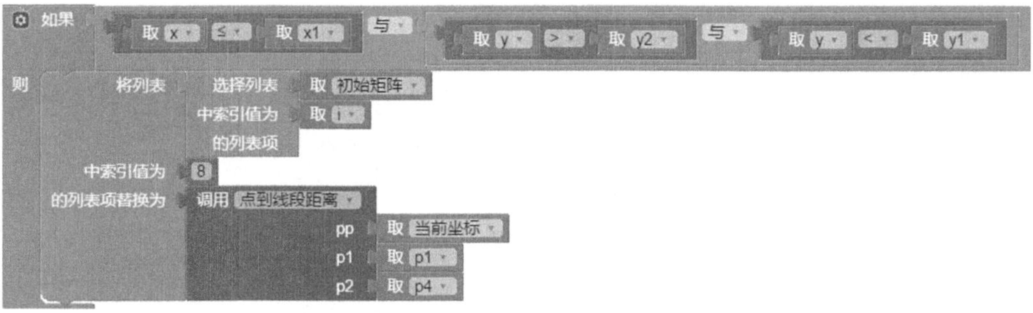

图 4.3-34 用户处于方位 8 时距离计算代码

(9)设计自定义过程——构造第 i 点计算需要参数。

该过程在刷新距离矩阵时调用。距离矩阵的刷新计算,需要遍历每一个热点区域,获取其4个顶点的坐标参数,以及对应的坐标参数对,以便于调用点到点距离、点到线段距离等过程时使用。实际上能够直接获取的参数就是表述所有热点区域西北、东南顶点的经度、纬度参数列表,即全局变量"global 两顶点坐标列表"。

当访问到全局变量"global 两顶点坐标列表"的第 i 个数据项时,通过文本分解手段即可轻易获取 p_1 坐标点,表示西北顶点,设其坐标值为(x_1, y_1);p_3 坐标点,表示东南顶点,设其坐标值为(x_2, y_2)。而表示东北顶点的坐标点 p_2,其坐标值为(x_2, y_1);表示西南顶点的坐标点 p_4,其坐标值为(x_1, y_2)。

因此,仅需知道所有热点区域的两点坐标列表,以及当前访问的序号 i,就可以比较容易地构造出后续计算需要的 $x_1, y_1, x_2, y_2, p_1, p_2, p_3, p_4$ 8 个参数。

综上所述,形成如下设计方案:

过程输入参数:两点坐标列表,i(两点坐标列表为所有热点区域的西北、东南顶点坐标列表;i 为当前访问列表的索引号)

过程输出参数:列表型数据$(x_1, y_1, x_2, y_2, p_1, p_2, p_3, p_4)$

具体实现代码限于篇幅,分段描述如下:

首先是构造 p_1、p_3 坐标点。由于 p_1、p_3 坐标点的数据恰恰就是全局变量"global 两点坐标列表"中保存的数据,所以构造第 i 点计算需要参数时,p_1、p_3 坐标点就是全局变量"global 两点坐标列表"中索引值为 i 的数据项内容。但是,该内容并非是两个独立的坐标值,而是被符号";"间隔的两个经纬度坐标参数,因此,可以对于该内容按照分隔符";"分解文本,所得列表的第一项就是 p_1 坐标数据,第二项就是 p_3 坐标数据,实现代码如图 4.3-35 所示。

然后构造 x_1, y_1, x_2, y_2 4 个参数,前一步得到的 p_1、p_3 坐标点包含了 x_1, y_1, x_2, y_2 的全部信息,但是,p_1、p_3 坐标点的坐标数据是被符号","间隔的经度、纬度参数,所以还需要进一步按照分隔符号分解文本。分解 p_1 所得到列表的第一项就是 x_1,第二项就是 y_1。x_2, y_2 的取值方式与之类似,不再赘述,实现代码如图 4.3-36 所示。

再构造 p_2、p_4 坐标点。由于本节案例中将周界简化为矩形区域,所以已知的 p_1、p_3 坐标实际上也包含了 p_2、p_4 坐标点的全部信息——p_2 坐标点的经度参数就是 p_3 坐标点的经度参数,p_2 坐标点的纬度参数就是 p_1 坐标点的纬度参数;p_4 坐标点的经度参数就是 p_1 坐标点的经度参数,p_4 坐标点的纬度参数就是 p_3 坐标点的纬度参数,实现代码如图 4.3-37 所示。

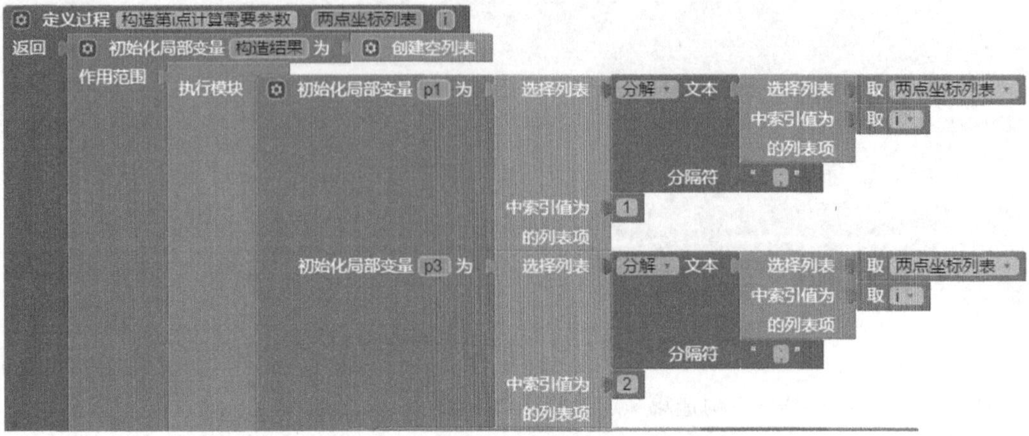

图 4.3-35 构造 p_1、p_3 坐标点实现代码

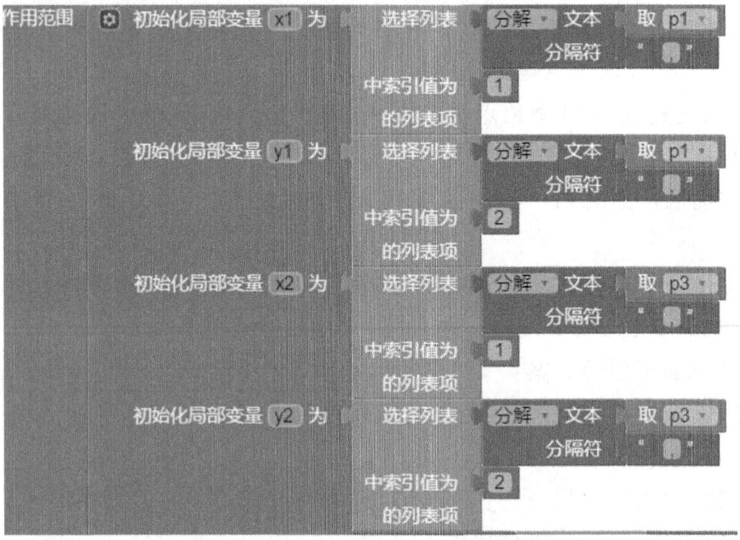

图 4.3-36 构造 x_1,y_1,x_2,y_2 实现代码

最后将 x_1,y_1,x_2,y_2,p_1,p_2,p_3,p_4 8 个参数封装于返回列表中,如图 4.3-38 所示。

(10)设计自定义过程——距离矩阵转一维列表。

该过程执行时,首先创建一个空列表,然后遍历距离矩阵的每一个数据元素,每访问一个数据元素,将其封装为"value,row,col"三元组的数据项,其中 value 为矩阵元素值,row 为该元素所在的行号,col 为该元素所在的列号。

遍历距离矩阵时,每访问矩阵一个数据元素,只要数据元素值小于默认距离值,就将当前遍历的行号、列号、数据元素值构造一个三元组,并将三元组追加给过程返回列表。

这样,当遍历结束后,列表中保存的就是矩阵元素的三元组数据项。为了减少后续计算量,遍历的过程中,凡是矩阵元素值为∞的数据元素,不构造三元组,不加入列表保存。

过程输入参数:距离矩阵(最新计算的结果);

过程输出参数:列表(列表数据项由矩阵中每一个非∞数值的行、列以及数据值组成)。

具体实现代码如图 4.3-39 所示。

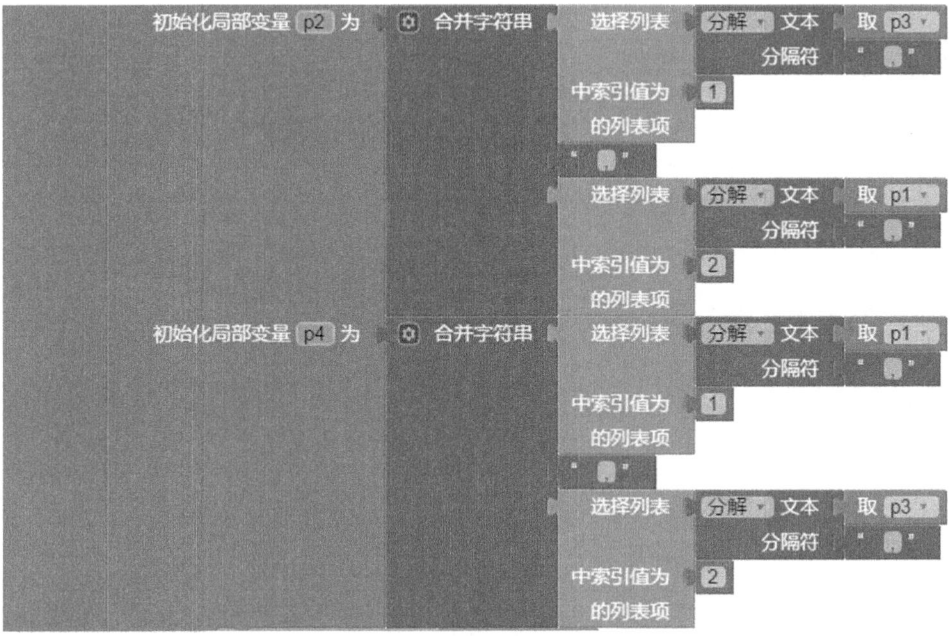

图 4.3－37 构造 p_2、p_4 坐标点实现代码

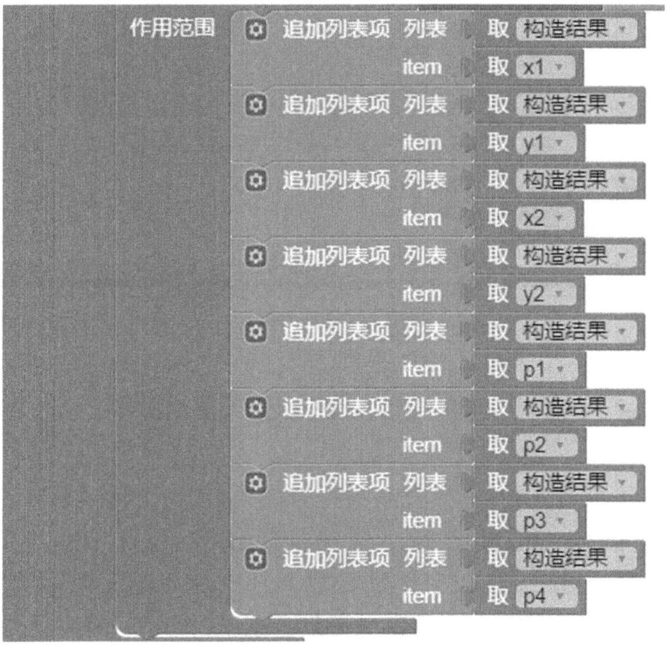

图 4.3－38 封装全部参数为一个列表实现代码

(11)设计自定义过程——一维列表排序。

该过程执行时，按照直接选择排序算法进行排序。假设待排序的数据为 R[n]，排序过程中，第一次从 R[0]～R[$n-1$]中选取最小值，与 R[0]交换，第二次从 R[1]～R[$n-1$]中选取最小值，与 R[1]交换，…，第 i 次从 R[$i-1$]～R[$n-1$]中选取最小值，与 R[$i-1$]交换，…，第 $n-1$次从 R[$n-2$]～R[$n-1$]中选取最小值，与 R[$n-2$]交换，总共通过 $n-1$ 次，得到一个按排序码从小到大排列的有序序列。

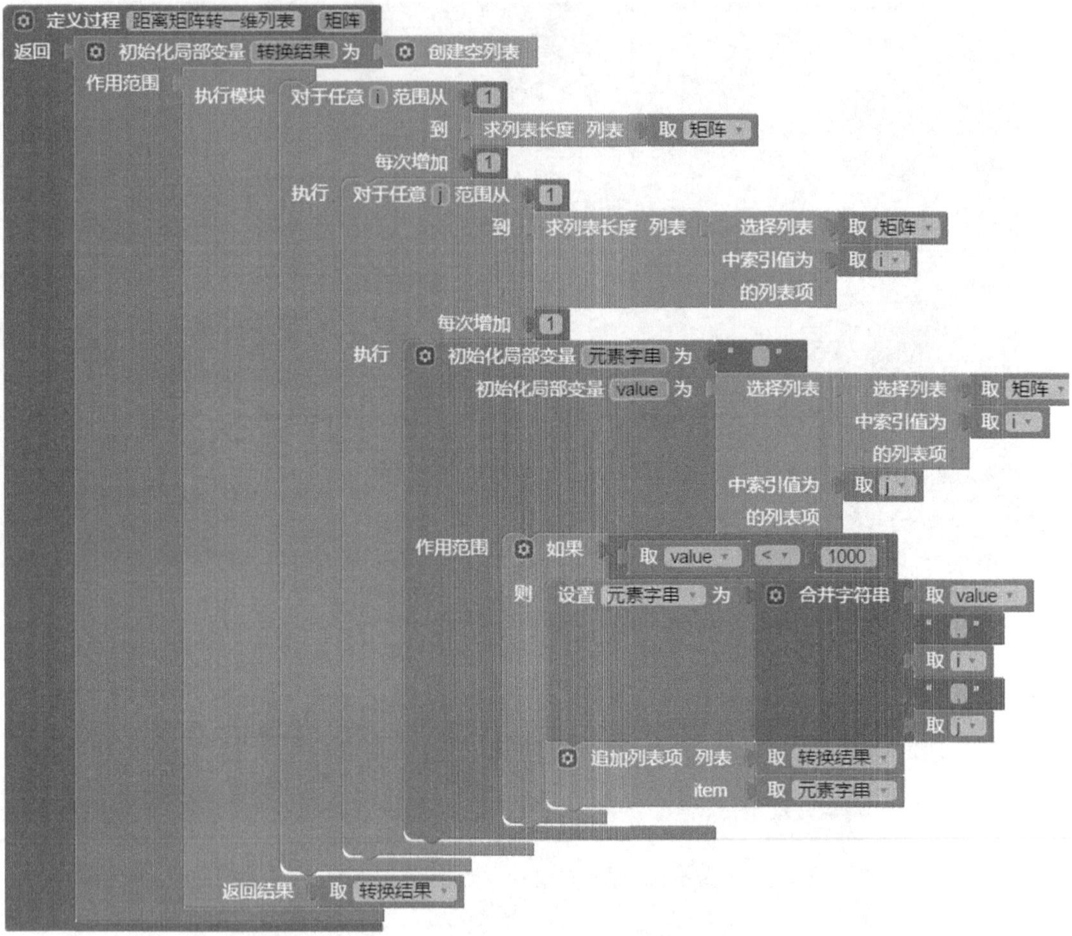

图 4.3-39 自定义过程“距离矩阵转一维列表”实现代码

实现直接选择排序算法时，利用双重循环，外层循环 i 控制当前序列最小值存放的数组元素位置，内层循环 j 控制从 $i+1$ 到 n 序列中最小元素的所在位置 k。这里最关键的工作包括：提取列表中第 i 项的 value 值、第 j 项的 value 值；确定内层循环中 value 最小值的位置；交换列表中数据项的位置。

方法执行完毕返回一个按 value 值升序排列的列表，该列表可以作为用户浏览距离自己比较近的若干热点区域的依据。其中 value 就是最近的距离值，row 就是最近的热点区域编号，col 对应的就是用户当前在该热点区域的方位（1～8 分别对应西北～西边 8 个方位值）。

过程输入参数：x（矩阵数据转换得到的三元组数据项内容的一维列表）。

过程输出参数：xx（三元组数据项中按照 value 值升序排列的结果）。

具体实现代码如图 4.3-40 所示。

（12）响应按钮_室外测算之被点击事件。

当用户点击按钮“室外相对位置定位”时，触发此事件。本 App 同时提供室外基于 GPS 的游览指南和室内基于二维码扫描的游览指南。室外条件下，按照 GPS 坐标位置提供最近热点区域的自动测算，但是前提条件是 GPS 设备已经打开并且可以获取经纬度参数。否则，给予用户必要提醒。具体实现代码如图 4.3-41 所示。

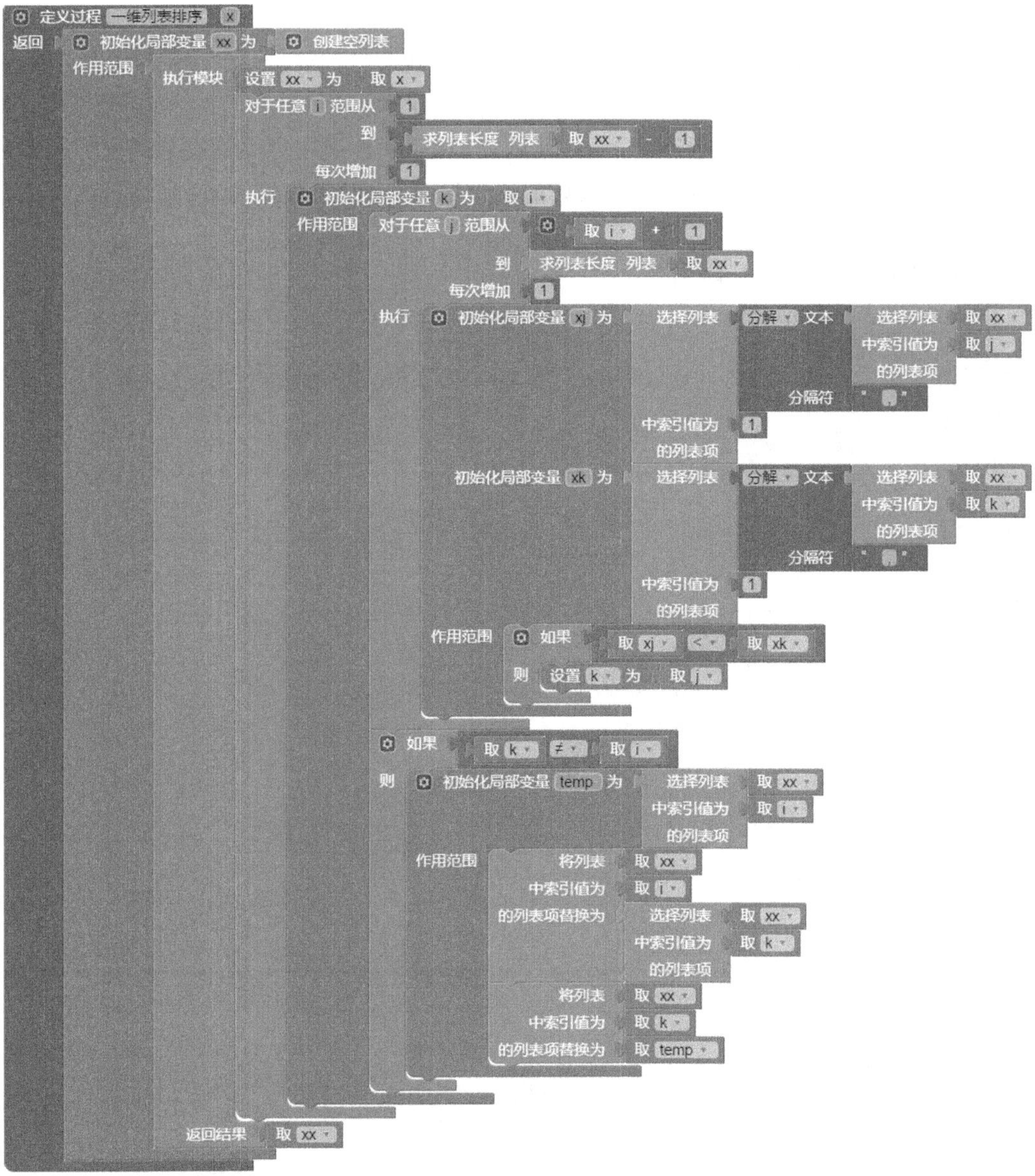

图 4.3－40　自定义过程“一维列表排序”实现代码

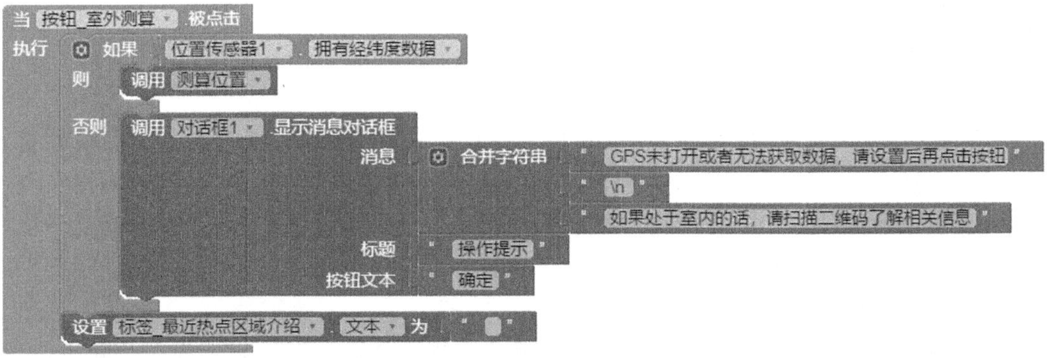

图 4.3－41　按钮_室外测算被点击事件响应代码

(13)设计自定义过程——测算位置。

该过程执行时，根据 GPS 设备采集的经度、纬度参数，遍历热点区域的两顶点坐标列表，依次计算当前位置与每一个热点区域的 8 个方位的距离值，并刷新距离矩阵；然后将距离矩阵中非∞的数据元素生成一个三元组构成的一维列表，对一维列表三元组类型的数据元素按照其 value 值进行升序排序，得到距离用户最近的若干区域，并以列表显示，以便用户选择并进一步了解相关信息。

具体实现代码如图 4.3 - 42 所示。

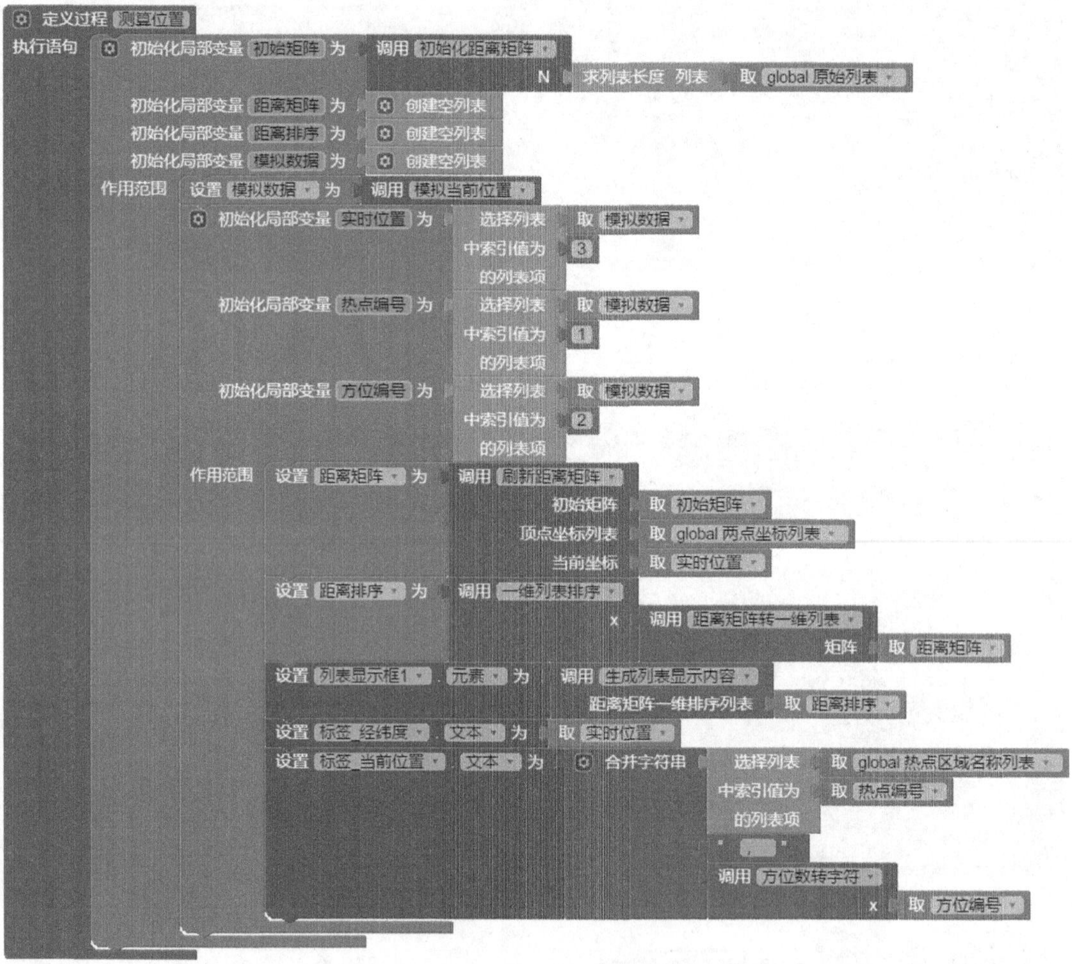

图 4.3 - 42　自定义过程“测算位置”实现代码

(14)设计自定义过程——模拟当前位置。

从自定义过程“测算位置”的实现代码可以看出，并未直接采用 GPS 实际坐标，而是自行构造了一个当前位置的方案。这样处理的原因是 GPS 设备采集的是经纬度参数，不便于程序功能的测试——必须处于室外环境才能顺利获取可靠的经纬度参数。因此，本节案例采取模拟仿真的手段，构造当前坐标，以便在室内即可进行程序功能的测试，而不必一定处于室外才能使用手机进行功能测试。

模拟构造用户当前位置的方案简单地讲，就是产生一个热点区域附近的一个随机位置。具体地讲，就是随机选择一个热点区域，然后随机选择热点区域 8 个方位中的一个方位，然后产生该方位“附近”的一个坐标位置。

如前所述，热点区域的西北、东北、东南、西南 4 个顶点分别为 p_1, p_2, p_3, p_4，对应的坐标值分别为：(x_1, y_1)、(x_2, y_1)、(x_2, y_2)、(x_1, y_2)，假设用户的当前的位置坐标为：(x, y)，并用 offset 表示偏移顶点的距离。由于万分之一经纬度的变化对应地面距离约为 10 m，所以赋值为 0.000 1，用以表示偏移约 10 m。附近位置产生的方案如表 4.3-4 所示。

表 4.3-4　不同方位模拟位置产生方案

方位编号	附近坐标方案
1	p_1 点附近，$x=x_1-\text{offset}$；$y=y_1-\text{offset}$
2	p_1、p_2 点为端点的线段附近，$x=(x_1+x_2)/2$；$y=y_1+\text{offset}$
3	p_2 点附近，$x=x_2+\text{offset}$；$y=y_1+\text{offset}$
4	p_2、p_3 点为端点的线段附近，$x=x_2+\text{offset}$；$y=(y_1+y_2)/2$
5	p_3 点附近，$x=x_2+\text{offset}$；$y=y_1-\text{offset}$
6	p_4、p_3 点为端点的线段附近，$x=(x_1+x_2)/2$；$y=y_1-\text{offset}$
7	p_4 点附近，$x=x_1-\text{offset}$；$y=y_1-\text{offset}$
8	p_1、p_4 点为端点的线段附近，$x=x_1-\text{offset}$；$y=(y_1+y_2)/2$

这样一来，用户当前位置的坐标既呈现出随机出现的特点，又具有位置与方位可控的特点，一般距离目标区域的已知方位 10～20 m，而且还可以随时进行程序功能测试。具体实现代码如下：

过程输入参数：无（实际上是过程内部直接访问全局变量，只是过程设计没有显性设置）。

过程输出参数：列表（由模拟的热点编号、方位编号、当前坐标 3 个数据项组成的列表）。

其中：

热点编号为全局变量——global 两点坐标列表任选一项的索引值；方位编号为 1～8 之间的随机数，用以表示热点区域周围的 8 个方位。当前坐标设置为“经度，纬度”格式的字符串，其中经度、纬度值产生的策略如前所所述，是随机区域、随机方位附近的一个位置的坐标参数，可参照表 4.3-4 进行处理。

程序具体实现代码分为三个部分，第一部分是自定义过程的主体结构，为有返回值类型的过程。过程预设热点编号、方位编号、当前位置 3 个局部变量，完成相关处理后，将 3 个局部变量封装为一个列表，作为过程的返回值，如图 4.3-43 所示。

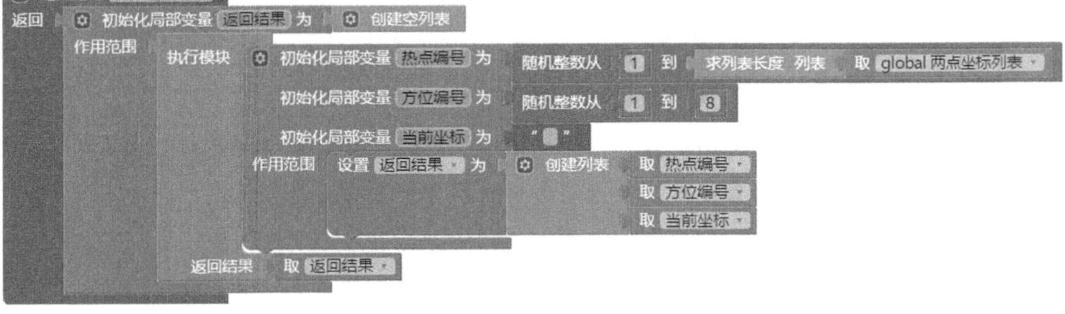

图 4.3-43　自定义过程“模拟当前位置”主体结构代码

第二部分定义两个坐标顶点((x_1,y_1)、(x_2,y_2))和偏移量(offset)的具体取值,如图4.3-44所示。

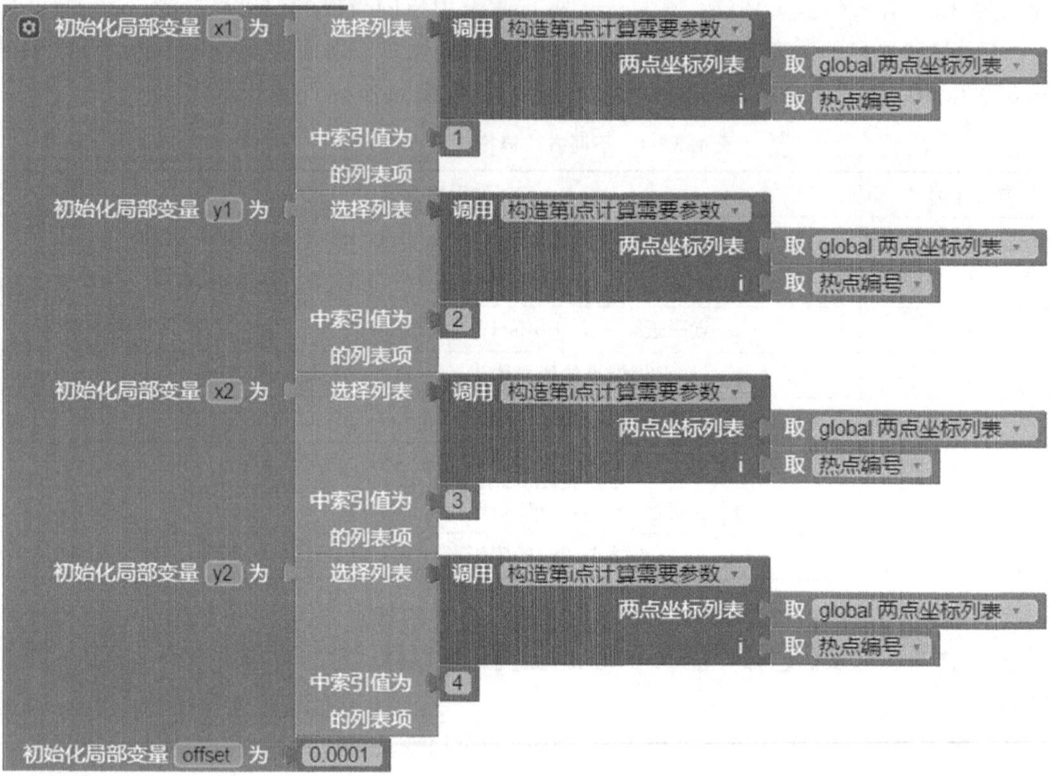

图4.3-44 顶点坐标以及偏移量赋值代码

第三部分,则是在已知两个坐标顶点((x_1,y_1)、(x_2,y_2))和偏移量(offset)的前提下,即在上述局部变量的作用范围内,根据方位编号取值的不同,产生当前具体坐标位置(x,y),并以","为间隔符号,将得到的经度、纬度参数合成为一个字符串,作为当前位置数据。

当方位编号取值为1时,模拟位置的当前坐标产生方式如图4.3-45所示。

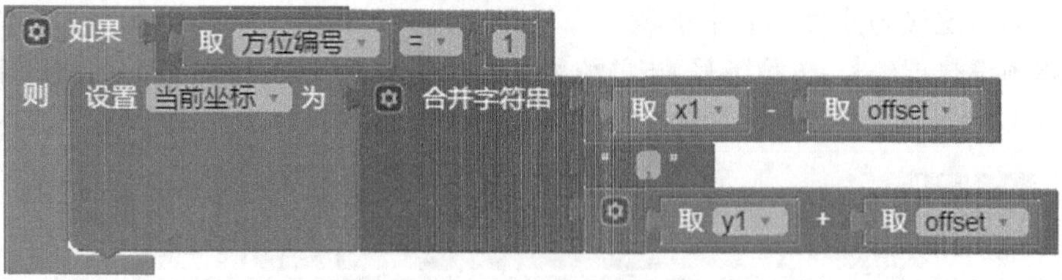

图4.3-45 方位1处模拟位置坐标数据产生方法

当方位编号取值为2时,模拟位置的当前坐标产生方式如图4.3-46所示。

当方位编号取值为3时,模拟位置的当前坐标产生方式如图4.3-47所示。

当方位编号取值为4时,模拟位置的当前坐标产生方式如图4.3-48所示。

当方位编号取值为5时,模拟位置的当前坐标产生方式如图4.3-49所示。

当方位编号取值为6时,模拟位置的当前坐标产生方式如图4.3-50所示。

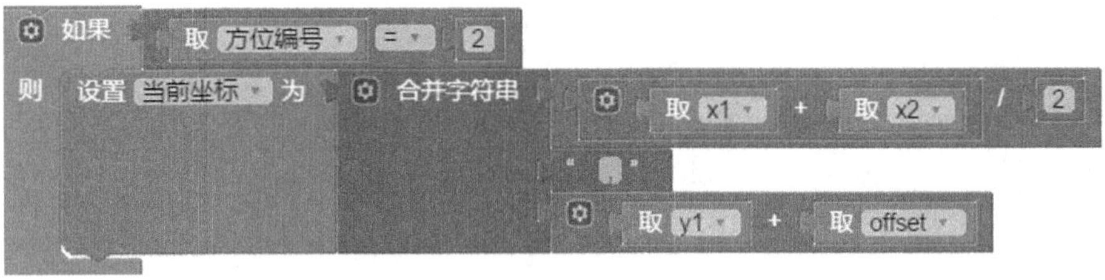

图 4.3-46　方位 2 处模拟位置坐标数据产生方法

图 4.3-47　方位 3 处模拟位置坐标数据产生方法

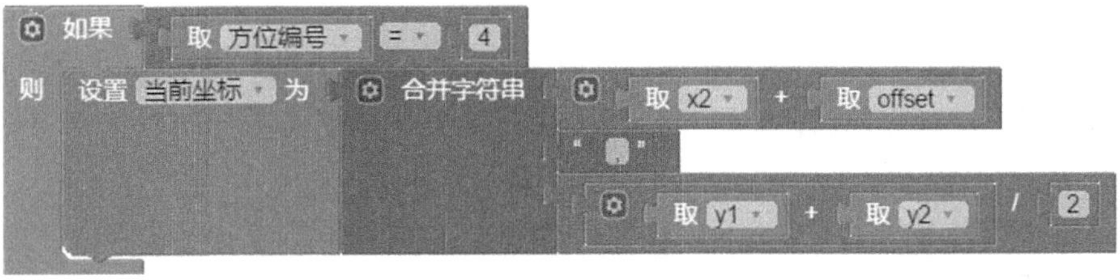

图 4.3-48　方位 4 处模拟位置坐标数据产生方法

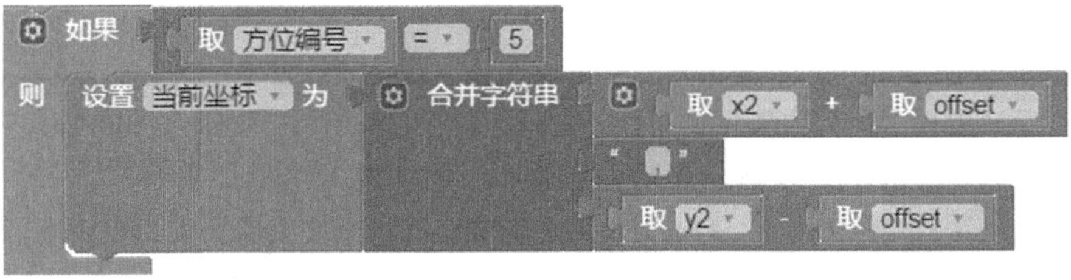

图 4.3-49　方位 5 处模拟位置坐标数据产生方法

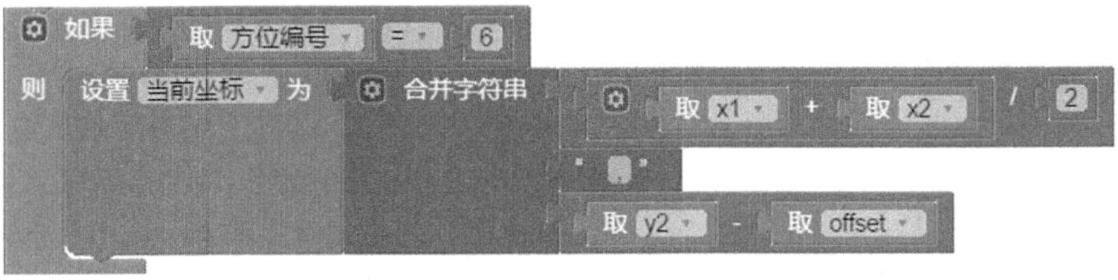

图 4.3-50　方位 6 处模拟位置坐标数据产生方法

当方位编号取值为 7 时，模拟位置的当前坐标产生方式如图 4.3-51 所示。

当方位编号取值为 8 时，模拟位置的当前坐标产生方式如图 4.3-52 所示。

至此，模拟当前位置的功能全部实现。

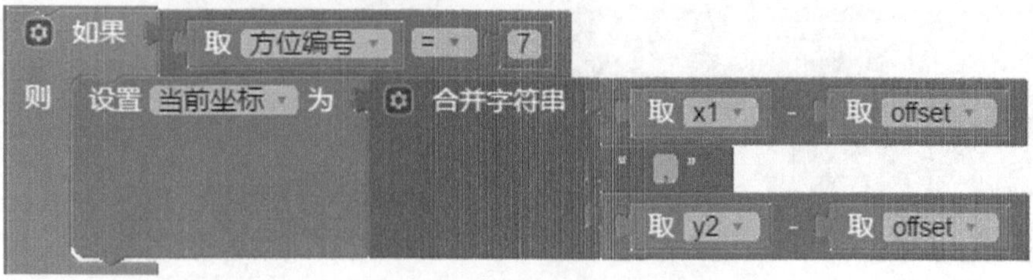

图4.3-51 方位7处模拟位置坐标数据产生方法

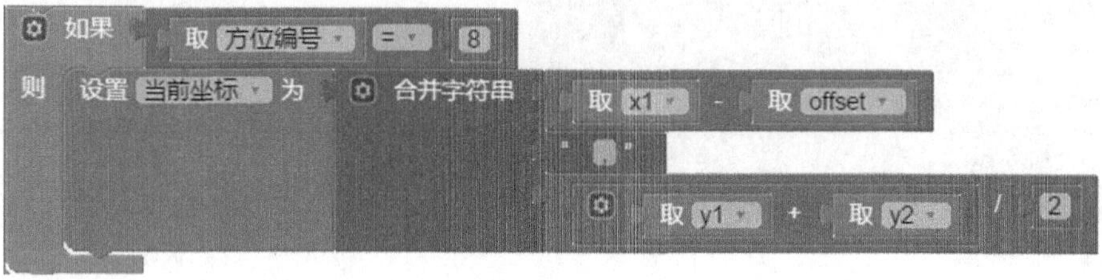

图4.3-52 方位8处模拟位置坐标数据产生方法

(15)设计自定义过程——生成列表显示内容。

根据前述问题解决思路,当测算距离矩阵时,对于距离矩阵中非∞数据元素的三元组按照矩阵数据值进行升序排序,并以列表的形式显示出前3项排序的三元组数据项对应的具体内容。

考虑到用户在列表显示框内选择一项距离自己最近的区域,进一步了解相关信息的需要,有两种解决问题的思路:一是获取用户访问列表显示框时选择的序号,通过序号查找矩阵元素排序结果,找到排序结果中序号与访问列表显示框序号一致的记录,然后获取其行号、列号,进一步得到行号对应的热点区域、列号对应的方位;二是形成列表显示框的显示元素时,通过特殊的信息格式显示,使得用户可以比较方便地获取感兴趣的热点区域的名称、方位。

在综合用户使用方便性和程序功能性的基础上,这里采用第二种解决方案,即通过特殊的列表显示数据元素的格式,来实现后续列表显示框选择操作。

生成列表显示框显示内容时,首先判断表示距离矩阵排序结果的一维列表长度,如果该长度值大于3,则列表显示框仅仅显示前三项排序结果,否则显示全部的排序结果。对于表示距离矩阵排序结果的一维列表,访问其数据项,得到的是"value,row,col"的三元组,用符号","分解三元组,所得列表的第一项就是距离值;第二项为行号,即该距离值对应的热点区域编号;第三项为列号即该距离值对应的方位编号。

利用热点区域编号访问全局变量"global 热点区域名称列表"对应索引值的数据元素,借助自定义过程"方位数转字符",获取方位值对应的方向文字描述,然后将热点区域名称、方位、距离值组合成为"距离--热点区域名称--方位(m)--距离值"格式的字符串,以此作为列表显示框显示的一行信息。这样一来,列表显示框显示前三项距离最近的热点区域信息,信息内容也具有一定的可读性,同时也便于后续用户选择列表显示框数据项时的处理——借助符号"--"分解列表项,第二项就是热点区域名称。

综上所述,该过程的设计方案如下:

过程输入参数:距离矩阵一维排序列表。

过程输出参数:显示列表。

具体实现代码如图 4.3-53 所示。

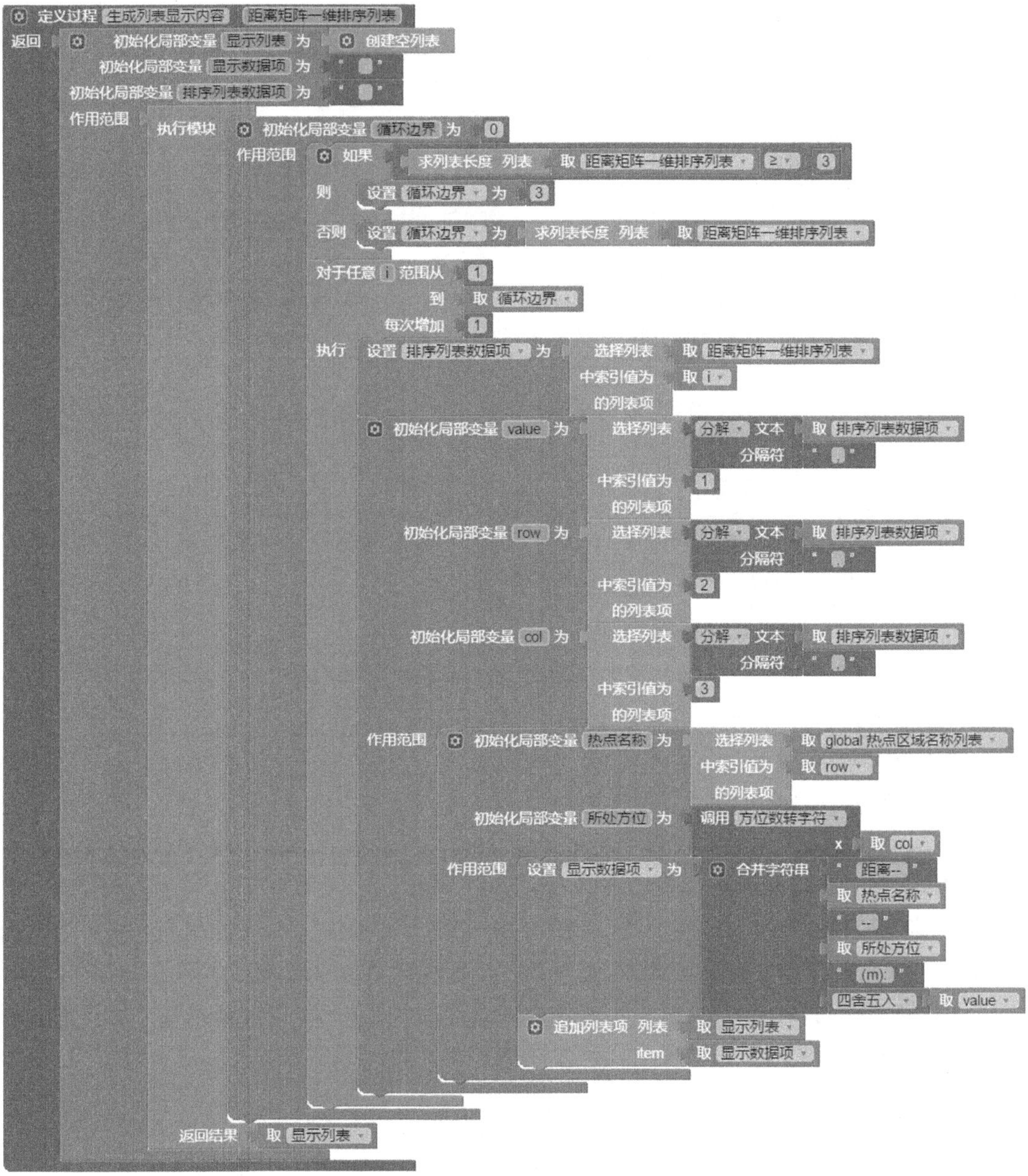

图 4.3-53 自定义过程"生成列表显示内容"实现代码

(16)响应列表显示框 1 之选择完成事件。

当用户点击列表显示框 1,选择其中一个数据项时触发此事件。如前所述,数据项的字符格式为"距离--热点区域名称--方位(m)--距离值",借助符号"--"分解列表项,访问分解结果列表的第二项,即热点区域名称,并以该名称为索引值,在遍历列表型全局变量"global 热点介绍"的数据项的基础上,查找数据项种是否包含对应的索引值,如果包含,即表示找到对应热点区域名称的详细信息。这时,在程序界面中以标签的形式显示详细信息的文字内容,并调用语音合成功能块，对详细介绍信息进行语音播报，以提高人机交互的友好性，具体实现代码如图 4.3-54 所示。

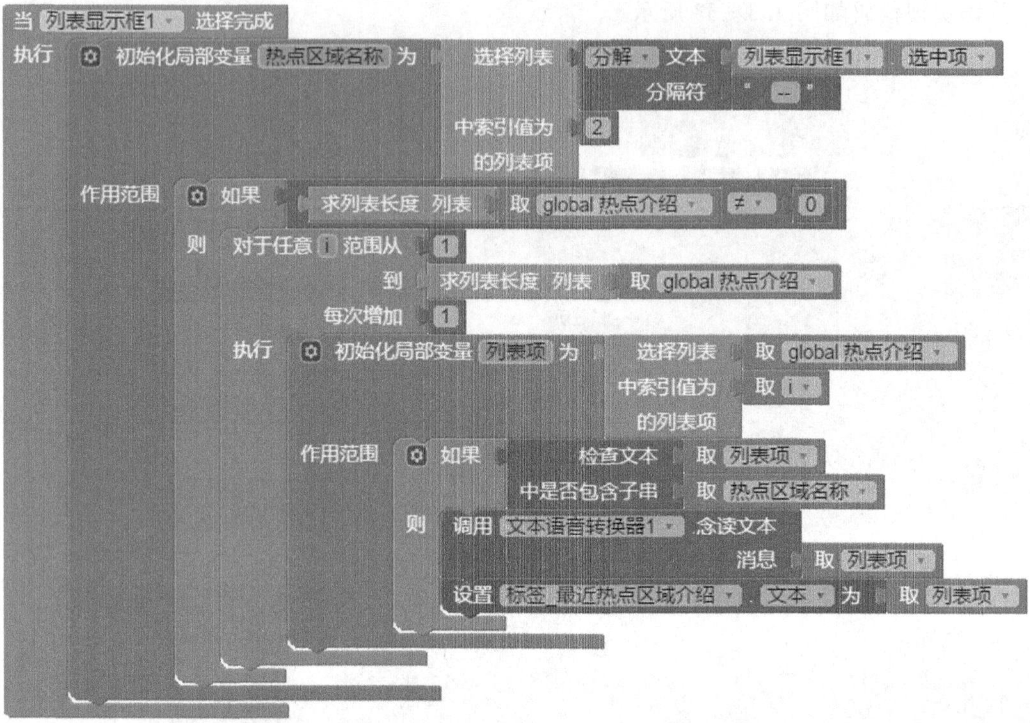

图 4.3-54 列表显示框 1 之选择完成事件实现代码

(17)响应按钮_室内扫描之被点击事件。

当用户点击按钮“室内二维码定位”时，触发此事件。用户点击该按钮，意味着用户意图实现获取室内感兴趣区域的详细信息。本节案例假设学校各个建筑楼群内实验室、办公室均贴有二维码，与其详细信息关联。这里的关联方式有两种方案——一是二维码作为信息 ID，通过检索相应的文件或者数据库得到室内热点区域的详细信息；二是作为常规二维码携带 150 个字符，提供游览过程中的一般性介绍。为了简化问题，本节案例采取了二维码直接作为室内热点区域详细信息的编码方式，因此，在室内只需要直接扫描二维码，读出相应信息即可。

为了避免此时列表显示框继续显示室外相对位置的定位结果，特设置列表显示框的元素为空列表，以免用户误操作，具体实现代码如图 4.3-55 所示。

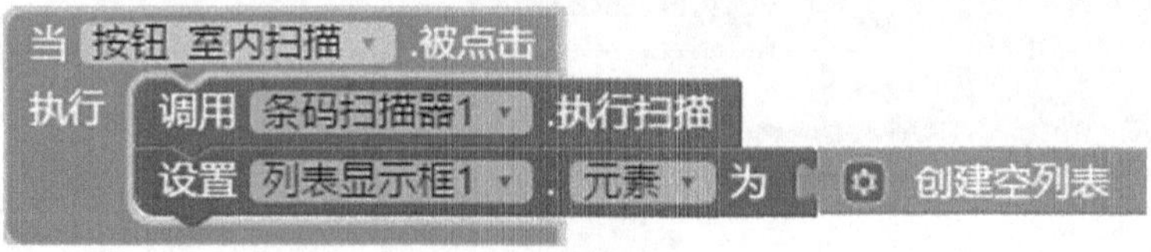

图 4.3-55 按钮_室内扫描被点击事件实现代码

(18)响应条码扫描器 1 之扫描结束事件。

当条码扫描器扫描结束时，触发此事件，该事件以文本的形式返回扫描结果。本节案例中，返回文本即用户感兴趣的热点区域详细信息介绍文字。因此只需要通过标签显示出扫描结果，并调用语音合成器播报扫描结果，即可实现室内定位以及游览需要，实现代码如图 4.3-56 所示。

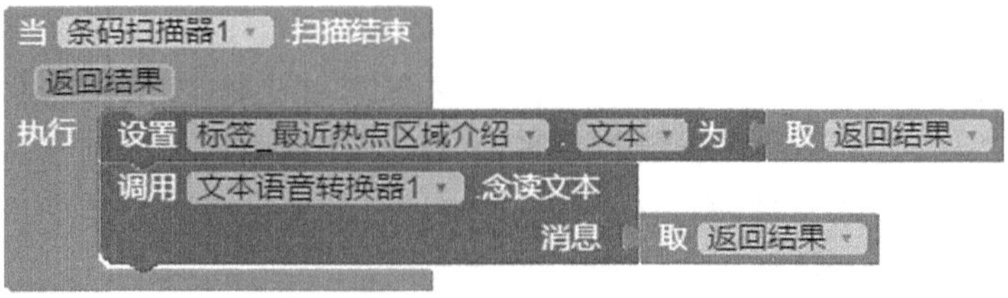

图 4.3-56 条码扫描器 1 扫描结束事件实现代码

(19)响应按钮_室外热点坐标采集之被点击事件。

当用户点击按钮“热点坐标采集与维护”时，触发此事件。这一功能为进行软件功能测试而开发，并非游览助手软件必需的功能。其目的是在应用之处，确定室外热点区域、热点区域矩形周界的西北方向顶点 GPS 经纬度坐标以及东南方向顶点 GPS 经纬度坐标。当用户点击按钮时，打开 Screen2，开启坐标采集功能，实现代码如图 4.3-57 所示。

图 4.3-57 按钮_室外热点坐标采集被点击事件实现代码

至此，Screen1 的预设功能已经全部实现。

2. Screen2 实现方法

Screen2 的主要任务是对于室外热点区域顶点坐标进行采集和存储。程序需要对每一个热点区域采集其周界矩形的西北顶点经度和纬度、东南顶点经度和纬度，因此程序首先声明若干全局变量，用以保存相关信息，如图 4.3-58 所示。

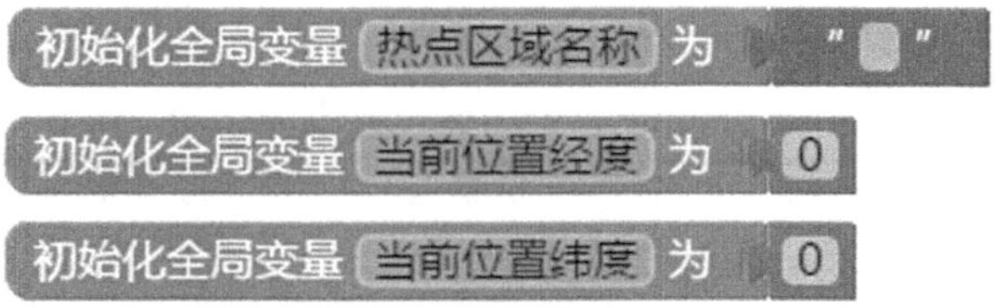

图 4.3-58 Screen2 程序声明的全局变量

其中，全局变量“热点区域名称”用以保存当前采集信息的热点区域名称；全局变量“当前位置经度”用以保存热点区域顶点的经度参数；全局变量“当前位置纬度”用以保存热点区域顶点的纬度参数。

此外，程序还需要完成以下功能：

(1)响应列表选择框 1 之选择完成事件。

列表选择框 1 预设的元素字串包含全部热点区域(元素字串是以符号“,”间隔的热点区域名称)，当用户完成选择，设置全局变量“global 热点区域名称”为列表选中项，并设置列表选择框 1 的显示文本为选中项，以便用户确认自己的选择结果，实现代码如图 4.3-59 所示。

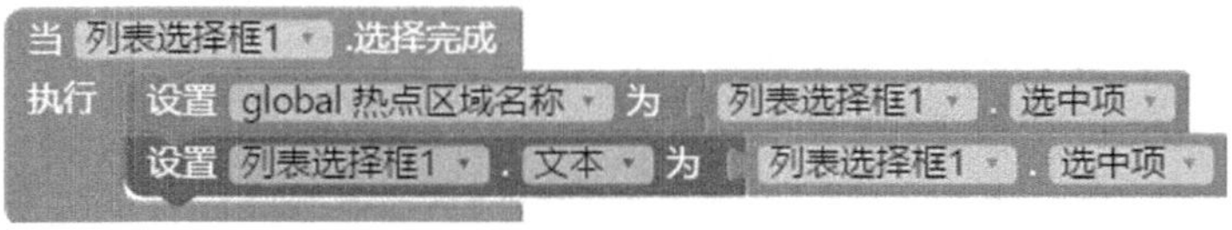

图 4.3-59 列表选择框 1 之选择完成事件实现代码

(2)响应复选框_西北之状态被改变事件。

复选框_西北、复选框_东南是一对状态互斥的复选框。当用户完成热点区域选择时,必须选中其中一个复选框,表示当前测量的选中热点区域对应顶点的经纬度参数。所以,当复选框_西北为选中状态,则设置复选框_东南为未选中状态,具体实现代码如图4.3-60所示。

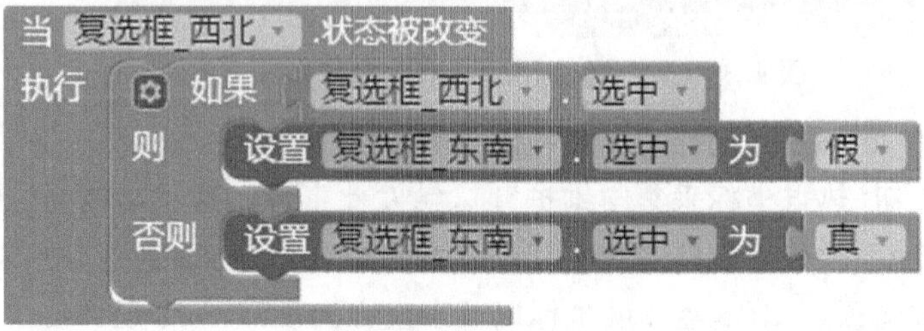

图4.3-60 复选框_西北之状态被改变事件实现代码

(3)响应复选框_东南之状态被改变事件。

当复选框_东南为选中状态,则设置复选框_西北为未选中状态,具体实现代码如图4.3-61所示。

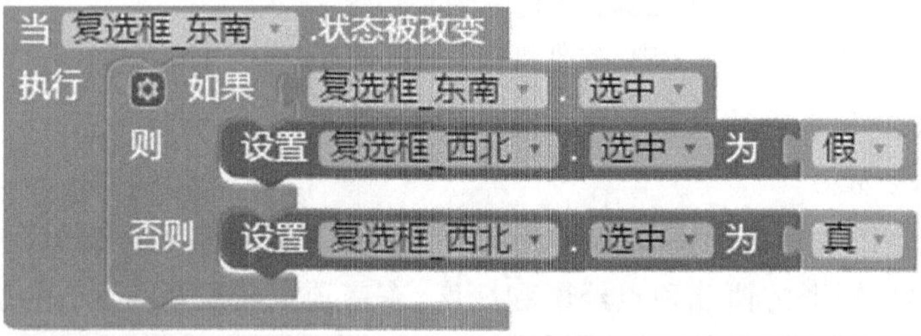

图4.3-61 复选框_东南之状态被改变事件实现代码

(4)响应计时器1之计时事件。

计时器1默认为启动状态,时间间隔1 000 ms。所以Screen2程序一经运行,计时器每隔1 000 ms触发一次计时事件。在计时事件中,采集位置传感器的经度、纬度参数,并赋值于全局变量“global 当前位置经度”“global 当前位置纬度”。为了便于用户观察计时事件的响应状态,特合成随机颜色作为显示用户当前位置的3个标签的文本显示颜色,具体实现代码如图4.3-62所示。

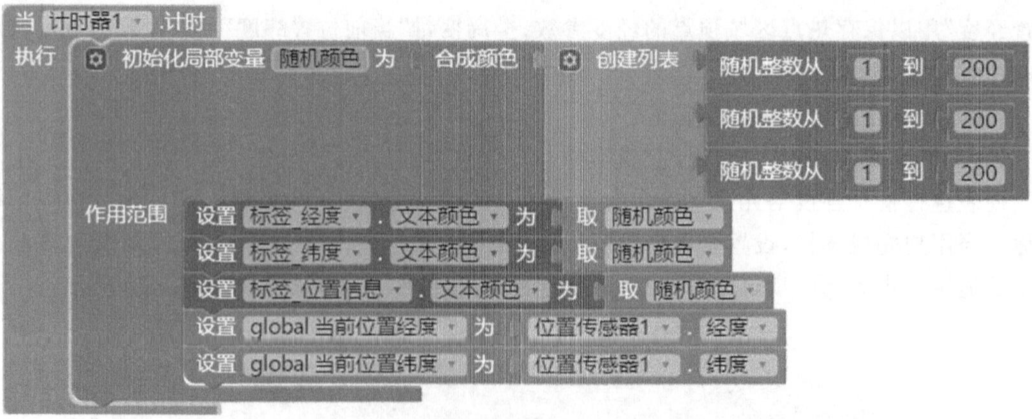

图4.3-62 计时器1之计时事件实现代码

(5)响应位置传感器1之位置被改变事件。

当用户位置发生改变时,触发此事件。该事件返回用户当前所在位置的经度、纬度、海拔、速度等参数。因此,当该事件触发时,可以设置全局变量 global 当前位置经度、当前位置纬度的取值为位置传感器1对应的返回参数,同时设置用以显示用户当前位置信息的3个标签的显示文本为事件对应的返回参数,具体实现代码如图4.3-63所示。

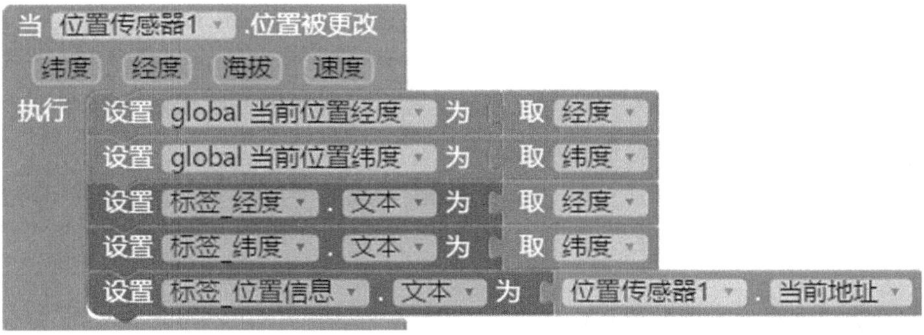

图4.3-63 位置传感器1之位置改变事件实现代码

(6)响应方向传感器1之方向被改变事件。

当手机方向发生改变时,触发此事件,该事件返回手机的方向角、倾斜角、翻转角等参数。为了便于用户掌握自己在热点区域中的方位,特别借助画布和图像精灵,制作了一个简易的指南针,其中图像精灵的方向与方向传感器的方向一致,实现代码如图4.3-64所示。

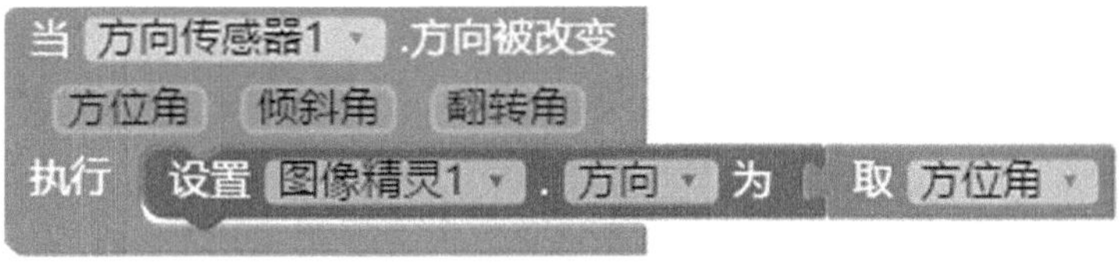

图4.3-64 方向传感器1之方向改变事件实现代码

(7)响应按钮_保存坐标数据之被点击事件。

当用户点击按钮"保存坐标数据"时,触发此事件。每一个热点区域需要保存两个顶点坐标——热点区域矩形周界的西北顶点经纬度、东南顶点经纬度。但是此时面临的问题有二:一是每一次采集只能采集一个顶点的经纬度坐标,无法同时获取西北和东南两个顶点的坐标;二是本节案例中采取以微数据库存储热点区域名称和顶点坐标的信息,这样一来,同一个热点区域名称对应同一个 tag,无法按照"tag-value"格式的数据库存储机制存储两个坐标值。

因此,微数据库"tag-value"中的 value,绝不能仅仅是一个坐标值,而应包含两个顶点的全部坐标参数,同时能够有效区别顶点类型以及顶点位置的经度参数、纬度参数。在综合考虑存储时数据区分以及后续处理方便的需要后,设计 value 的数据格式为"西北,经度,纬度;东南,经度,纬度"。使用格式化的字符串,使得微数据库"tag-value"的存储方案可以同时保存两个顶点的经度以及纬度参数,而且数据值经过简单的字符串分割,即可轻易恢复出后续计算需要的坐标参数。

由于采集热点区域顶点坐标前容易忘记是否存储过该点数据,所以每一次采集到经纬度参数,并且点击存储按钮时,首先按照列表选择框选中的热点区域名称查找微数据库,如果返回值为空,表示微数据库中并未存储该区域记录,那么将当前的方位、经度、纬度3个参数,通过符号“,”间隔,合成为一个字符串作为微数据库存储记录的value,而与之对应的tag就是用户在列表选择框中选中的热点区域名称,调用微数据库的保存数值功能块,即可完成一次数据采集点信息的记录。

但是,当微数据库查找的结果非空时,意味着该热点区域名称已经采集过至少一个点的坐标参数。此时,又分为两种典型情况:一是微数据库中该热点区域名称查找结果中不包括当前方位;二是查找结果中包含当前方位。当查找结果中包含当前方位坐标时,则提示用户坐标采集工作完成,不必再采集该热点区域的顶点坐标;否则清除该热点区域名称作为tag的数据记录,调用自定义过程“更新坐标数据”,以热点区域名称和更新坐标数据过程执行的结果作为“tag-value”数据对,将新坐标数据存入微数据库。

另外,为了提高操作的友好性,调用自定义过程“刷新显示采集结果”,通过标签显示本次采集坐标的信息。上述功能在实现时,还需要进一步考虑以下因素:

(1)用户是否选择了热点区域;

(2)用户设定的坐标采集方位是什么;

(3)用户设备的GPS位置服务功能是否打开,并且能够获取有效数据。

综合上述因素以及程序构思,首先设计程序主体结构如图4.3-65所示。

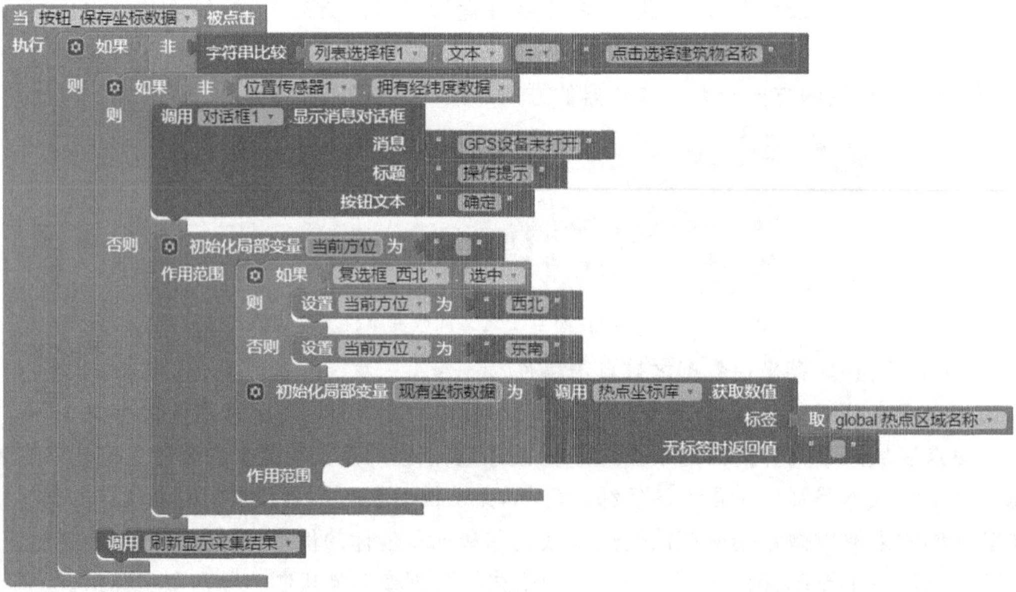

图4.3-65 按钮_保存坐标数据被点击事件响应代码主体结构

当从数据库获取到现有坐标数据后,又分为3种情况:一是现有坐标数据为空;二是现有坐标数据包含了当前方位坐标;三是现有坐标数据不空,但为另一方位的坐标数据,此时,将图4.3-66所示代码填入图4.3-65代码中的缺口部分,即可完成采集坐标数据的保存。

(8)设计自定义过程——更新坐标数据。

当用户点击按钮“保存坐标数据”时,用户已知选择设定的热点区域名称、采集到的经度、纬度、方位5个数据。以选择的热点区域名称查找微数据库时,当返回值不空时,调用该过程。此时,查询数据库的结果与已知信息如何组成当前热点区域名称对应的数据库存储值,就是该自定义过程的核心目的。

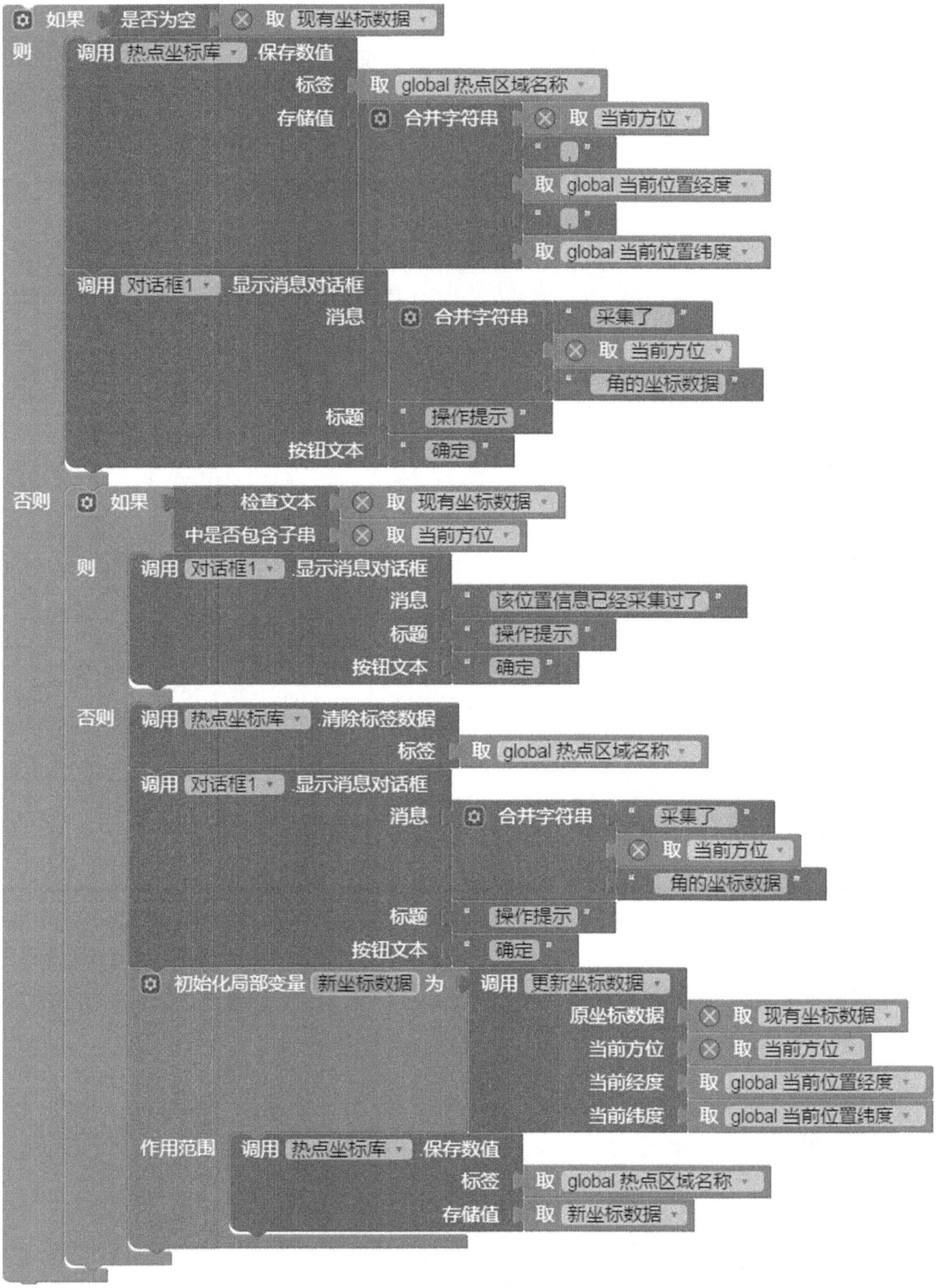

图 4.3-66 采集坐标数据存储策略实现代码

由于设计微数据库中 value 的数据格式为“西北，经度，纬度；东南，经度，纬度”，所以自定义过程在获取数据库中原坐标数据、当前方位、当前经度、当前纬度数据后，首先将当前方位、当前经度、当前纬度 3 个数据封装为现坐标数据，若当前方位为西北，则更新结果为“现坐标数据；原坐标数据”，否则更新结果为“原坐标数据；现坐标数据”。

综合上述分析，该过程的设计方案如下：

过程输入参数：原坐标数据、当前方位、当前经度、当前纬度。

过程输出参数：更新结果。

过程实现方法如图 4.3-67 所示。

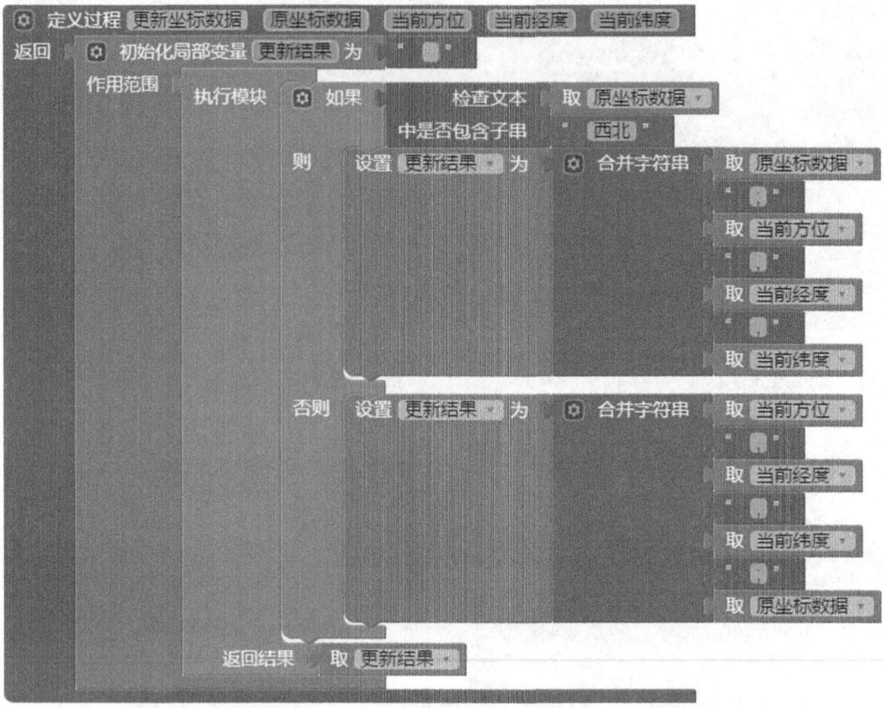

图 4.3-67 自定义过程“更新坐标数据”实现代码

(9)设计自定义过程——刷新显示采集结果。

当用户点击按钮“保存坐标数据”时，调用此过程。该过程将数据库中的全部记录按照指定格式转换为多行文本，每一行对应一个热点区域的全部方位及坐标数据。转换所得多行文本一方面通过标签显示，提醒用户当前操作结果；另一方面通过文件管理器，将多行文本写入文件，形成 Screen1 主屏幕中形成距离矩阵时，需要打开的文件。

综合上述分析，该过程的实现代码如图 4.3-68 所示。

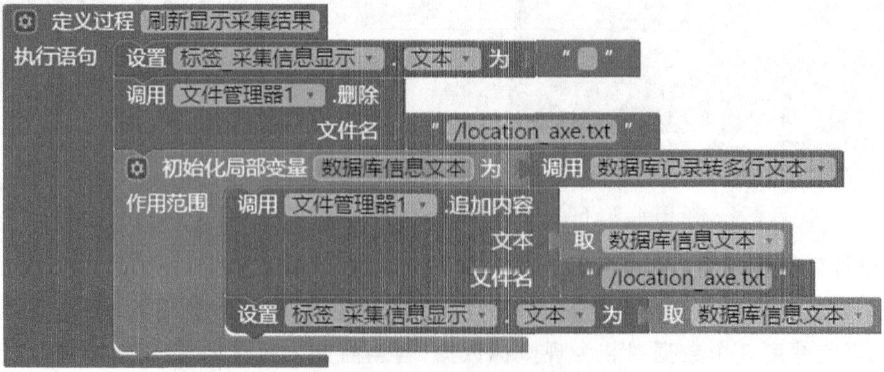

图 4.3-68 自定义过程“刷新显示采集结果”实现代码

(10)设计自定义过程——数据库记录转多行文本。

微数据库存储了用户采集的全部热点区域周界顶点坐标，但是实验过程发现，微数据库数据并不能实现跨屏幕访问，所以每一次采集数据，都将数据库中全部记录读出，生成“tag-value”格式的多行字符串，并在此基础上生成室外相对位置定位需要的数据文件，存储在手机 SD 卡上，具体实现代码如图 4.3-69 所示。

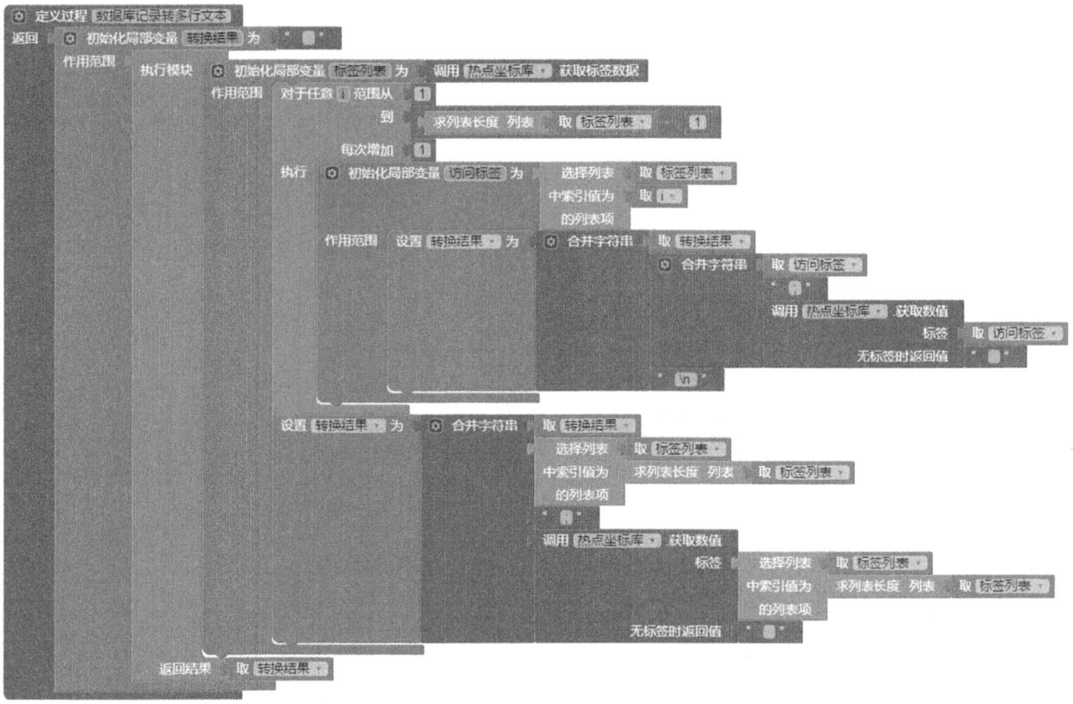

图 4.3-69 自定义过程“数据库记录转多行文本”实现代码

4.3.5 结果测试

安装并运行程序，初始运行界面为 Screen1。Screen1 提供室外 GPS 相对位置定位、室内二维码定位两种功能。标签显示模拟当前位置信息，列表显示框显示最近的热点区域相关信息，同时提供按钮使用户可以进入热点区域周界地点坐标采集屏幕。默认状态下，以文本形式介绍学校整体情况。程序运行结果如图 4.3-70 所示。

点击按钮“室外相对位置定位”，标签显示随机确定的当前位置信息中热点区域名称为“轻工博物馆”，随机产生的方位为“南边”，以及在轻工博物馆南边附近的 GPS 坐标；程序测算距离当前位置最近的 3 个热点区域相关信息，并由列表显示，运行结果如图 4.3-71 所示。

由程序运行结果可以看出，测算得出的最近热点区域恰恰是我们随机确定的热点区域——轻工博物馆，方位为南边，距离 10 m(热点区域南边距离为点到线段距离，在模拟当前位置的过程中，对于东、西、南、北 4 个方位的模拟距离实际上采取了经度或者纬度偏移边界线段 0.000 1 度，约 10 m)，与实际的当前位置距离完全一致。

点击列表显示框感兴趣的 3 个最近热点区域的任意一项(这里点击了第一项，即轻工博物馆)，结果如图 4.3-72 所示。

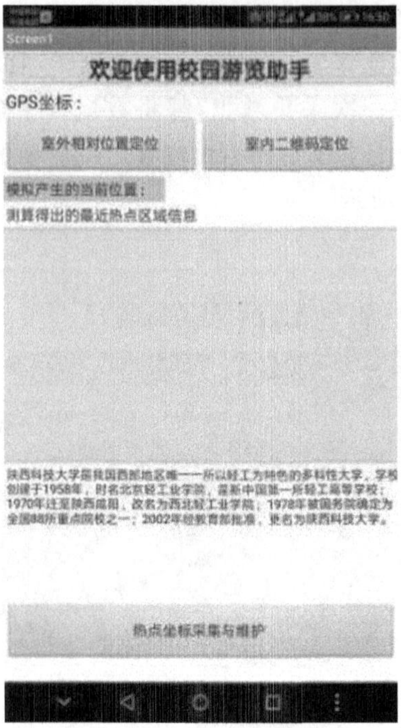

图 4.3 - 70　程序运行初始界面

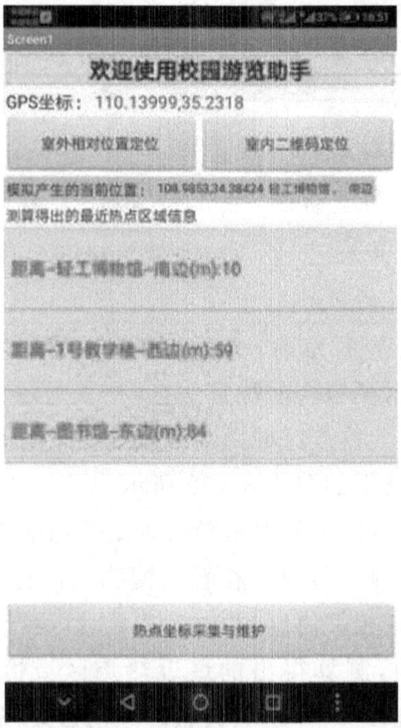

图 4.3 - 71　点击按钮“室外相对位置定位”后程序运行结果

如图所示，屏幕下方原来介绍学校的文本更改为轻工博物馆信息介绍，而且自动开启语音播报功能介绍轻工博物馆相关信息。至此，室外相对位置的定位，能够根据当前 GPS 坐标自动测算距离最近的热点区域，而且还能精确计算出距离热点区域 8 个方位的最近距离值，并且按照距离值提供给用户最近的 3 个热点区域，以备进一步了解详细信息。也就是说，室外相对位置定位的核心功能已经实现。

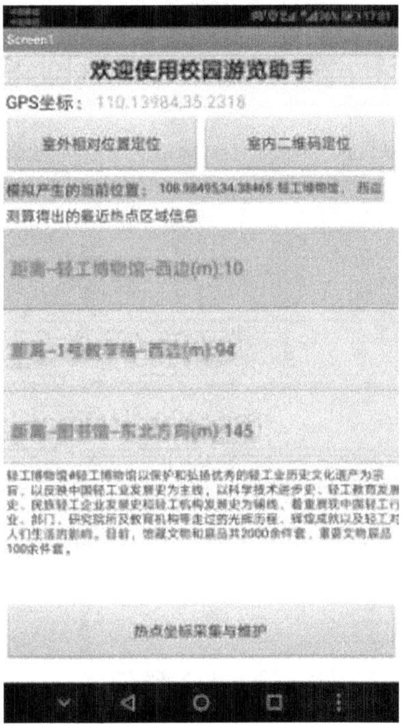

图 4.3－72　点击列表显示框列表项后程序运行结果

点击按钮“室内二维码定位”，打开手机摄像头，扫描二维码，运行界面如图 4.3－73 所示。

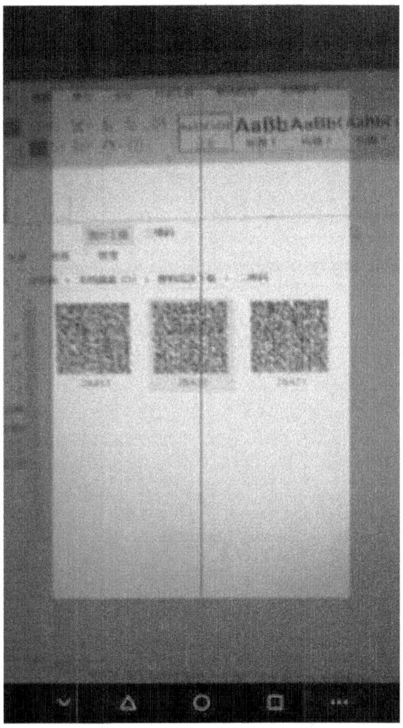

图 4.3－73　点击按钮“室内二维码定位”后程序运行结果

当扫描完成后，标签显示扫描结果，并由语音合成器播报扫描结果，程序运行结果如图 4.3－74 所示。

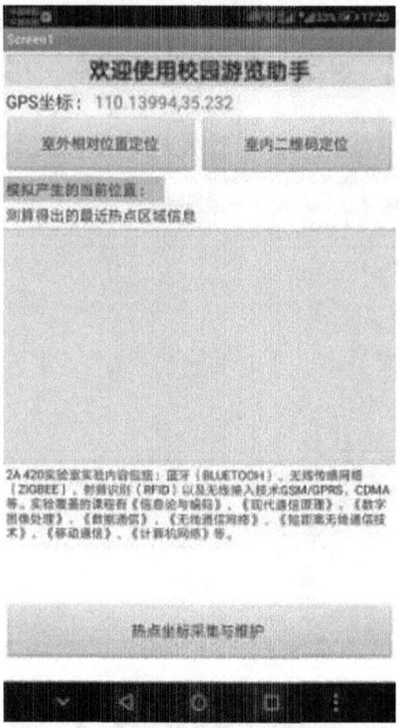

图 4.3－74　扫描结束后程序运行结果

至此，室内二维码定位的核心功能已经全部实现。

当点击按钮“热点坐标采集与维护”，进入 Screen2 屏幕，开启热点周界顶点坐标的采集，程序初始状态运行界面如图 4.3－75 所示。

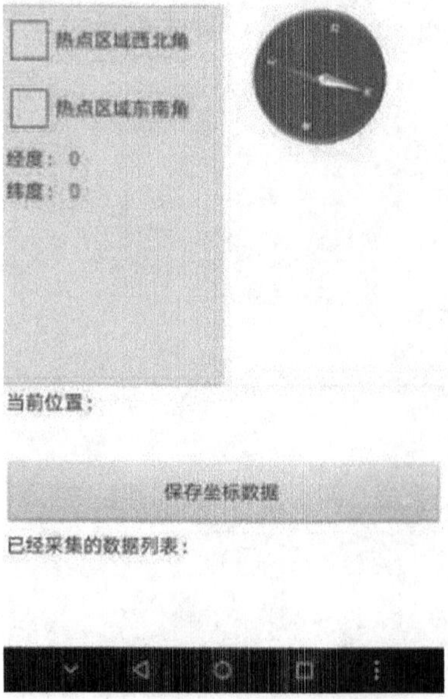

图 4.3－75　Screen2 运行初始界面

打开 GPS 设备，观察到经度、纬度参数后，根据指南针判断自己处于所选热点区域的方位，点击按钮“保存坐标数据”，运行结果如图 4.3－76 所示。

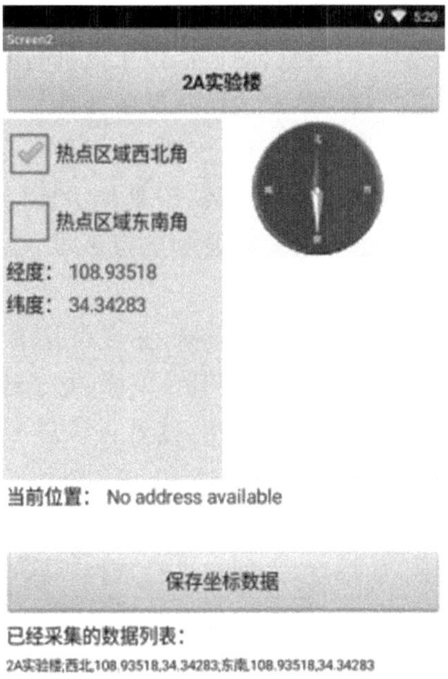

图 4.3－76 点击按钮“保存坐标数据”后程序运行结果

当所选热点区域的西北角或者东南角坐标已经采集，则弹出消息框提示用户，如图 4.3－77 所示。

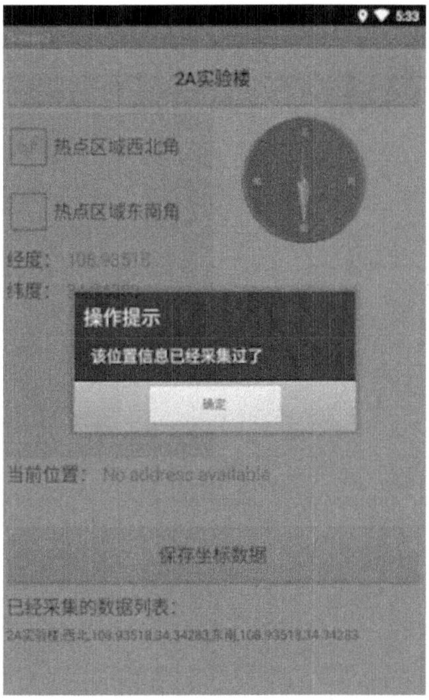

图 4.3－77 多次采集同一地点坐标程序运行结果

4.3.6 拓展思考

此外,还可以进行拓展思考使程序实现以下功能:

(1)本节案例不仅仅适用于学校的游览,同样适用于风景名胜区、旅游景点的自助导游,读者可以模仿本节案例设计开发面向旅游景点的游览助手软件。

(2)由于篇幅所限,本节案例事先采集了热点区域的周界坐标,并保存在文件中,这样虽然使用较少篇幅就能给出游览助手软件的开发过程,但是缺少灵活度。读者可以进一步思考引入电子地图二次开发技术,在电子地图上实时绘制热点区域,更为方便地获取热点区域周界坐标。

(3)借助于电子地图获取的热点区域周界坐标,必然带来另外一个问题——GPS 坐标与电子地图坐标的相互转换问题。手机获取的是 GPS 坐标,电子地图使用的是进行偏移加密后的坐标,两者之间存在较大的误差,无法直接混用,读者可以思考并设计开发电子地图(百度、腾讯、高德等公司)坐标与 GPS 坐标相互转换程序。

(4)目前热点区域名称是固定设置的,进一步改进可以将其设定为用户输入,同时检索数据库中是否存储与之相似的记录,如果有,由用户进行选择确认,自动补全输入,并且判断已经采集的方位,自动设置当前方位,使软件使用的友好性进一步增强。

(5)功能界面可以进一步优化,比如设置主控屏幕,循环播放学校背景历史介绍,功能按钮引导进入不同的屏幕——室外相对位置定位屏幕、室内二维码定位屏幕等,使整个软件的界面友好性进一步提升。

5 教学软件开发实践

5.1 语文课堂——我爱诗词

5.1.1 问题描述

中国古诗词文化源远流长，博大精深。古诗词作为几千年中华文化的精华和底蕴，是现代人已经不可能重新创造的瑰宝，是一种精神，是一种格调。很多人都喜爱古诗词，但是学习古诗词却是一个痛苦的过程。小学生由于缺乏监督和辅导，学习效果往往不尽如人意。因此，针对古诗词教学需要，开发一款古诗词教学辅助软件，使用户能够随时随地学习，并且检验自己的学习效果，就成为一件十分必要的事情。

5.1.2 学习目标

(1)音乐播放器使用方法；
(2)计时器使用方法；
(3)文本分解功能的使用；
(4)屏幕切换技术应用方法；
(5)多屏幕数据共享技术应用；
(6)语音合成技术应用；
(7)多行文本与列表的相互转换方法；
(8)文件管理器使用方法。

5.1.3 方案构思

诗词学习与测试软件拟实现分门别类地学习经典古诗、经典宋词、经典元曲，并对古诗词学习情况进行测试。学习过程主要是逐篇浏览、听取诗词的朗读，学习过程中兼顾手到、眼到、听到，以便增强学习效果。为了节省开发时间，这里的朗读采取机器语音合成技术，虽然开发效率较高，但是缺乏感情，还存在较多发音错误的情况(多音字无法准确识读)，读者可以根据自己的需要修改诗词朗读实现的技术路线。程序由主控屏幕、经典古诗学习屏幕、经典宋词学习屏幕、经典元曲学习屏幕、古诗词测试屏幕 5 部分组成。

1. 主控屏幕

该屏幕的主要作用是实现以下操作引导：

(1)在学习古诗、学习宋词、学习元曲之间做出一个选择，这里借助三个复选框实现学习内容的选择；

(2)进行各类学习的学习时长、学习篇数统计显示，这里借助屏幕之间的数据共享技术实现，即不同具体内容学习屏幕统计学习篇数、学习时长，然后在关闭屏幕时，返回学习时长、学习篇数参数，由主屏幕以标签的形式显示出来；

(3)进行学习成果测验，借助按钮操作，打开学习成果测试屏幕，实现操作引导功能；

(4)退出应用程序，借助按钮操作，执行退出程序指令，实现操作引导功能。

基于上述想法，设计 Screen1 界面，以及所用组件结构如图 5.1－1 所示。

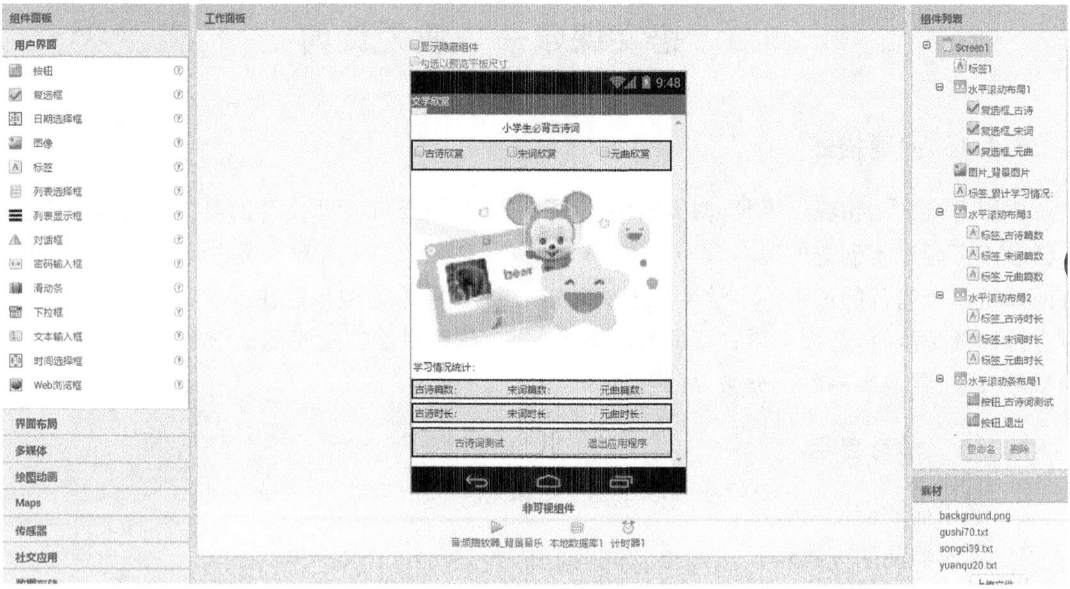

图 5.1－1　Screen1 程序界面设计

Screen1 中各个组件相关属性设置信息如表 5.1－1 所示。

表 5.1－1　Screen1 中各个组件相关属性设置

<table>
<tr><th>所属面板</th><th colspan="2">对象类型</th><th>对象名称</th><th>属性</th><th>属性取值</th></tr>
<tr><td rowspan="3">用户界面</td><td rowspan="3" colspan="2">标签</td><td rowspan="3">标签 1</td><td>宽度</td><td>充满</td></tr>
<tr><td>文本对齐</td><td>居中</td></tr>
<tr><td>文本</td><td>小学生必背古诗词</td></tr>
<tr><td>界面布局</td><td colspan="2">水平滚动条布局</td><td>水平布局 1</td><td>宽度</td><td>充满</td></tr>
<tr><td rowspan="6">用户界面</td><td rowspan="6">水平布局 1</td><td rowspan="6">复选框</td><td rowspan="3">复选框_古诗</td><td>文本</td><td>古诗欣赏</td></tr>
<tr><td>选中</td><td>勾选</td></tr>
<tr><td>宽度</td><td>33%</td></tr>
<tr><td rowspan="2">复选框_宋词</td><td>文本</td><td>宋词欣赏</td></tr>
<tr><td>宽度</td><td>33%</td></tr>
<tr><td>复选框_元曲</td><td>文本</td><td>元曲欣赏</td></tr>
</table>

续表

<table>
<tr><th>所属面板</th><th colspan="2">对象类型</th><th>对象名称</th><th>属性</th><th>属性取值</th></tr>
<tr><td rowspan="3">用户界面</td><td colspan="2" rowspan="2">图片</td><td rowspan="2">图片_背景图片</td><td>宽度</td><td>充满</td></tr>
<tr><td>图片</td><td>background. png</td></tr>
<tr><td colspan="2">标签</td><td>标签_累计学习情况统计</td><td>文本</td><td>学习情况统计：</td></tr>
<tr><td>界面布局</td><td colspan="2">水平滚动条布局</td><td>水平布局 2</td><td>宽度</td><td>充满</td></tr>
<tr><td rowspan="6">用户界面</td><td rowspan="6">水平布局2</td><td rowspan="6">标签</td><td rowspan="2">标签_古诗篇数</td><td>宽度</td><td>33%</td></tr>
<tr><td>文本</td><td>古诗篇数：</td></tr>
<tr><td rowspan="2">标签_宋词篇数</td><td>宽度</td><td>33%</td></tr>
<tr><td>文本</td><td>宋词篇数：</td></tr>
<tr><td rowspan="2">标签_元曲篇数</td><td>宽度</td><td>33%</td></tr>
<tr><td>文本</td><td>元曲篇数：</td></tr>
<tr><td>界面布局</td><td colspan="2">水平滚动条布局</td><td>水平布局 3</td><td>宽度</td><td>充满</td></tr>
<tr><td rowspan="6">用户界面</td><td rowspan="6">水平布局3</td><td rowspan="6">标签</td><td rowspan="2">标签_古诗时长</td><td>宽度</td><td>33%</td></tr>
<tr><td>文本</td><td>古诗时长：</td></tr>
<tr><td rowspan="2">标签_宋词时长</td><td>宽度</td><td>33%</td></tr>
<tr><td>文本</td><td>宋词时长：</td></tr>
<tr><td rowspan="2">标签_元曲时长</td><td>宽度</td><td>33%</td></tr>
<tr><td>文本</td><td>元曲时长：</td></tr>
<tr><td>界面布局</td><td colspan="2">水平滚动条布局</td><td>水平布局 4</td><td>宽度</td><td>充满</td></tr>
<tr><td rowspan="4">用户界面</td><td rowspan="4">水平布局4</td><td rowspan="4">按钮</td><td rowspan="2">按钮_古诗词测试</td><td>宽度</td><td>50%</td></tr>
<tr><td>文本</td><td>古诗词测试</td></tr>
<tr><td rowspan="2">按钮_古诗词测试</td><td>宽度</td><td>50%</td></tr>
<tr><td>文本</td><td>退出应用程序</td></tr>
<tr><td>多媒体</td><td colspan="2">音频播放器</td><td>文本语音转换器 1</td><td>默认</td><td>默认</td></tr>
</table>

2. 经典古诗学习屏幕

主要帮助用户以顺序、逆序等不同方式，逐篇浏览、聆听经典古诗 70 首的每一首，并根据需要对当前浏览的古诗实现再听一遍的操作。同时记录古诗学习的篇数、时长，在退出屏幕时，将结果返回给主屏幕。

经典古诗保存在 txt 文件中，以 UTF-8 格式保存，文件名称为 gushi70. txt。为了便于后续处理，每两首古诗之间添加符号“#”，以示间隔，如图 5.1 - 2 所示。

基于上述想法，设计 Screen2 界面，以及所用组件结构如图 5.1 - 3 所示。

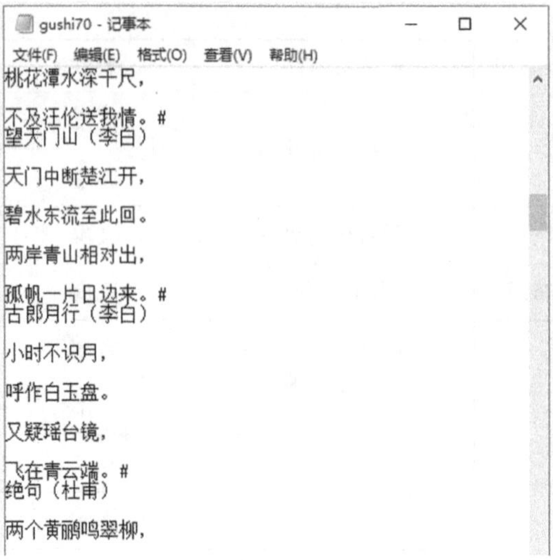

图 5.1-2 经典古诗文本文件格式样例

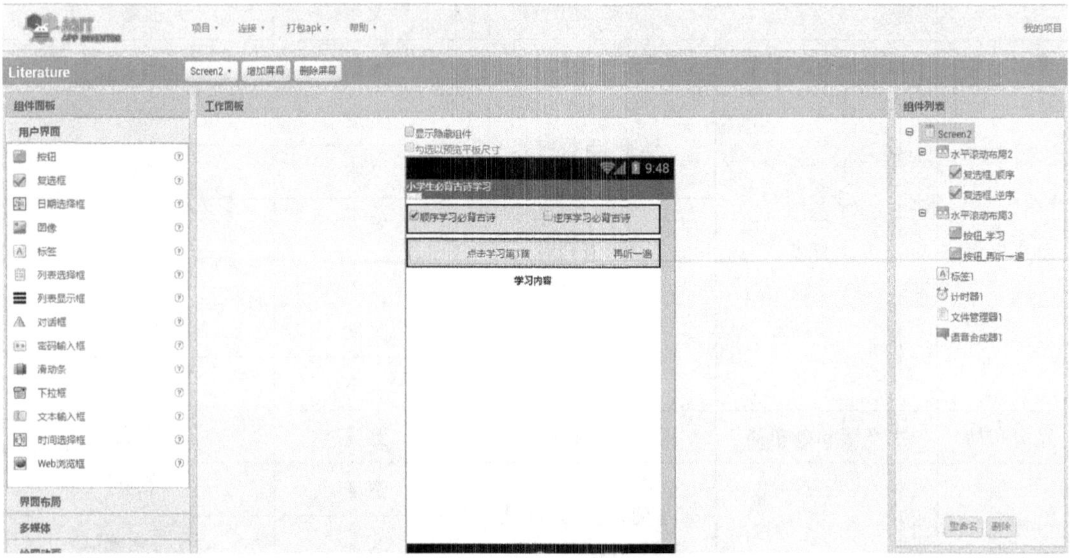

图 5.1-3 Screen2 程序界面设计

Screen2 中各个组件相关属性设置信息如表 5.1-2 所示。

表 5.1-2 Screen2 中各个组件相关属性设置

所属面板	对象类型		对象名称	属性	属性取值
界面布局	水平滚动条布局		水平布局 1	宽度	充满
用户界面	水平布局1	复选框	复选框_顺序	文本	顺序学习必背古诗
				选中	勾选
				宽度	50%
			复选框_逆序	文本	逆序学习必背古诗
				宽度	50%

续表

<table>
<tr><th>所属面板</th><th colspan="2">对象类型</th><th>对象名称</th><th>属性</th><th>属性取值</th></tr>
<tr><td>界面布局</td><td colspan="2">水平滚动条布局</td><td>水平布局 2</td><td>宽度</td><td>充满</td></tr>
<tr><td rowspan="4">用户界面</td><td rowspan="4">水平布局2</td><td rowspan="4">按钮</td><td rowspan="2">按钮_学习</td><td>宽度</td><td>50%</td></tr>
<tr><td>文本</td><td>点击学习第 1 首</td></tr>
<tr><td rowspan="2">按钮_再听一遍</td><td>宽度</td><td>50%</td></tr>
<tr><td>文本</td><td>再听一遍</td></tr>
<tr><td rowspan="4">用户界面</td><td colspan="2" rowspan="4">标签</td><td rowspan="4">标签 1</td><td>高度</td><td>充满</td></tr>
<tr><td>宽度</td><td>充满</td></tr>
<tr><td>文本</td><td>学习内容</td></tr>
<tr><td>文本对齐</td><td>居中</td></tr>
<tr><td>多媒体</td><td colspan="2">计时器</td><td>计时器 1</td><td>启用计时</td><td>取消勾选</td></tr>
<tr><td>数据存储</td><td colspan="2">文件管理器</td><td>文件管理器 1</td><td>默认</td><td>默认</td></tr>
<tr><td>多媒体</td><td colspan="2">语音合成器</td><td>语音合成器 1</td><td>默认</td><td>默认</td></tr>
</table>

3. 经典宋词学习屏幕

主要帮助用户以顺序、逆序等不同方式，逐篇浏览、聆听每一首经典宋词，并根据需要对当前浏览的宋词实现再听一遍的操作。同时记录宋词学习的篇数、时长，在退出屏幕时，将结果返回给主屏幕。

经典宋词保存在 txt 文件中，以 UTF-8 格式保存，文件名称为 songci39. txt。为了便于后续处理，每两首宋词之间添加符号“#”，以示间隔，格式规范与经典古诗相同。

经典宋词学习屏幕界面构思与经典古诗风格、内容完全一致，仅在学习内容上存在差异，如图 5.1 - 4 所示。

各个组件相关属性设置信息可参照经典古诗学习屏幕设置，这里不再赘述。

4. 经典元曲学习屏幕

主要帮助用户以顺序、逆序等不同方式，逐篇浏览、聆听每一首经典元曲，并根据需要对当前浏览的元曲实现再听一遍的操作。同时记录元曲学习的篇数、时长，在退出屏幕时，将结果返回给主屏幕。

经典元曲保存在 txt 文件中，以 UTF-8 格式保存，文件名称为 yuanqu20. txt。为了便于后续处理，每两首元曲之间添加符号“#”，以示间隔，格式规范与经典古诗相同。

经典元曲学习屏幕界面构思与经典古诗风格、内容完全一致，仅在学习内容上存在差异，如图 5.1 - 5 所示。

各个组件相关属性设置信息可参照经典古诗学习屏幕设置，这里不再赘述。

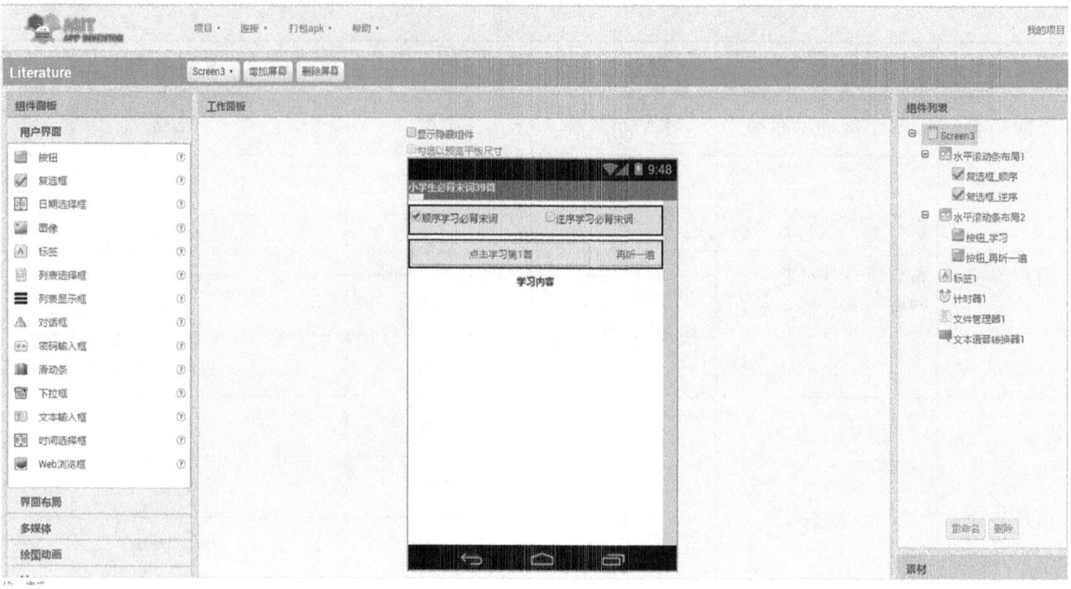

图 5.1 - 4 Screen3 程序界面设计

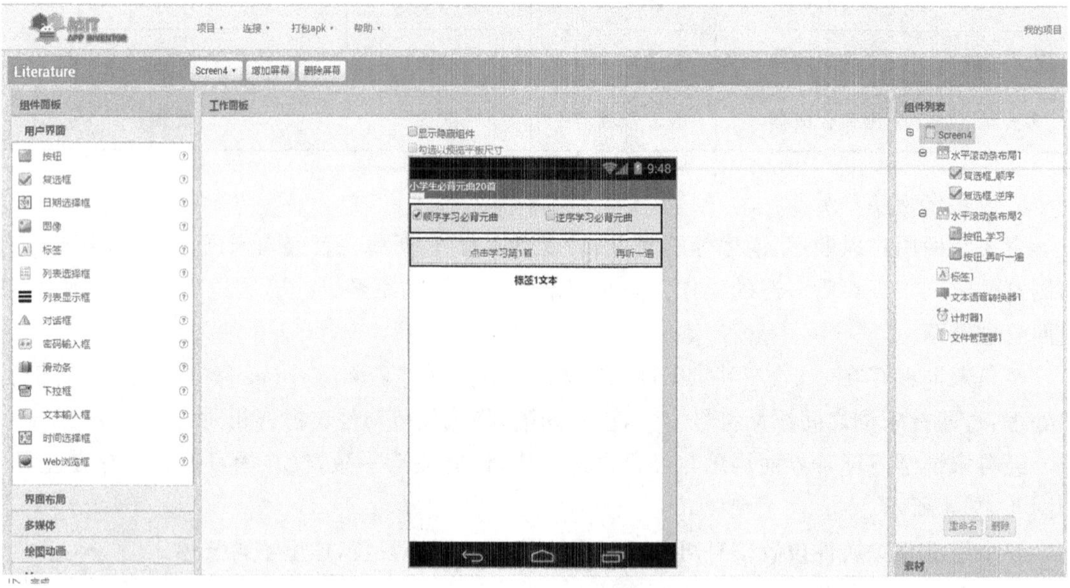

图 5.1 - 5 Screen4 程序界面设计

5. 古诗词测试屏幕

模仿诗词大会的测试方法，对小学生必背古诗词，逐篇实施测试。每一首诗词，随机选取其中一行，以一行 * 号代替原来文字，并显示替代过的诗词全文。用户输入 * 号处对应的文字，如果输入内容与诗词原文相同，则考试通过，否则表示用户尚不熟悉当前测试的诗词内容。测试结束后，可以通过点击按钮返回主控屏幕。

基于上述想法，设计 Screen5 界面，以及所用组件结构如图 5.1 - 6 所示。

Screen5 中各个组件相关属性设置信息如表 5.1 - 3 所示。

图 5.1－6 Screen5 程序界面设计

表 5.1－3 Screen5 中各个组件相关属性设置

<table>
<tr><th>所属面板</th><th colspan="2">对象类型</th><th>对象名称</th><th>属性</th><th>属性取值</th></tr>
<tr><td>界面布局</td><td colspan="2">水平滚动条布局</td><td>水平布局 1</td><td>宽度</td><td>充满</td></tr>
<tr><td rowspan="5">用户界面</td><td rowspan="5">水平布局1</td><td rowspan="5">复选框</td><td rowspan="3">复选框_古诗测试</td><td>文本</td><td>经典古诗测试</td></tr>
<tr><td>选中</td><td>勾选</td></tr>
<tr><td>宽度</td><td>50%</td></tr>
<tr><td rowspan="2">复选框_宋词测试</td><td>文本</td><td>经典宋词测试</td></tr>
<tr><td>宽度</td><td>50%</td></tr>
<tr><td rowspan="6">用户界面</td><td colspan="2" rowspan="2">按钮</td><td rowspan="2">按钮_开始测试</td><td>文本</td><td>测试第 1 首</td></tr>
<tr><td>宽度</td><td>充满</td></tr>
<tr><td colspan="2" rowspan="4">标签</td><td rowspan="3">标签_考试题</td><td>高度</td><td>50%</td></tr>
<tr><td>宽度</td><td>充满</td></tr>
<tr><td>文本</td><td>诗词全文赏析
（测试处用 * * 代替）</td></tr>
<tr><td>标签_答案提示</td><td>文本</td><td>* * * * 处应填写的诗句是：</td></tr>
<tr><td>界面布局</td><td colspan="2">水平滚动条布局</td><td>水平布局 2</td><td>宽度</td><td>充满</td></tr>
<tr><td rowspan="4">用户界面</td><td rowspan="4">水平布局2</td><td rowspan="2">文本输入框</td><td rowspan="2">文本输入框_答案</td><td>宽度</td><td>80%</td></tr>
<tr><td>文本</td><td>点击学习第 1 首</td></tr>
<tr><td rowspan="2">按钮</td><td rowspan="2">按钮_提交</td><td>宽度</td><td>20%</td></tr>
<tr><td>文本</td><td>提交</td></tr>
</table>

续表

所属面板	对象类型	对象名称	属性	属性取值
用户界面	按钮	按钮_返回主界面	宽度	充满
			文本	返回主界面
	对话框	对话框 1	默认	默认
多媒体	计时器	计时器 1	启用计时	取消勾选
数据存储	文件管理器	文件管理器 1	默认	默认
多媒体	文本语音转换器	文本语音转换器 1	默认	默认

5.1.4 实现方法

1. 主控屏幕程序实现

如前所述，主控屏幕主要发挥操作引导作用，并显示经典古诗、宋词、元曲的学习时长、学习篇数等信息。这些信息由各自屏幕统计，在屏幕关闭时返回给主控屏幕，因此需要定义如下全局变量接收、表示相关数据信息，实现代码如图 5.1－7 所示。

图 5.1－7　主控程序声明的全局变量

此外，程序的主要功能包括：

(1)响应复选框_古诗之状态被改变事件。

当复选框_古诗的状态发生变化时，如果系被选中状态，则设置其他两个复选框为未选中状态，并打开 Screen2，即经典古诗学习屏幕，实现代码如图 5.1－8 所示。

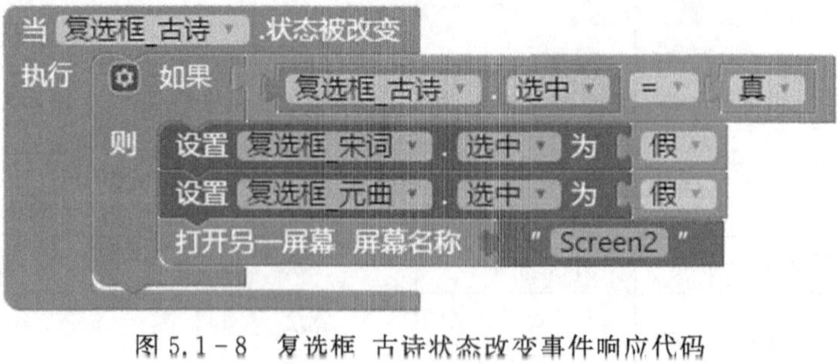

图 5.1－8　复选框_古诗状态改变事件响应代码

(2)响应复选框_宋词之状态被改变事件。

当复选框_宋词的状态发生变化时，如果系被选中状态，则设置其他两个复选框为未选中状态，并打开 Screen3，即经典宋词学习屏幕，实现代码如图 5.1－9 所示。

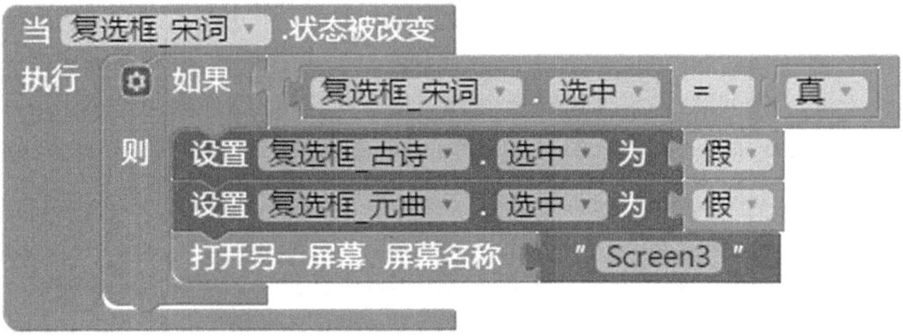

图 5.1－9　复选框_宋词状态改变事件响应代码

(3)响应复选框_元曲之状态被改变事件。

当复选框_元曲的状态发生变化时，如果系被选中状态，则设置其他两个复选框为未选中状态，并打开 Screen4，即经典元曲学习屏幕，实现代码如图 5.1－10 所示。

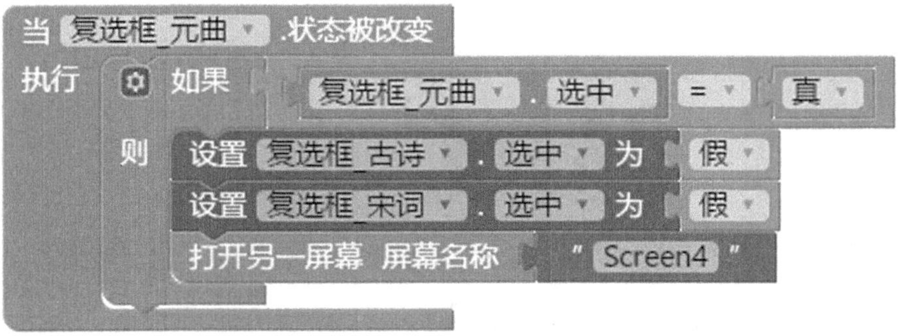

图 5.1－10　复选框_元曲状态改变事件响应代码

(4)响应按钮_退出之被点击事件。

当用户点击退出按钮，调用内置控制块中的退出程序功能块，退出应用程序，实现代码如图 5.1－11 所示。

图 5.1－11　按钮_退出被点击事件响应代码

(5)响应按钮_古诗词测试之被点击事件。

当用户点击古诗词测试按钮，打开 Screen5，即古诗词测试屏幕，实现代码如图 5.1－12 所示。

图 5.1－12　按钮_古诗词测试被点击事件响应代码

(6)响应 Screen1 之关闭屏幕事件。

Screen1 作为主控屏幕，在 Screen2(经典古诗学习)、Screen3(经典宋词学习)、Screen4(经典元曲学习)屏幕中，统计各自内容的学习时长、学习篇数。当这些屏幕关闭时，触发此事件，并获取刚刚关闭屏幕的屏幕名称以及传递过来的数据。

由于其他屏幕传递过来的参数按照“学习时长数值，学习篇数数值”的格式将时长、篇数两个数据传递给主控屏幕，所以当事件触发时，首先判断关闭屏幕的名称，如果是 Screen2，则认为传递的参数是经典古诗学习时长、学习篇数；如果是 Screen3，则认为传递的参数是经典宋词学习时长、学习篇数；如果是 Screen4，则认为传递的参数是经典元曲学习时长、学习篇数。传递过来的字符串用“，”分割为列表，列表的第一项就是学习时长数值，列表的第二项就是学习篇数数值。按照此数值分别修改对应标签的显示内容，实现代码如图 5.1－13 所示。

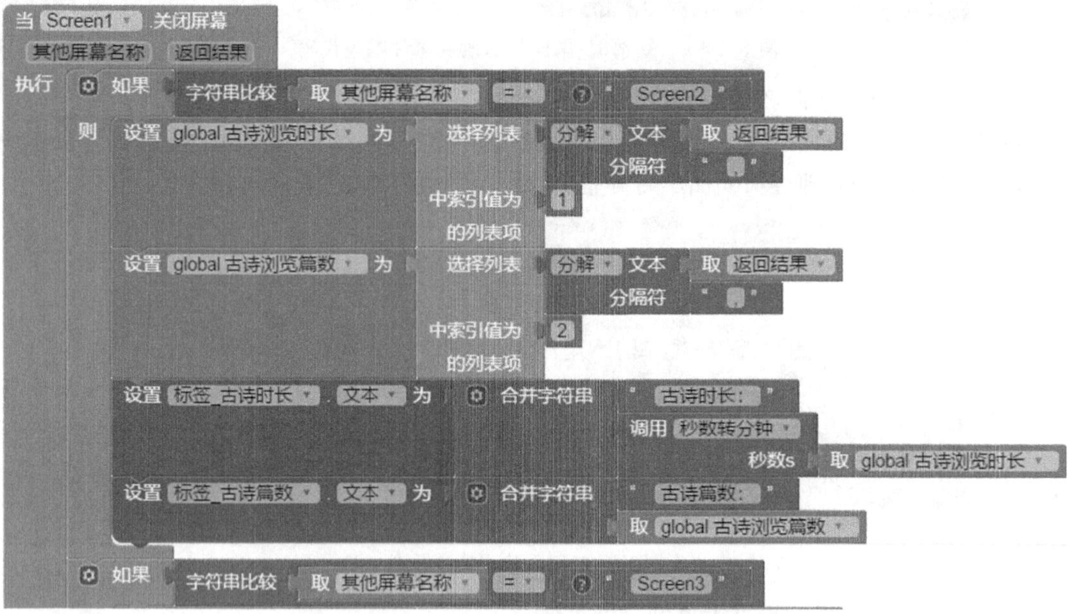

图 5.1－13 Screen1 关闭屏幕事件响应代码

由于篇幅所限，在屏幕关闭事件处理过程中仅给出 Screen2(经典古诗学习)的具体结果，Screen3(经典宋词学习)、Screen4(经典元曲学习)屏幕关闭的处理与 Screen2 相仿，只是各自修改显示文本的标签不同而已，在此不再赘述。

由于其他屏幕中对时长的统计单位为秒，这里需要调用自定义过程“秒数转分钟”，将指定的秒数数值转换为“××分×秒”格式的字符串显示。

过程输入参数：数值类型数据，这里是单位为秒的学习时长数据。

过程输出参数：指定格式的字符串。

具体实现代码如图 5.1－14 所示。

2. 经典古诗学习屏幕程序实现

经典古诗学习以人教版小学生必背 70 首古诗为数据源，用户可以选择顺序学习、逆序学习 70 首必背古诗。70 首古诗保存在 txt 文件中，诗与诗之间借助字符“＃”间隔，因此，可以在读取 txt 文件获取全部文本之后，用“＃”分割文本，即可得到全部经典古诗的列表，列表长度为 70，每一个列表元素就是一首经典古诗。所谓顺序学习就是从第一首开始，逐篇向后学习，所谓逆序学习就是从第 70 首开始，逐篇向前学习。程序通过点击按钮事件启动一次新诗文学习，由于需要统计每一类经典的学习时长、学习篇数，因此，综合上述思路，程序需要设计的全局变量如图 5.1－15 所示。

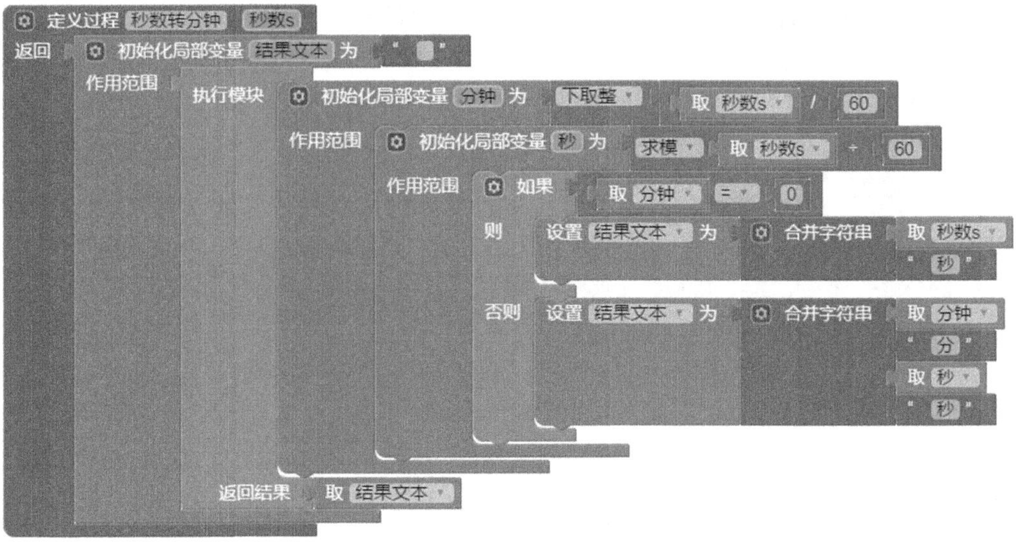

图 5.1-14 自定义过程“秒数转分钟”实现代码

图 5.1-15 Screen2 程序声明的全局变量

其中，全局变量学习序号，表示正在学习的 70 首古诗中的哪一首；全局变量古诗列表保存 70 首古诗，列表的每一个数据元素都是一首古诗；全局变量时长表示进入该屏幕的总计秒数；全局变量篇数表示进入该屏幕学习古诗的篇数。

此外，程序还需要完成以下功能：

(1)响应 Screen2 之屏幕初始化事件。

Screen2 屏幕初始化时，启动计时器，开始计时，用以计算学习时长；同时调用文件管理器的读取文件功能，打开保存 70 首古诗的文本文件——gushi70. txt，实现代码如图 5.1-16 所示。

图 5.1-16 Screen2 初始化事件响应代码

(2)响应文件管理器 1 之获得文本事件。

当文件管理器打开文本文件 gushi70. txt，并获得文本之后触发此事件，同时得到参数——文本，其取值为文件中的全部内容。

如前所述，70 首古诗保存在 txt 文件中，诗与诗之间借助字符“#”间隔，因此调用文本模块中的分解文本功能，用分隔符“#”将事件中得到的文本进行分割，并将得到的列表赋予全局变量古诗列表保存，实现代码如图 5.1－17 所示。

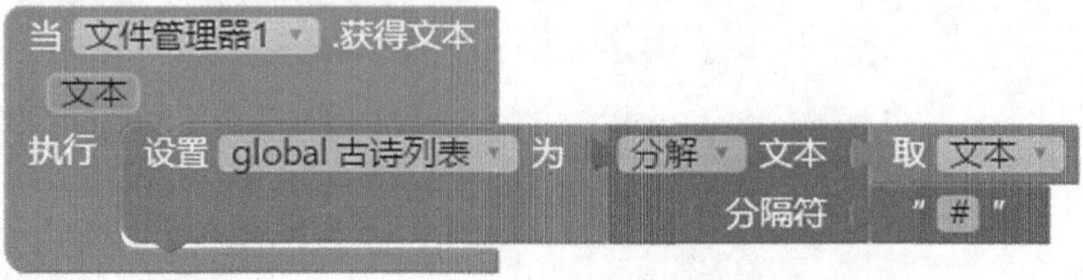

图 5.1－17　文件管理器 1 获得文本事件响应代码

(3)响应计时器 1 之计时事件。

计时器 1 的时间间隔为 1 000 ms，计时器启用后，每到 1 000 ms，触发此事件一次，每一次触发该事件，用以表征学习时长的全局变量时长累加 1，作为古诗学习的总秒数，实现代码如图 5.1－18 所示。

图 5.1－18　计时器 1 之计时事件响应代码

(4)响应复选框_顺序之状态被改变事件。

如果复选框_顺序被选中，则从第一首开始学习，设置按钮_学习的显示文本为“点击学习第 1 首古诗”，全局变量学习序号设置为 1，同时复选框_逆序设置为未选中状态，实现代码如图 5.1－19 所示。

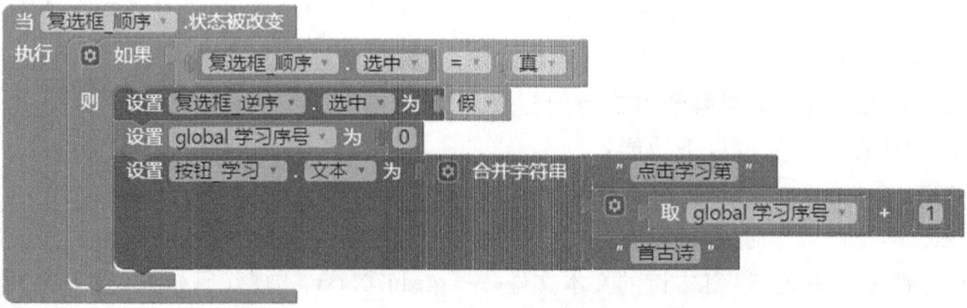

图 5.1－19　复选框_顺序状态改变事件响应代码

(5)响应复选框_逆序之状态被改变事件。

如果复选框_逆序被选中，则从最后一首开始学习，设置按钮_学习的显示文本为“点击学习第 70 首古诗”，全局变量学习序号设置为 70，同时复选框_顺序设置为未选中状态，实现代码如图 5.1－20 所示。

(6)响应按钮_学习之被点击事件。

只要按钮被点击，就更换学习内容，学习篇数累加 1。如果顺序学习，则全局变量学习序号递增，否则递减，根据学习序号值设置按钮_学习的显示文本，并设置标签 1 的显示文本为列表——古诗列表中索引值为学习序号的列表项，并调用语音合成器(文本语音转换器)朗读当前标签 1 显示的文本，实现代码如图 5.1－21 所示。

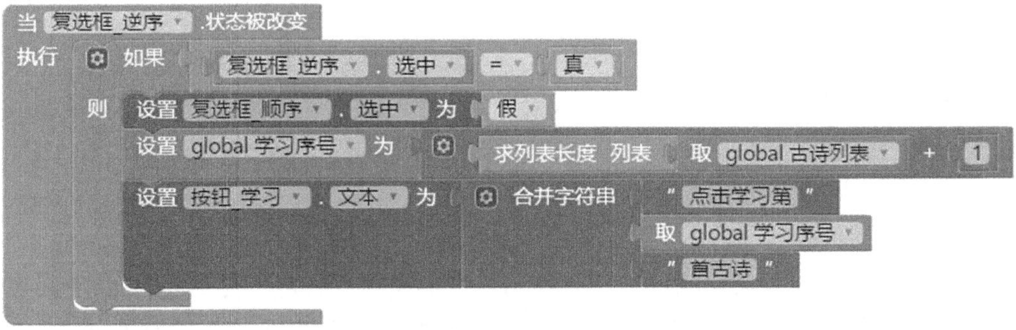

图 5.1-20 复选框_逆序状态改变事件响应代码

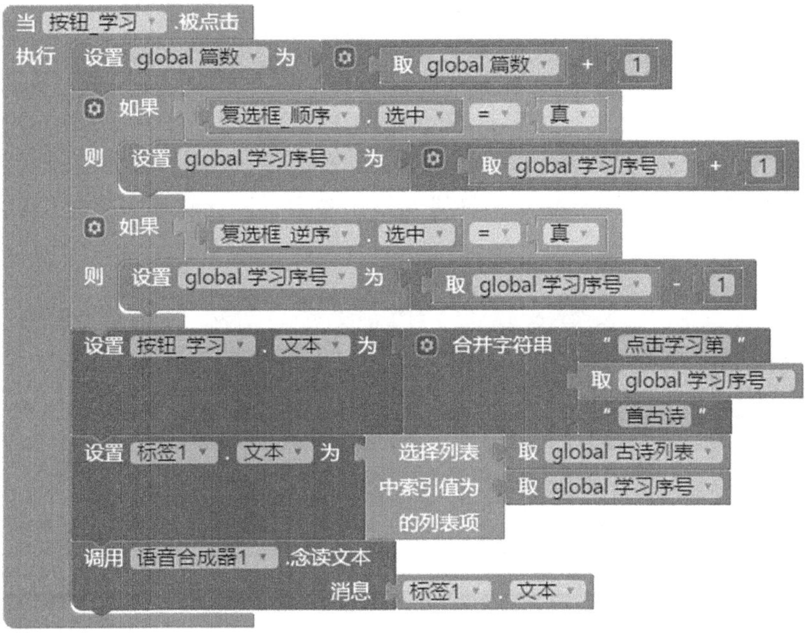

图 5.1-21 按钮_学习被点击事件响应代码

(7)响应按钮_再听一遍之被点击事件。

只要按钮被点击，就调用语音合成器(文本语音转换器)朗读当前标签 1 显示的文本，实现代码如图 5.1-22 所示。

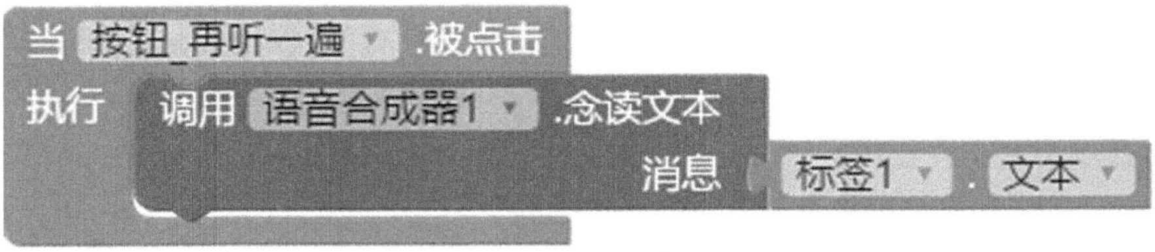

图 5.1-22 按钮_再听一遍被点击事件响应代码

(8)响应 Screen2 之被回压事件。

当用户点击设备的返回按钮时，即触发当前屏幕的回压事件。回压事件意味着当前屏幕退出，即结束经典古诗的学习。此时应该读取全局变量时长、篇数的数值，返回给主控屏幕，以作为古诗学习情况统计的依据。按照事先约定，返回值为“时长+‘,’+篇数”合并形成的字符串，实现代码如图 5.1-23 所示。

图 5.1－23　Screen2 被回压事件响应代码

Screen3、Screen4 对应的宋词学习、元曲学习的代码实现与古诗学习基本相同，不同之处主要体现在打开的文件不同——宋词学习打开 songci39.txt 文件，元曲学习打开 yuanqu20.txt，读者可以参照古诗学习自行编码实现。

3. 必背古诗词测试屏幕程序实现

古诗词测试的基本策略是逐篇选取测试的古诗或者宋词，随机选中诗句中的一行，用"□□＊＊＊□"代替原文，并显示替代后的诗文，用户根据自己的学习情况在文本输入框中填写"□□＊＊＊□"处对应的文字，另外，将输入内容和"□□＊＊＊□"替代的原文进行比对，如果相同，表示用户答对了，否则提醒用户答错并显示答案。因此程序需要定义以下全局变量，如图 5.1－24 所示。

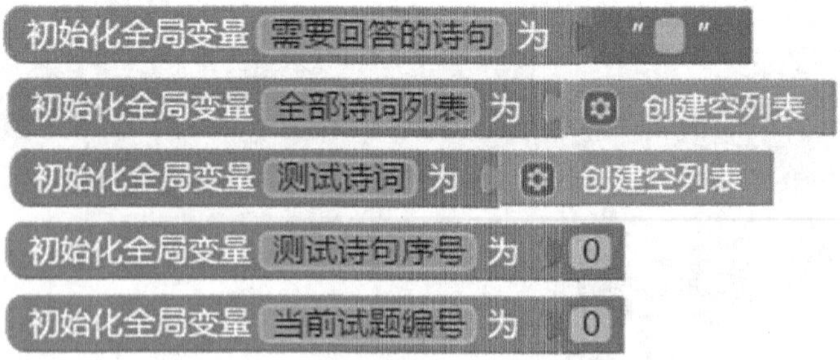

图 5.1－24　Screen5 声明的全局变量

全局变量——需要回答的诗句，保存被替换为"□□＊＊＊□"符号的原文；全局变量——全部诗词列表，保存文件读取结果分解后的全部诗文；全局变量——测试诗词，保存全部诗词列表中某一项，即当前测试的诗词被回车符号分割后形成的列表；全局变量——当前试题编号，保存当前测试的诗词序号，从第一首开始，一直到最后一首结束或者从头继续开始；全局变量——测试诗句序号，保存替换为"□□＊＊＊□"的诗句的行号，程序中为在诗词总行数中随机选取并赋值。

此外，程序还需要实现以下功能：

(1)响应 Screen5 之初始化事件。

Screen5 中实现对于经典古诗、经典宋词的测试。测试方式为对于任意一首古诗词，随机选择其中一句诗文，用"□□＊＊＊□"代替原文，由用户填写上"□□＊＊＊□"对应的文字，进而判断用户对于古诗词的熟悉程度。屏幕提供复选框以便选择测试古诗还是宋词，默认选中古诗。因此，屏幕初始化的时候，首先需要借助文件管理器读入保存小学生必背 70 首古诗的 txt 文件，并设置按钮_开始测试的文本为"测试第 1 首"，以提醒用户开始测试，实现代码如图 5.1－25 所示。

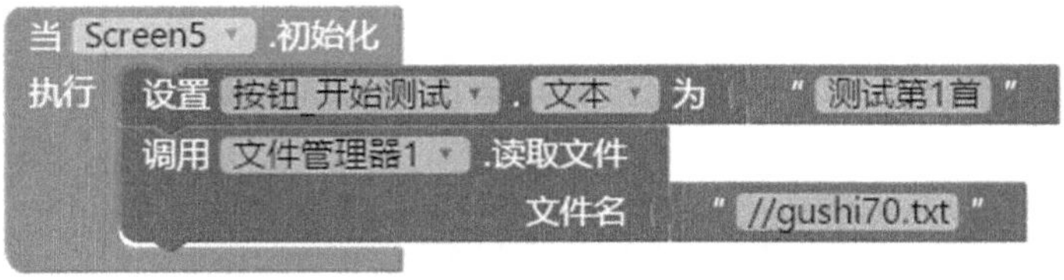

图 5.1-25　Screen5 初始化事件响应代码

(2)响应复选框_古诗测试之初始化事件。

如果复选框_古诗测试被选中，则打开 gushi70. txt 文件，并设置复选框_宋词测试选中状态为假，以实现两个复选框状态互斥，实现代码如图 5.1-26 所示。

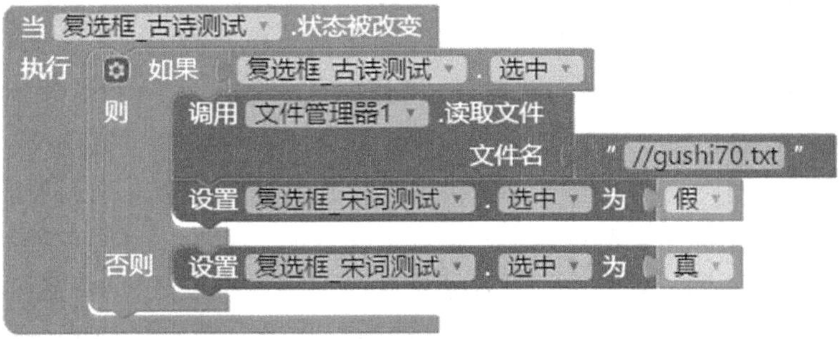

图 5.1-26　复选框_古诗测试被点击事件响应代码

(3)响应复选框_宋词测试之初始化事件。

如果复选框_宋词测试被选中，则打开 songci39. txt 文件，并设置复选框_古诗测试选中状态为假，以实现两个复选框状态互斥，实现代码如图 5.1-27 所示。

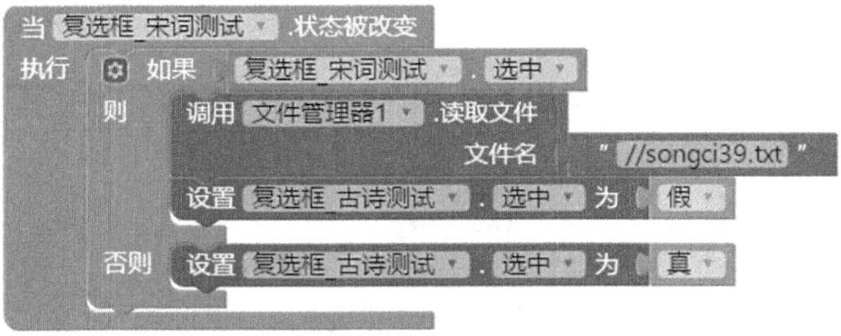

图 5.1-27　复选框_宋词测试被点击事件响应代码

(4)响应文件管理器 1 之获得文本事件。

复选框选择操作完成之后，文件管理器打开相应的文本文件，读取其全部内容。用分隔符“#”将全部读取内容分解为列表，赋予全局变量全部诗词列表保存，实现代码如图 5.1-28 所示。

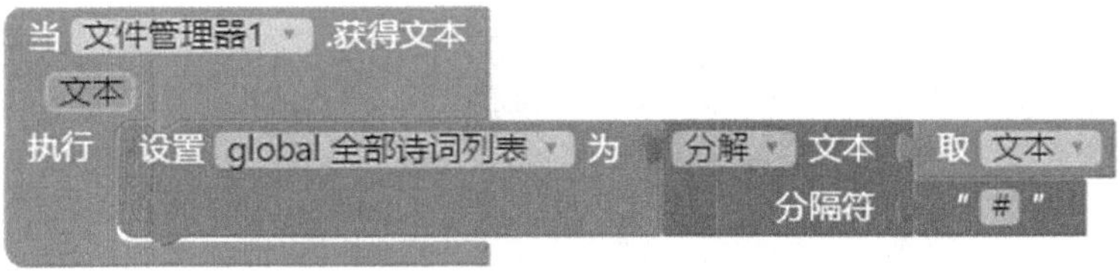

图 5.1-28　文件管理器 1 获得文本事件响应代码

(5)响应按钮_返回主界面之被点击事件。

当用户点击返回主界面按钮，调用关闭屏幕功能块，返回主控屏幕Screen1，实现代码如图5.1-29所示。

图5.1-29 按钮_返回主界面被点击事件实现代码

(6)响应按钮_开始测试之被点击事件。

当用户点击开始测试按钮，计时器开始计时，用以统计测试时间。首次点击按钮，全局变量——当前试题编号增加1，如果当前试题编号取值大于全部诗词篇数，则当前试题编号复位为0。选择列表型全局变量——全部诗词列表中索引值为当前试题编号的列表项作为当前测试对象，将测试对象用分隔符"\n"即回车符号分解为列表，保存在全局变量测试诗词中。设置测试诗句序号为列表型全局变量测试诗词中随机选择的索引值，则需要用户回答的诗句就是列表型全局变量测试诗词中该位置处对应的诗文。调用自定义过程"文字替换"，将列表型全局变量测试诗词中该位置处对应的诗文替换为"□"，并在标签中显示替换后的诗文，同时修改按钮_开始测试的文本，提醒用户点击开始测试下一首，实现代码如图5.1-30所示。

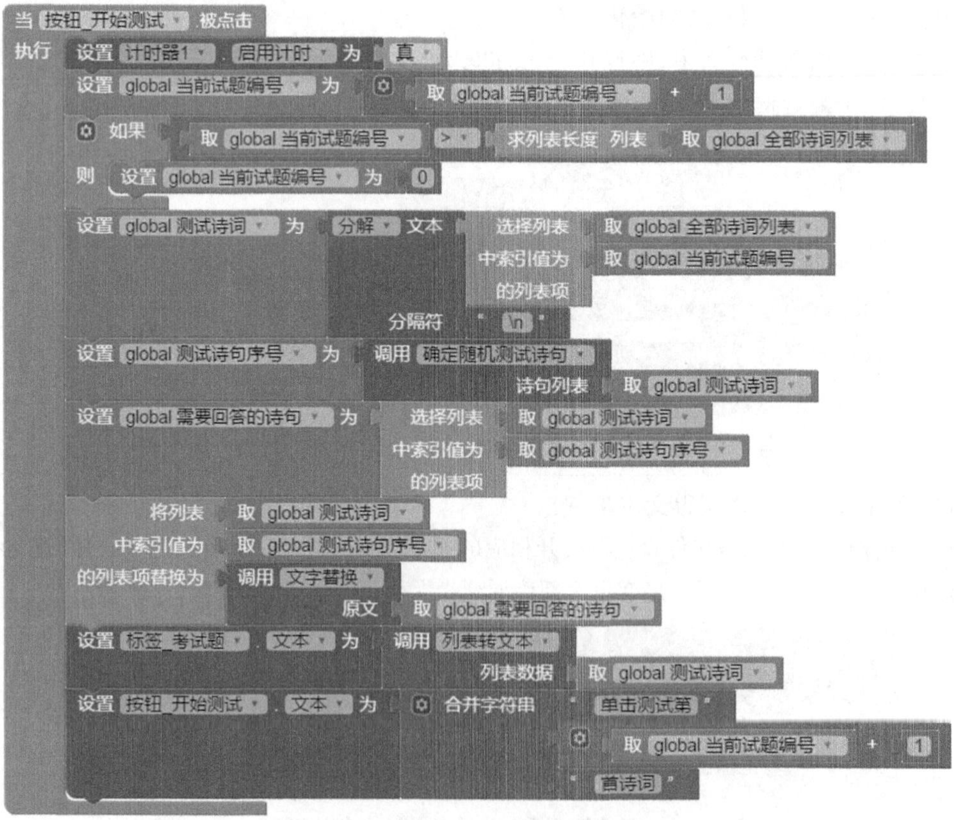

图5.1-30 按钮_开始测试被点击事件实现代码

这里涉及三个自定义过程：

①自定义过程——确定随机测试诗句。该过程的目的在于随机选择测试诗词总行数中的某一行，但是难点在于保存文本文件中的诗句，诗句各行之间存在一个空行，只能返回给用户非空诗词的行号，而不能返回空行的行号。

为此，设置局部变量不空诗句编号初始状态为空列表，然后遍历测试诗句列表的每一行，如果该行的文字长度大于2，则表示其为非空诗句，于是当前访问的行号追加为列表型局部变量不空诗句编号的一个列表项。遍历结束后，列表型局部变量不空诗句编号保存全部非空诗句的行号，随机选择其中一个列表项的数据内容作为过程的返回值，即可实现在含有空行的诗句序列中任意选择非空诗句行号的功能。

过程输入参数：诗句列表，即按回车符号分解的列表型诗词全文。

过程输出参数：行号，即列表型诗词全文中随机选择的一个非空诗句的索引值。

具体实现代码如图5.1－31所示。

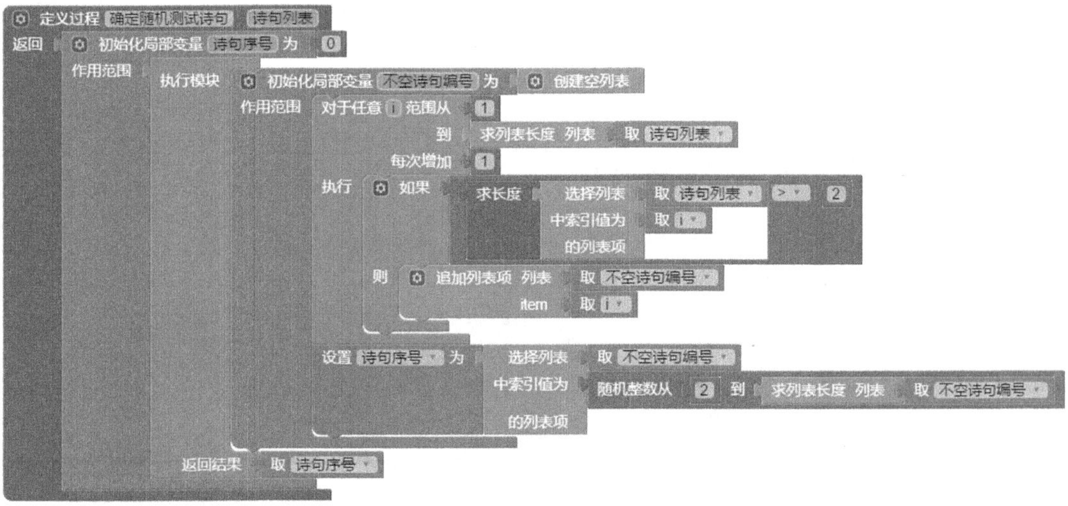

图5.1－31　自定义过程“确定随机测试诗句”实现代码

②自定义过程——列表转文本。该过程的目的在于将列表保存的诗句转换为多行文本。之所以将原本多行文本表示的诗词转换为列表形式保存，就是为了便于随机选取一行(列表中一项)作为用户测试的内容，将选取的列表项替换为指定格式内容，然后再把替换后的列表内容转换为多行文本显示。列表转为多行文本的基本思路就是遍历列表的每一项，将其与回车符号一起合并在一个初始值为空的字符串中。

过程输入参数：列表数据。

过程输出参数：字符串。

具体实现代码如图5.1－32所示。

③自定义过程——文字替换。该过程的目的在于根据给定字符串的长度，将其转换为对应个数的“□”组成的字符串，但是要求标点符号保持不变。

古诗词中出现最多的标点符号为逗号、句号、感叹号、问号，因此本节案例仅对这4种符号进行处理。

过程输入参数：字符串，即拟替换的诗句，含标点符号。

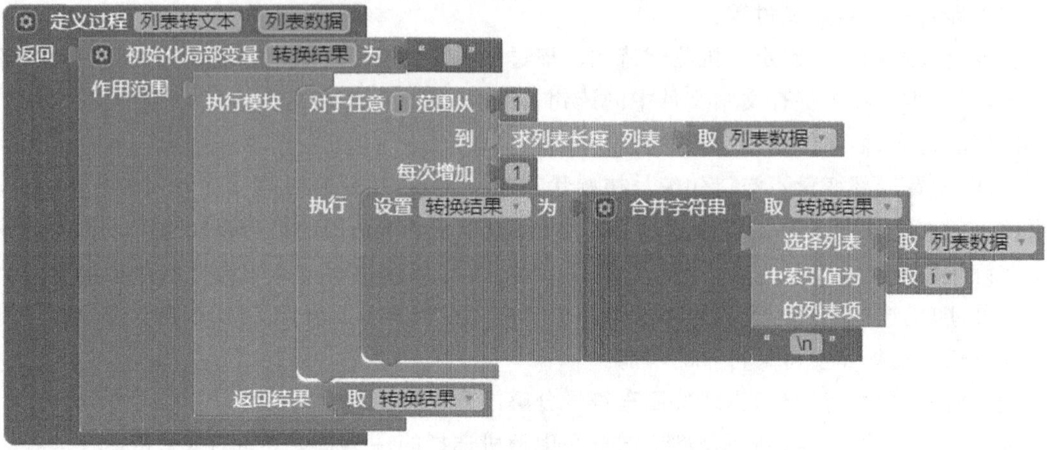

图 5.1-32 自定义过程"列表转文本"实现代码

过程输出参数:字符串,即与替换诗句长度一致的"□"组成的字符串,但是标点符号不变,保留原有位置。

具体实现代码如图 5.1-33 所示。

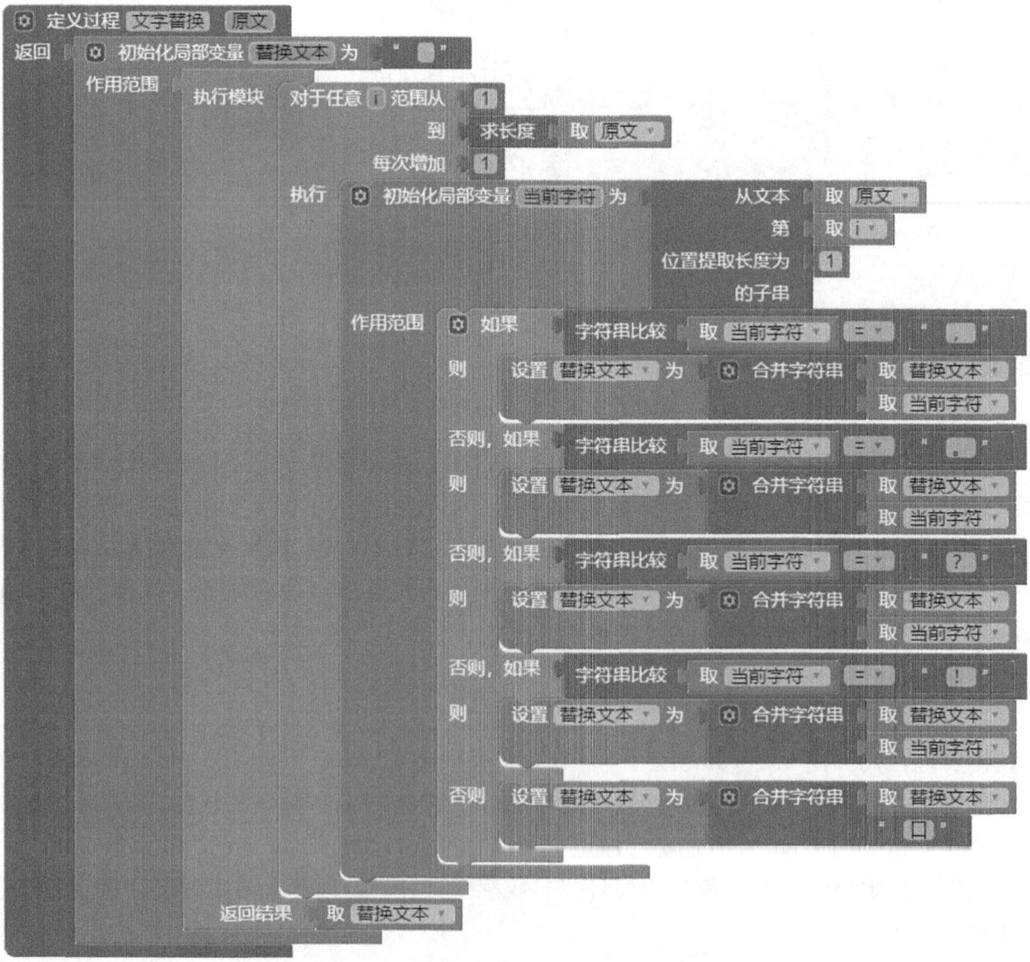

图 5.1-33 自定义过程"文字替换"实现代码

(7)响应按钮_提交答案之被点击事件。

当用户点击提交答案按钮,比较文本输入框中输入的文本内容与全局变量需要回答的诗句,如果一致,则修改标签中显示的被替换的诗句为原本文字,提醒用户答对了,并调用文本语音转换器朗读诗文。否则,提醒用户答错了,并提示正确答案,具体实现代码如图 5.1 - 34 所示。

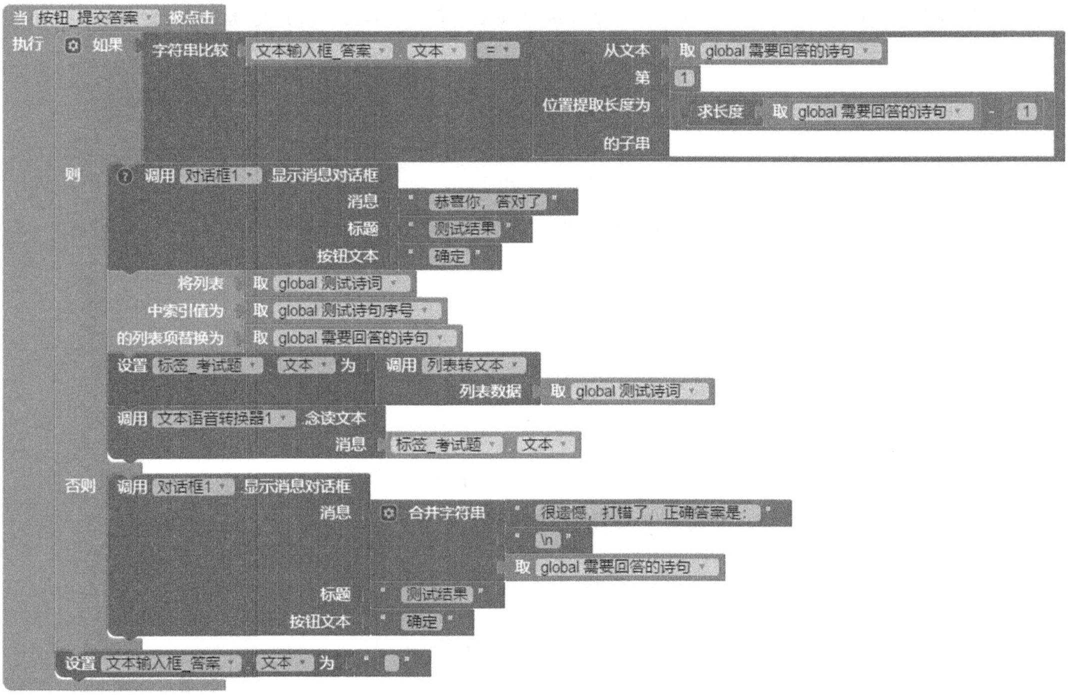

图 5.1 - 34 按钮_提交答案被点击事件实现代码

5.1.5 结果测试

安装运行程序,初始界面如图 5.1 - 35 所示。

图 5.1 - 35 程序运行初始界面

由图中可见，用户可以选择古诗、宋词、元曲任意一项作为学习内容，点击按钮开始学习情况测试，同时还提供了学习情况基本数据的统计结果显示。

勾选复选框古诗欣赏，弹出古诗学习屏幕，勾选复选框宋词欣赏，弹出宋词学习屏幕，勾选复选框元曲欣赏，弹出元曲学习屏幕，运行结果如图 5.1－36 所示。

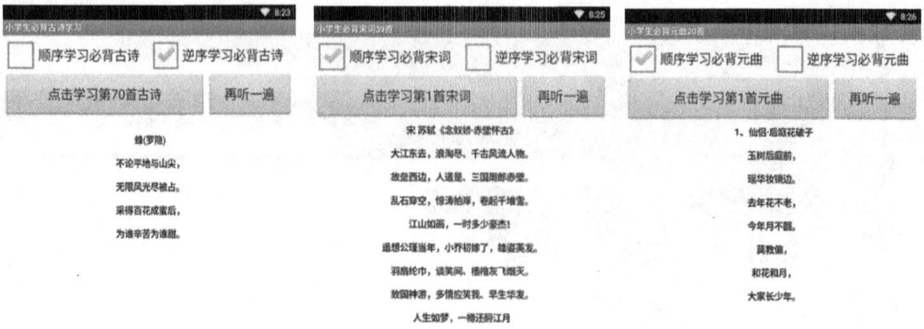

图 5.1－36　勾选古诗欣赏、宋词欣赏、元曲欣赏程序运行结果

主控界面中，点击古诗词测试按钮，运行结果如图 5.1－37 所示。

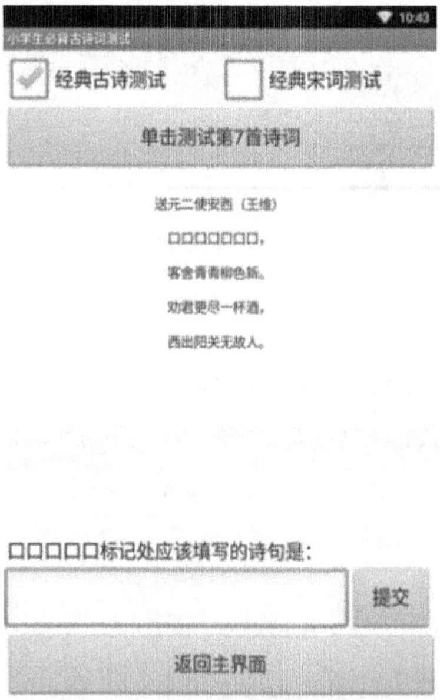

图 5.1－37　点击古诗词测试按钮后程序运行结果

测试结果表明，预定功能全部正确实现，测试诗句随机选择，而且被“□”成功替代，成功模拟了诗词大会的考试形式。

5.1.6　拓展思考

此外，进一步拓展程序还可以思考实现以下功能：

(1)由最后一步测试结果可以发现，当进行古诗词测试时，随机消隐的一句诗词使用符号“□□□＊＊＊□”进行了替代，而且“□□□＊＊＊□”中□的数目与消隐诗句的字符数一致，具有较好的人机交互效果。但是，信息提示标签的内容"□□□□□标记处应该填写的诗句是："中□的数量却没有与消隐诗句字符个数保持一致，请读者尝试修改，使之随消隐字符个数变化。

(2)由于篇幅所限，目前尚未对于程序的界面以及附属功能进行处理，比如配置背景音乐、诗词学习时呈现古香古色的画面(以画轴展开的形式更具美感)等，进一步探索可以实现这些功能。

(3)目前经典古诗、经典宋词、经典元曲均按照顺序、逆序两种方式学习，进一步还可以考虑提供随机学习的模式，每一次随机选取其中一首，下一次在尚未学习的内容中再随机选择一首，直至全部学习完毕。

(4)还可以进一步修改完善程序，在一段时间的学习之后，对古诗、宋词、元曲学习的具体情况(学了哪些？尚未学习哪些？哪些重复性学习？)进行统计分析。

5.2　数学课堂——口算测试

5.2.1　问题描述

口算就是一边心算一边口说的运算，实际上是用脑计算，并用口头叙述来记忆当时的结果。这种方法常常用于速算，常练口算有助于智力的提高。口算是如今小学生主流的计算方法，也叫"心算"，是数学教学的方法之一，是一种只凭思维及语言活动不借助任何工具的计算方法。它能培养学生快速计算，发展学生的注意、记忆和思维能力。口算熟练后有助于笔算，且便于在日常生活中应用。

根据现行的《小学数学教学大纲》要求，小学各个年级均对口算提出了具体要求，比如：

一年级要求10以内的加法、减法；20以内的进位加法；

二年级要求99乘法表以内的乘法和除法；100以内的加法和减法；

三年级要求一位数整除2位数；2位数乘整十、整百；

四年级要求百以内的进位加法、退位减法；整十数乘几百几十；

五年级要求小数加法、小数乘法、小数减法、小数除法。

本软件借助移动设备使用的便利性，开发小学生各个年级的口算练习小软件，帮助小学生随时随地根据自己的层次和需要进行口算练习，成为孩子进步和成长的小助手。篇幅所限，本节案例仅以二年级口算教学目标为例设计软件，其他年级口算软件功能的实现，用户可以自行模仿扩充。

该软件充分利用手机、平板电脑的优势，为小学生提供一个体验舒适、趣味性强、方便实用的口算训练平台，让孩子随时随地能轻松地完成口算作业，进行口算训练，提高口算能力，也把家长从每天为孩子出口算题和验算口算题的工作中解脱出来。

5.2.2　学习目标

(1)计时器使用方法；

(2)文本分解功能的使用；

(3)屏幕切换技术应用方法；

(4)多屏幕数据共享技术应用；

(5)语音合成技术应用；

(6)多行文本与列表的相互转换方法；

(7)文件管理器使用方法。

5.2.3 方案构思

数学口算测试软件应该根据学生年级的不同自动出题、自动判断对错、限定时间倒计时，因此软件必须具备以下主要功能：

(1)自动出题的题目数量、考试时长设置。根据大纲要求，一般要求学生在 2 min 之内完成 20 道题目的计算。

(2)选择学生所在年级。一～六年级，每一个年级的口算要求不同，提供年级选择，根据所选年级，自动组卷，更加具有针对性。

(3)启动测试功能。启动测试后，根据设定的考试时间开始倒计时，倒计时结束或者答题完毕时结束考试。

(4)自动出题功能。本节案例中根据所选年级的教学目标要求，自动生成指定数量的口算题目，并呈现在答题区域。

(5)答案输入与提交功能。用户分析机器出题，填写答案，并通过按钮提交答案，软件自动判断题目计算结果与答案的一致性，进行自动判断对错。

(6)信息显示功能。操作界面中对于题目总数、当前考题、计算正确、计算错误、花费时间、剩余时间等信息进行实时显示，以提供更好的人机交互友好程度。

(7)错题回放与重做。每一次测试过程中记录做错题目，用户可以浏览全部做错题目，并可以重新提交做错题目答案，由程序继续判断对错。

由于屏幕尺寸限制，程序由 2 个屏幕组成。其中 Screen1 主要实现口算测试，Screen2 主要实现错题浏览与订正。

基于上述想法，设计 Screen1 界面，以及所用组件结构如图 5.2-1 所示。

图 5.2-1　Screen1 程序界面设计

Screen1 中各个组件相关属性设置信息如表 5.2－1 所示。

表 5.2－1 Screen1 中各个组件相关属性设置

<table>
<tr><th>所属面板</th><th colspan="2">对象类型</th><th>对象名称</th><th>属性</th><th>属性取值</th></tr>
<tr><td>界面布局</td><td colspan="2">水平滚动条布局</td><td>水平布局 1</td><td>宽度</td><td>充满</td></tr>
<tr><td rowspan="6">用户界面</td><td rowspan="6">水平布局1</td><td rowspan="2">标签</td><td>标签 1</td><td>文本</td><td>设置题目个数</td></tr>
<tr><td>标签 2</td><td>文本</td><td>设置时长(min)</td></tr>
<tr><td rowspan="4">文本输入框</td><td rowspan="2">文本输入框_题目个数</td><td>宽度</td><td>15%</td></tr>
<tr><td>文本</td><td>20</td></tr>
<tr><td rowspan="2">文本输入框_时长</td><td>宽度</td><td>15%</td></tr>
<tr><td>文本</td><td>2</td></tr>
<tr><td rowspan="7">用户界面</td><td colspan="2" rowspan="5">列表选择框</td><td rowspan="5">列表选择框 1</td><td>粗体</td><td>勾选</td></tr>
<tr><td>字号</td><td>16</td></tr>
<tr><td>宽度</td><td>充满</td></tr>
<tr><td>文本</td><td>选择所在年级</td></tr>
<tr><td>元素字串</td><td>一年级,二年级,三年级,四年级,五年级,六年级</td></tr>
<tr><td colspan="2" rowspan="2">按钮</td><td rowspan="2">按钮_开始测试</td><td>宽度</td><td>充满</td></tr>
<tr><td>文本</td><td>开始测试</td></tr>
<tr><td>界面布局</td><td colspan="2">水平条布局</td><td>水平布局 2</td><td>宽度</td><td>充满</td></tr>
<tr><td rowspan="5">用户界面</td><td rowspan="5">水平滚动布局2</td><td rowspan="5">标签</td><td>标签 9</td><td>文本</td><td>当前测试第</td></tr>
<tr><td>标签_当前考题序号</td><td>文本</td><td></td></tr>
<tr><td>标签 11</td><td>文本</td><td>题,还剩</td></tr>
<tr><td>标签_剩余考题数量</td><td>文本</td><td></td></tr>
<tr><td>标签 13</td><td>文本</td><td>题</td></tr>
<tr><td>界面布局</td><td colspan="2">水平滚动条布局</td><td>水平布局 3</td><td>宽度</td><td>充满</td></tr>
<tr><td rowspan="9">用户界面</td><td rowspan="9">水平布局3</td><td rowspan="7">文本输入框</td><td rowspan="7">文本输入框_计算表达式</td><td>背景颜色</td><td>青色</td></tr>
<tr><td>粗体</td><td>勾选</td></tr>
<tr><td>字号</td><td>40</td></tr>
<tr><td>高度</td><td>20%</td></tr>
<tr><td>宽度</td><td>60%</td></tr>
<tr><td>文本对齐</td><td>居中</td></tr>
<tr><td>文本颜色</td><td>品红</td></tr>
<tr><td rowspan="2">标签</td><td rowspan="2">标签 14</td><td>粗体</td><td>勾选</td></tr>
<tr><td>字号</td><td>40</td></tr>
</table>

续表

所属面板	对象类型		对象名称	属性	属性取值
用户界面	水平布局3	标签	标签 14	高度	充满
				文本	=
		文本输入框	文本输入框_计算表达式	粗体	勾选
				字号	40
				高度	20%
				宽度	30%
				仅限数字	勾选
用户界面	按钮		按钮_提交答案	宽度	100%
				文本	提交第 1 题答案
界面布局	表格布局		表格布局 1	列数	2
				行数	5
用户界面	表格布局1	标签	标签 4	文本	计算正确：
			标签 5	文本	计算错误：
			标签 6	文本	本次得分：
			标签 7	文本	花费时间：
			标签 8	文本	剩余时间：
			标签_正确个数	文本	0
			标签_错误个数	文本	0
			标签_正确比例	文本	0
			标签_花费时间	文本	0
			标签_剩余时间	文本	0
用户界面	按钮		按钮_错误题目浏览	宽度	100%
				文本	查看错误题目
	对话框		对话框 1	默认	默认
传感器	计时器		计时器 1	启用计时	取消勾选

Screen1 完成了各年级的口算测试，Screen2 则以错题回放浏览和订正为主要任务。为了简化问题，采取列表显示框显示所有错误题目。用户点击列表显示框中罗列的错误题目，在弹出的对话框中输入重新计算的结果，如果计算正确，则从列表显示框中删除该题目，否则要求用户继续计算。

Screen2 中的错误题目是由 Screen1 统计收集的每一次测试中做错的题目，并生成错题列表，作为屏幕传值的参数发送给 Screen2，完成进一步处理。

基于上述想法，设计 Screen2 界面，以及所用组件结构如图 5.2-2 所示。

图 5.2-2　Screen2 程序界面设计

Screen2 中各个组件相关属性设置信息如表 5.2-2 所示。

表 5.2-2　Screen2 中各个组件相关属性设置

所属面板	对象类型	对象名称	属性	属性取值
界面布局	标签	标签 1	文本	做错题目一览表
			文本对齐	居中
			字号	20
			粗体	勾选
	列表显示框	列表显示框 1	背景颜色	蓝色
			高度	充满
			选中颜色	品红
			字号	80
	对话框	对话框 1	默认	默认

5.2.4　实现方法

1. Screen1(口算测试屏幕)程序设计

根据 Screen1 中的功能设计,需要定义以下全局变量:

声明全局变量——测试年级,用以后续根据用户选择设置的学生年级及其相应的教学大纲要求,生成符合大纲要求的考试题目,如图 5.2-3 所示。

图 5.2-3　声明全局变量测试年级

声明全局变量——考题总数、答对个数、错题个数、当前考题序号,用以计量本次测试信息,以便后续计分使用(比如考试成绩测算、考试结束条件判断等),如图 5.2-4 所示。

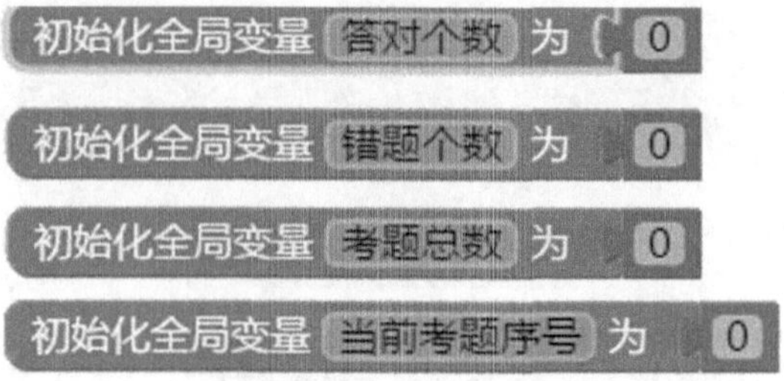

图 5.2-4 声明用于计量测试结果的全局变量

声明全局变量——做错的题目、本次全部考试题目，这两个变量均为列表型数据变量，用以记录本次全部考题的计算表达式、做错题目的计算表达式，程序对表达式自动计算，并将计算结果与用户输入数值比较，进而判断对错，如图 5.2-5 所示。

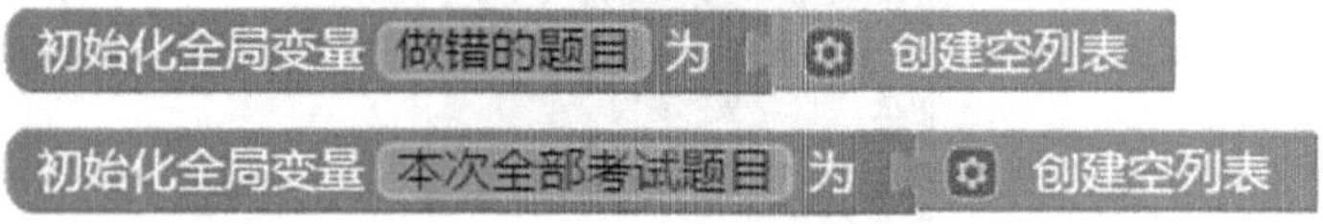

图 5.2-5 声明用于保存考题信息的全局变量

声明全局变量——剩余时长、考试时长，用以表征本次测试的用时时长以及剩余时间，作为口算测试程序的辅助显示功能，以增强测试的严肃、紧张氛围，如图 5.2-6 所示。

图 5.2-6 声明用于保存考试时间的全局变量

声明全局变量——运算数 1、运算数 2、运算符号、运算符号位置，用以表征根据测试题目的计算表达式分解得出的 2 个运算数、运算符号以及运算符号的位置，以便程序自动计算题目答案，如图 5.2-7 所示。

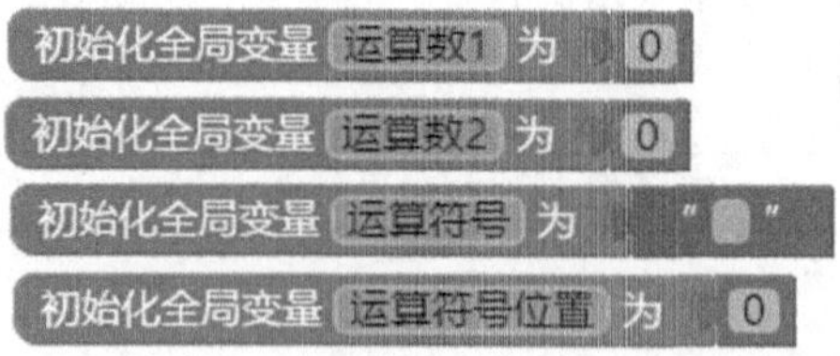

图 5.2-7 声明用于算式自动求解的全局变量

声明全局变量——运算符号列表，用以定义口算测试中常用的计算符号，以免编程过程中多次输入计算符号时出现不一致的情况，如图 5.2-8 所示。

图 5.2-8 声明用于表征运算符号的全局变量

此外，程序还需要处理以下事件或者实现以下功能：

(1)响应 Screen1 之初始化事件。

屏幕初始化期间，开始测试按钮、提交答案按钮、计时器均不启用，而是等待用户设置完毕考试题目数量、考试时长以及选择所在年级等操作之后，才正式开始测试，实现代码如图 5.2－9 所示。

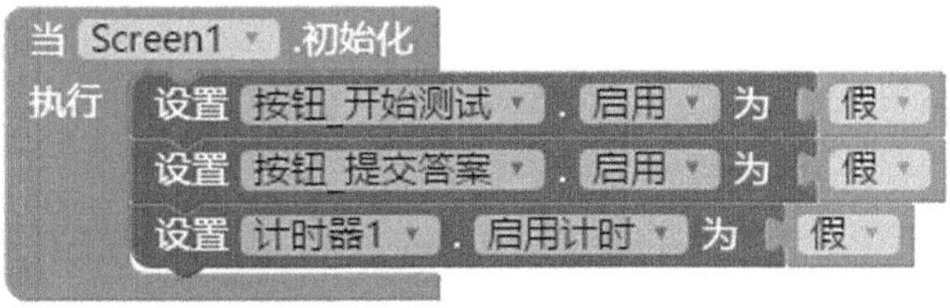

图 5.2－9　Screen1 初始化事件响应代码

(2)响应列表选择框 1 之选择完成事件。

列表选择框 1 的元素字串为“一年级，二年级，三年级，四年级，五年级，六年级”，当列表框选择完成时，就可以确认测试学生所在年级，此时开始测试按钮启用，本次全部测试题目列表、做错题目列表初始化，为了提高操作界面的友好性，列表选择框显示文本设置为当前选中项，以便提醒用户选择的结果，具体实现代码如图 5.2－10 所示。

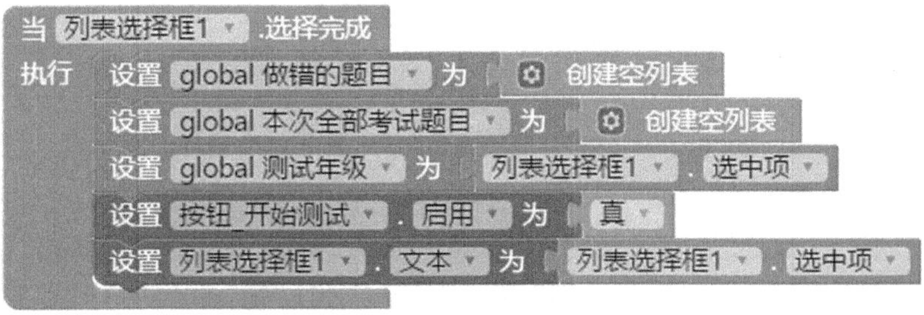

图 5.2－10　列表选择框 1 之选择完成事件响应代码

(3)自定义过程——输入数字是否合法。

本节案例中需要用户首先在文本框中输入考试题目个数、考试时长(min)，而且输入数据的两个文本框已经设置为“仅限数字”，但是，当用户没有输入数据，或者输入数据是以 0 开头，或者有小数点的时候，认为输入数据不合法，并提醒用户重新输入。

过程输入参数：字符串。

过程输出参数：逻辑型结果真表示输入数据合法，假表示输入数据不合法。

具体实现代码如图 5.2－11 所示。

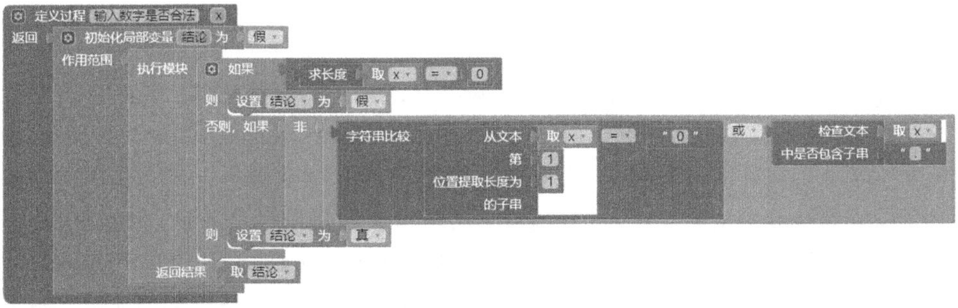

图 5.2－11　自定义过程“输入数字是否合法”实现代码

(4)响应按钮_开始测试之被点击事件。

当用户点击“开始测试”按钮，首先判断输入的考试题目个数、考试时长数据是否合法；如果数据输入不合法，则对话框显示相关提示信息；如果输入数据合法，则调用自定义过程“设定考试时长与考题相关的全局变量信息”、自定义过程“生成考试题”。

如果考试题生成成功，则调用自定义过程“启动考试后显示数据和对象状态设置”；否则通过对话框显示相关提示信息，具体实现代码如图 5.2-12 所示。

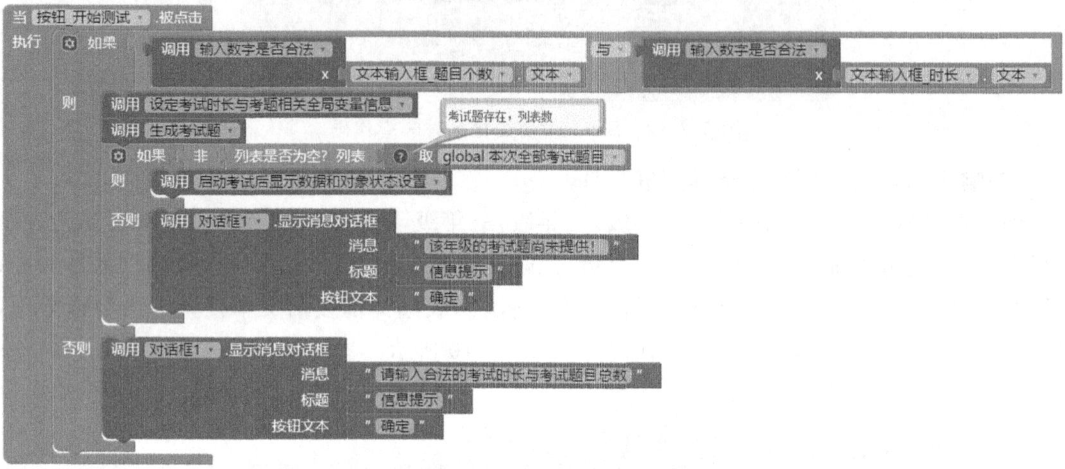

图 5.2-12　按钮_开始测试被点击事件实现代码

这里调用了 3 个自定义过程，其中：

①自定义过程——设定考试时长与考题相关的全局变量信息。设置考试相关的全局变量取值，包括：global 剩余时长、global 考试时长、global 考题总数、global 当前考题序号、global 做错题目列表、global 答对个数、global 错题个数等，实现代码如图 5.2-13 所示。

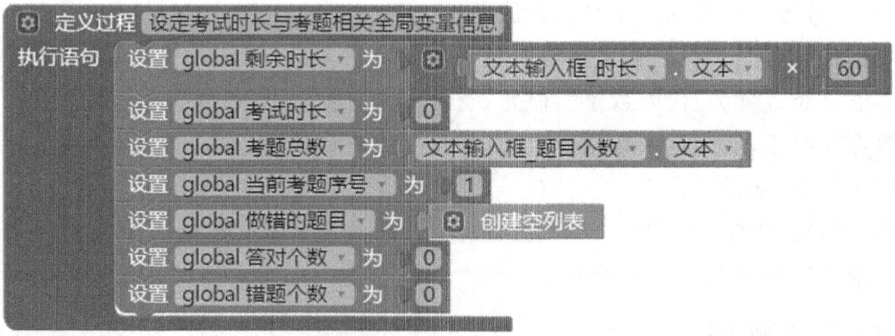

图 5.2-13　自定义过程“设定考试时长与考题相关全局变量信息”实现代码

②自定义过程——启动考试后显示数据和对象状态设置。启动考试后，按钮_开始测试的启用状态设置为假，即不允许用户反复启动考试；设置按钮_提交答案启用状态为真；设置剩余考题数量为考题总数－当前考题序号；文本输入框显示列表型数据——global 本次全部考试题目中索引号为 global 当前考题序号的列表项，实现考试题目的动态更新，设置按钮_提交答案的显示文本为“提交第 * 题答案”；设置计时器 1 启用，开始计时；设置以下标签的显示文本内容为“0”：标签_正确个数、标签_错误个数、标签_正确比例；设置以下标签的显示文本内容为“　”(空)：标签_花费时间、标签_剩余时间。

具体实现代码如图 5.2－14 所示。

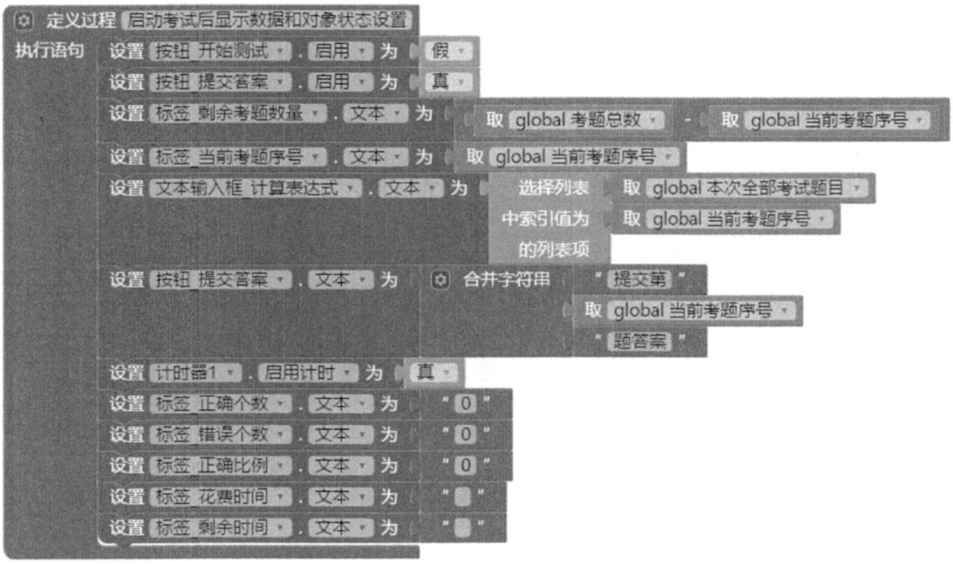

图 5.2－14 自定义过程“启动考试后显示数据和对象状态设置”实现代码

③自定义过程——生成考试题。该过程对于 global 测试年级的取值进行判断，根据全局变量的取值调用自定义过程“生成考试题”，生成对应年级指定数量的考试题目。由于篇幅所限，这里仅以生成二年级考试题为例，其他年级考试题读者可以自行扩充，实现代码如图 5.2－15 所示。

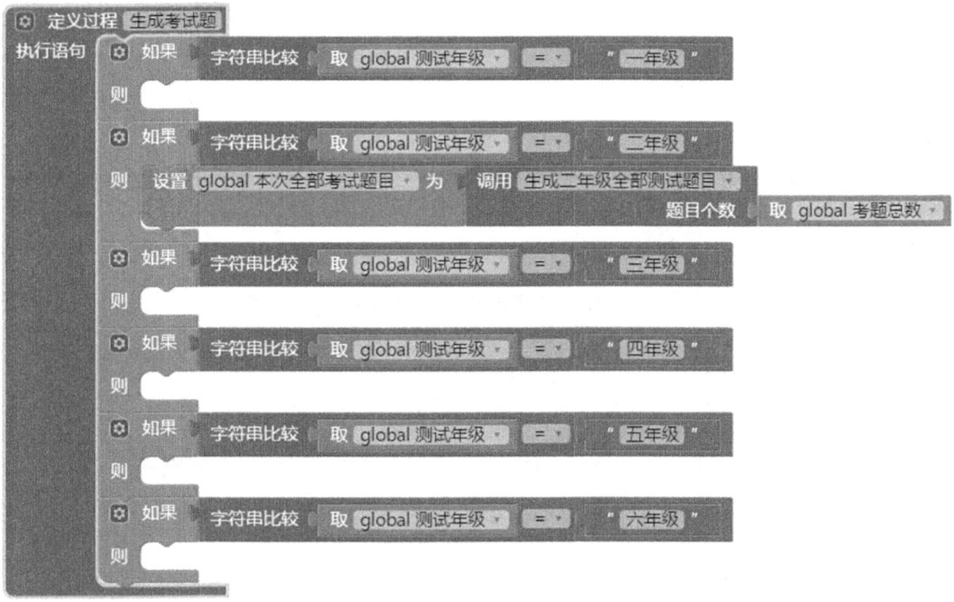

图 5.2－15 自定义过程“生成考试题”实现代码

④自定义过程——生成二年级全部测试题目。该过程针对二年级数学大纲，在百内加法、百内减法、百内乘法、百内除法 4 种题型中随机出题。具体方法为：首先创建一个空列表，保存产生的全部考试题；然后根据过程输入参数给定的考试题目个数，开始循环，每一次循环，生成一个 1～4 之间的随机整数，并根据随机数取值调用自定义过程“生成一道 2 年级的考试题”，

生成一种题型；每生成一种题型的考试题，就将其追加到全部考题的列表变量中。循环结束，返回列表类型变量——全部考题。

过程输入参数：数值型数据——题目个数。

过程返回参数：列表型数据——全部考题。

具体实现代码如图 5.2-16 所示。

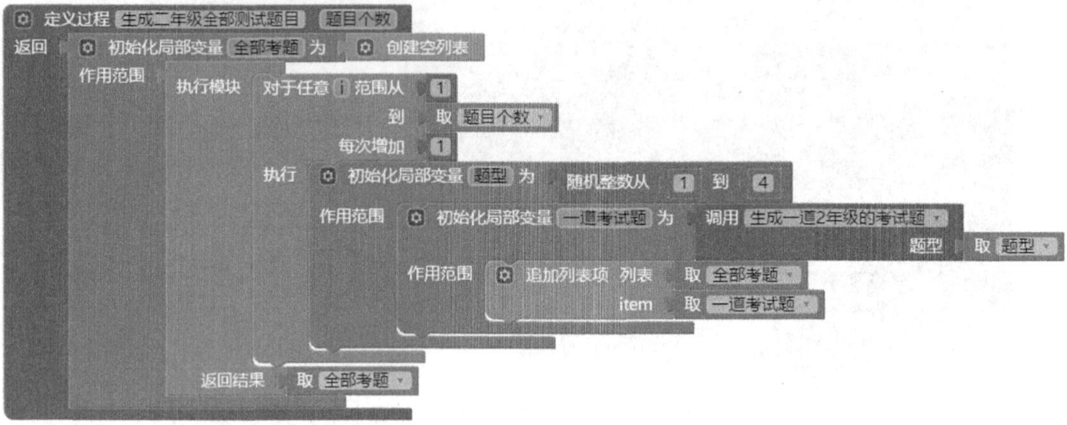

图 5.2-16 自定义过程“生成二年级全部测试题目”实现代码

⑤自定义过程——生成一道 2 年级的考试题。该过程根据给定参数题型的取值，调用自定义过程“二年级之生成一百以内的加法”、自定义过程“二年级之生成一百以内的减法”、自定义过程“二年级之生成 99 表内乘法”、自定义过程“二年级之生成 99 表内除法”，生成对应的一道考试题目。

过程输入参数：数值型数据——题型。

过程输出参数：字符串型数据——考题算式。

具体实现代码如图 5.2-17 所示。

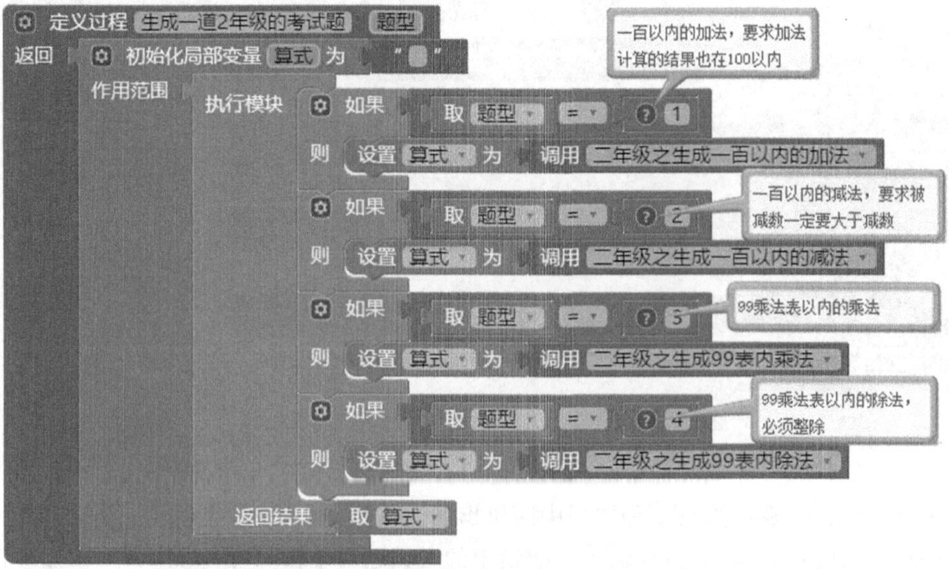

图 5.2-17 自定义过程“生成一道 2 年级的考试题”实现代码

⑥自定义过程——二年级之生成一百以内的加法。该过程生成一道一百以内的加法运算题。按照数学教学大纲，二年级一百以内的加法运算要求加数、被加数、加法和均在一百以内，因此，首先产生 1～100 内的随机整数作为加数，然后取 100－加数的结果为被加数，最后将加数、被加数、运算符号"＋"合并成为运算式作为结果输出，具体实现代码如图 5.2－18 所示。

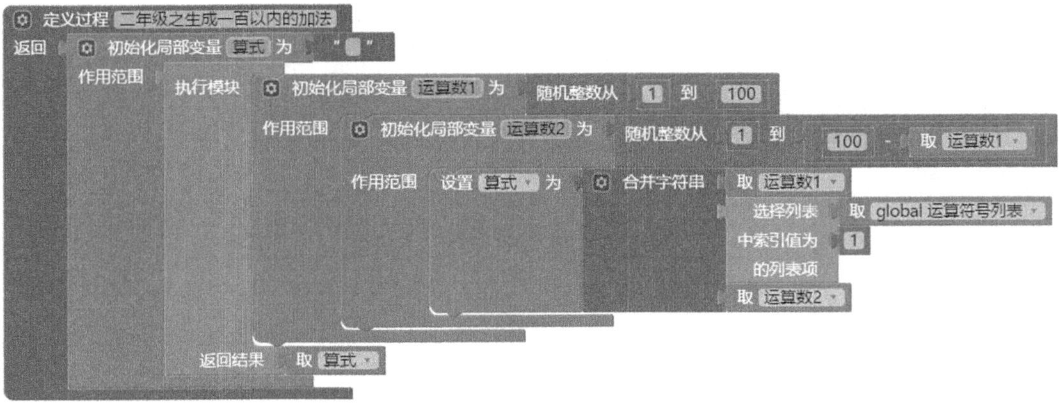

图 5.2－18　自定义过程"二年级之生成一百以内的加法"实现代码

⑦自定义过程——二年级之生成一百以内的减法。该过程生成一道一百以内的减法运算题。按照数学教学大纲，二年级一百以内的减法运算要求减数、被减数、差均在一百以内，因此，首先产生 20～100 内的随机整数作为被减数，然后取 1～被减数区间的随机整数作为减数，最后将被减数、减数、运算符号"－"合并成为运算式作为结果输出，具体实现代码如图 5.2－19 所示。

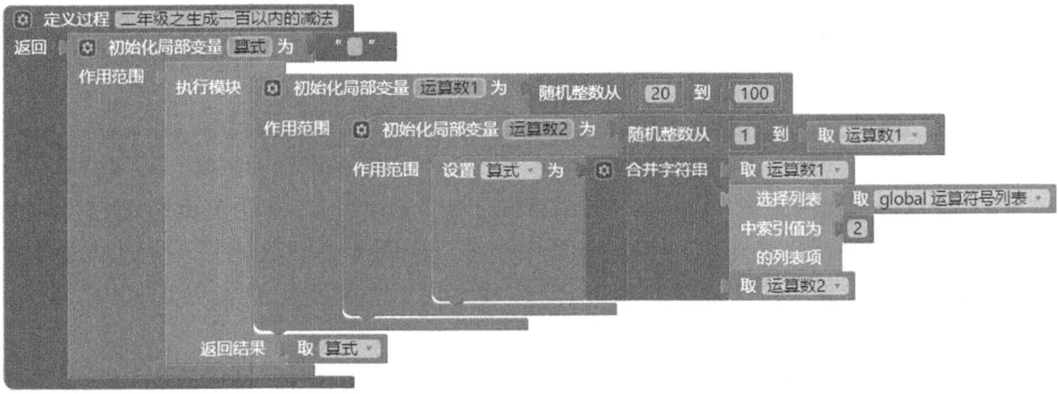

图 5.2－19　自定义过程"二年级之生成一百以内的减法"实现代码

⑧自定义过程——二年级之生成九九乘法表内乘法。该过程生成一道九九乘法表内的乘法运算题。按照数学教学大纲要求，首先产生 1～9 内的随机整数作为被乘数，然后取 1～9 内的随机整数作为乘数，最后将被乘数、乘数、运算符号"×"合并成为运算式作为结果输出，具体实现代码如图 5.2－20 所示。

⑨自定义过程——二年级之生成九九乘法表内除法。该过程生成一道九九乘法表内的除法运算题。按照数学教学大纲要求，首先产生 1～9 内的随机整数作为运算数 1，然后取 1～9 内的随机整数作为运算数 2，再设置被除数为运算数 1×运算数 2，设置除数为运算数 1，最后将被除数、除数、运算符号"÷"合并成为运算式作为结果输出，具体实现代码如图 5.2－21 所示。

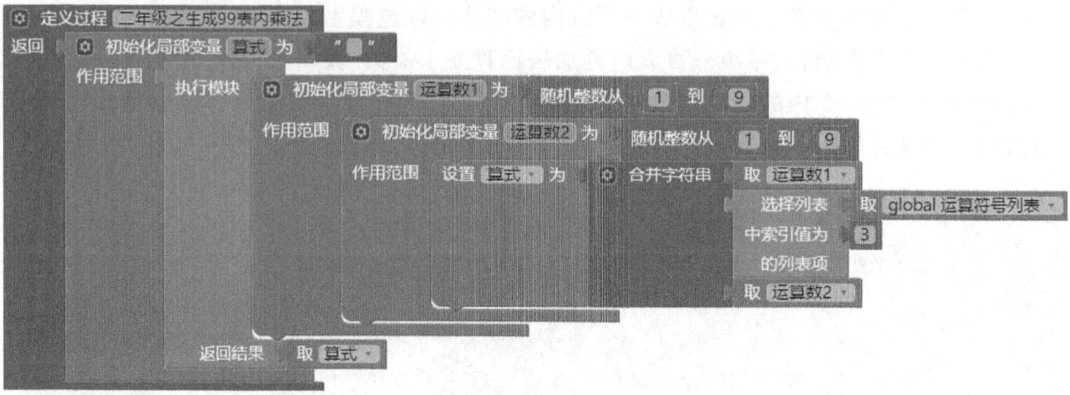

图 5.2－20　自定义过程“二年级之生成 99 表内乘法”实现代码

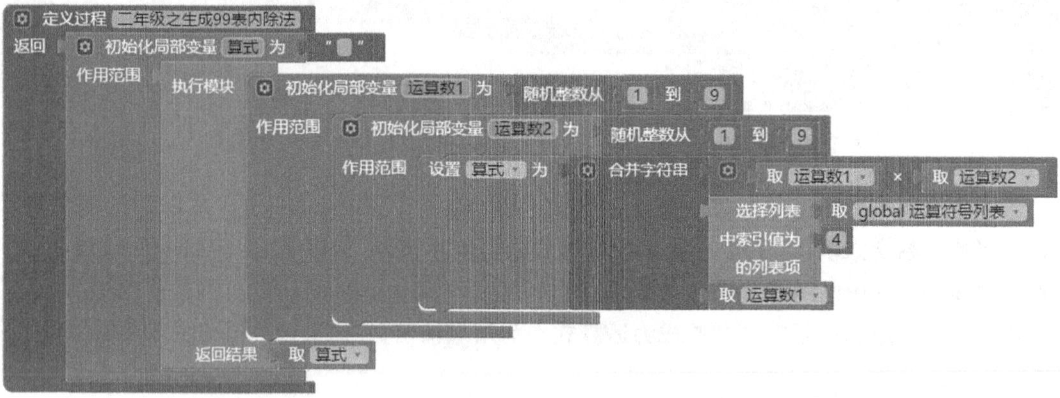

图 5.2－21　自定义过程“二年级之生成 99 表内除法”实现代码

(5)响应计时器 1 之计时事件。

计时器 1 按照 1 s 的时间间隔计时，每发生一次计时事件，表示已经过去 1 s。此时，global 考试时长＋1(计量秒数，递增)，global 剩余时长－1(计量秒数，递减)；当 global 剩余时长为 0 时，表示考试时间倒计时结束；如果当前考题序号＞考题总数，表示已经完成全部测试题目，调用对话框显示考试结束信息，计时器停止计时。如果考试尚未结束，则标签显示本次考试花费时间、剩余时间，具体实现代码如图 5.2－22 所示。

自定义过程——时间转字符串。global 考试时长表示的就是本次考试花费的时间，global 剩余时长表示的就是本次考试剩余的时间，但是其计量单位都是秒，因此，自定义过程“时间转字符串”的功能就是将给定的秒数转换为××:××格式的字符串，“:”前为分钟数，后为秒数。

具体实现方法为：总秒数/60，余数为字符串中的秒数，商为字符串中的分钟数；但是考虑到显示效果的美观性，进行特别判断，无论转换后的分钟数还是秒数，如果是 1 位数，则在其前面补 0，凑成由 2 位数据显示的最终效果。

过程输入参数：数值型数据——秒数 x；

过程输出参数：字符串数据——××:××格式的时间字串。

具体实现代码如图 5.2－23 所示。

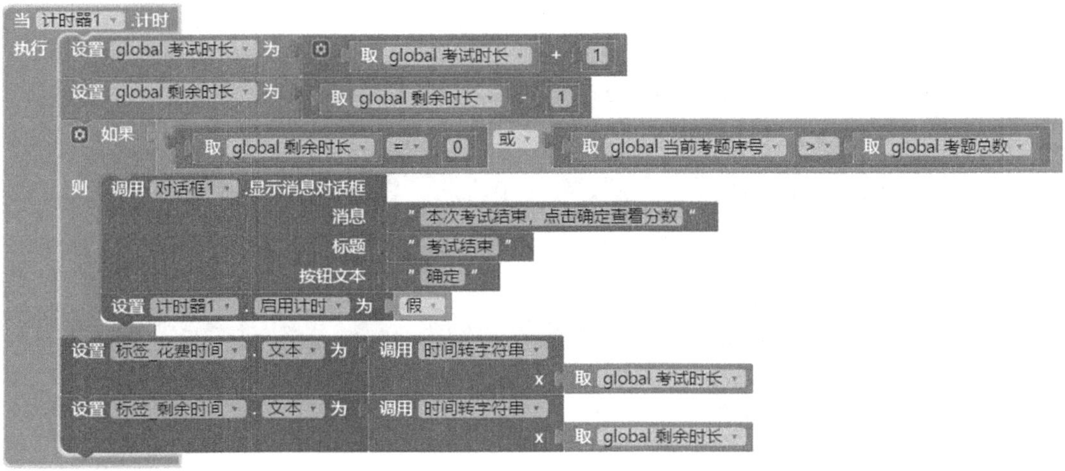

图 5.2-22 计时器 1 计时事件实现代码

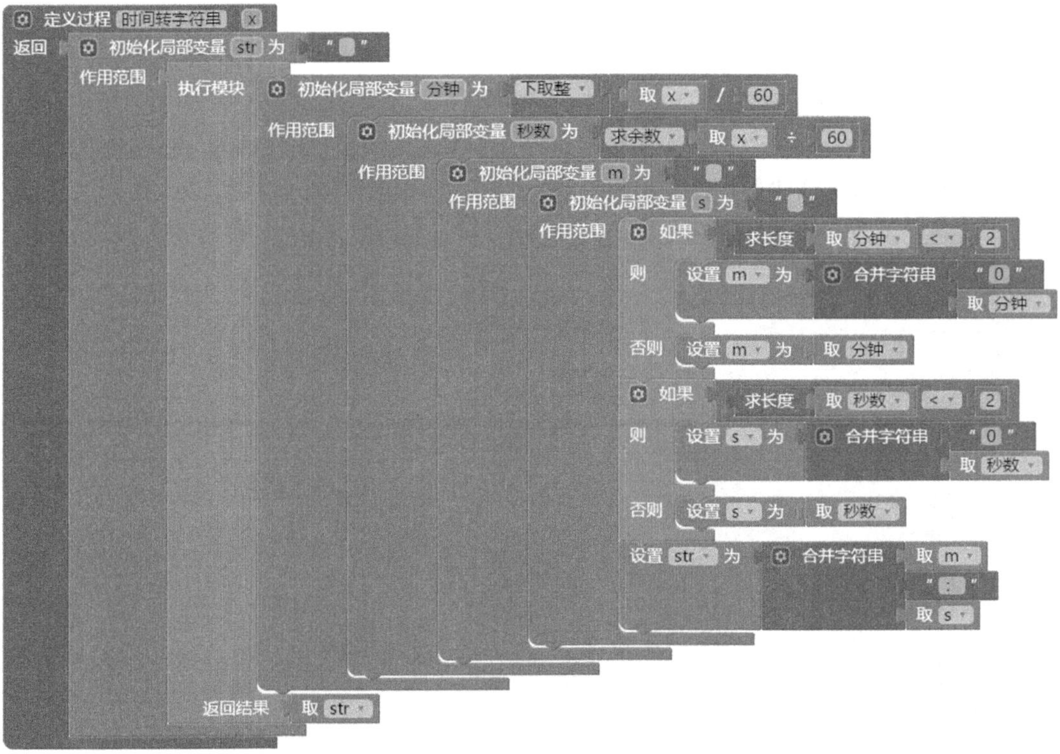

图 5.2-23 自定义过程“时间转字符串”实现代码

(6)响应按钮_提交答案之被点击事件。

当用户点击按钮_提交答案，首先判断输入答案的文本框是否为空，如果为空，则认定为误操作，提醒用户先输入答案再点击按钮；如果输入答案格式正确，则调用自定义过程“提交答案_计算结果”。然后判断 global 当前考题序号的取值是否大于 global 考题总数的取值，如果大于，则认定考试结束，并设置相关显示信息，否则继续考试，并设置相关显示信息，具体实现代码如图 5.2-24 所示。

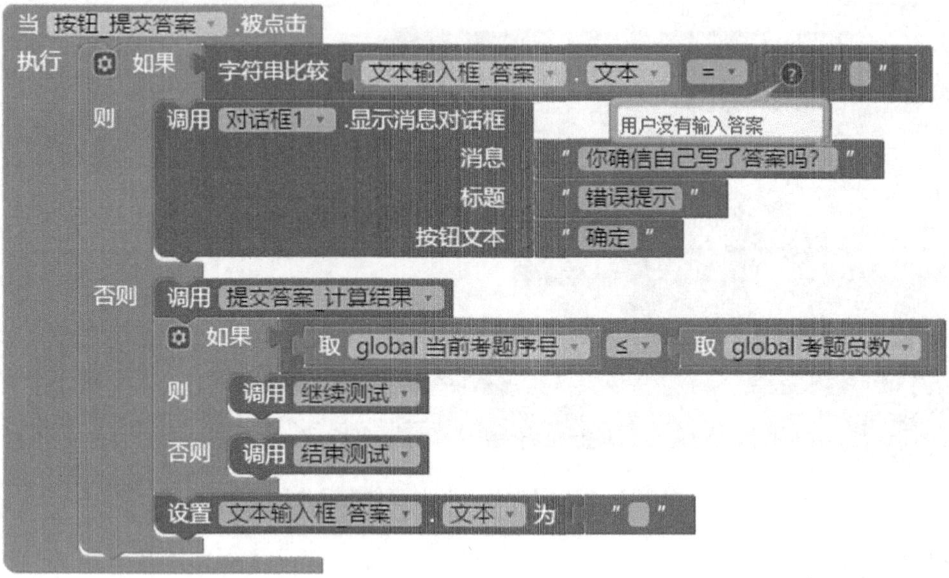

图 5.2-24　按钮_提交答案被点击事件实现代码

这里涉及 6 个自定义过程，分别是：

①自定义过程——提交答案_计算结果。该过程提取本次测试题目计算式，调用自定义过程“表达式求值”，对计算式进行计算求解，如果求解结果与用户输入答案一致，则认定回答正确，设置相关变量数据，并以标签显示信息，具体实现代码如图 5.2-25 所示。

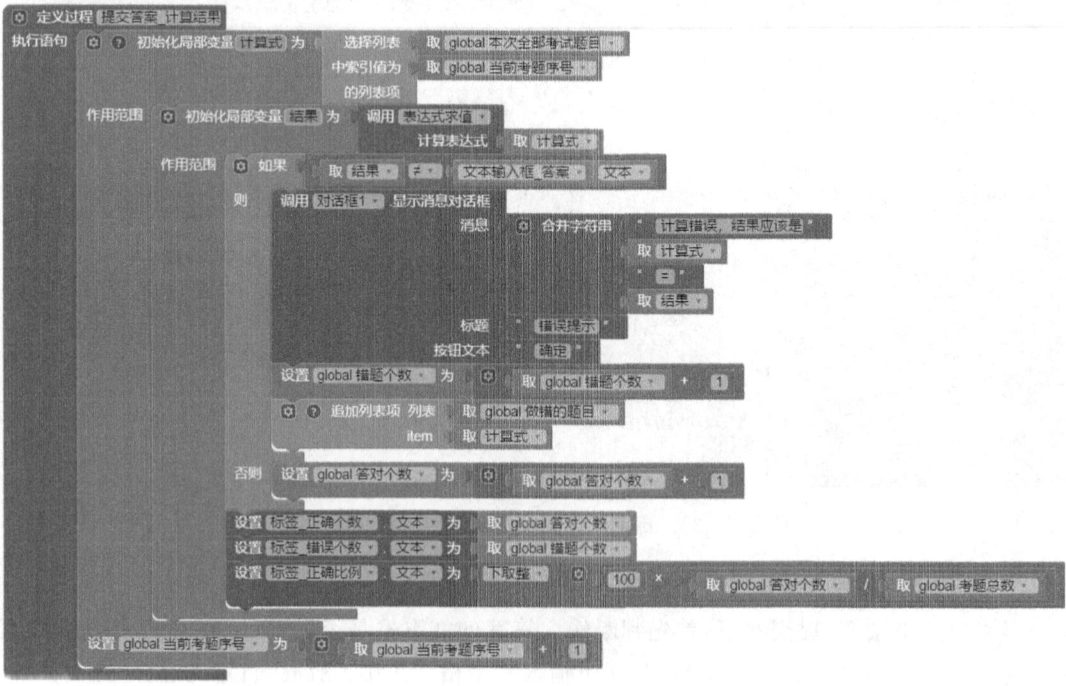

图 5.2-25　自定义过程“提交答案_计算结果”实现代码

②自定义过程——结束测试。该过程执行的前提条件是倒计时结束，或者测试题目数量已经到达测试题目总数。过程的主要目的是以对话框显示操作提示信息，设置提交答案用途

的按钮显示文本，并设置其为禁用状态；计时器停止工作时，清空显示测试题目的文本框；启用开始测试按钮，以便启动新一轮测试，实现代码如图 5.2－26 所示。

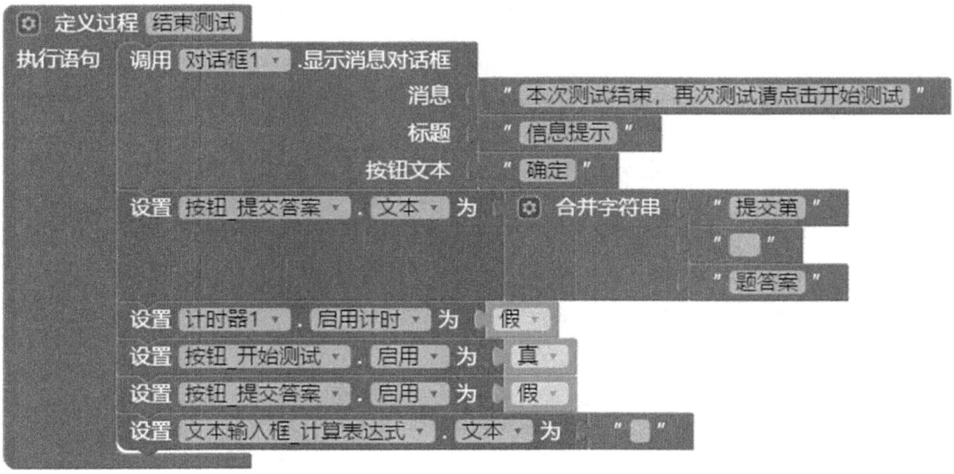

图 5.2－26　自定义过程“结束测试”实现代码

③自定义过程——继续测试。该过程执行的前提条件是倒计时尚未结束，而且测试题目数量还没有到达测试题目总数。过程的主要目的是设置按钮_提交答案的文本显示信息，提醒用户继续测试的题目序号，并设置相关标签的显示文本，作为程序执行过程的提示信息。另外，继续测试过程还将显示下一道测试题目，等待用户输入题目答案，实现代码如图 5.2－27 所示。

图 5.2－27　自定义过程“继续测试”实现代码

④自定义过程——表达式求值。该过程对计算机自动生成的测试题目进行求解，以便和用户输入的答案进行比对，判断对错。自动求解时首先调用自定义过程“获取运算符号位置”，得到算式中计算符号的位置，并根据此位置分别得到表达式中的运算数 1、运算数 2 和运算符号。然后调用自定义过程“具体计算过程”，对获取的运算数 1、运算数 2 和运算符号进行计算，得到计算结果。

过程输入参数：字符串类型数据—计算表达式。

过程输出参数：数值类型数据—计算结果。

具体实现代码如图 5.2－28 所示。

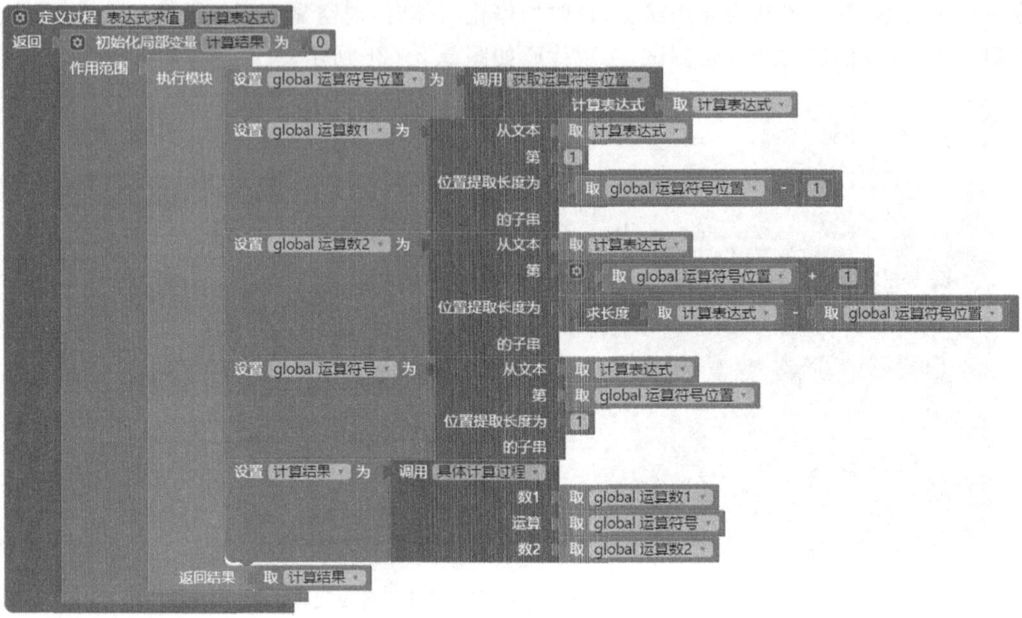

图 5.2-28　自定义过程“表达式求值”实现代码

⑤自定义过程——获取运算符号位置。该过程对给定的字符串类型计算表达式，逐一访问字符串中每一个字符，判断是否为数字，如果不是数字，则当前访问字符串的字符序号，就是运算符号的位置（为了简化问题处理，这里仅仅针对二年级数学口算的整数计算需求进行算法设计，不涉及小数点）。

过程输入参数：字符串类型数据—计算表达式。

过程输出参数：数值类型数据—运算符号位置。

具体实现代码如图 5.2-29 所示。

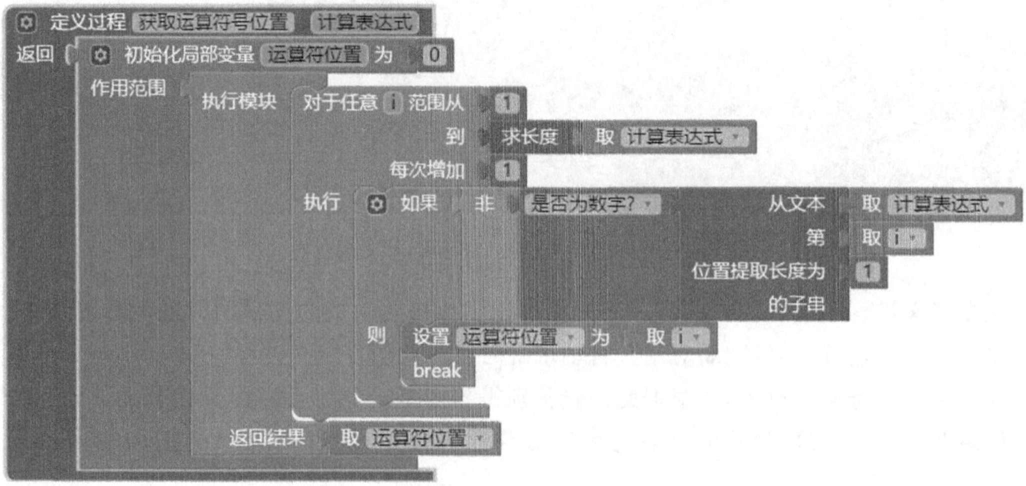

图 5.2-29　自定义过程“获取运算符号位置”实现代码

⑥自定义过程——具体计算过程。该过程针对给定的 3 个参数：数 1、运算、数 2，如果运算的取值为“＋”，则对数 1 和数 2 进行加法运算，如果运算的取值为“－”，则对数 1 和数 2 进

行减法运算,如果运算的取值为“×”,则对数 1 和数 2 进行乘法运算,如果运算的取值为“÷”,则对数 1 和数 2 进行除法运算,得到最终计算结果。

过程输入参数:数值类型数据——数 1、数 2;字符串类型数据——运算符号。

过程输出参数:数值类型数据——计算结果。

具体实现代码如图 5.2-30 所示。

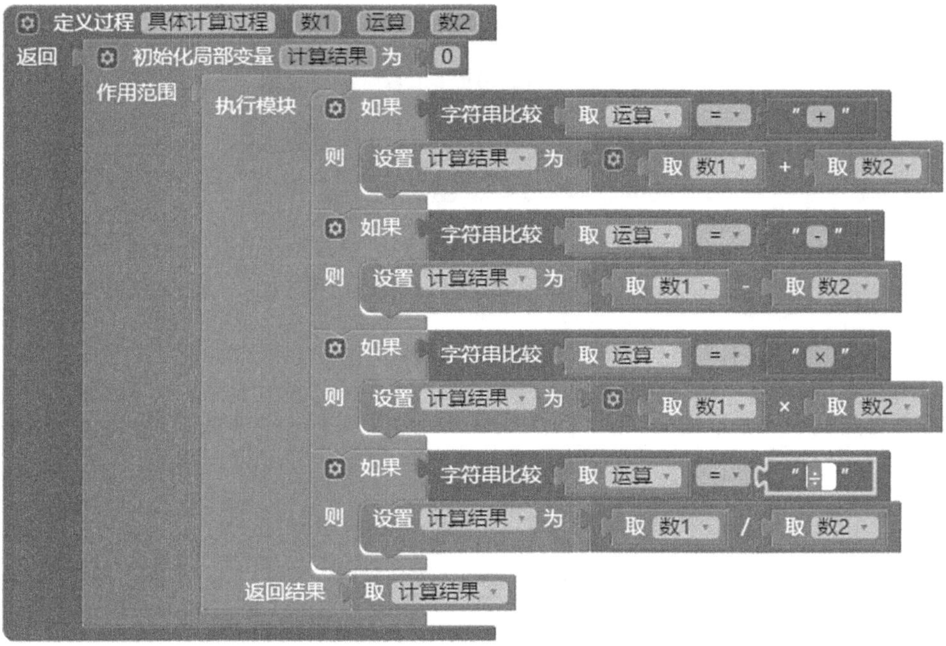

图 5.2-30　自定义过程“具体计算过程”实现代码

(7)响应按钮_错误题目浏览之被点击事件。

当用户点击按钮_错误题目浏览时,首先判断列表类型全局变量 global 做错的题目是否为空,如果为空,则弹出对话框提示用户本次测试没有错题;否则调用内置块中打开另一屏幕并传值功能,将列表类型全局变量 global 做错的题目,作为传递参数传递给 Screen2,实现代码如图 5.2-31 所示。

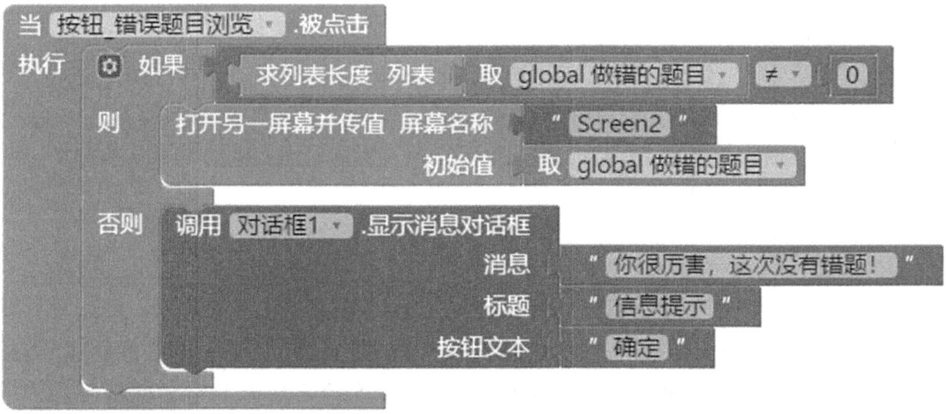

图 5.2-31　按钮_错误题目浏览被点击事件实现代码

2. Screen2(错题浏览重做屏幕)程序设计

根据Screen2中的功能设计,需要浏览每一道错误题目,并重新填报对应题目答案,因此与Screen1中一样,也需要对计算式进行计算机求解,所以需要定义以下全局变量:

声明全局变量——运算符号位置、运算符号、运算数1、运算数2、计算结果,用以表征计算机自动求解时,从计算式中分解得出的运算符号、运算数1、运算数2,以及最终的计算结果,如图5.2-32所示。

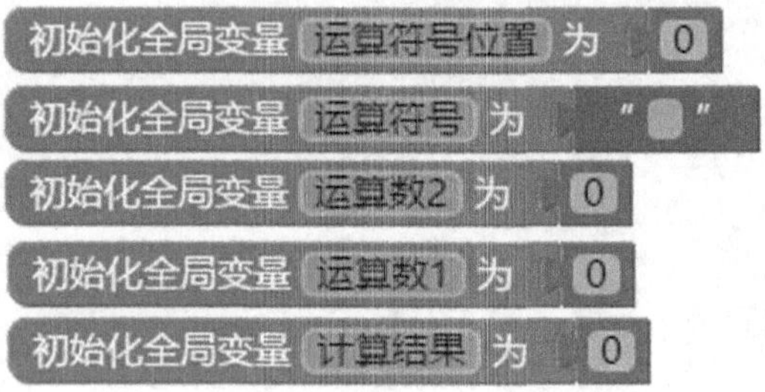

图5.2-32 Screen2声明用于自动求解算式的全局变量

声明全局变量——错题列表,用以保存Screen1传送过来的全部做错题目,如图5.2-33所示。

图5.2-33 Screen2声明用于保存错题信息的全局变量

此外,程序还需实现的主要功能包括:

(1)响应Screen2之初始化事件。

当Screen2初始化时,接收来自Screen1的参数,保存在global错题列表中,并设置列表显示框1的元素为global错题列表,实现Screen1中全部做错题目的列表显示功能,实现代码如图5.2-34所示。

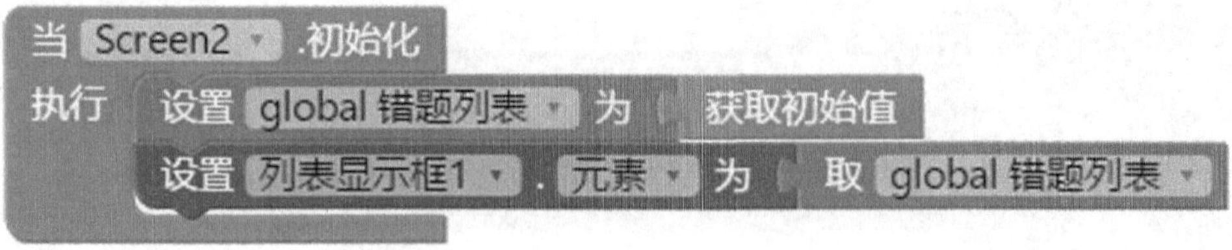

图5.2-34 Screen2初始化事件实现代码

(2)响应列表显示框1之选择完成事件。

当用户选择列表选择框中的一个数据项时,选中项即为计算机需要求解的算式,调用自定义过程“表达式求值”,对得到的算式进行求解,并弹出文本输入功能的对话框提示用户输入正确答案,实现代码如图5.2-35所示。

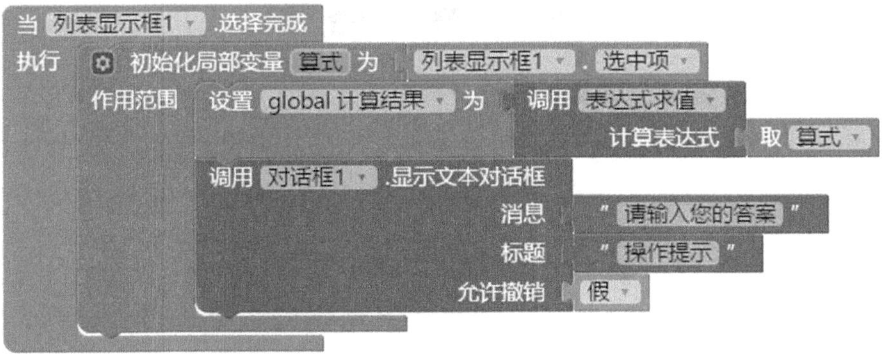

图 5.2-35 列表显示框 1 之选择完成事件实现代码

这里又一次调用了用户自定义过程“表达式求值”，并且涉及自定义过程“获取运算符号位置”、自定义过程“具体计算过程”的调用。其实现过程与 Screen1 中完全相同，在此不再赘述。

(3)响应对话框 1 之输入完成事件。

当用户在对话框中输入数据完毕后，触发此事件。比较对话框中输入的数据与计算机求解结果，如果一致，则对话框提示用户做对了，并从列表中删除该题；否则提醒用户又做错了，具体实现代码如图 5.2-36 所示。

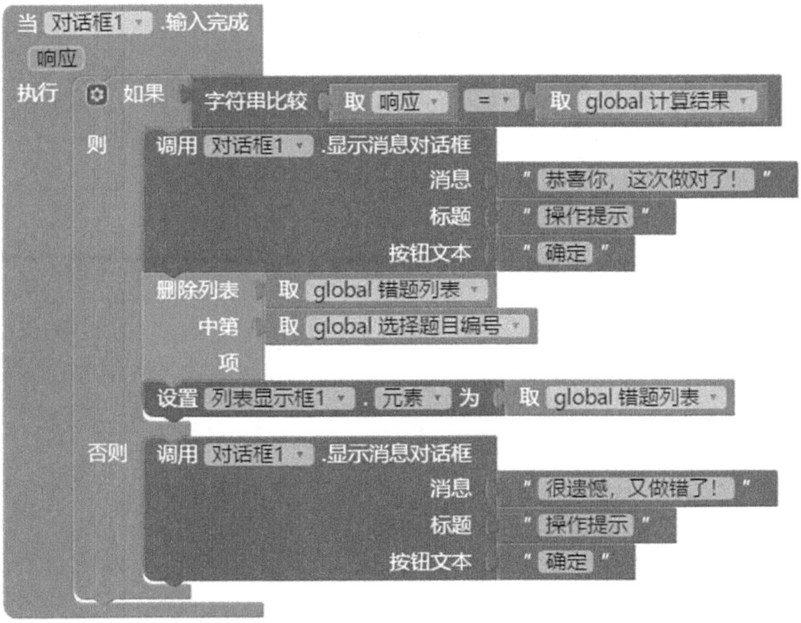

图 5.2-36 对话框 1 之输入完成事件实现代码

5.2.5 结果测试

安装运行程序，初始界面如图 5.2-37 所示。

点击列表显示框“选择所在年级”，选“二年级”，开始测试按钮启用，程序运行结果如图 5.2-38 所示。

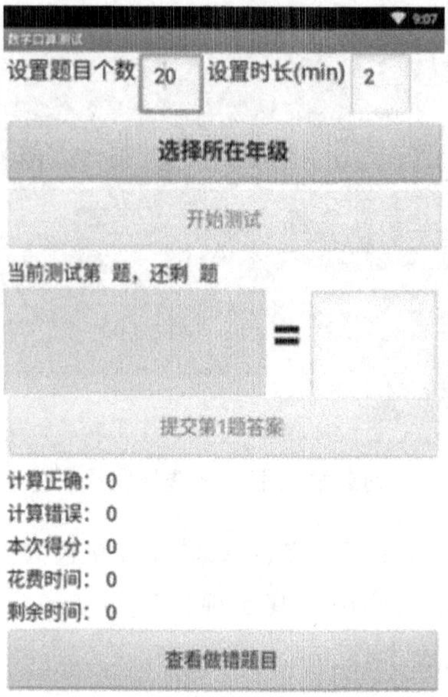

图 5.2-37 Screen2 运行初始界面

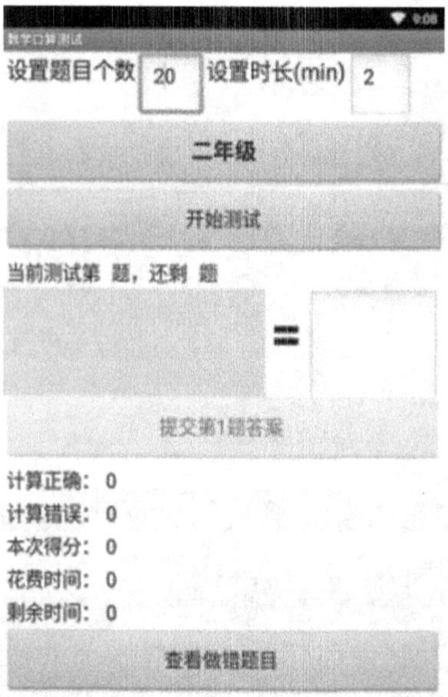

图 5.2-38 Screen1 选择二年级程序运行结果

点击“开始测试”按钮，显示第一道测试题，等待用户输入答案，同时，计时显示当前考试用时、剩余时间等信息，如图 5.2-39 所示。

输入答案后，点击按钮“提交第 1 题答案”，显示答案对错信息，并自动生成下一道测试题目，等待用户的进一步操作，如图 5.2-40 所示。

考试结束后，点击按钮“查看做错题目”，弹出新屏幕，列表显示本次测试中全部的做错题目，如图 5.2-41 所示。

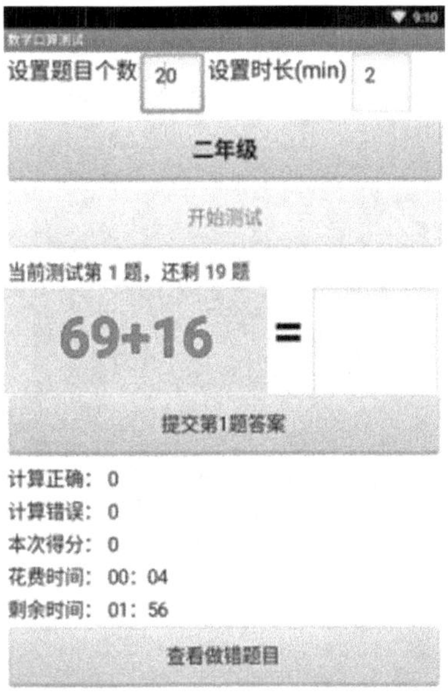

图 5.2－39　点击“开始测试”按钮程序运行结果

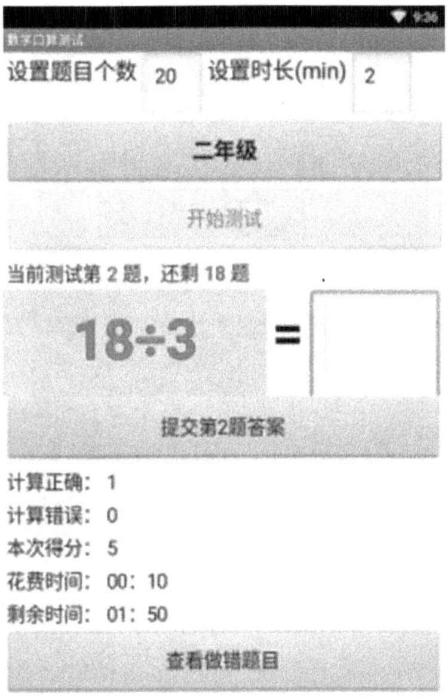

图 5.2－40　点击按钮“提交第 1 题答案”程序运行结果

点击列表显示框中的任意一道错误题目，程序弹出对话框，要求输入正确答案，如图 5.2－42 所示。

如果用户输入答案正确，则从总列表中自动删除该道题目，否则继续保留，直到用户做对该题。

上述测试结果表明，预定功能全部正确实现。

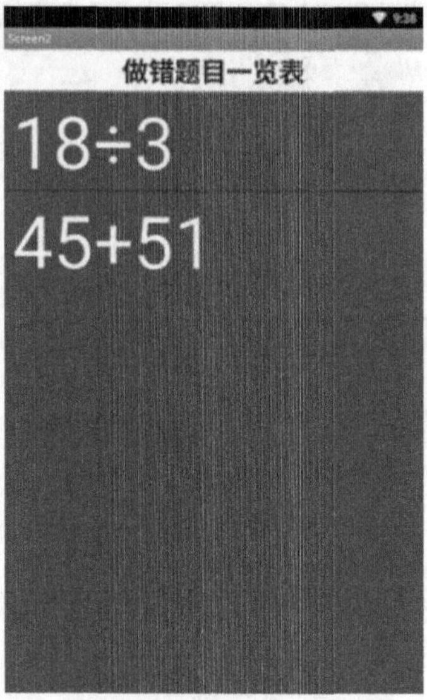

图 5.2-41 点击按钮“查看做错题目”程序运行结果

图 5.2-42 选择列表显示框中任意一道错题后程序运行结果

5.2.6 拓展思考

此外,进一步拓展程序可以考虑实现以下功能:

(1)为了简化问题,这里对于自动生成的测试题目进行自动求解,但仅限于 2 个整数之间的运算,考虑到整个小学数学的学习需要,可以探索给出更加合理的计算机自动求解算法。

(2)由于篇幅所限,目前仅仅给出了自动出题、自动判断对错以及倒计时结束考试等功能,但是对于用户学习情况并未进行记录和处理。因此还可以探索实现在每一次练习之后,记录下所做题目、对错情况、花费时间等信息,并允许浏览这些信息,以便实现家长检查等功能。

(3)目前自动出题功能仅仅是按照教学大纲的要求,在所有考试题型中动态随机设计题型,进一步可以探索进行单项题型出题和考核、专项口算技能训练以及根据需要进行混合题型出题。

5.3　英语课堂——学习助手

5.3.1　问题描述

外语是获取世界科技、文化等信息，提高民族科学文化素质，加强国际交往与合作的重要工具。我国的改革开放政策和21世纪对人才的需要，使外语成为我国学校教学中的一个不可缺少的部分。小学阶段是儿童可塑性最强的时期，也是儿童发展接近外语本族语音和语感的最佳时期。在小学开设英语课，有利于激发儿童学习英语的兴趣，打好进一步学习英语的基础。学习英语同时也有利于提高儿童的语言能力，开阔儿童的视野，培养儿童的综合素质。

根据现行的小学英语教学大纲规定，小学英语教学的目的是通过生动活泼的课堂教学活动，对学生进行基本的听、说、读、写训练，使学生打好语音、语调基础，掌握一定的词汇和最基本的语法知识，培养学生基本的日常会话能力以及拼读、拼写能力。同时，注重培养学生学习英语的兴趣，使他们喜欢学习英语和使用英语，为他们升入中学继续学习英语奠定基础。小学英语教学分为三个阶段：

(1)语音、语调输入阶段(一、二年级)：听、说为主。

(2)语音、语调输入和拼写阶段(三、四年级)：继续听、说训练，认读、拼写跟上。

(3)语音、语调输入和读写并行阶段(五、六年级)：听、说、读、写全面训练。

无论是学校还是家长，都对英语学习非常重视，但是现在家中越来越多的智能设备分散了小学生们的注意力，成为很多家长头疼的难题。自己的孩子总是喜欢智能手机上的游戏而不是学英语，让很多家长对此束手无策。那怎么样才能让小学生在智能手机上学习英语呢？本节案例秉承“看得到、听得懂、说得出、写得对”的理念，设计英语学习助手App，让小学生能在智能手机上学习英语，使智能手机不再是孩子手中游戏的工具，而变成学习的有效工具。

5.3.2　学习目标

(1)文件管理器使用方法；
(2)文本分解功能的使用；
(3)屏幕切换与数据共享技术；
(4)语音识别技术应用；
(5)语音合成技术应用；
(6)多行文本与列表的相互转换方法。

5.3.3　方案构思

小学英语学习助手软件应该根据小学教学大纲的规定，一、二年级进行听说训练；三、四年级进行听说、认读、拼写训练；五、六年级进行听、说、读、写全面训练，因此软件必须具备以下主要功能：

(1)选择学生所在年级。不同年级对应后续不同侧重点的练习，便于学习助手发挥针对性作用。

(2)选择学生正在学习的学期。将每一个年级需要学习的内容分为上学期和下学期两部分，以便保持和学生学习内容同步，增强软件的实用性。

(3)学习方式选择功能。提供初学、听写、跟读三种学习方式选择。

(4)开始学习功能。当用户完成年级、学期以及学习方式设置之后,进入对应的学习屏幕。

(5)初学功能。用户根据学习进度选择学习单元,列表显示该学习单元的每一个单词,用户点击列表项时,手机朗读列表项对应的单词以及单词的译文。

(6)听写功能。根据所选学习进度(课程单元),以顺序或者随机的方式听写单词或者短语,手机逐一朗读单词或者短语,比对用户填写单词与机读单词,记录听写对错结果,同时提供听写结果判读分析功能。

(7)跟读功能。根据所选学习进度(课程单元),手机逐一朗读单词或者短语,用户发音跟读,程序识别发音结果,与机读单词进行比对,记录跟读对错结果。同时提供反复机读单词的功能,以便用户辨认。

由于屏幕尺寸限制,程序由 4 个屏幕组成。其中 Screen1 主要实现操作导航,Screen2 主要实现初学功能,Screen3 主要实现听写功能,Screen4 主要实现跟读功能。

基于上述想法,设计操作导航屏幕 Screen1 界面,以及所用组件结构如图 5.3-1 所示。

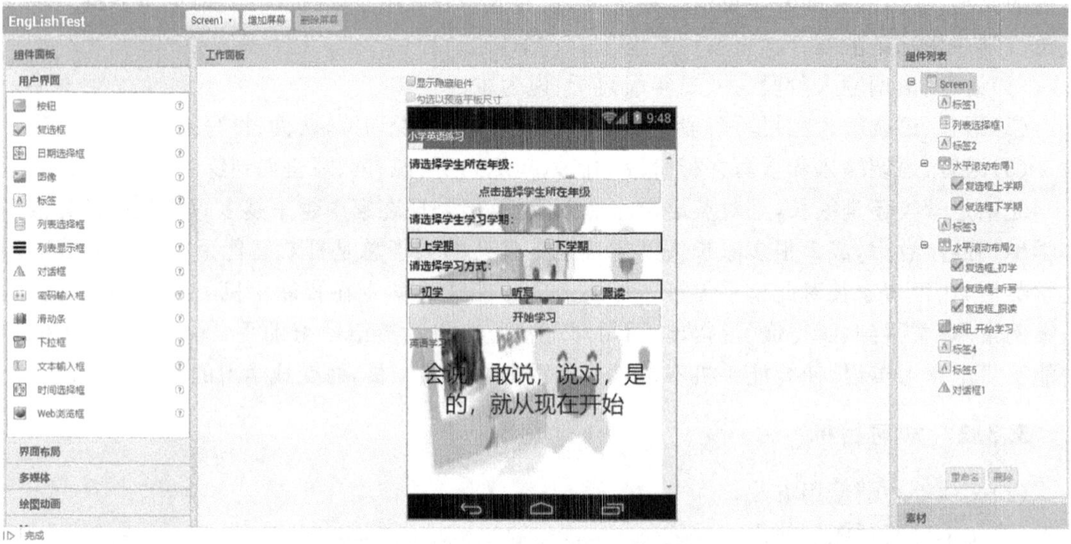

图 5.3-1 Screen1 程序界面设计

Screen1 各个组件相关属性设置信息如表 5.3-1 所示。

表 5.3-1 Screen1 各个组件相关属性设置

所属面板	对象类型	对象名称	属性	属性取值
用户界面	标签	标签 1	字号	16
			文本对齐	靠左
			文本	请选择学生所在年级:
	列表选择框	列表选择框 1	元素字串	一年级,二年级,三年级,四年级,五年级,六年级
			字号	16
			文本	点击选择学生所在年级
			文本对齐	居中
			宽度	充满
			字号	16

续表

所属面板	对象类型		对象名称	属性	属性取值
用户界面	标签		标签 2	文本对齐	靠左
				文本	请选择学生学习学期：
界面布局	水平滚动条布局		水平滚动布局 1	宽度	充满
用户界面	水平滚动布局1	复选框	复选框_上学期	文本	上学期
				字号	16
				宽度	50%
			复选框_下学期	文本	下学期
				字号	16
				宽度	50%
用户界面	标签		标签 3	字号	16
				文本对齐	靠左
				文本	请选择学习方式：
界面布局	水平滚动条布局		水平滚动布局 2	宽度	充满
用户界面	水平滚动布局2	标签	复选框_初学	宽度	33%
				字号	16
				文本	初学
			复选框_听写	宽度	33%
				字号	16
				文本	听写
			复选框_跟读	宽度	33%
				字号	16
				文本	跟读
用户界面 多媒体	按钮		按钮_开始学习	文本	开始学习
				宽度	充满
				字号	16
	标签		标签 4	文本	英语学习 Tip
				字号	14
			标签 5	文本	会说，敢说，说对，是的，就从现在开始
				字号	32
				宽度	充满
	对话框		对话框 1	默认	默认

设计初学内容屏幕 Screen2 界面，以及所用组件结构如图 5.3-2 所示。

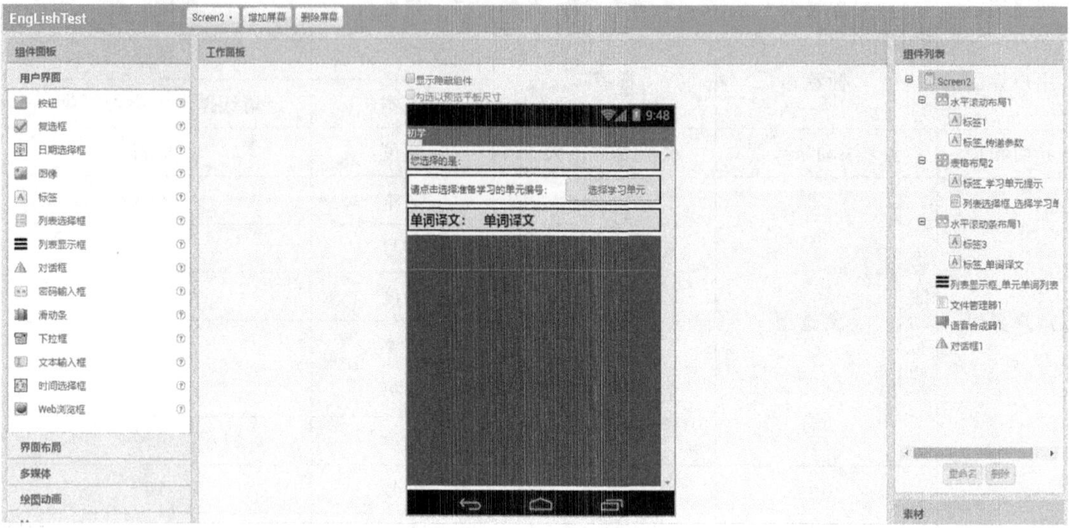

图 5.3-2　Screen2 程序界面设计

Screen2 中各个组件相关属性设置信息如表 5.3-2 所示。

表 5.3-2　Screen2 中各个组件相关属性设置

所属面板	对象类型		对象名称	属性	属性取值
界面布局	水平滚动条布局		水平滚动布局 1	宽度	充满
用户界面	水平滚动布局 1	标签	标签 1	文本	您选择的是：
				字号	14
			标签_传递参数	文本	
				字号	14
				宽度	充满
界面布局	表格布局		表格布局 1	宽度	充满
				行数	1
				列数	2
用户界面	表格布局 1	标签	标签_学习单元提示	宽度	60%
				字号	14
				文本	请点击选择准备学习的单元编号：
		列表选择框	列表选择框 1	宽度	40%
				字号	14
				文本	选择学习单元

续表

所属面板	对象类型	对象名称	属性	属性取值
界面布局	水平滚动条布局	水平滚动条布局 1	默认	默认
用户界面	水平滚动条布局1 标签	标签 3	字号	18
			文本	单词译文：
		标签_单词译文	字号	18
			文本	单词译文：
用户界面 多媒体	列表显示框	列表显示框 1	高度	充满
			宽度	充满
			文本颜色	品红
			字号	40
	对话框	对话框 1	默认	默认
数据存储	文件管理器	文件管理器 1	默认	默认
多媒体	语音合成器	语音合成器 1	默认	默认

设计听写内容屏幕 Screen3 界面，以及所用组件结构如图 5.3－3 所示。

图 5.3－3　Screen3 程序界面设计

Screen3 中各个组件相关属性设置信息如表 5.3－3 所示。

表 5.3-3 Screen3中各个组件相关属性设置

<table>
<tr><th>所属面板</th><th colspan="2">对象类型</th><th>对象名称</th><th>属性</th><th>属性取值</th></tr>
<tr><td>界面布局</td><td colspan="2">水平滚动条布局</td><td>水平滚动布局1</td><td>宽度</td><td>充满</td></tr>
<tr><td rowspan="5">用户界面</td><td rowspan="5">水平滚动布局1</td><td rowspan="5">标签</td><td rowspan="2">标签1</td><td>文本</td><td>您选择的是：</td></tr>
<tr><td>字号</td><td>14</td></tr>
<tr><td rowspan="3">标签_传递参数</td><td>文本</td><td>传递参数</td></tr>
<tr><td>字号</td><td>14</td></tr>
<tr><td>宽度</td><td>充满</td></tr>
<tr><td rowspan="3">界面布局</td><td colspan="2" rowspan="3">水平滚动条布局</td><td rowspan="3">水平滚动布局2</td><td>宽度</td><td>充满</td></tr>
<tr><td>行数</td><td>1</td></tr>
<tr><td>列数</td><td>2</td></tr>
<tr><td rowspan="6">用户界面</td><td rowspan="6">水平滚动布局2</td><td rowspan="3">标签</td><td rowspan="3">标签_学习单元提示</td><td>宽度</td><td>60%</td></tr>
<tr><td>字号</td><td>14</td></tr>
<tr><td>文本</td><td>请点击选择准备学习的单元编号：</td></tr>
<tr><td rowspan="3">列表选择框</td><td rowspan="3">列表选择框_选择学习单元</td><td>宽度</td><td>40%</td></tr>
<tr><td>字号</td><td>14</td></tr>
<tr><td>文本</td><td>选择学习单元</td></tr>
<tr><td>界面布局</td><td colspan="2">水平滚动条布局</td><td>水平滚动条布局5</td><td>默认</td><td>默认</td></tr>
<tr><td rowspan="4">用户界面</td><td rowspan="4">水平滚动条布局5</td><td rowspan="4">标签</td><td rowspan="2">标签3</td><td>字号</td><td>14</td></tr>
<tr><td>文本</td><td>本节单词总数：</td></tr>
<tr><td rowspan="2">标签_单元单词总数</td><td>字号</td><td>14</td></tr>
<tr><td>文本</td><td></td></tr>
<tr><td>界面布局</td><td colspan="2">水平滚动条布局</td><td>水平滚动条布局3</td><td>默认</td><td>默认</td></tr>
<tr><td rowspan="4">用户界面</td><td rowspan="4">水平滚动条布局3</td><td rowspan="4">复选框</td><td rowspan="2">复选框_顺序听写</td><td>文本</td><td>顺序听写</td></tr>
<tr><td>字号</td><td>14</td></tr>
<tr><td rowspan="2">复选框_随机听写</td><td>文本</td><td>随机听写</td></tr>
<tr><td>字号</td><td>14</td></tr>
<tr><td>界面布局</td><td colspan="2">水平滚动条布局</td><td>水平滚动条布局4</td><td>默认</td><td>默认</td></tr>
<tr><td rowspan="4">用户界面</td><td rowspan="4">水平滚动条布局4</td><td rowspan="4">按钮</td><td rowspan="2">按钮_听写</td><td>文本</td><td>开始听写</td></tr>
<tr><td>宽度</td><td>20%</td></tr>
<tr><td rowspan="2">按钮_再听一遍</td><td>文本</td><td>再听一遍</td></tr>
<tr><td>宽度</td><td>20%</td></tr>
</table>

续表

<table>
<tr><th>所属面板</th><th colspan="2">对象类型</th><th>对象名称</th><th>属性</th><th>属性取值</th></tr>
<tr><td rowspan="8">用户界面</td><td rowspan="8">水平滚动条布局4</td><td rowspan="6">按钮</td><td rowspan="2">按钮_听写</td><td>文本</td><td>开始听写</td></tr>
<tr><td>宽度</td><td>20%</td></tr>
<tr><td rowspan="2">按钮_再听一遍</td><td>文本</td><td>再听一遍</td></tr>
<tr><td>宽度</td><td>20%</td></tr>
<tr><td rowspan="2">按钮_提交</td><td>文本</td><td>提交</td></tr>
<tr><td>宽度</td><td>20%</td></tr>
<tr><td rowspan="2">文本输入框</td><td rowspan="2">文本输入框1</td><td>文本</td><td></td></tr>
<tr><td>宽度</td><td>30%</td></tr>
<tr><td>界面布局</td><td colspan="2">表格布局</td><td>表格布局2</td><td>默认</td><td>默认</td></tr>
<tr><td rowspan="6">用户界面</td><td rowspan="6">表格布局2</td><td rowspan="6">标签</td><td rowspan="3">标签4</td><td>文本</td><td>读出单词</td></tr>
<tr><td>宽度</td><td>50%</td></tr>
<tr><td>字号</td><td>14</td></tr>
<tr><td rowspan="3">标签5</td><td>文本</td><td>写出单词</td></tr>
<tr><td>宽度</td><td>50%</td></tr>
<tr><td>字号</td><td>14</td></tr>
<tr><td rowspan="5">界面布局</td><td colspan="2">表格布局</td><td>表格布局1</td><td>默认</td><td>默认</td></tr>
<tr><td rowspan="4">表格布局1</td><td rowspan="4">垂直滚动布局</td><td rowspan="2">垂直滚动布局1</td><td>高度</td><td>30%</td></tr>
<tr><td>宽度</td><td>50%</td></tr>
<tr><td rowspan="2">垂直滚动布局2</td><td>高度</td><td>30%</td></tr>
<tr><td>宽度</td><td>50%</td></tr>
<tr><td rowspan="4">用户界面</td><td rowspan="2">垂直滚动布局1</td><td rowspan="4">标签</td><td rowspan="2">标签_听写单词</td><td>文本</td><td></td></tr>
<tr><td>字号</td><td>10</td></tr>
<tr><td rowspan="2">垂直滚动布局2</td><td rowspan="2">标签_回答结果</td><td>文本</td><td></td></tr>
<tr><td>字号</td><td>10</td></tr>
<tr><td rowspan="4">用户界面
多媒体</td><td colspan="2" rowspan="3">标签</td><td>标签_正确个数</td><td>文本</td><td>正确个数:</td></tr>
<tr><td>标签_错误个数</td><td>文本</td><td>错误个数:</td></tr>
<tr><td>标签_听写结论</td><td>文本</td><td>听写结论:</td></tr>
<tr><td colspan="2">对话框</td><td>对话框1</td><td>默认</td><td>默认</td></tr>
<tr><td>数据存储</td><td colspan="2">文件管理器</td><td>文件管理器1</td><td>默认</td><td>默认</td></tr>
<tr><td>多媒体</td><td colspan="2">语音合成器</td><td>语音合成器1</td><td>默认</td><td>默认</td></tr>
</table>

设计跟读内容屏幕Screen4界面,以及所用组件结构如图5.3-4所示。

图 5.3-4 Screen4 程序界面设计

Screen4 中各个组件相关属性设置信息如表 5.3-4 所示。

表 5.3-4 Screen4 中各个组件相关属性设置

所属面板	对象类型		对象名称	属性	属性取值
界面布局	水平滚动条布局		水平滚动布局 1	宽度	充满
用户界面	水平滚动布局1	标签	标签 1	文本	您选择的是:
				字号	14
			标签_传递参数	文本	传递参数
				字号	14
				宽度	充满
用户界面	列表选择框		列表选择框_选择学习单元	文本	单击选择学习单元
				宽度	充满
				字号	14
界面布局	水平滚动条布局		水平滚动布局 2	宽度	充满
				行数	1
				列数	2
用户界面	水平滚动布局2	标签	标签 2	字号	14
				文本	本单元需要学习的单词数为:
			标签_单词数	字号	14
				文本	选择学习单元
界面布局	水平滚动条布局		水平滚动条布局 3	默认	默认

续表

所属面板	对象类型		对象名称	属性	属性取值
用户界面	水平滚动条布局 3	按钮	按钮_机读	宽度	33%
				文本	机读第 1 个单词
			按钮_再读	宽度	33%
				文本	机器再读一遍
			按钮_朗读	宽度	33%
				文本	自己读单词
界面布局	水平滚动条布局		水平滚动条布局 5	默认	默认
用户界面	水平滚动条布局 5	标签	标签 3	文本	机读单词列表
				宽度	50%
				字号	14
			标签 4	文本	识别单词列表
				宽度	50%
				字号	14
界面布局	水平滚动条布局		水平滚动条布局 4	高度	40%
	水平滚动条布局 4	垂直滚动布局	垂直滚动布局 1	高度	充满
				宽度	50%
			垂直滚动布局 2	高度	充满
				宽度	50%
用户界面	垂直滚动布局 1	标签	标签_机读单词	文本	
				宽度	自动
				高度	自动
				字号	14
	垂直滚动布局 2		标签_识别结果	文本	
				宽度	自动
				高度	自动
				字号	14
界面布局	水平滚动条布局		水平滚动条布局 6	默认	默认
用户界面	水平滚动条布局 6	标签	标签 5	字号	14
				文本	发音正确个数：
			标签_正确个数	字号	14
				文本	0

续表

所属面板	对象类型		对象名称	属性	属性取值
界面布局	水平滚动条布局		水平滚动条布局 7	默认	默认
用户界面	水平滚动条布局 7	标签	标签 7	字号	14
				文本	发音错误个数：
			标签_错误个数	字号	14
				文本	0
	对话框		对话框 1	默认	默认
数据存储	文件管理器		文件管理器 1	默认	默认
多媒体	语音合成器		语音合成器 1	默认	默认
	语音识别器		语音识别器 1	默认	默认

5.3.4 实现方法

1. 操作导航功能的 Screen1 程序实现

Screen1 为主控屏幕，主要实现操作导航功能。用户选择设置所在年级、学生学期，以及学习方式，然后点击开始学习按钮，即可完成主控屏幕基本功能。当用户点击开始学习按钮时，程序根据选择的年级、学期、学习方式进入不同的屏幕，完成指定年级、学期、学习方式的英语学习。

这一功能的实现必然借助屏幕之间的参数传递功能，将年级、学期、学习方式三种数据传递给特定学习屏幕。因此，需要声明以下全局变量表示屏幕传递参数，如图 5.3－5 所示。

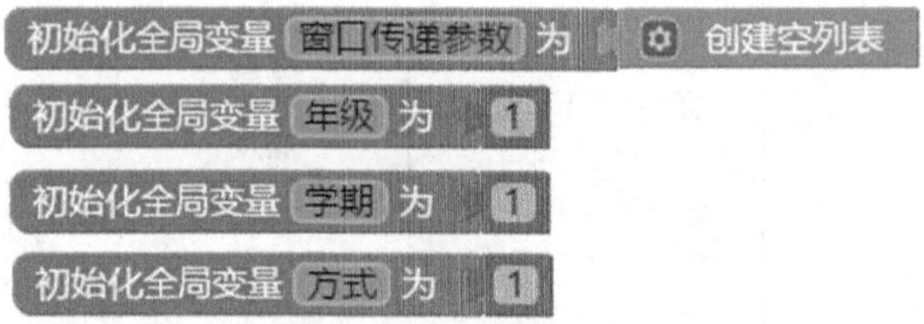

图 5.3－5 Screen1 中声明的全局变量

其中列表型全局变量——窗口传递参数，保存用户选择设定的年级、学期、学习方式三个数据，以便新打开屏幕时根据接收参数初始化对应的学习内容。

此外，程序主要完成以下功能：

(1)响应列表选择框 1 之选择完成事件。

列表选择框的元素字串为“一年级，二年级，三年级，四年级，五年级，六年级”，列表选择框 1 的显示文本为“点击选择学生所在年级”。当用户选择完成时，设置全局变量 global 年级的值为选中项的索引值，同时设置列表选择框 1 的显示文本为选中项对应的年级信息，具体实现代码如图 5.3－6 所示。

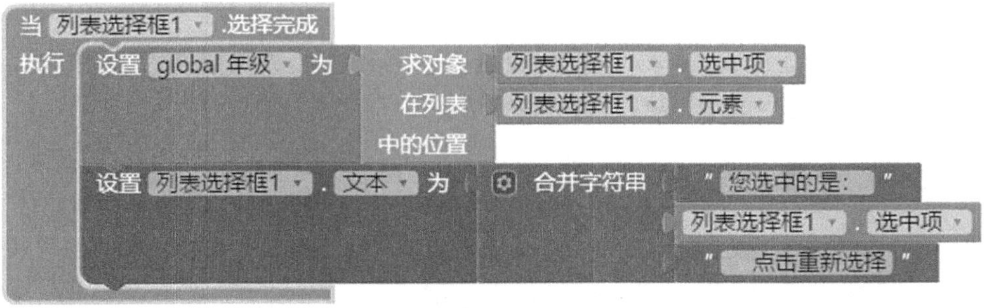

图 5.3－6 列表选择框 1 之选择完成事件实现代码

(2)响应复选框上学期之状态被改变事件。

当复选框上学期的状态发生变化,则判断其是否选中,如果选中,设置全局变量 global 学期的值为 1,同时设置复选框下学期为未选中状态,以保证用户任何时刻在上、下学期两个选项中只能选中其中一项,具体实现代码如图 5.3－7 所示。

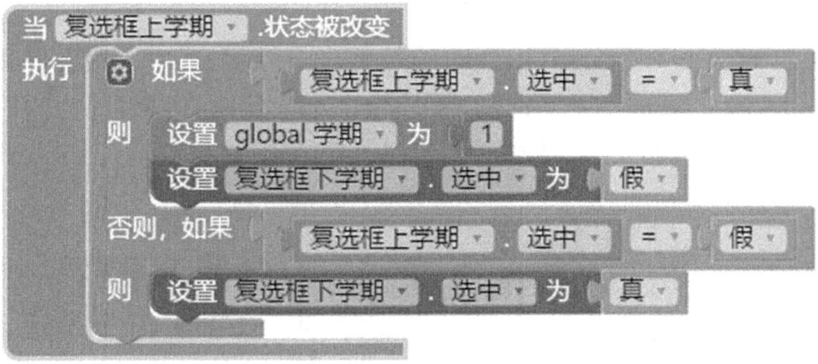

图 5.3－7 复选框上学期状态被改变事件实现代码

(3)响应复选框下学期之状态被改变事件。

当复选框下学期的状态发生变化,则判断其是否选中,如果选中,设置全局变量 global 学期的值为 2,同时设置复选框上学期为未选中状态,以保证用户任何时刻在上、下学期两个选项中只能选中其中一项,具体实现代码如图 5.3－8 所示。

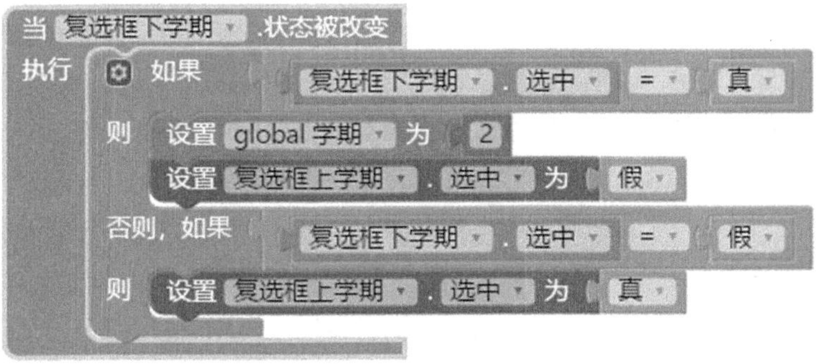

图 5.3－8 复选框下学期状态被改变事件实现代码

(4)响应复选框_初学之状态被改变事件。

复选框_初学、复选框_听写、复选框_跟读为一组操作,其目的是让用户在 3 种学习方式中选择一项,作为后续操作的依据。

当复选框_初学的状态发生变化，则判断其是否选中，如果选中，设置全局变量 global 方式的值为 1，同时设置复选框_听写、复选框_跟读为未选中状态，以保证用户任何时刻在 3 种学习方式选项中只能选中其中一项，具体实现代码如图 5.3－9 所示。

图 5.3－9 复选框_初学状态被改变事件实现代码

(5)响应复选框_听写之状态被改变事件。

当复选框_听写的状态发生变化，则判断其是否选中，如果选中，设置全局变量 global 方式的值为 2，同时设置复选框_初学、复选框_跟读为未选中状态，以保证用户任何时刻在 3 种学习方式选项中只能选中其中一项，具体实现代码如图 5.3－10 所示。

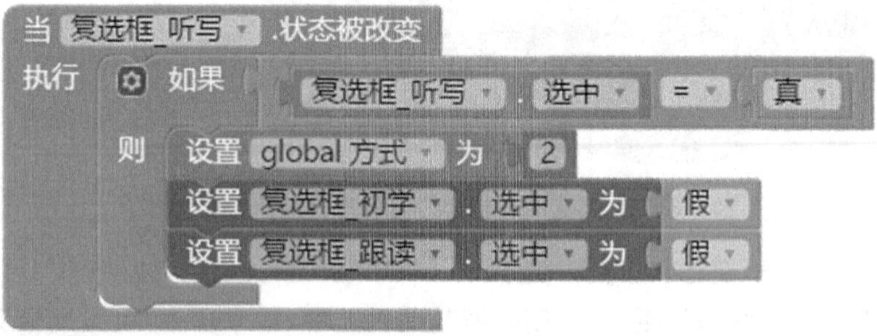

图 5.3－10 复选框_听写状态被改变事件实现代码

(6)响应复选框_跟读之状态被改变事件。

当复选框_跟读的状态发生变化，则判断其是否选中，如果选中，设置全局变量 global 方式的值为 3，同时设置复选框_初学、复选框_听写为未选中状态，以保证用户任何时刻在 3 种学习方式选项中只能选中其中一项，具体实现代码如图 5.3－11 所示。

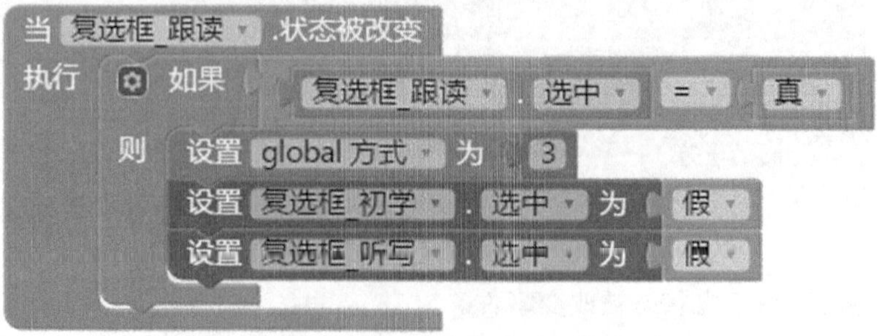

图 5.3－11 复选框_跟读状态被改变事件实现代码

(7)响应按钮_开始学习之状态被改变事件。

当用户完成年级、学期、学习方式的选择设置之后,点击该按钮开启对应内容的学习屏幕。首先根据前期操作结果,读取 global 年级、global 学期、global 方式 3 个全局变量的值,以其为数据元素创建列表型变量作为全局变量 global 窗口传递参数的值。该值用于屏幕传递参数,以便新打开屏幕确认用户学习信息,开启针对性学习安排。

本书案例为启发性案例,因此本节中学习方式为初学、听写、跟读 3 种,分别对应 3 个屏幕,当用户设置学习方式为初学时(global 方式取值为 1),打开 Screen2 进入初学屏幕,并传递 global 窗口传递参数;global 方式取值为 2 时,打开 Screen3 进入听写学习屏幕,并传递 global 窗口传递参数;global 方式取值为 3 时,打开 Screen4 进入跟读学习屏幕,并传递 global 窗口传递参数,具体实现代码如图 5.3-12 所示。

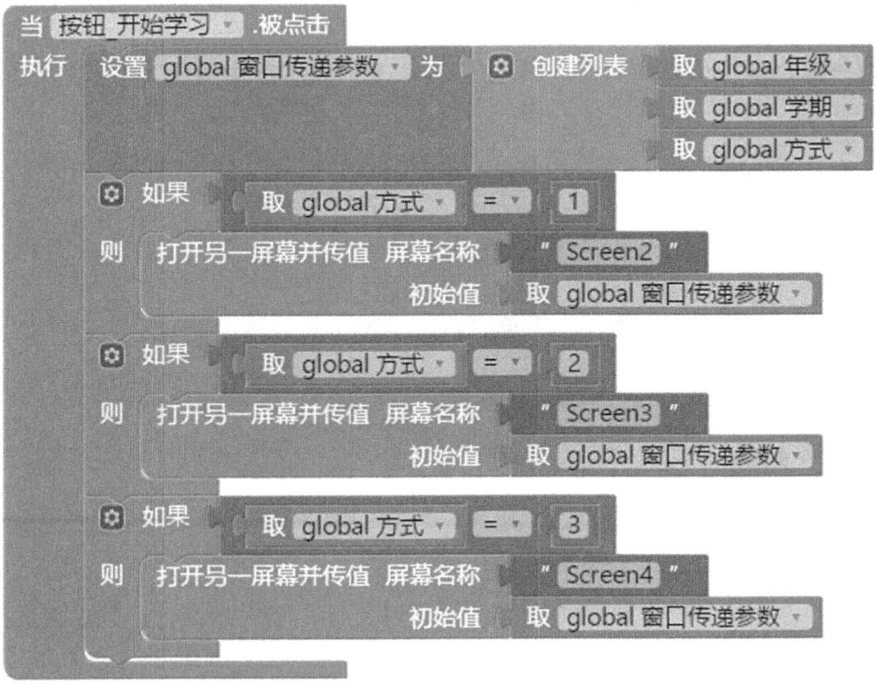

图 5.3-12 按钮_开始学习被点击事件实现代码

至此,已经完成 Screen1 预设的全部功能。

2.初学功能的 Screen2 程序实现

Screen2 为初学内容的屏幕,主要实现对应年级、学期学习内容的辨认、辨听功能。由于手机屏幕显示尺寸限制,将学习内容按照教材划分为不同单元,用户选择单元后,提取对应单元的学习内容进行列表显示。用户选择列表中任意一项时,程序借助语音合成器功能实现英文朗读功能,同时显示单词对应的中文译文。

为了便于处理,将不同年级、不同学期的学习内容保存在文件中,文件命名格式为“e 年级学期.txt”。比如文件 e52.txt 表示 5 年级、下学期学习内容,文件内容编排格式如图 5.3-13 所示。

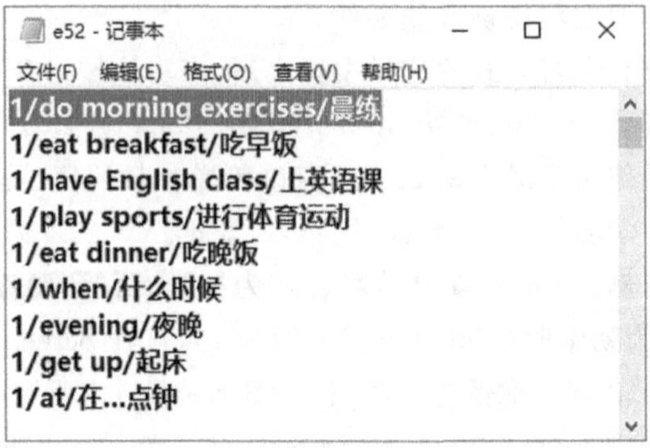

图 5.3－13　学习内容对应的文本文件数据格式样例

文件中每一行表示一个需要学习的单词或者短语，以符号“/”将单词或者短语的所属单元、单词或者短语、中文译文间隔。

为了便于用户逐个学习单词，声明以下全局变量表示程序中的相关数据，如图 5.3－14 所示。

图 5.3－14　Screen2 中声明的全局变量

其中：

全局变量——全部词汇列表，保存全部需要学习的词汇，其数据由文件读取后进行必要处理而获取。

全局变量——所选单元，保存用户选择的学习单元，用以筛选文件中符合要求的单词或者短语。

全局变量——最大单元值，保存用户选择年级、学期后对应的学习内容中最大的学习单元数值。

全局变量——单元英文词汇，保存所选单元的全部英文词汇。

全局变量——单元词汇译文，保存与单元英文词汇列表一一对应的中文译文。

全局变量——选择单词，保存用户列表操作时选择的单词。

此外，程序主要完成以下功能：

(1)响应 Screen2 之初始化事件。

初始化屏幕时，获取初始值，初始值为列表型数据，列表中第一个数据元素为年级，第二个数据为学期，第三个数据为学习方式。按照前文所述学习内容对应的文件命名规则，将字符“e”、初始值中第一项、第二项和字符串“. txt”合并，即可生成学习内容对应的文件名称。调用文件管理器的读取文件功能，打开学习内容对应的 txt 文件。比如在 Screen1 中设置五年级、下学期、初学方式，则打开 Screen2 时屏幕初始值为列表型数据，其第 1 个数据元素为 5，第 2 个数据元素为 2，第 3 个数据元素为 1。按照预设规则，则初学方式下需要学习的内容对应的文件名称为 e52.txt，具体实现代码如图 5.3 - 15 所示。

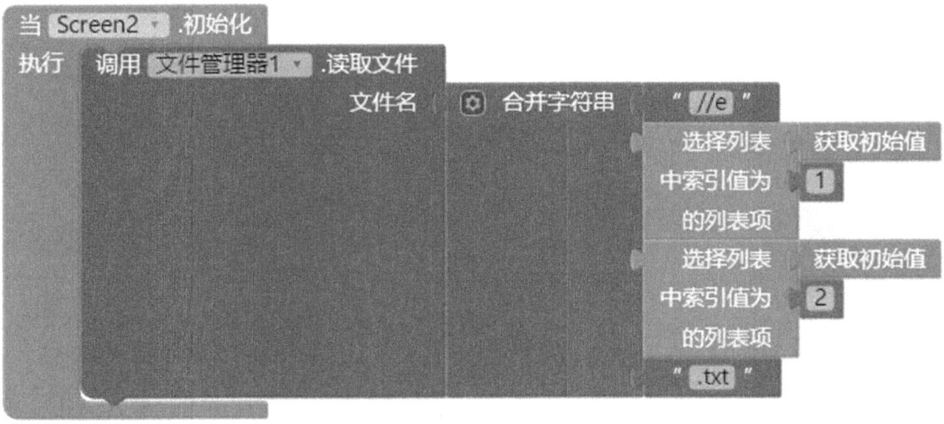

图 5.3 - 15 Screen2 初始化事件响应代码

(2)响应文件管理器 1 之获得文本事件。

当文件管理器 1 读出文本文件后，触发此事件。读出数据保存在事件参数——文本之中。首先以分隔符“\n”对文本进行分解，分解结果保存在列表型全局变量 global 全部词汇列表之中，global 全部词汇列表中的每一个数据元素都是一个词汇或者短语的全部信息。

列表型全局变量 global 全部词汇列表中每一个数据元素对应的字符串以分隔符“/”进行分解，其结果列表的数据依次分别为：单元号、英文单词或者短语、中文译文。因此，global 全部词汇列表的最后一个数据元素以分隔符“/”进行分解，其结果列表的第一项就是最大单元数。

得到最大单元数后，即可借助循环代码生成用于列表选择框的元素字串，即将每一个可供使用的单元借助符号“,”连接起来。经过上述操作之后，Screen2 中列表选择框_选择学习单元的数据源准备完毕，用户可以点击选择期待学习的单元，具体实现代码如图 5.3 - 16 所示。

(3)响应列表选择框_选择学习单元之选择完成事件。

Screen2 屏幕初始化时打开需要学习的文件，文件打开后获取全部单词列表，生成学习单元选项列表。因此，打开 Screen2 进行列表选择框_选择学习单元操作时，主要任务是生成所选学习单元对应的英文单词列表以及对应的译文列表。当用户选择了某一单元之后，设定全局变量——global 所选单元的取值为列表选中项，遍历全局变量——global 全部词汇列表的每一个数据元素，每访问一个数据元素，完成以下任务：

①以分隔符“/”分解当前访问的数据元素，得到分解结果列表。

②判断分解结果列表第一个数据元素与 global 所选单元的取值是否一致。

③如果一致，则全局变量——global 单元英文词汇、global 单元词汇译文分别追加步骤 1 中得到的分解结果列表中的第 2 项、第 3 项数据。

④设置列表显示框_单元单词列表的元素为 global 单元英文词汇，以便用户选择辨认、学

习、听取读音。

遍历结束后，即可生成用于后续处理的用户选择学习单元的全部单词列表以及对应的中文译文列表，单词列表和中文译文列表的数据元素为一一对应关系，即对于列表中任意数据索引值 i，单词列表中的第 i 项为英文单词，中文译文列表中的第 i 项就是对应单词的中文译文。

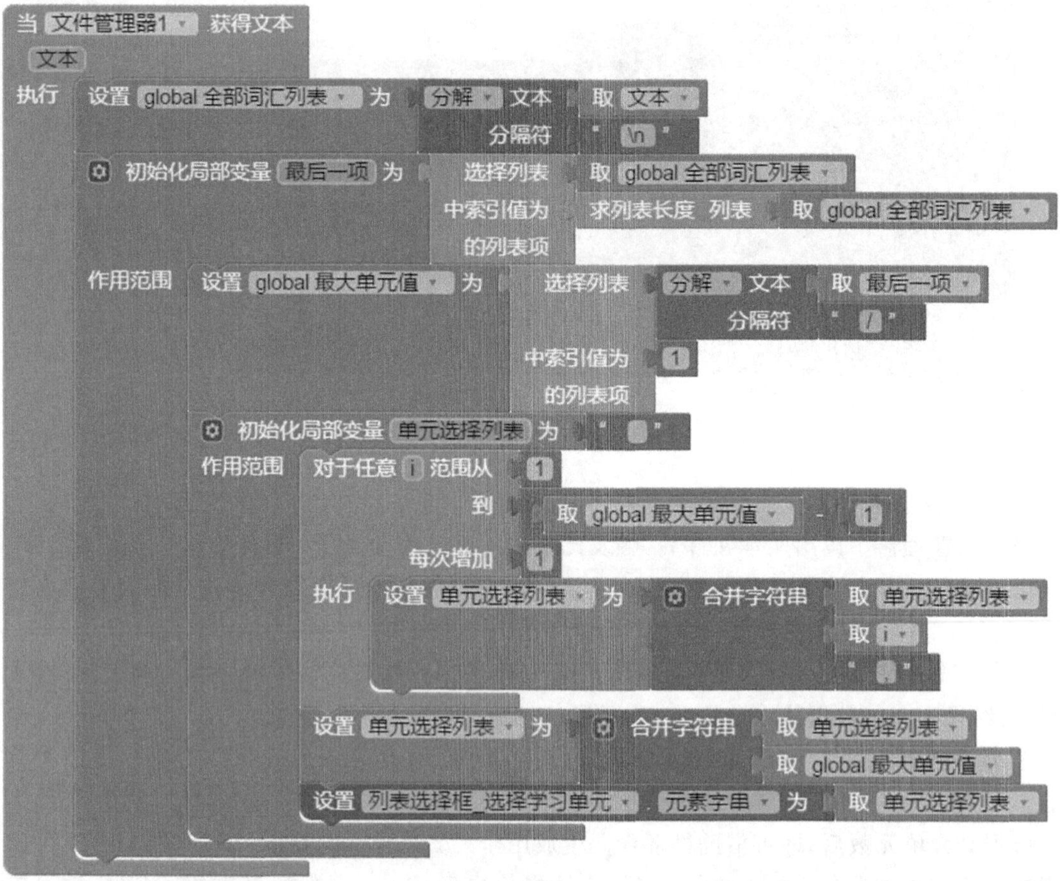

图 5.3－16　文件管理器 1 获得文本事件实现代码

同时该项功能还提供便于用户操作的提示性信息显示，比如用户选择学习单元后，列表选择框显示的文本信息。

以上功能的具体实现代码如图 5.3－17 所示。

(4)响应列表选择框_单元单词列表之选择完成事件。

Screen2 初学状态设计的主要任务是辨认单词，听取单词读音，记忆单词对应的中文译文。所以当用户选择组件——列表选择框_单元单词列表中的任意一项时，设置全局变量——global 选择单词为列表选择框的选中项，调用语音合成器实现手机朗读单词功能，同时获取所选单词在列表中的索引值，并通过该索引值读取中文译文列表中的数据项，得到所选单词的译文，具体实现代码如图 5.3－18 所示。

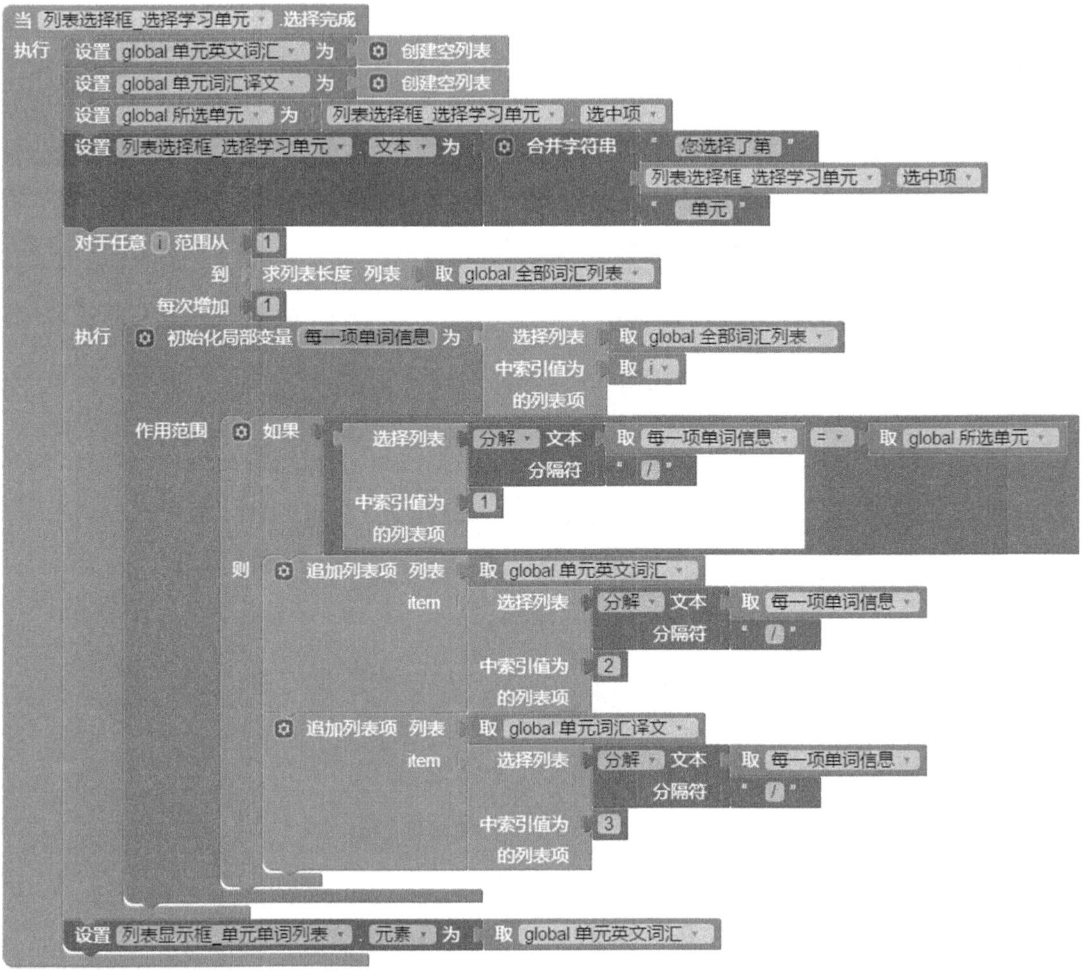

图 5.3-17 列表选择框_选择学习单元之选择完成事件实现代码

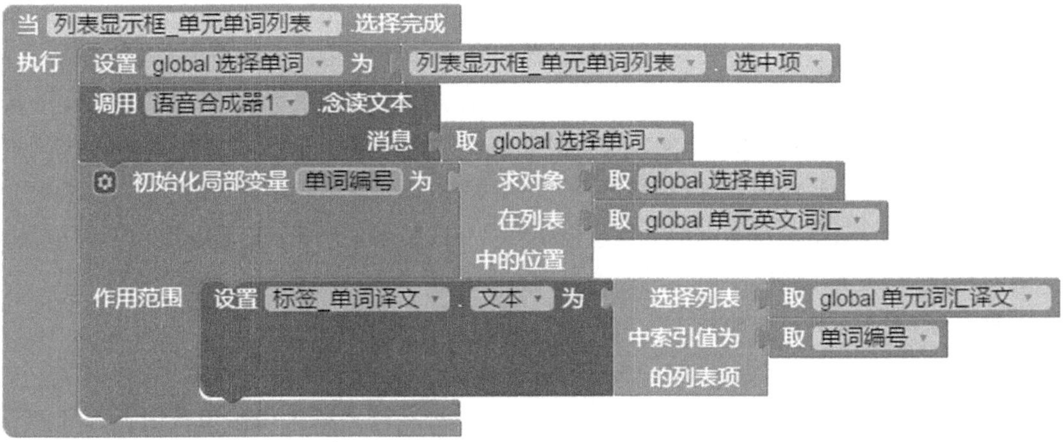

图 5.3-18 列表选择框_单元单词列表选择完成事件实现代码

3. 听写功能的 Screen3 程序实现

Screen3 为听写内容的屏幕，主要实现对应年级、学期学习内容的每一个单词的读音辨识，并能根据读音输入对应的单词，程序比对用户输入单词和机读单词，如果一致，则计正确分数，否则计错误分数。为了达到考核目的，这里还提供随机听写、顺序听写、再听一遍等辅助新功能，听写结束后，得出测试结论。为了完成上述功能，程序中必须定义以下全局变量表示各个功能中使用的数据，如图 5.3－19 所示。

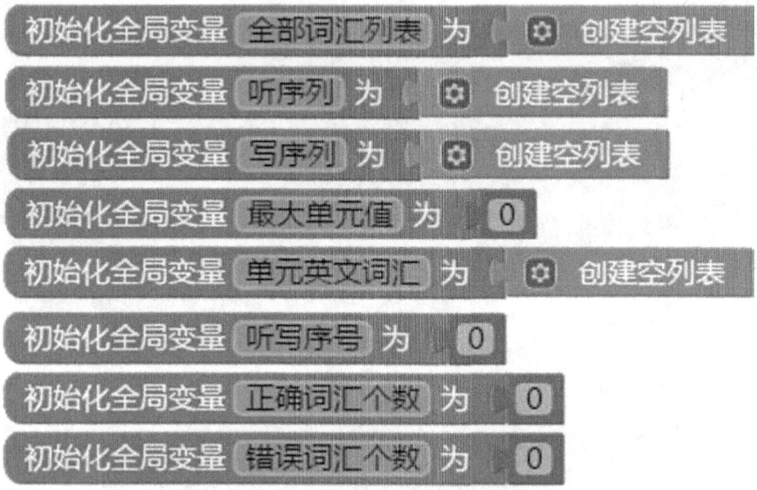

图 5.3－19　Screen3 声明的全局变量

其中：

全局变量——全部词汇列表，用以保存导航屏幕 Screen1 所选年级、学期对应的全部词汇(含所属单元、中文译文等信息)列表；全局变量——听序列，用以保存每一个听写的单词。每一次听写，该列表就追加正在听写的单词，听写完毕，变量存储的就是本次听写的全部单词；全局变量——写序列，用以保存用户根据听写内容输入/写出的对应单词。每一次听写，该列表就追加用户输入的单词，听写完毕，变量存储的就是本次用户写出的全部单词；全局变量——最大单元值，用以保存所选年级、学期对应的全部词汇所属单元的最大数值；全局变量——单元英文词汇，用以保存所选年级、学期以及当前屏幕操作选择学习单元之后，对应的全部词汇列表；全局变量——听写序号，用以保存当前正在听写单词在单元词汇列表中的序号；全局变量——正确单词个数，用以保存本次听写过程中回答正确的单词个数；全局变量——错误单词个数，用以保存本次听写过程中回答错误的单词个数。

此外，程序主要完成以下功能：

(1)响应 Screen3 之初始化事件。

Screen3 初始化屏幕时，与 Screen2 的功能类似，通过屏幕参数传递功能获取列表型屏幕初始值，按照预设规则，生成需要学习的文件名称，并打开文件。另外，对于界面中的各类功能组件的状态进行预设置，以达到提高人机交互效果友好性的目的，具体实现代码如图 5.3－20 所示。

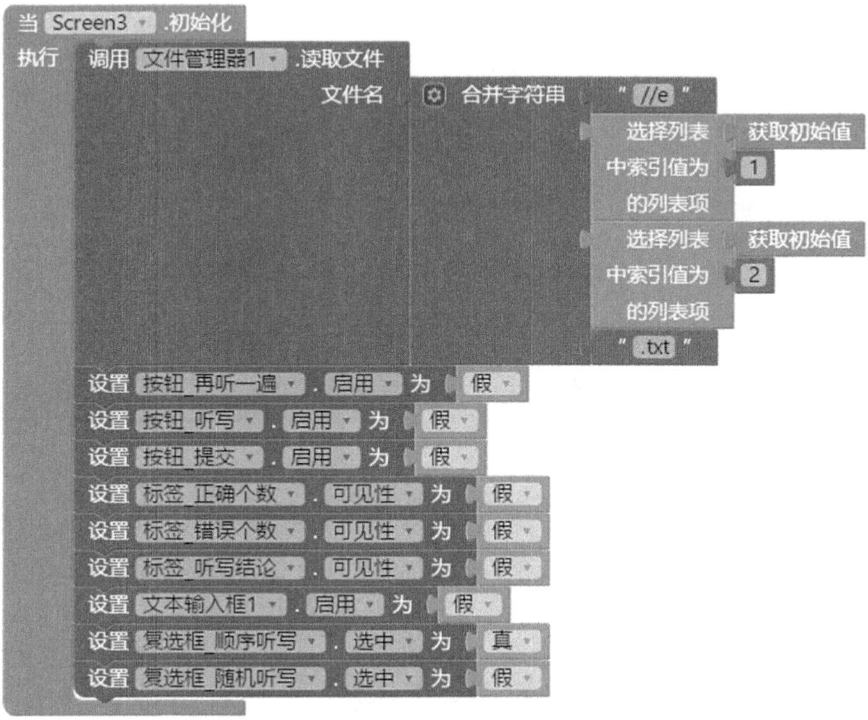

图 5.3-20 Screen3 初始化事件实现代码

(2)响应文件管理器 1 之获得文本事件。

在屏幕初始化事件中，我们打开了用户利用屏幕间传递参数而得到的对应学习内容的文件名称，并且调用文件管理器打开文件。而获得文本事件则是打开文件之后，因获取文本内容而触发。

首先对于获取的文本数据，借助分隔符“\n”即回车符号进行文本分解，得到全局变量——global 全部词汇列表(列表中的每一项为以符号“/”间隔的单词信息，包括单词所属单元、单词、中文译文)。

获取全局变量——global 全部词汇列表的最后一项数据元素，对其借助分隔符“/”进行文本分解，得到的列表中，选择第一项数据元素，作为全局变量——global 最大单元值的取值。

然后设置学习单元总数提示作用的标签显示文本信息，显示内容为字符串“本学期英语共有”+global 最大单元值的取值+“个单元，请选择准备学习的单元”。

最后，借助循环语句，生成列表选择框_选择学习单元的元素字串，以备用户进行下一步操作使用。

具体实现代码如图 5.3-21 所示。

(3)响应列表选择框_选择学习单元之选择完成事件。

当用户选择完毕学习单元之后，最为重要的事情就是生成学习单元的单词列表。为了实现这一功能，完成如下操作序列：

①设置全局变量——global 单元英文词汇为空列表；

②设置全局变量——global 所选单元为列表选择框_选择学习单元的选中项；

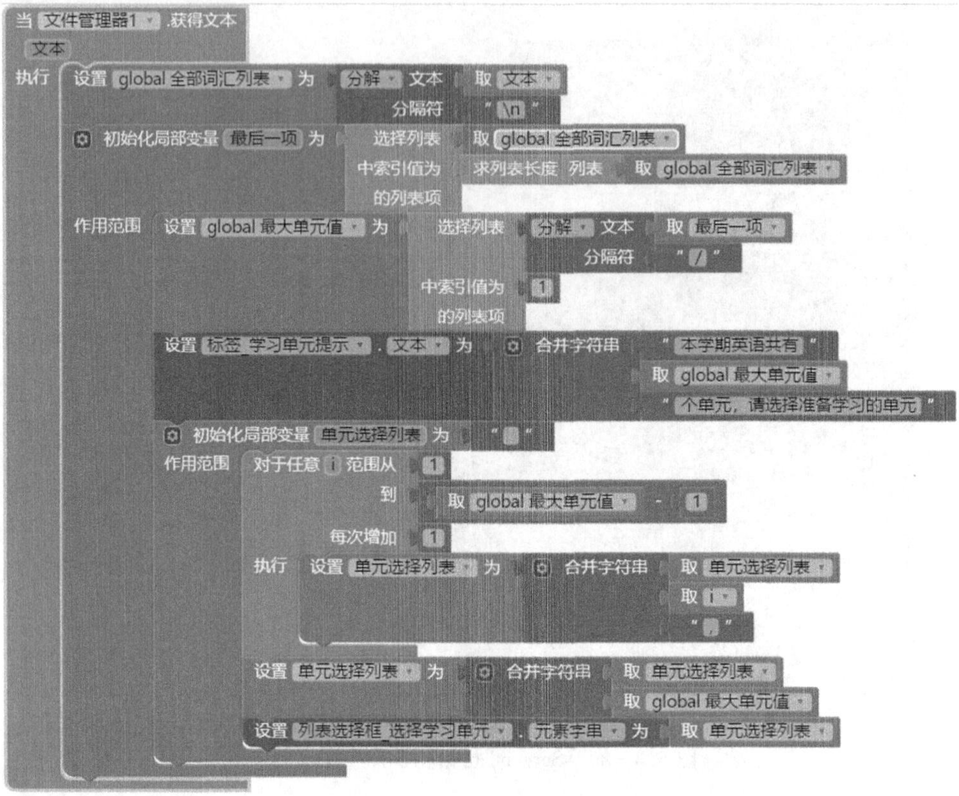

图 5.3-21 文件管理器 1 之获得文本事件实现代码

③设置列表选择框_选择学习单元的显示文本信息为当前选择结果相关信息；

④遍历前期生成的保存全部词汇信息的全局变量——global 全部词汇列表，每访问一个数据元素，进行如下操作：

A. 取出当前访问的数据元素（符号"/"间隔的单词信息，包括单词所属单元、单词、中文译文）。

B. 借助分隔符"/"分解当前访问的数据元素，得到的列表中选择第一项数据（所属单元），如果与当前设置的学习单元值一致，则将得到列表的第二项（英文单词）追加到全局变量——global 单元英文词汇中。如果不一致，则不进行任何操作。

C. 循环结束后，全局变量——global 单元英文词汇保存当前设置学习单元的全部需要学习的单词。

⑤调用自定义过程"选择完成后的组件状态设置"，完成屏幕中有关操作提示信息作用的标签显示内容或者状态，以提高人机交互的友好性。

以上全部功能的实现代码如图 5.3-22 所示。

其中，自定义过程"选择完成后的组件状态设置"，实现代码如图 5.3-23 所示。

(4) 响应复选框_随机听写之状态被改变事件。

当用户操作复选框_随机听写时，如果选中，则意味着后续听写随机选择全局变量——global 单元英文词汇中的任意一项，否则顺序听写全局变量——global 单元英文词汇，实现代码如图 5.3-24 所示。

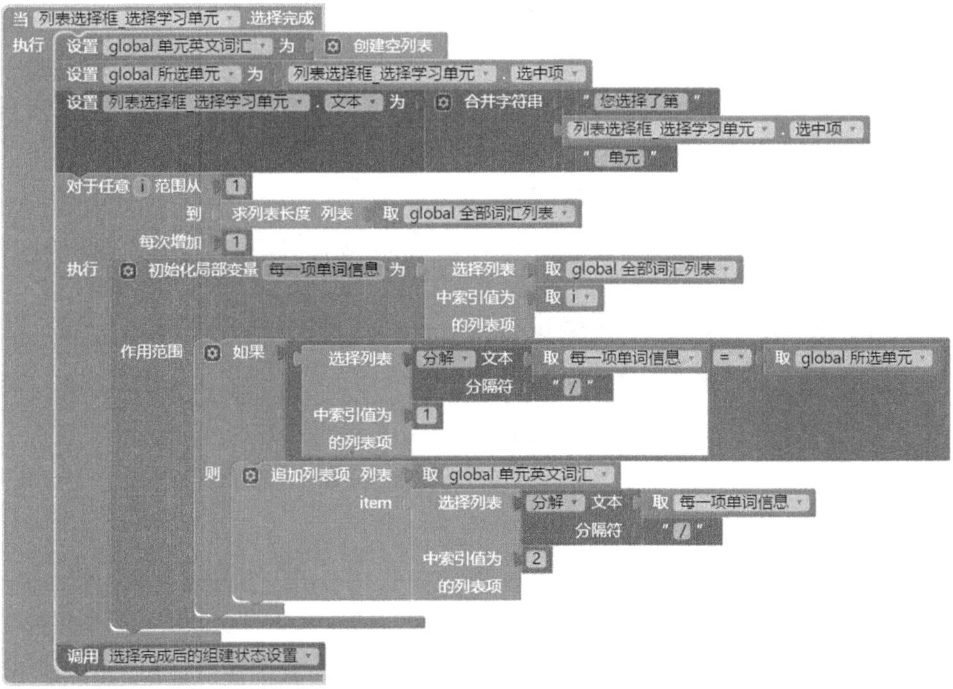

图 5.3-22 列表选择框_选择学习单元之选择完成事件实现代码

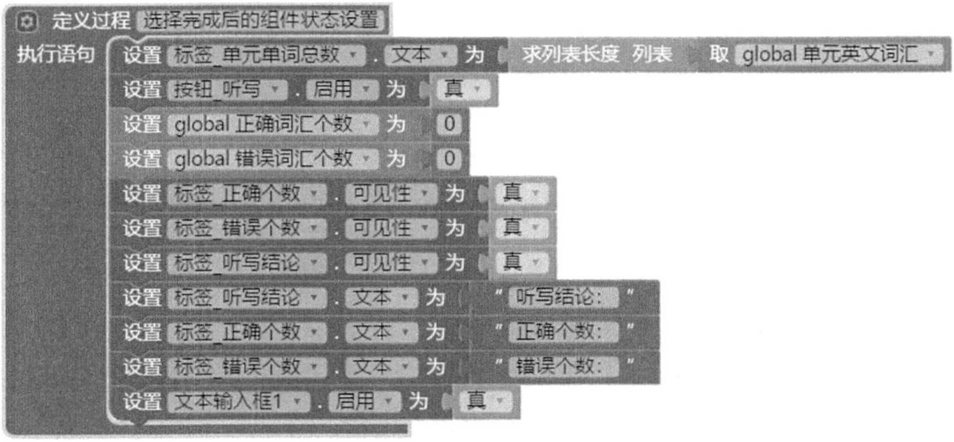

图 5.3-23 自定义过程“选择完成后的组件状态设置”实现代码

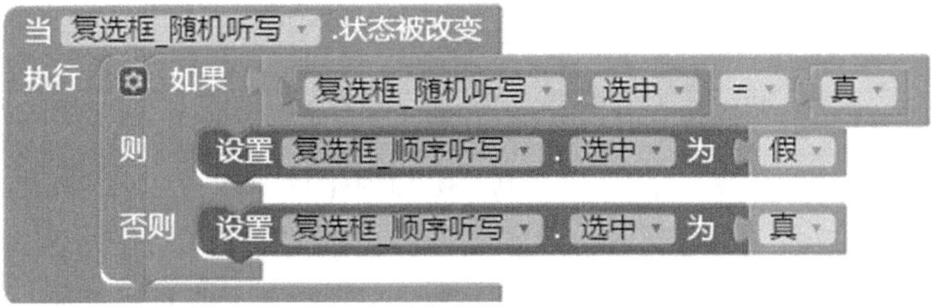

图 5.3-24 复选框_随机听写状态被改变事件实现代码

(5)响应复选框_顺序听写之状态被改变事件。

复选框_顺序听写与复选框_随机听写两种操作选项结果互斥,当复选框_随机听写被选中,复选框_顺序听写撤销选中状态,反之亦然。顺序听写意味着听写时从第一个单词到最后一个单词,依次进行听写测试,实现代码如图 5.3-25 所示。

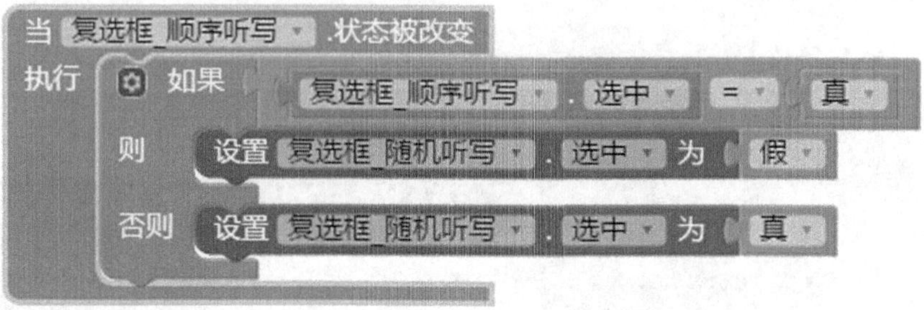

图 5.3-25 复选框_顺序听写状态被改变事件实现代码

(6)响应按钮_听写之被点击事件。

当用户点击听写按钮时,表示开始听写测试,此时设置再听一遍按钮为启用状态,同时对复选框_顺序听写的状态进行判断。如果设置顺序听写,则设置全局变量——global 听写序号初始值为+1,访问以听写序号为索引值的列表型数据全局变量 global 单元英文词汇对应的数据项,向听序列列表追加该数据项,同时调用文本语音合成器朗读数据项文本,具体实现代码如图 5.3-26 所示。

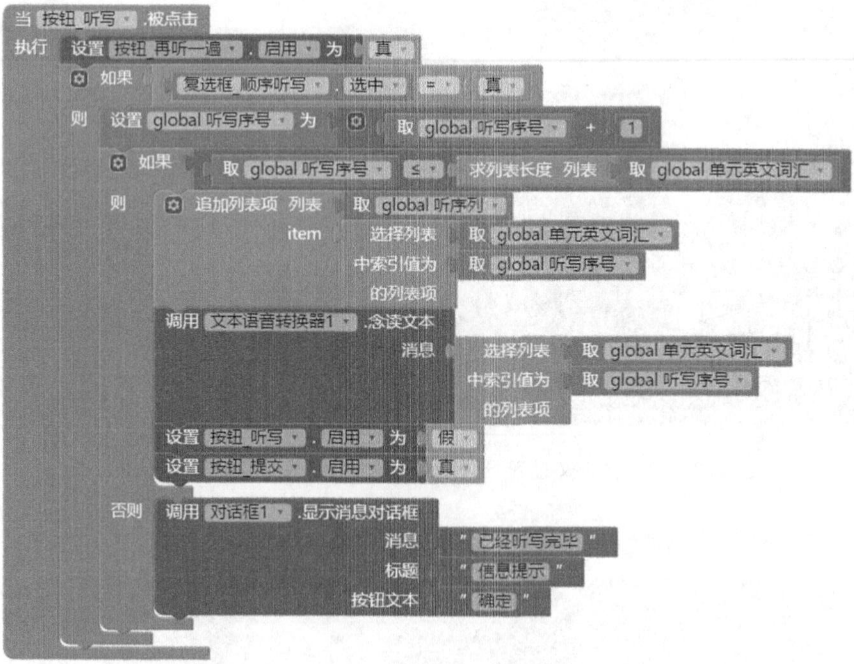

图 5.3-26 按钮_听写被点击事件实现代码

(7)响应按钮_再听一遍之被点击事件。

当用户点击再听一遍按钮时,意味着由机器重复朗读刚才听写的单词。由于全局变量——global 听写序号保存的是当前正在听写的单词序号,因此只要该序号值有效(取值在单元英文词汇列表长度范围之内),则继续调用文本语音转换器朗读以听写序号为索引值的列表型数据全局变量 global 单元英文词汇对应的数据项。如果听写序号取值超出列表长度,则弹出对话框,提醒用户听写结束,可以考虑重新开始,实现代码如图 5.3-27 所示。

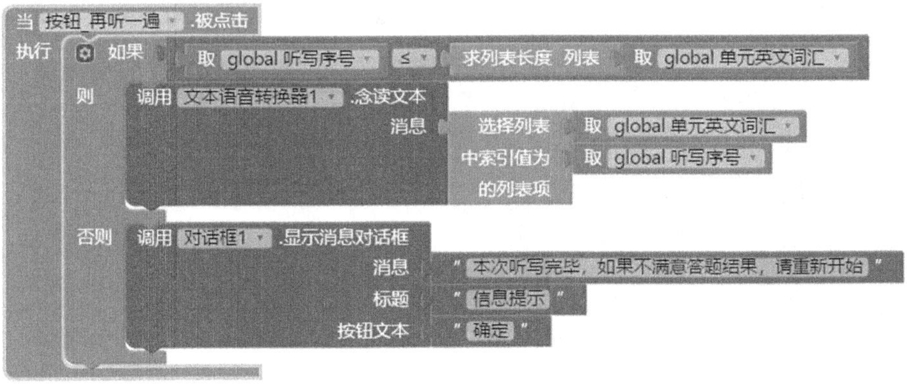

图 5.3-27 按钮_再听一遍被点击事件实现代码

(8)响应按钮_提交之被点击事件。

当用户点击提交按钮时,主要任务是比较文本框输入的单词是否与当前听写单词一致。如果一致则正确个数+1,否则错误个数+1,并计算出听写正确率;每一次提交,表示一次听写测试的完成,全局变量——global 听序列、global 写序列两个列表新增一个数据,调用自定义过程"列表转多行文本",将全局变量——global 听序列、global 写序列两个列表的数据内容转换为多行文本数据。最后根据所得数据设置有关标签的显示内容,同时以提高人机交互的友好性为目的,调用自定义过程"提交听写时相关组件的状态设置",设置相关组件的状态,实现代码如图 5.3-28 所示。

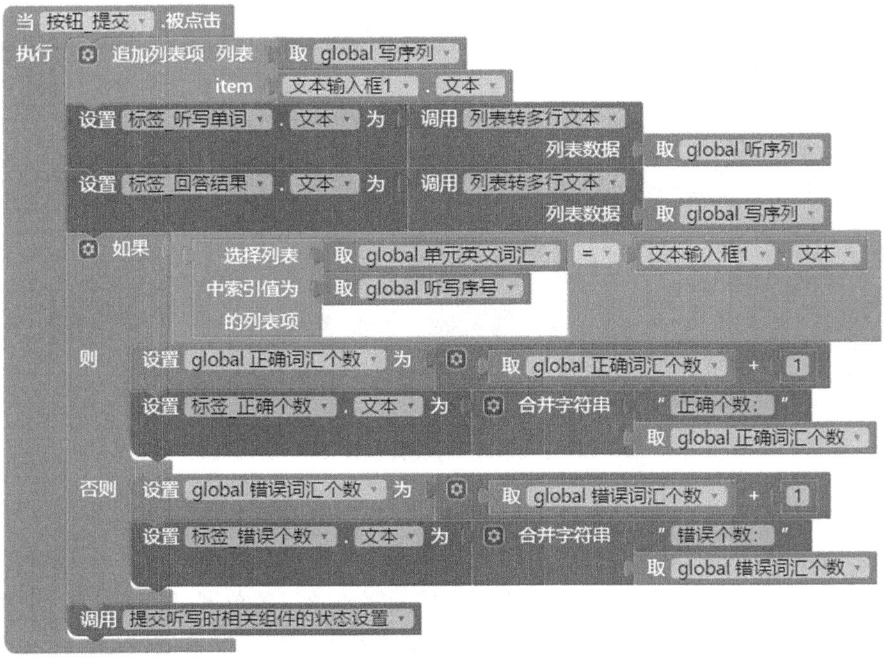

图 5.3-28 按钮_提交被点击事件实现代码

其中，自定义过程“提交听写时相关组件的状态设置”的实现代码如图 5.3－29 所示。

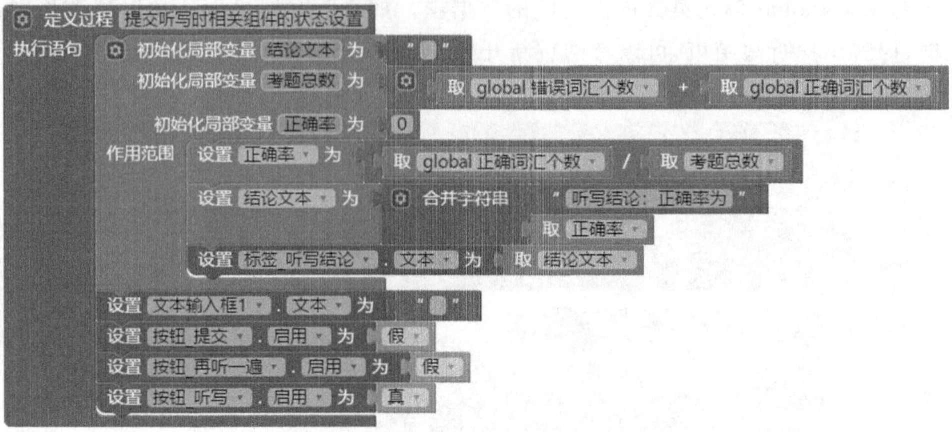

图 5.3－29　自定义过程“提交听写时相关组件的状态设置”实现代码

自定义过程“列表转多行文本”，实现将给定的列表中的数据元素转换为多行文本格式输出功能。

过程输入参数：列表类型数据，这里是听序列或者写序列。

过程输出参数：以回车符号拼接的输入列表中的每一个数据项，形成的多行显示效果的文本串。

实现代码如图 5.3－30 所示。

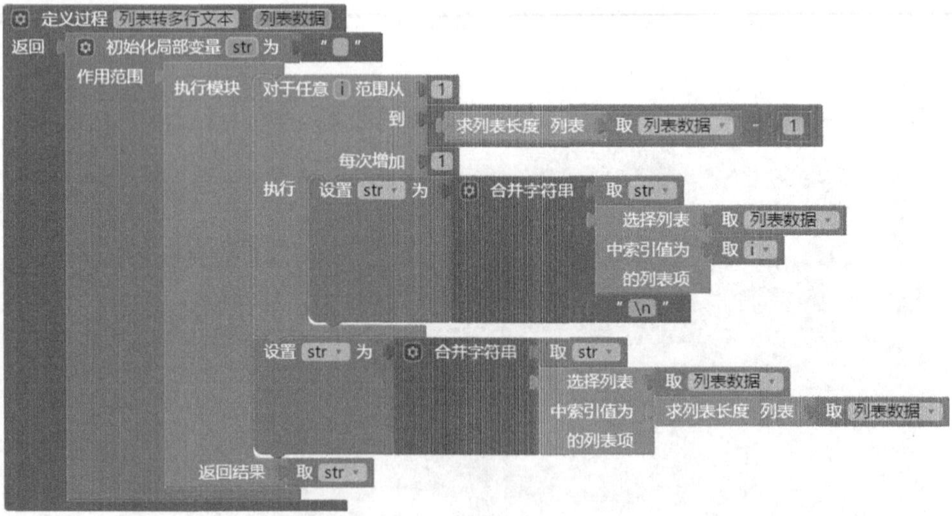

图 5.3－30　自定义过程“列表转多行文本”实现代码

4. 跟读功能的 Screen4 程序实现

Screen4 为跟读内容的屏幕，主要实现对应年级、学期学习内容的每一个单词的读音辨识、发音准确度判断的功能。逐一朗读用户所选单元需要学习的单词，调用语音识别功能等待用户的语音输入，识别用户发音对应的单词，比对识别的单词和机读单词，如果一致，则计正确分数，否则计错误分数。

为了完成上述功能，程序中必须定义以下全局变量表示各个功能中使用的数据：

全局变量——全部词汇列表，用以保存用户所选年级、学期对应的全部词汇(含所属单元、中文译文等信息)列表；全局变量——单元英文词汇，用以保存导航屏幕 Screen1 所选年级、学期以及当前屏幕操作选择学习单元之后，对应的全部词汇列表；全局变量——最大单元值，用以保存导航屏幕 Screen1 所选年级、学期对应的全部词汇所属单元的最大数值；全局变量——单词序号，用以保存当前跟读单词的序号；全局变量——所选单元，用以保存用户操作过程中选择的学习单元；全局变量——单元单词个数，以保存用户所选单元需要学习的单词的总数；全局变量——机读单词文本，用以保存当前机读单词的文本，以作为后续比对机器识别结果；全局变量——朗读正确个数，用以保存本次听写过程中发音准确、识别正确的单词个数；全局变量——朗读错误个数，用以保存本次跟读过程中发音错误、识别错误的单词个数。实现代码如图 5.3－31 所示。

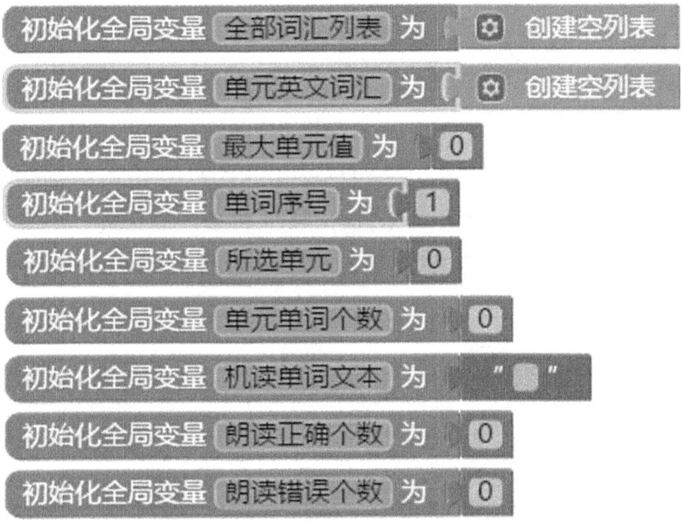

图 5.3－31　Screen4 中声明的全局变量

此外，程序主要完成以下功能：

(1)响应 Screen4 之初始化事件。

Screen4 初始化屏幕时，与 Screen3 的功能类似，通过获取列表型屏幕初始值，按照预设规则，生成需要学习的文件名称，并打开文件。另外，对于界面中的各类功能组件的状态进行预设置，以达到提高人机交互效果友好性的目的，具体实现代码如图 5.3－32 所示。

(2)响应文件管理器 1 之获得文本事件。

在屏幕初始化事件中，我们打开了用户利用屏幕间传递参数而得到的对应学习内容的文件名称，并且调用文件管理器打开文件。而获得文本事件则是打开文件之后，因获取文本内容而触发。

首先，对于获取的文本数据，借助分隔符“\n”即回车符号进行文本分解，得到全局变量——global 全部词汇列表(列表中的每一项为符号“/”间隔的单词信息，包括单词所属单元、单词、中文译文)。

获取全局变量——global 全部词汇列表的最后一项数据元素，对其借助分隔符“/”进行文本分解，得到的列表中，选择第一项数据元素，作为全局变量——global 最大单元值的取值。

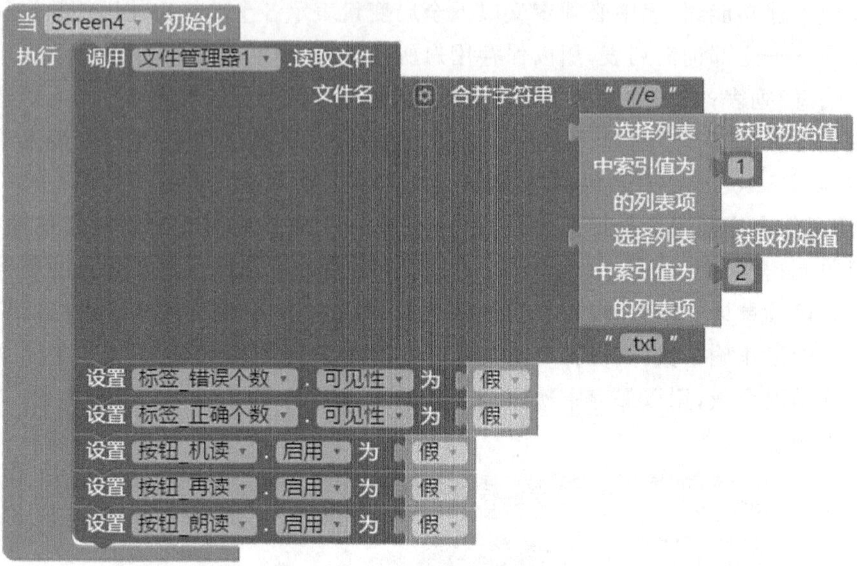

图 5.3 - 32　Screen4 初始化事件实现代码

然后，设置学习单元总数提示作用的标签显示文本信息，显示内容为字符串“本学期英语共有”＋global 最大单元值的取值＋“个单元，请选择准备学习的单元”。

最后，借助循环语句，生成列表选择框_选择学习单元的元素字串，以备用户进行下一步操作使用。

具体实现代码如图 5.3 - 33 所示。

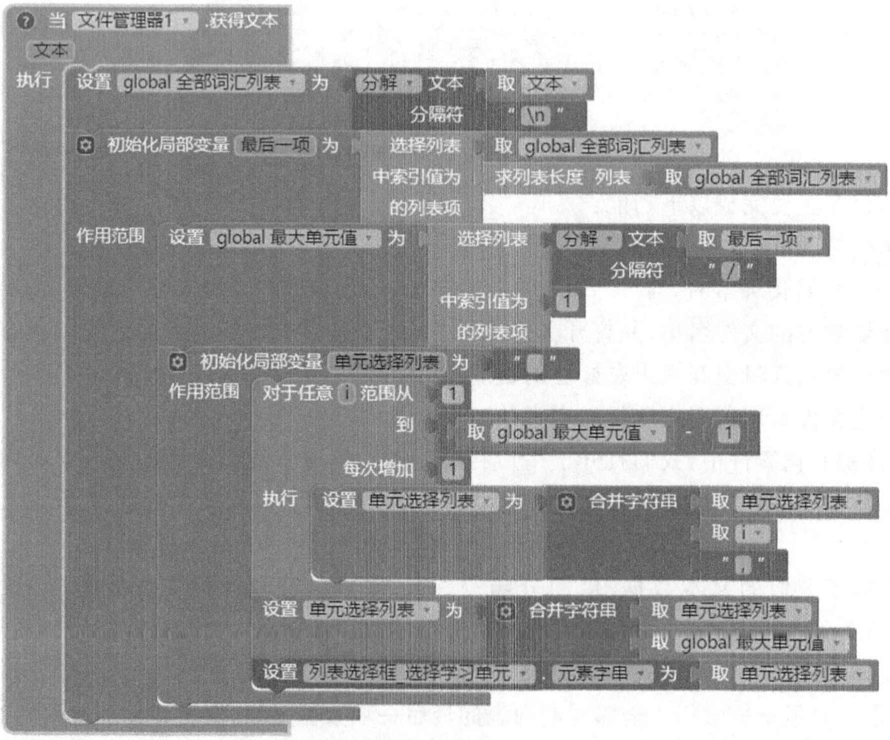

图 5.3 - 33　文件管理器 1 获得文本事件实现代码

(3)响应列表选择框_选择学习单元之选择完成事件。

当用户选择完毕学习单元之后,最为重要的事情就是生成学习单元的单词列表。为了实现这一功能,完成如下操作序列:

①调用自定义过程——选择操作前期处理,完成部分全局变量的取值操作,以及列表选择框_选择学习单元的显示文本信息。比如,设置全局变量——global 单元英文词汇为空列表、global 单元单词个数为 0、global 单词序号初始值为 1;设置全局变量——global 所选单元为列表选择框_选择学习单元的选中项;设置列表选择框_选择学习单元的显示文本信息为当前选择结果相关信息等。

②遍历前期生成的保存全部词汇信息的全局变量——global 全部词汇列表,每访问一个数据元素,进行如下操作:

A. 取出当前访问的数据元素(符号"/"间隔的单词信息,包括单词所属单元、单词、中文译文)。

B. 借助分隔符"/"分解当前访问的数据元素,得到的列表中选择第一项数据(所属单元),如果与当前设置的学习单元值一致,则将得到列表的第二项(英文单词)追加到全局变量——global 单元英文词汇中。如果不一致,则不进行任何操作。

C. 循环结束后,全局变量——global 单元英文词汇保存当前设置学习单元的全部需要学习的单词。

③调用自定义过程"选择操作的后期处理",完成屏幕中有关操作提示信息作用的标签显示内容或者状态,以提高人机交互的友好性。比如,设置 global 单元单词个数为列表 global 单元英文词汇的列表长度、设置标签_单词数的显示文本为全局变量 global 单元单词个数的取值等。

以上全部功能的实现代码如图 5.3-34 所示。

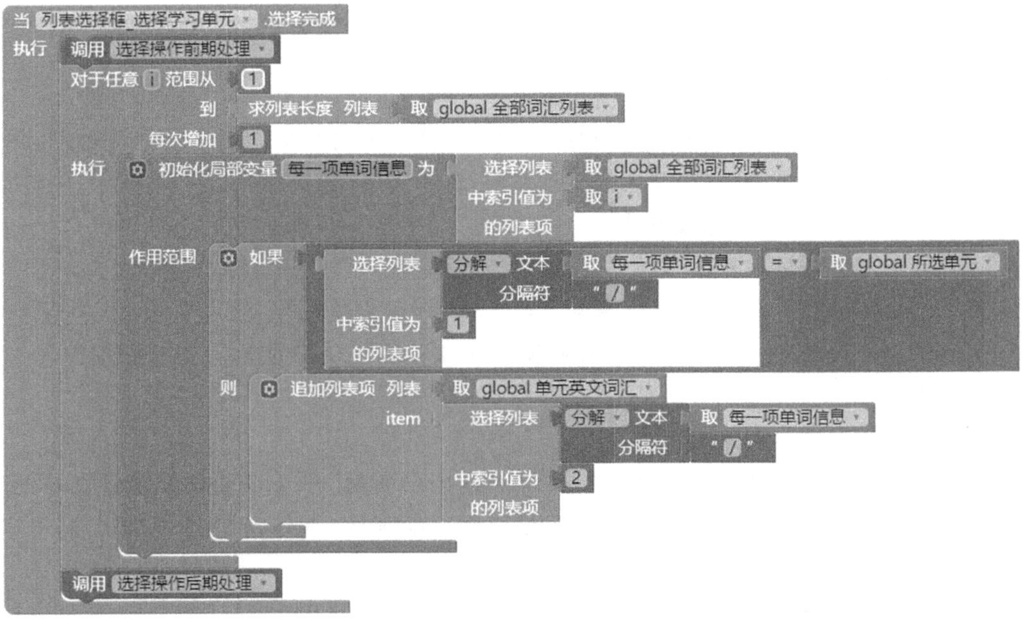

图 5.3-34　列表选择框_选择学习单元之选择完成事件实现代码

自定义过程“选择操作前期处理”的实现代码如图5.3－35所示。

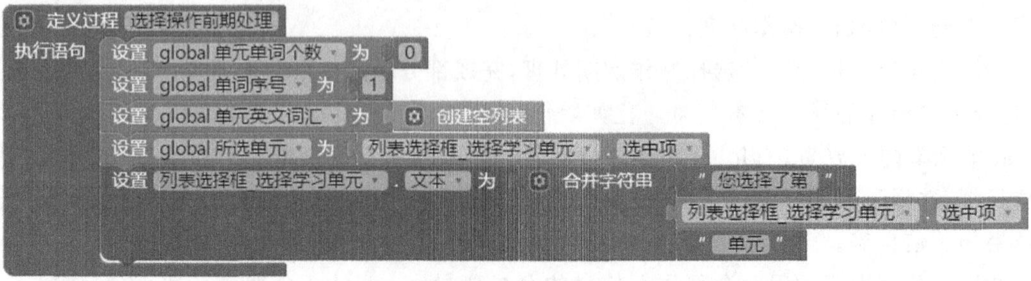

图5.3－35 自定义过程“选择操作前期处理”实现代码

自定义过程“选择操作后期处理”的实现代码如图5.3－36所示。

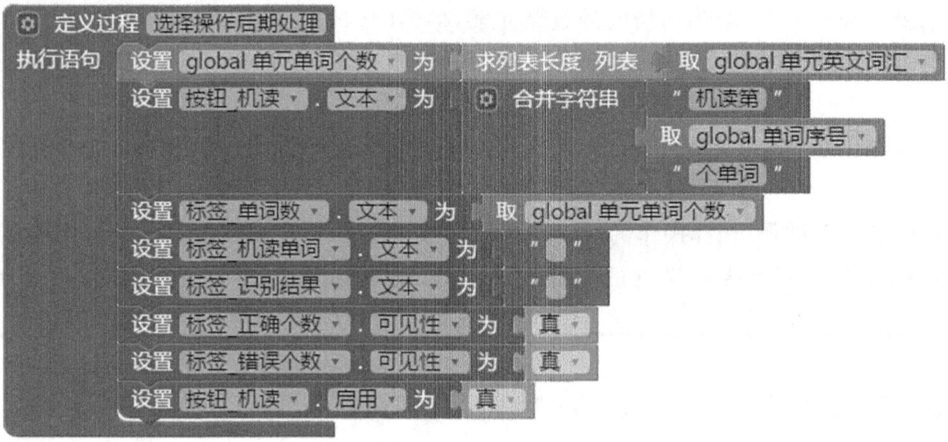

图5.3－36 自定义过程“选择操作后期处理”实现代码

(4)响应按钮_机读之被点击事件。

当用户点击按钮，则提取当前学习的单词，调用文本语音转换器朗读当前学习单词，并设置相关标签信息和组件状态，以提高人机交互效果，具体实现代码如图5.3－37所示。

(5)响应对话框1之选择完成事件。

该事件是在机读单词按钮操作过程中，如果已经机读完毕所选单元单词，触发该事件。如果用户确认“再来一遍”，则复位全局变量global单词序号，清空标签_机读单词、标签_识别结果的显示信息，重新设置按钮_机读的显示文本，以便提高人机交互的友好性，具体实现代码如图5.3－38所示。

(6)响应按钮_再读之被点击事件。

当用户点击按钮，则调用文本语音转换器朗读全局变量——global机读单词文本当前取值，实现单词再读一遍的实际效果，以便用户进一步辨认，具体实现代码如图5.3－39所示。

(7)响应按钮_朗读之被点击事件。

点击该按钮时，调用语音识别功能，实现代码如图5.3－40所示。

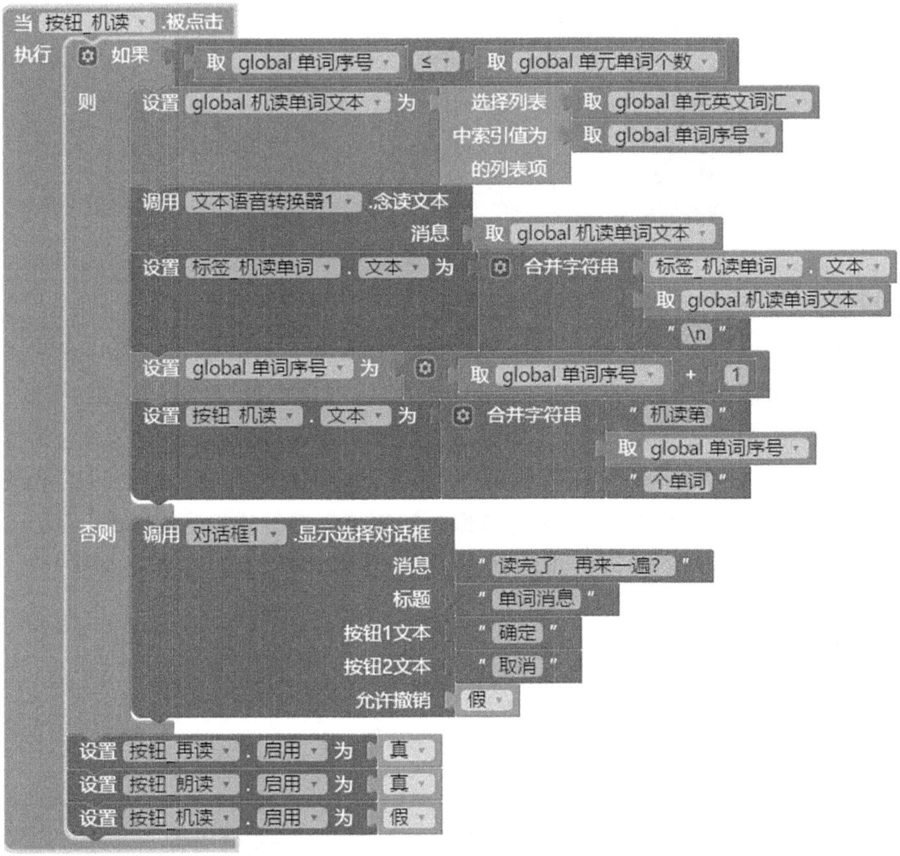

图 5.3－37　按钮_机读被点击事件实现代码

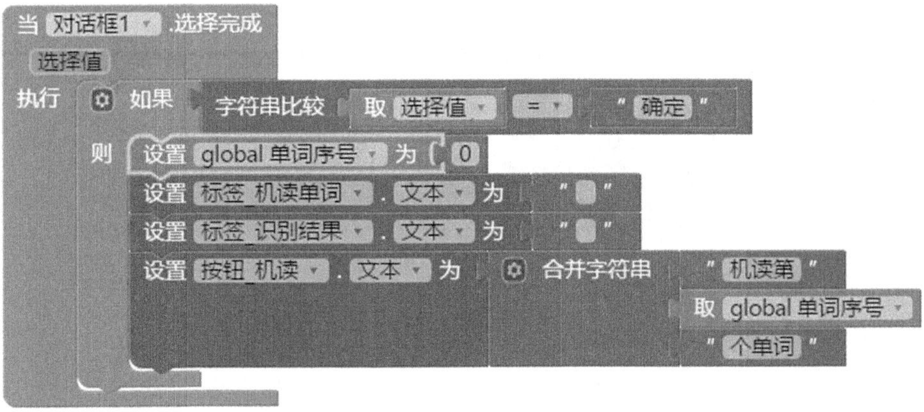

图 5.3－38　对话框 1 之选择完成事件实现代码

图 5.3－39　按钮_再读被点击事件实现代码

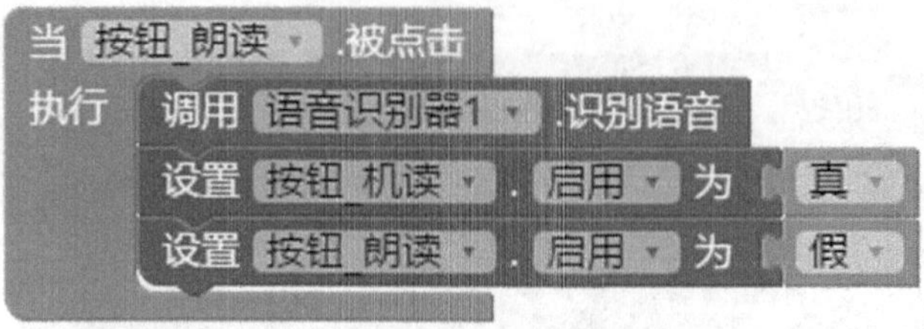

图5.3-40　按钮_朗读被点击事件实现代码

(8)响应语音识别器1之识别完成事件。

当语音识别器1识别结束后，触发此事件。事件返回识别结果，参数名称为“返回结果”。由于语音识别引擎返回结果包含字符“.”，因此首先调用自定义过程“识别结果处理”，提取返回结果中句号之前的全部文本，并将其全部转换为小写字符，以便后续比对操作的执行。

此时，如果机读按钮启用，则说明程序处于跟读状态，将识别结果与前期识别结果借助回车符号拼接成为一个新的字符串(以回车符号作为间隔符号进行拼接合并，便于后期以多行文本的形式显示)，将所有机读单词与全部识别结果进行比对，并统计朗读发音准确个数、错误个数等信息。

具体实现代码如图5.3-41所示。

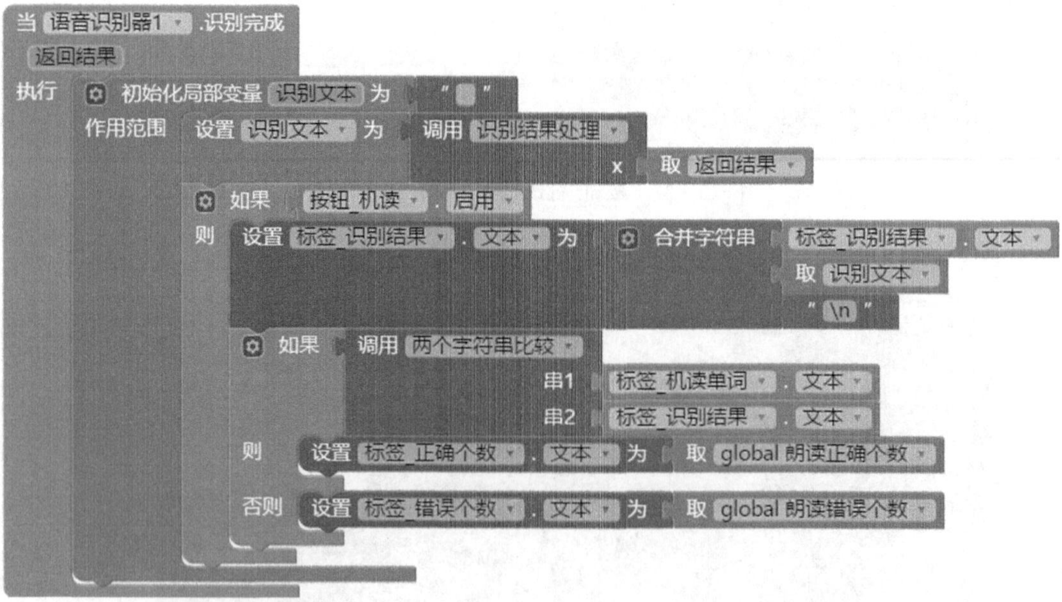

图5.3-41　语音识别器1之识别完成事件实现代码

其中，自定义过程“识别结果处理”，实现语音识别结果中有效字符信息的提取功能。

过程输入参数：语音识别器的识别结果。

过程输出参数：去除语音识别结果中除句号以外的字符，并转为小写字符。

具体实现代码如图5.3-42所示。

自定义过程“两个字符串比较”，进行两个多行文本的逐行比较，并统计各行比对结果一致的个数、不一致的个数。

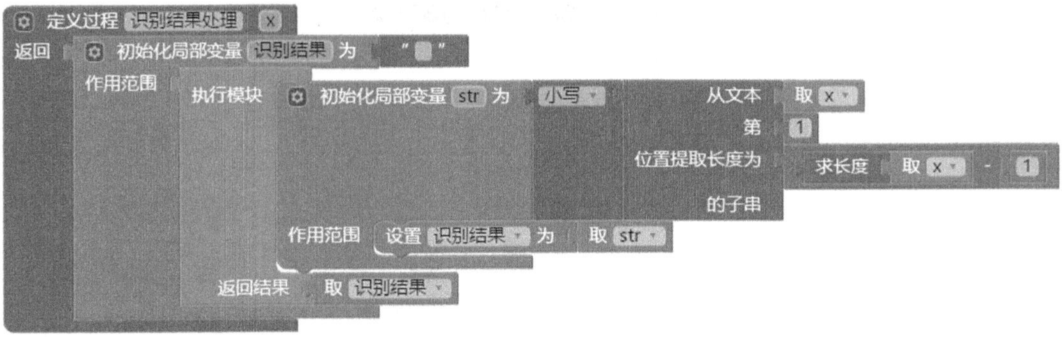

图 5.3-42 自定义过程“识别结果处理”实现代码

过程输入参数：字符串 1、字符串 2。

过程输出参数：逻辑型结果，返回真表示两个字符串长度一致，可以比较，否则，两个字符串长度不一致，没有比较的意义。

过程实现的要点：将两个多行文本转换为列表，同步遍历 2 个列表的每一个数据项，数据项字符一致，则朗读发音正确计数+1，否则朗读发音错误计数+1。

具体实现代码如图 5.3-43 所示。

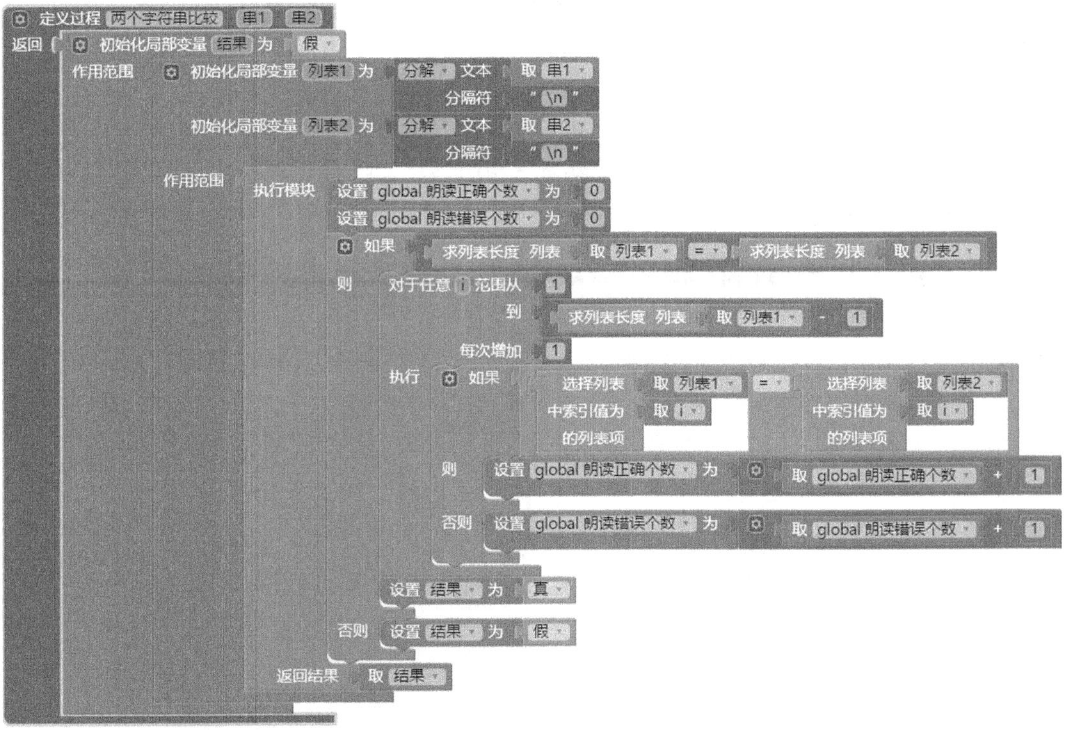

图 5.3-43 自定义过程“两个字符串比较”实现代码

5.3.5 结果测试

安装运行程序，初始界面如图 5.3-44 所示。

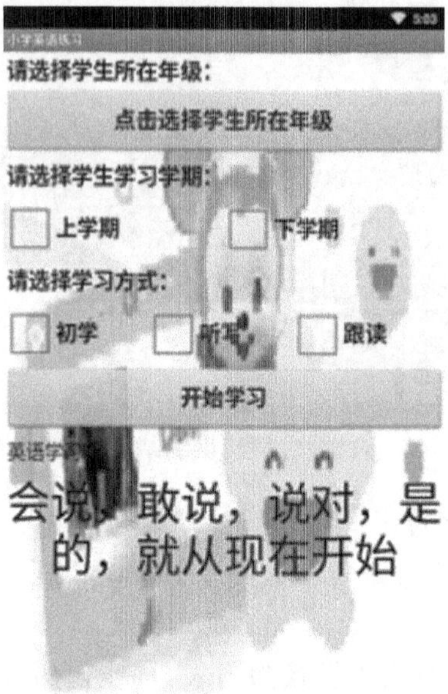

图 5.3－44　程序运行初始界面

由于篇幅、开发时间所限，本节案例并未提供小学各年级的学习资料，仅以五年级下学期的人教版教材为代表，对预设的技术功能进行测试。

1. 初学功能的测试

在 Screen1 屏幕中点击列表选择框“点击选择学生所在年级”，在弹出的列表框中选择“五年级”，选中复选框“下学期”，选中复选框“初学”，如图 5.3－45 左图所示。点击按钮“开始学习”，进入 Screen2，如图 5.3－45 右图所示。

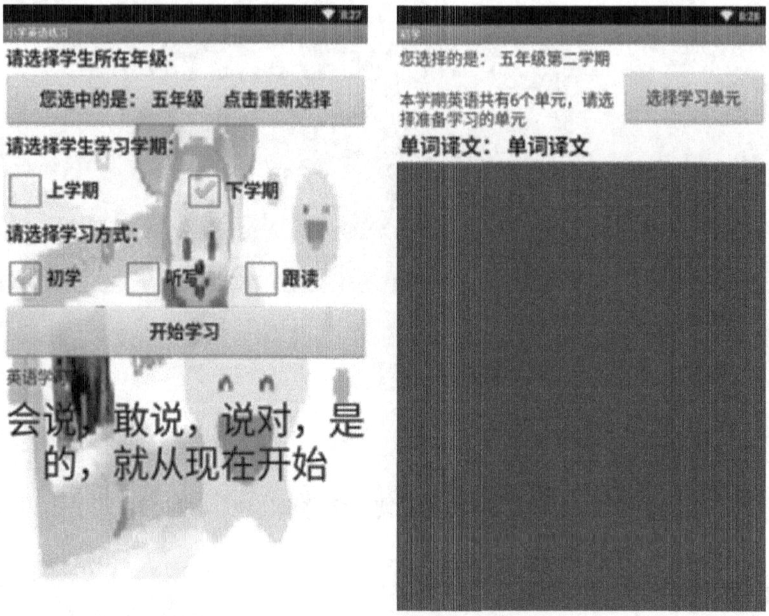

图 5.3－45　初学屏幕跳转功能测试结果

进入 Screen2 后，操作界面显示“您选择的是：五年级第二学期”“本学期英语共有 6 个单元”，表明 Screen1 中选择、设置的参数能够被正确传递到 Screen2。

点击列表选择框“选择学习单元”，弹出界面如图 5.3-46 所示。

图 5.3-46 点击列表选择框“选择学习单元”程序运行结果

选择列表框中第二单元，返回 Screen2，五年级下学期英语教材中第二单元全部单词在列表显示框中逐一显示；单击其中任意一个单词，可以查看该单词的中文译文，同时听取单词朗读发音，反复点击单词，可以反复听取单词的朗读发音，如图 5.3-47 所示。

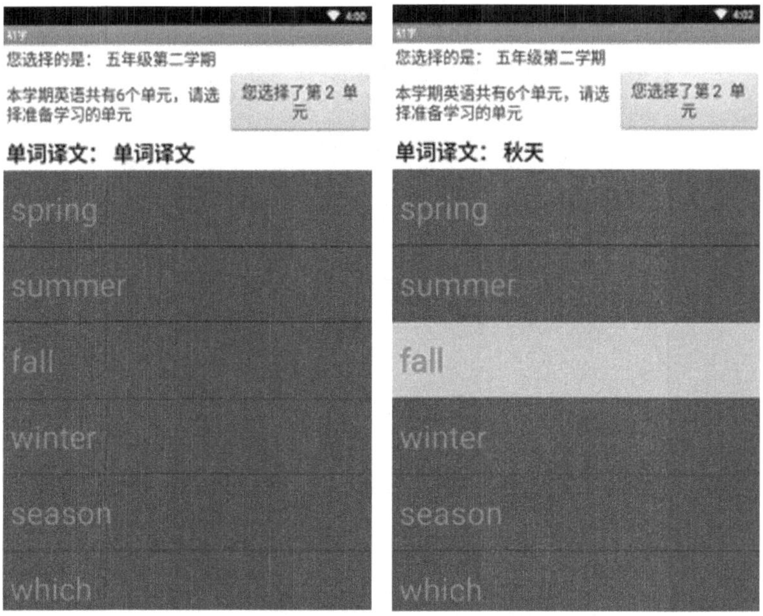

图 5.3-47 初学核心功能测试结果

2. 听写功能的测试

在 Screen1 屏幕中点击列表选择框“点击选择学生所在年级”，在弹出的列表框中选择“五年级”，选中复选框“下学期”，选中复选框“听写”，以及点击按钮“开始学习”，进入 Screen3，如图 5.3 - 48 所示。

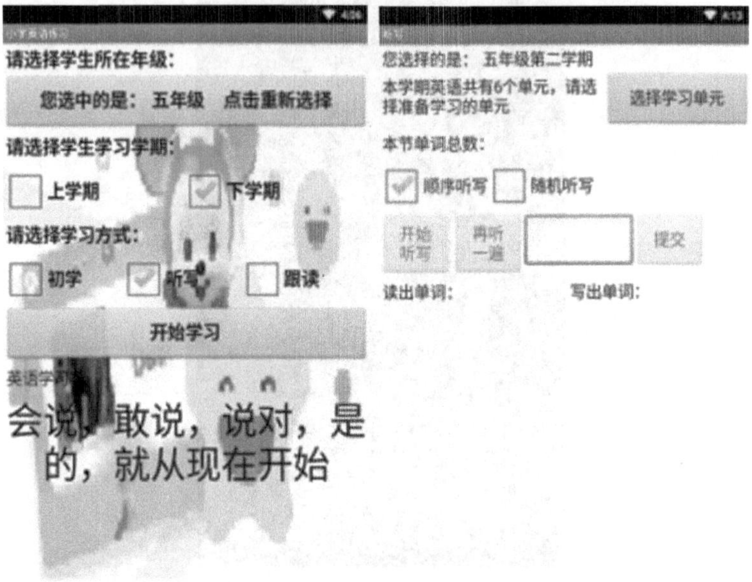

图 5.3 - 48 听写屏幕跳转功能测试结果

进入 Screen3 后，操作界面显示“您选择的是：五年级第二学期”“本学期英语共有 6 个单元”，表明 Screen1 中选择、设置的参数能够被正确传递到 Screen3。

点击列表选择框“选择学习单元”，选择单元 4，返回 Screen3，程序运行结果如图 5.3 - 49 所示。

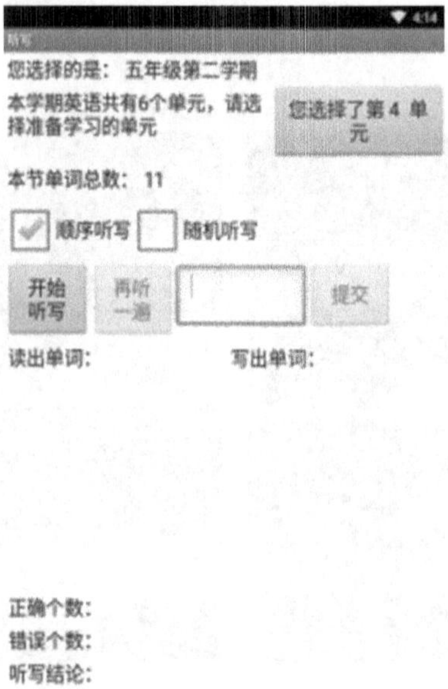

图 5.3 - 49 点击列表选择框“选择学习单元”程序运行结果

任意选择复选框“顺序听写”，或者选择复选框“随机听写”，点击按钮“开始听写”，手机朗读一个单词或者短语，并在标签“读出单词”下方依次列出，用户在文本输入框中输入手机朗读的单词，点击按钮“提交”，用户输入的单词会在标签“写出单词”下方依次列出，程序自动比对手机朗读单词和用户输入单词，统计听写正确、错误的单词个数，并得出测试结论，进而达到听写测试的目的，程序运行测试结果如图 5.3-50 所示。

图 5.3-50 听写核心功能测试结果

3. 跟读功能的测试

在 Screen1 屏幕中点击列表选择框“点击选择学生所在年级”，在弹出的列表框中选择“五年级”，选中复选框“下学期”，选中复选框“跟读”，点击按钮“开始学习”，进入 Screen4，如图 5.3-51 所示。

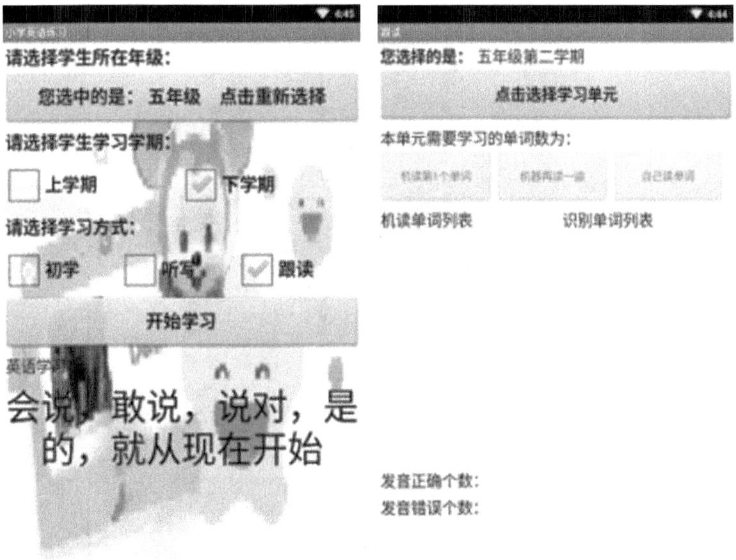

图 5.3-51 跟读屏幕跳转功能测试

进入 Screen4 后，操作界面显示“您选择的是：五年级第二学期”“本学期英语共有 6 个单元”，表明 Screen1 中选择、设置的参数能够被正确传递到 Screen4。

单击列表选择框“点击选择学习单元”，选择第二单元，程序运行结果如图 5.3－52 所示。

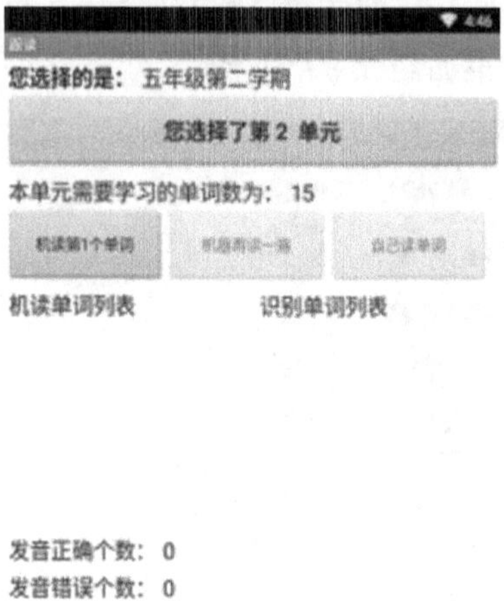

图 5.3－52　单击列表选择框“点击选择学习单元”程序运行结果

单击按钮“机读第 1 个单词”，手机朗读第二单元的第一个单词，然后用户辨识机读发音，单击按钮“自己读出单词”，读出单词，由手机进行语音识别。如果用户未听清楚，可以单击按钮“机器再读一次”，再次听取单词的机读发音。程序自动比对机读单词和语音识别结果，如果一致则统计为发音准确个数，不一致则统计为发音错误个数，如图 5.3－53 所示。

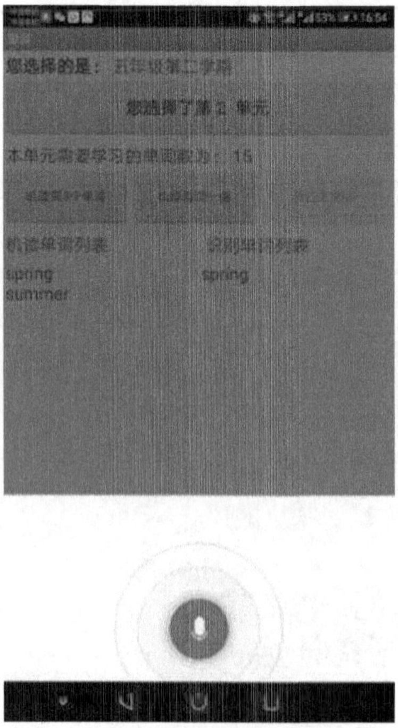

图 5.3－53　跟读核心功能测试结果

上述测试结果表明，程序预定功能全部正确实现。

5.3.6 拓展思考

此外,进一步拓展程序可以思考实现以下功能:

(1)为了简化问题,本节案例无论是初学、听写还是跟读,都选择了每一次重新选择学习单元,未考虑之前用户的学习和使用情况。后续可以按照每次学习既考虑进度、又考虑学习记忆曲线,将学习、复习统一的思路,优化设计方案,并给出对应的程序设计方案和具体实现方法。

(2)目前的听写部分功能,虽然有随机听写选项,但是无法保证前面听写正确单词的反复出现。读者可以思考进一步如何处理可以使得在随机听写的过程中,听写答案正确的单词不再重复出现,从而提高学习效率。

(3)教育领域目前比较流行学习共同体的说法,当前软件还只是用户自己操作、自己学习,缺乏持续学习的促进力量。如果能够借助当前流行的学习共同体理念,添加学习内容、学习进度、学习效果的朋友圈分享功能,形成英语学习共同体,相互促进,将有望进一步增强学习自觉性。

附录

教育类专业程序设计课程改革的一点思考

1　软件技术教学目标及其面临的挑战

对于教育类专业学生而言，软件开发技术具有理论抽象、逻辑复杂及对学生动手能力要求较高等三大特点。如何让学生更好、更快地掌握软件开发技术，能够从事教育类软件的分析、设计与开发相关工作；如何让学生通透理解信息技术理论，扎实掌握开发技能，自觉主动将相关技术应用到教育教学改革中去，是目前教学面临的最大难题。

一般来说，软件开发技术学习的核心目标至少包括以下几个方面：

(1)熟悉、理解基本概念、基本原理以及程序设计基本方法；

(2)具有基本技术功能模块、流程的设计开发能力；

(3)具有简单应用软件系统的分析、设计与开发能力；

(4)在上述过程中逐步形成普适的高阶能力——计算思维能力、批判性思维能力、问题解决能力以及创造、创新能力。

一门课程、一个阶段的教育教学如果能够顺利达到上述目标，则功德无量。但是对于教育类专业的学生而言，这些目标的达成是一个非常棘手的任务——一方面随着人类认知能力的不断拓展，教育学科自身的内涵不断丰富，需要学习的内容也在呈指数曲线的方式增长，学习压力日趋增大；另一方面，信息化技术又在不断扩大着教育学科的外延，互联网＋、人工智能＋、大数据……正在以前所未有的速度影响并改变着传统的教育学科，对于从业人员的信息技术运用能力提出了越来越高的要求，跨学科技术运用能力提升也是迫在眉睫。

因此，教育类专业学生的软件技术学习必须另辟蹊径，创新教育教学方法，才能在具有基本的信心和能力的基础上迎接未来的挑战。

2　教学方法改革的理论基础

苏联著名心理学家维果斯基的“最近发展区”理论指出，教学就是在教师的帮助下可以消除所要解决的问题和学生的能力之间可能存在的差异，这个差异就是“最近发展区”。建构主义者正是从维果斯基的思想出发，借用建筑行业中使用的“脚手架”(Scaffolding)作为上述概念框架的形象化比喻，其实质是利用上述概念框架作为学习过程中的脚手架。如上所述，这种框架中的概念是为发展学生对问题的进一步理解所需的，也就是说，该框架应按照学生智力的“最近发展区”来建立，因而可通过这种脚手架的支撑作用(或曰“支架作用”)不停顿地把学生的智力从一个水平提升到另一个新的更高水平，真正做到使教学走在发展的前面。

同时，建构主义教学设计强调，学生的学习活动必须与大的任务或问题相结合，以探索问题来引动和维持学习者的学习兴趣和动机，将理论与实践结合起来，这样才能够让学生从感性认识上升到理性认识。

基于上述理论，本书在编写的过程中，引入案例分析、任务驱动、问题引导、项目化实施等手段，创造一个解决实际任务的学习需求，激发学生对课堂的兴趣。为了确保这一策略的实施，本书将学习内容封装成为一个个独立的软件项目案例，每一个案例通过若干任务(问题分析、界面设计、功能开发、技术测试等)的完成实现软件开发技术能力的训练。这种编排方式使得学生更加容易理解需要解决的问题，以及问题解决的具体过程，并在解决问题的过程中学习知识，锻炼开发技能，进而提升个人的问题解决能力以及创新能力。

3 教学方法改革的基本思路

作为一本以能力训练为目标，试图让非计算机专业的学生熟悉、了解软件开发基本技术，引导学生踏入教育教学类软件开发大门的书籍，本书所提供的案例仅仅是一种“支架”。其目的是围绕当前学习主题，按“最邻近发展区”的要求建立概念框架，将读者/学生引入一定的问题情境(概念框架中的某个节点)，然后鼓励在有指导前提下的独立探索。探索开始时要先由教师启发引导(例如演示或介绍理解类似概念的过程)，然后让学生自己去分析；探索过程中教师要适时提示，帮助学生沿概念框架逐步攀升；以后逐渐减少指导和帮助——愈来愈多地放手让学生自己探索；最后要争取做到无须教师引导，学生自己能在概念框架中继续攀升，最终完成对相关学习内容的意义建构，形成个人独特的认知能力和问题解决能力以及一定的创新能力。

因此，实际教学过程中一般必然形成两个阶段——课内教学和课外教学。其中课内教学以着重于基于联通主义学习观的大概念背景下的专业基本知识和基本技能学习训练，而课外学习则是基于最近发展区理论的以能力迁移为目标的再创作实践训练。两者有机结合，则可相互促进，有助于促进学生以最少的时间实现最大化的成果，从而确保课程高阶目标的有效达成。所以，课内教学与课外教学如何开展就成为至关重要的问题。

3.1 课内教学改革思路

理想的能力导向课堂教学拒绝“知识点的灌输式教学”，而是依托精心策划的案例或者实际需求问题，采用“包裹”的策略，吸附一系列基本问题、主题或者技能，使得学生能够将在一个更大的基础性框架背景下认清基本问题或主题或技能所处的情境，主动构建学习的意义。同时，策划系列表现性任务。通过表现性任务的总体指引，解决一个个环环相扣的问题链，引领学生在解决问题的过程中实现知识的掌握、技能的提升，实现持续性深度学习，进而获得计算思维和设计思维等高阶能力。

不但重视基本程序设计知识的学习，而且更加重视程序设计技能的训练，采取“边讲边练”的教学策略，使学生从以前被动的听课者转化为课堂的积极参与者，学生主体作用在学习过程中得到充分发挥。这种教学整体设计，使学生的知识内化为素质，素质转化为能力，教学目标得以顺利实现。

边讲边练法是一种“实验式”教学模式。所谓讲，是指老师讲授理论知识，所谓练，则有两层意思：一是指老师讲授理论知识的同时，要边讲边演练，学生在听的同时，通过观看教师的演练，更容易理解抽象陌生的理论知识；二是指学生自已练习，这是一个模仿的过程，也可以是一个自我创新牢固知识的环节，这取决于不同的课堂内容以及不同的教学设计。但无论模仿还是自我创新，都可以增强学生的动手能力，让学生在实践的过程中更深入理解理论知识。

边讲边练的课程教学一般由以下几个部分组成：

(1)情景引入。这一部分的主要目的是引起注意,激发兴趣。教师提出问题或者某种实际需求,引导学生分析问题、梳理需求,即凝练真正的问题或者实际需求,将其分解为若干组成部分,并且剖析各个组成部分之间的关系;

(2)任务分析。这一部分的主要目的是将所有的子问题转换为一系列需要完成的任务(任务就是需要解决的与课程内容相关的专业技术问题),并且厘清任务与课程相关技术、资源之间的关系;

(3)讲解示范。这一部分的主要目的是搭建学生学习的支架,是针对每一个子任务的迭代进行的过程。针对每一个需要完成的任务,教师利用各种手段使得学生理解问题解决或者任务完成需要理解和掌握的基本原理、基本方法和基本技能,在此基础上,教师以实际操作,公开演示的方式边讲边做,完成具体实现过程,并对其进行测试,必要的时候,还可以局部迭代,针对存在的问题进一步修改完善实现方法;

(4)学生练习。这一部分的主要目的是实现知识向能力的转化。学生以现场实际操作的手段体验问题解决过程,深入理解教师讲练的内容。学生通过上机练习,复现教师讲解、实现的过程,教师则巡回指导,个别问题个别指导,共性问题随时打断,再次讲解示范,直至学生完全能够自主解决问题;

(5)总结评价。这一部分的主要目的是粘连分散练习的各个子问题,重建各个子任务或者子问题之间的关联关系,使其成为一个完整的大概念或者技术框架,使得学习者能够在更大的知识框架下理解所学内容,自觉构建知识和技能的意义。

(6)拓展思考。这一部分的主要目的是为学生课外实践训练提供思路和引导。课堂教学完成的任务或者解决的问题仅仅是一个支架,教师引导学生利用这一支架进一步拓展、深化学习,实现深度学习,并且促进学生高阶能力的形成。

上述6个步骤中,步骤3和步骤4是循环进行的,任务被分解成为几个子任务,就循环执行几次,一个子任务过程包括教师讲解示范+学生练习复现,然后教师引导学生连接所有子任务成为一个完整的问题解决方案,并针对其中存在的问题进行点评,使得学生能够顺利实现从功能模块设计开发迈向系统设计开发,实现认知能力的升华。

3.2 课外教学改革思路

理想的课外再创作实践训练,立足于最近发展区理论,可以在课堂案例教学+任务驱动教学的基础上,提出进一步拓展要求,开展以再创作为目的的课外实践训练,不断挖掘课堂教学案例的应用深度和应用广度,进而促进学生高阶能力的形成。面向再创作的课外实践训练实施方案可以借鉴以下几种方法:

(1)加一加。在课堂教学案例的基础上再增加新的功能或者操作,使其更加符合用户的实际需要,或者使得操作过程更加友好,此谓之扩充性再创作设计;

(2)改一改。受最近发展区理论和支架式教学策略的影响,本书编写过程中所设计的案例并不排斥程序中存在的不足,甚至在某种程度上故意留下一些小尾巴,让使用者在学习的过程中主动寻找案例中存在的缺点和不足,比如,操作不方便,功能不完善,方案考虑不周全等。找到不足之处,读者对其进行改进,实现对所学知识的深度理解和运用,此谓之改良性再创作设计;

(3)变一变。所谓条条大路通罗马,书中案例相关功能的实现方法可能不止一种。比如对于数据的存储既可以选择微数据库、还可以选择文件，也可以借助网络数据库等。因此尝试着去改变一下实现的技术路径，借助另外的方法实现案例中类似或者相同的功能，包括探索可替代的资源、可替代的流程或者可替代的过程等，此谓之替代性再创作设计；

(4)联一联。书中不同章节的案例侧重的技术有所不同，在前期学习的基础上将相关的技术、功能进行组合，产生新的技术系统，实现新的应用，满足新的需求，此谓之组合性再创作设计；

(5)仿一仿。模仿书中案例，开发新的应用。比如书中给出语、数、英的教学软件，模仿设计开发其他课程的教学软件。也就是说，同一种技术，思考在不同领域的应用，模仿成功之道，走出自己的精彩道路，此谓之模仿性再创作设计。

以上方法既可以单独使用，也可以组合使用，目的在于告诉学生学习的目的绝不是仅限于课堂所学基本原理和基本概念，还包括实现专业能力的迁移，在激发主观能动性的基础上进一步激发创新意识，使得本书一直追求的高阶能力培养落地有声，抓手有效，易于操作。

4 总结

为了迎接新工业革命对高等教育的挑战，对于教育的实用性以及教育成果的重要性的反思，成为近年来的热点。各类基于成果导向/产出导向的教育教学改革的理论研究、实践探索改革层出不穷，令人应接不暇，甚至在某种程度上无论是教授者还是学习者，都是在被推动着前进，有时候隐隐约约似乎竟有一种不知道究竟为什么这样前行的困惑。

本书是笔者近年来在教育类专业中进行软件技术教学的一点思考。教学实践过程中将学生置于完成一个完整的软件项目开发过程，通过真实项目来发展学生的设计开发能力。其中课堂教学边讲边练掌握核心基础知识技能，并在这一过程中设置形式多样的任务让学生思考、质疑、开展研究性学习；而课后则基于最近发展区理论，在课堂教学所得的基础上，进行设计开发工作的广度拓展或者深度拓展，鼓励学生以团队的形式进一步完成比较复杂的任务来拓展学习成果并获取高阶能力，例如创造性思维的能力、分析和综合信息的能力、策划和组织能力等。

事实上，最近几届学生的学习成果呈现出了令人极为欣喜的变化——全部学生能够自主设计开发基本应用程序，也有同学由此而对软件开发技术兴趣大增，依靠自身努力考入心仪的高校深造(其中一人考入北京大学攻读硕士学位)，部分学生依托课程所学内容以及课后布置的拓展任务参加互联网+竞赛获奖、部分同学软件开发技术大幅度提升，就业层次远高于未参加课程学习的学生……这一变化说明，本书所述方法是有效的。

课内课外融合仅仅是当前基于成果导向理念实现课程高阶目标的一个小步骤，下一步应该线上线下结合、课内课外结合，充分发挥师生双主体作用，多管齐下促成课程目标实现的最大化，应该是新时期建设“金课”教师不懈的追求。但是由于笔者时间、能力有限，书中可能还存在显著的词不达意，表述不清的地方，还望广大读者多多批评指正。

参考文献

[1]王寅峰. Android智能应用开发前传[M]. 北京:电子工业出版社,2015.
[2]靳晓辉. MIT App Inventor 完全上手[M]. 北京:清华大学出版社,2015.
[3]金从军. App Inventor 2 快速入门与实践[M]. 北京:人民邮电出版社,2016.
[4]白乃远,曾奕霖. App Inventor 2 Android 应用开发实战[M]. 北京:电子工业出版社,2017.
[5]蔡艳桃. Android App Inventor 项目开发教程[M]. 北京:人民邮电出版社,2014.
[6]郑剑春,张少华. App Inventor 2 与机器人程序设计[M]. 北京:清华大学出版社,2016.
[7]黎明明,龙祖连,朱荻. 移动应用创新设计与制作[M]. 北京:中国水利水电出版社,2015.
[8]瞿绍军. App Inventor 移动应用开发标准教程[M]. 北京:人民邮电出版社,2016.
[9]卢文来. App Inventor 程序设计入门[M]. 上海:上海科技教育出版社,2015.
[10]方昆阳,李赞坚. 用 App Inventor 设计开发移动教育软件[M]. 广州:广州出版社,2016.
[11]牛海涛,毛澄洁. App Inventor 应用程序设计与实践[M]. 北京:科学出版社,2015.
[12]黄文恺,吴羽,李建荣. App Inventor 2 互动编程[M]. 广州:广州教育出版社,2016.